目　次

●当教材の目的と特徴

例題・資料を添付しないシンプルな問題集。ランダムに並んだ小問，単問で基礎知識のチェックを行った後，厳選した中堅私大の過去問で実践訓練を行う。勝つために必要な基本スキルを身につけることが目的。難関大学を目指す人はその資格があるかどうかの指標にもなり得る。解答解説は導出物理（上／下）に準拠しているため，合わせて購入しておくことを推奨する。

導出物理（上／下）

高校物理の内容を教科書よりもわかりやすく講義。豊富な基本問題集で物理の基本が自然と身につく。高校数学の範囲内で導出できる公式はすべて導出。微分積分・ベクトル・三角比・複素数の数学的準備も充実。

●採用大学の内訳

大学	小問・単問
琉球大	31
芝浦工大	22
自治医大	22
神奈川大	8
順天堂大・医	6
大阪医大	5
東邦大・医	4
名城大	3
日大・医	2
工学院大	2
昭和大・医	2
北里大・医	2
成蹊大	2
獨協医大	2
法政大	1
杏林大・医	1
東京医大	1
兵庫医大	1
東京理科大	1
東京電機大	1
獣医生命科学大	1

大学	大問
法政大	13
近畿大	12
日大（医/その他）	10
芝浦工大	9
東邦大・医	5
北里大（医/その他）	5
学習院大	4
千葉工大	5
立命館大	3
大阪工大	3
順天堂大・医	2
杏林大・医	2
名城大	2
関西学院大	2
昭和大	2
明治大	1
兵庫医大	1
昭和大・医	1
獨協医大	1
東北医科薬科大・医	1
聖マリアンナ医大	1

※琉球大学以外はすべて私立大学からの出題

●その他の大問での採用

龍谷大／京都産業大／東洋大／同志社大／関西大／福岡大／東海大／工学院大

●著者より

小さな個人塾を運営しながら執筆した導出物理（上／下）には途方もない苦労をしました。

この教材の目的は，高校物理の初歩の初歩で苦しむ物理難民の救済です。教科書の納得しにくい部分を解きほぐすよう解説し，基本問題を適切に配置することで理解の加速を図りました。これにより「講義本を読んで理解はできたのに問題は解けない」という物理特有の問題も解決されつつあります。そして今回は定期テスト対策の域から初歩の受験対策という新たな段階に至りました。

この基礎演習編で重視したことは，**思考力が試される良質な中堅私大過去問をランダムに配置**すること。私立・国公立大過去問が混在し，難易度がばらばらであるよりも，**中堅私大に限定したほうが自分の基礎力を正確に把握でき，かつ受験に必要なテクニックも容易に身につけられます。**また**難関大志願者にとっても，この段階を踏むことで無理なく次のステップに進むことができます。**

私自身も高校時代，物理で激しく苦しみました。その苦しみは誰よりも理解しているつもりです。だからこそ配慮においては強みがあります。多くの物理に苦しむ学生が，早くこの導出物理の世界に触れてほしいと願って止みません。

著者　児保祐介

「宇宙は数学という言語で書かれている」との言葉を残したのは「科学の父」ガリレオです。そのことは物理学の土台である力学を建設したニュートンがその必要に迫られて数学の微分積分学を創始したことからも明らかでしょう。科学を数学的に記述・分析するという手法は物理学などの自然科学はもちろん，社会科学の分野においてまでスタンダードなものとなっています。

翻って我が国の高校教育内容を見てみると，数学では微分方程式を教えず，ベクトルや複素数でも理科との関連については言及しません。また理科(特に物理)の側もせっかく習った数学各単元の活用をタブーとしています。これでは科学を理解することはできません。

本書の姉妹書である『導出物理』の特徴は，「**すべての高校数学」を使用する**ことで読者である大学受験生・教養課程の大学生・仕事で使う社会人が無理なく，本質を見失うことなく読めるようにした理想的な物理の参考書である点と，現象を文章と図で理解し直後に配置された完全対応の問題で実践して理解を深めることを見開きで実現した点です。

『導出物理　基礎演習編』は物理学や数学を適用する現象の内，『導出物理』では扱えなかった問題を大学入試問題から採用することで「**入試で点をとる**（＝**現象を解明する**)」ことを目的に書きました。本書から取り掛かり解けなかった問題について『導出物理』に戻るという使い方や，『導出物理』を読み進めた後に本書でさらなる高みに上るという使い方を主に想定しています。

本書を通して**科学と数学の不可分性**を感じていただき，日本の物理教育の変革に少しでも貢献できれば著者として望外の喜びです。

最後になりますが，講師として理想としてきた方法を本の形で執筆する機会を与えてくださった微風出版代表で本書の共著者でもある児保祐介氏と，いつも温かく賑やかに支えてくれた家族と関わってくれた生徒諸君に感謝します。

著者　田中洋平

1章 力学

1 力の単位ニュートン〔N〕を kg, m, s で表すと　$1\,\mathrm{N} = 1\,\mathrm{kg}^{\boxed{\text{ア}}}\,\mathrm{m}^{\boxed{\text{イ}}}\,\mathrm{s}^{\boxed{\text{ウ}}}$

エネルギーの単位ジュール〔J〕を kg, m, s で表すと　$1\,\mathrm{J} = 1\,\mathrm{kg}^{\boxed{\text{エ}}}\,\mathrm{m}^{\boxed{\text{オ}}}\,\mathrm{s}^{\boxed{\text{カ}}}$

仕事率の単位ワット〔W〕を kg, m, s で表すと　$1\,\mathrm{W} = 1\,\mathrm{kg}^{\boxed{\text{キ}}}\,\mathrm{m}^{\boxed{\text{ク}}}\,\mathrm{s}^{\boxed{\text{ケ}}}$　となる。

（法政大）

2 図は x 軸上を運動している物体の位置を x としたとき，時刻 t での位置を表した x–t グラフである。番号をつけた領域での物体にかかる力の向きの組として，正しい答えを選びなさい。

（ア）① 正　② 正　③ 負　④ 負
（イ）① 正　② 負　③ 負　④ 正
（ウ）① 負　② 正　③ 正　④ 負
（エ）① 正　② 負　③ 負　④ なし
（オ）① 正　② なし ③ なし ④ 負
（カ）① なし ② なし ③ 負　④ 負
（キ）① 正　② 正　③ なし ④ なし

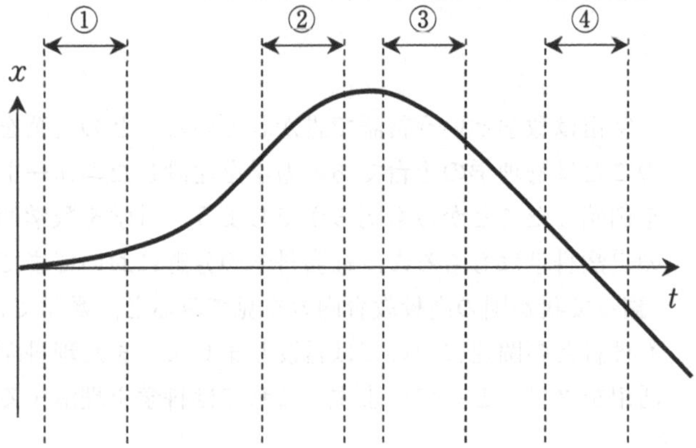

（琉球大）

3 人工衛星が地球の中心から半径 r の円軌道で地球の周りを回っている。地球の半径を R, 地表での重力加速度を g とすると，人工衛星の速さは $\boxed{\quad 1 \quad}$ であり，その周期は $\boxed{\quad 2 \quad}$ である。

（琉球大）

4 氷を水に浮かべると，水面の上に出た部分の体積は 4000 cm^3 であった。氷の質量は何 g か。ただし，水の密度は 1.00 $\mathrm{g/cm}^3$，氷の密度は 0.92 $\mathrm{g/cm}^3$ である。

（大阪医大）

5 血圧 120 というのは，水銀柱の高さ 120 mm に相当する圧力である。これは何 Pa に相当するか。なお，水銀の密度は $1.4\times10^4\ \mathrm{kg/m}^3$，重力加速度は 9.8 $\mathrm{m/s}^2$ である。

（大阪医大）

6 均一な組成と厚さの長方形の板（辺の長さを a〔m〕と $2a$〔m〕とし，厚さは無視できるものとする）の頂点を持ってぶら下げた。長方形の長さ $2a$ の辺が鉛直線との成す角を θ とすると，$\tan\theta$ はいくらか。

（大阪医大）

7 図のように，一様な棒の一端に軽い糸が付けられ天井からつるされている。この棒の下端に，水平右向きの力を加えたところ，図に示すように，糸および棒が鉛直線となす角がそれぞれ θ, ϕ となってつり合った。$\dfrac{\tan\theta}{\tan\phi}$ はいくらか。

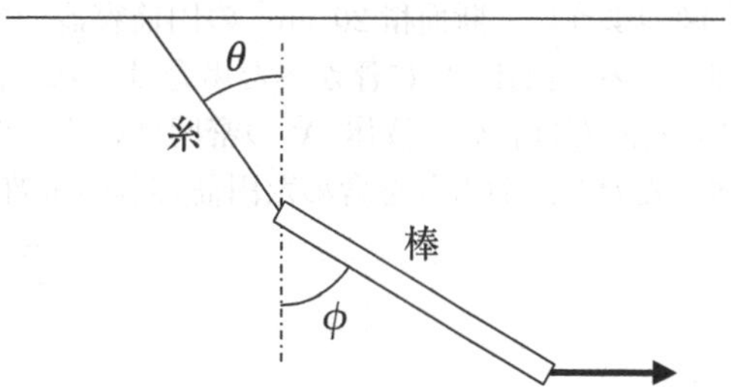

㋐ $\dfrac{1}{3}$　㋑ $\dfrac{1}{2}$　㋒ $\dfrac{1}{\sqrt{3}}$　㋓ $\dfrac{1}{\sqrt{2}}$　㋔ $\sqrt{\dfrac{2}{3}}$

（自治医大）

8 図に示されているように，軽くてじょうぶな棒 AB に 3 個の質点が固定されている。質点の質量は，左端 A から順に 2.0 kg, 3.0 kg, 5.0 kg である。質点間の距離は，左から順に 0.20 m, 0.30 m である。3 質点の重心と左端 A との距離（単位 m）を求めよ。

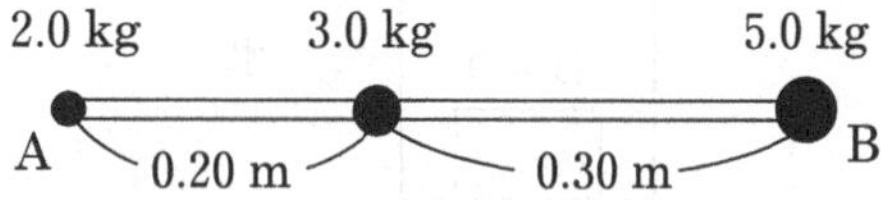

（芝浦工大）

9 I 君は，振り子の周期測定から重力加速度の大きさを求めることにした。用意したのは，大きさの無視できる小球，質量の無視できる伸び縮みしない丈夫な糸，ストップウォッチで，糸に小球を取りつけて，天井からつり下げた。糸の長さは 90 cm，小球の質量は 380 g であった。小球をつりあいの位置から少しだけ揺らして同一鉛直面内で微小振動させ，100 回往復する時間を測定したら 180 秒であった。この測定で得られる重力加速度の大きさ〔m/s^2〕を有効数字 2 桁で求めよ。ただし，空気抵抗の影響は無いものとする。

（芝浦工大・改）

10 図のように，半頂角 45° の円すい面が軸を鉛直に，頂点を下にして固定されている。そのなめらかな内面に沿って，質点が水平な円軌道を描きながら運動している。その軌道面の高さは頂点から h である。質点の円運動の周期はいくらか。重力加速度の大きさを g とする。

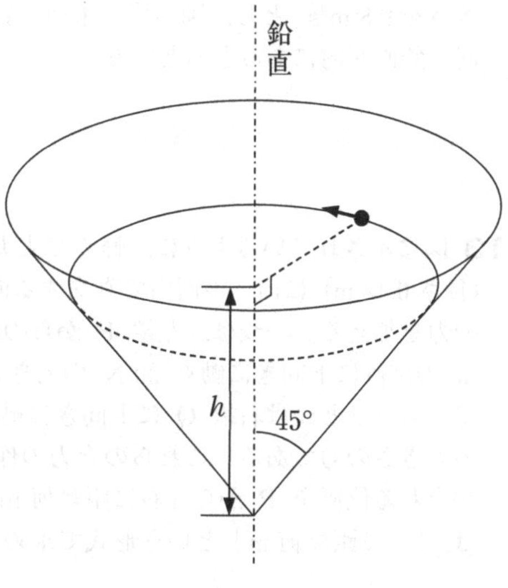

㋐ $2\pi\sqrt{\dfrac{h}{16g}}$　㋑ $2\pi\sqrt{\dfrac{h}{8g}}$　㋒ $2\pi\sqrt{\dfrac{h}{4g}}$

㋓ $2\pi\sqrt{\dfrac{h}{2g}}$　㋔ $2\pi\sqrt{\dfrac{h}{g}}$

（自治医大）

11 図のように，断面積 20 cm^2 の円筒容器の底におもりを固定して，水と液体 A にまっすぐに浮かべる。液体 A に浮かべた場合は，水に浮かべた場合に比べて液面から上に出ている部分が 1.0 cm だけ長い。液体 A の密度はいくらか。最も近い値を，下の①～⑧のうちから一つ選べ。ただし，おもりを含めた円筒容器の全質量は 120 g，水の密度は 1.0 g/cm^3 とする。

□ g/cm^3

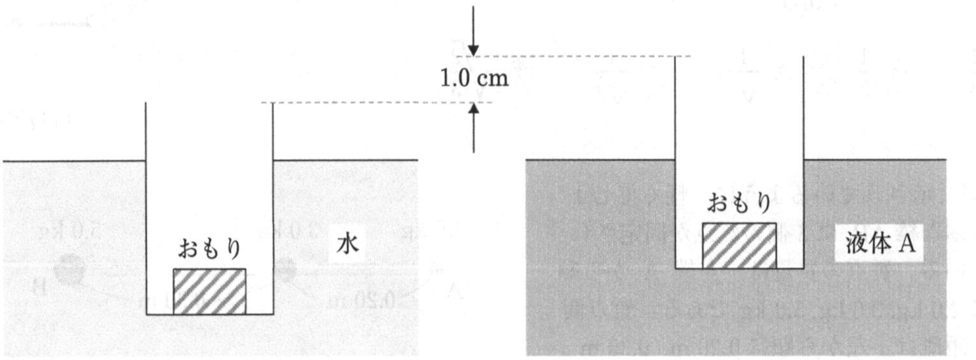

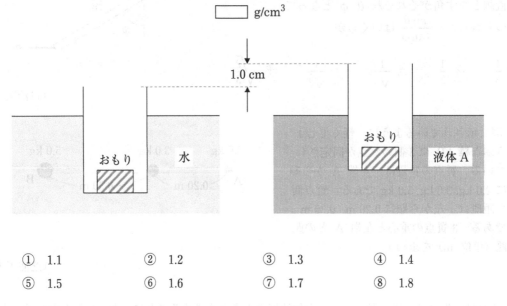

① 1.1	② 1.2	③ 1.3	④ 1.4
⑤ 1.5	⑥ 1.6	⑦ 1.7	⑧ 1.8

（順天堂大・医）

12 図のように，静止摩擦係数 0.80 の水平な床面と水平面とのなす角度が 60° の滑らかな摩擦の無い斜面があり，そこに 500 g の一様な細い棒を水平面からの角度 30° で立てかけたところ静止した。このとき，棒が床面から受ける水平方向の摩擦力の大きさ〔N〕を有効数字 2 桁で求めよ。ただし，重力加速度の大きさを 9.8 m/s^2 とし，図の棒，床面，斜面は同一鉛直面内にあるものとする。

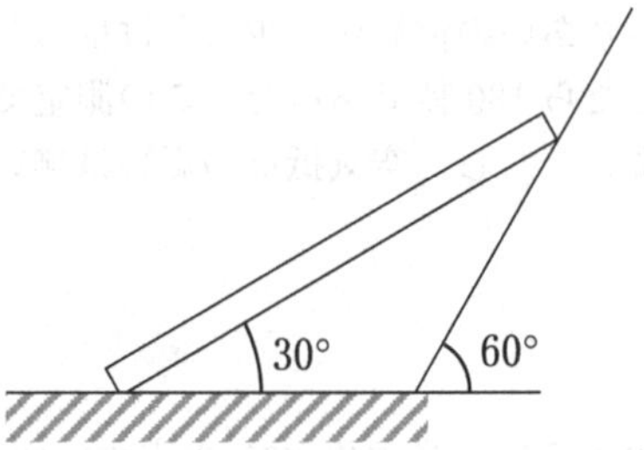

（芝浦工大）

13 図に示されているように，軽くて丈夫な棒 PQ（長さ 0.42 m）に同一平面内で直交する向きに 2 つの力を加える。一つは，左端 P からの距離 0.12 m の位置に下向きに働く 30 N の大きさの力で，もうひとつは右端 Q に上向きに働く 20 N の大きさの力である。これらの合力の作用線と棒が交わる位置を P から「右に距離何 m」または，「左に距離何 m」という形式で求めよ。

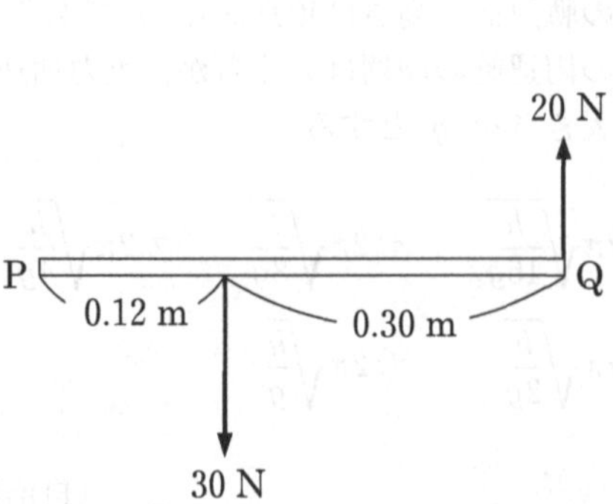

（芝浦工大）

14 U 字形の管の一端から水銀を入れ，他端から順に水，油を入れたら図のようになった。水銀と水との境界面から測った水銀，水，油の高さは，それぞれ 2 cm, 10 cm, 30 cm であった。油の密度は水の密度の何倍になるか。ただし，水銀の密度は水の密度の 13.6 倍とする。

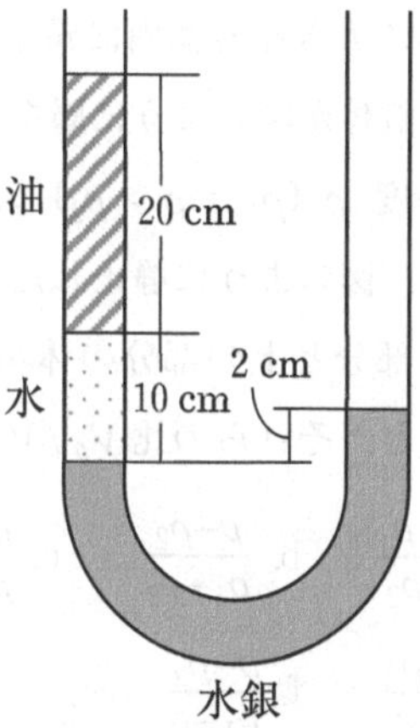

㋐ 0.57　　㋑ 0.68　　㋒ 0.75　　㋓ 0.86　　㋔ 0.94

（自治医大）

15 図のように，密度と厚さが一様な正三角形 ABC の薄い板が，鉛直に張った 2 本の軽いひもで天井からぶら下げられている。2 本のひもは正三角形の二つの頂点 A と B にそれぞれつながれており，辺 AC は鉛直に保たれている。A につないだひもの張力は，板の重さの何倍か。

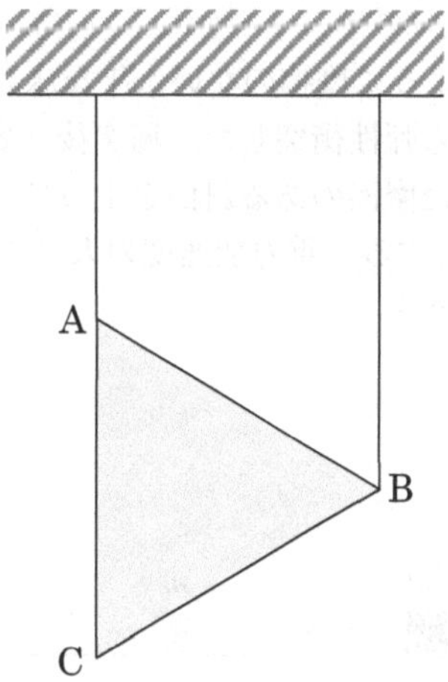

㋐ $\frac{1}{4}$　　㋑ $\frac{1}{3}$　　㋒ $\frac{1}{2}$　　㋓ $\frac{2}{3}$　　㋔ $\frac{3}{4}$

（自治医大）

16 図のように，点 O を中心とする半径 r〔m〕で重さ W〔N〕の一様な円板から，点 O からの距離が $\frac{r}{2}$ の点 P を中心とする半径 $\frac{r}{2}$ の円板をくりぬいた物体 A がある。 A の重心を点 G とすると，OG 間の距離は [1] $\times r$〔m〕である。点 O と点 P を通る直線が水平となり，あらい水平面と鉛直でなめらかな壁とに接するように A を置いたところ，A は静止した。このとき，A が水平面から受ける摩擦力の大きさは，[2] $\times W$〔N〕である。

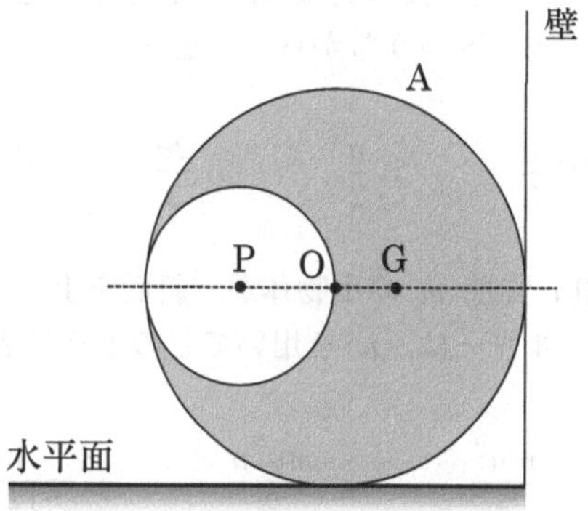

① $\frac{1}{16}$　② $\frac{1}{12}$　③ $\frac{1}{10}$　④ $\frac{1}{9}$　⑤ $\frac{1}{8}$　⑥ $\frac{1}{7}$　⑦ $\frac{1}{6}$　⑧ $\frac{1}{5}$　⑨ $\frac{1}{4}$　⑩ $\frac{1}{3}$

⑪ $\frac{3}{8}$　⑫ $\frac{2}{5}$　⑬ $\frac{1}{2}$　⑭ $\frac{3}{5}$　⑮ $\frac{2}{3}$　⑯ $\frac{3}{4}$　⑰ 1

（北里大・医）

17 ある大きな容器内に異なる密度 ρ_1 と ρ_2 の2種類の液体が図のように層をなしている。この液体内に密度 ρ $(\rho_1 > \rho > \rho_2)$ の柱状の物体を入れたところ，図のように静止した。物体の境界面に対して下の部分と上の部分の体積をそれぞれ V_1 と V_2 とすると，それらの比 V_2/V_1 はいくらか。

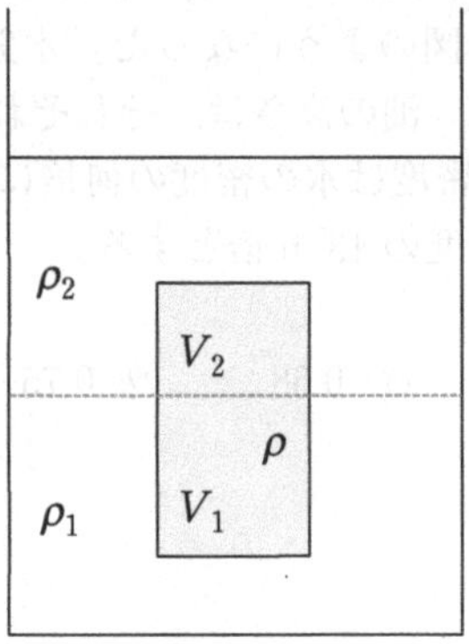

a. $\dfrac{\rho_1-\rho}{\rho_1-\rho_2}$　b. $\dfrac{\rho-\rho_2}{\rho_1-\rho_2}$　c. $\dfrac{\rho_1-\rho}{\rho-\rho_2}$　d. $\dfrac{\rho_1-\rho_2}{\rho-\rho_2}$

e. $\dfrac{\rho_1-\rho_2}{\rho_1-\rho}$　f. $\dfrac{\rho-\rho_2}{\rho_1-\rho}$

（東邦大・医）

18 図のように摩擦のない水平な床に静止した質量 m の小物体に，質量 $2m$ の小物体が速さ v で左から弾性衝突した。衝突後，質量 m の小物体は右方向へ運動し，水平な床になめらかにつながった摩擦のある斜面を上って，ある高さで速さが 0 になった。水平な床と斜面のなす角度は θ とする。重力加速度の大きさを g，斜面と小物体の間の動摩擦係数を μ として，下の問いに答えよ。

(a) 衝突直後の質量 m の小物体の速さを u とする。u はいくらになるか。正しいものを，次の①～⑧のうちから一つ選べ。

① $\dfrac{v}{3}$　② $\dfrac{v}{2}$　③ $\dfrac{2v}{3}$　④ v　⑤ $\dfrac{4v}{3}$　⑥ $\dfrac{3v}{2}$　⑦ $2v$　⑧ $\dfrac{5v}{3}$

(b) 質量 m の小物体が，斜面を上って速さが 0 になるまでに，摩擦によって失った力学的エネルギーは，u を用いてどのように表されるか。

① $\dfrac{mu^2}{2}$　② $\dfrac{mu^2\mu}{2}$　③ $\dfrac{mu^2\mu}{2(1+\mu\sin\theta)}$　④ $\dfrac{mu^2\mu}{2(\mu+\sin\theta)}$　⑤ $\dfrac{mu^2\mu}{2(1+\mu\cos\theta)}$

⑥ $\dfrac{mu^2\mu}{2(\mu+\cos\theta)}$　⑦ $\dfrac{mu^2\mu}{2(1+\mu\tan\theta)}$　⑧ $\dfrac{mu^2\mu}{2(\mu+\tan\theta)}$

（順天堂大・医）

19 自動車がカーブにさしかかると，自動車に乗っている人にはカーブの中心と反対方向に向かう遠心力が働くように観測される。このため，速度が大きすぎると自動車が転倒するおそれがある。図は走っている自動車を正面から見たもので，重心Gには図の左向きに遠心力が働いており，左タイヤが路面から浮き上がった瞬間を表している。右タイヤが路面と接する点Aのまわりで力のモーメントがつりあう条件を求めれば，自動車が転倒しないための限界の速さを知ることができる。重心Gは路面から1 mの高さのところにあり，重心Gから地面に下ろした垂線の足と右タイヤの距離は1 mである。また，自動車の重心は半径120 mの円周上を動き，路面は水平から2.2°傾いている。タイヤと路面の摩擦は十分に大きく，横方向に滑ることはないと考えてよい。自動車が転倒しないで走れる限界の速さとしてもっとも近い値を次の①～④の中から一つ選べ。重力加速度の大きさは $10\ \mathrm{m/s^2}$ とし，必要なら $\dfrac{\sin 47.2^\circ}{\cos 47.2^\circ} = \dfrac{\cos 42.8^\circ}{\sin 42.8^\circ} = 1.08$ を使ってよい。

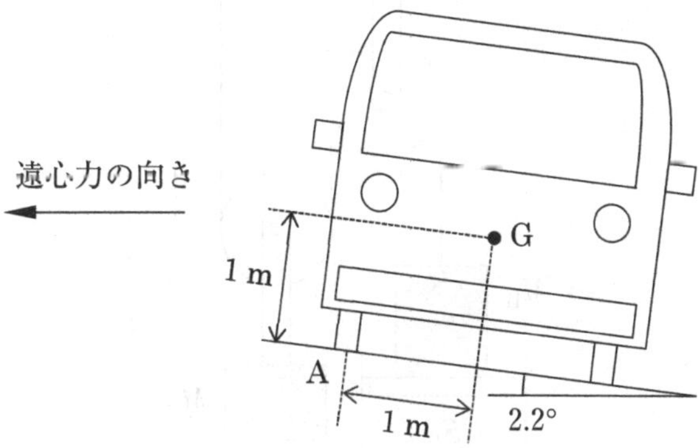

① 27 m/s　　② 30 m/s　　③ 33 m/s　　④ 36 m/s

（成蹊大）

20 図のように，質量 M の均一な棒の先端が T の力で引かれて，棒が静止している。棒と床の角度は45°，棒を引く力 T と棒の角度は30°である。棒と床との間の静止摩擦係数を μ とするとき，棒がすべることなく静止しているための静止摩擦係数の条件は，$\mu \geqq$ □ となる。ただし，$\cos 15^\circ = \dfrac{\sqrt{6}+\sqrt{2}}{4}$，$\sin 15^\circ = \dfrac{\sqrt{6}-\sqrt{2}}{4}$ を用いてよい。

① $\dfrac{\sqrt{6}}{6}$　② $\dfrac{\sqrt{3}}{3}$

③ $\dfrac{2\sqrt{3}}{3}$　④ $\dfrac{\sqrt{2}}{2}$

⑤ $\dfrac{\sqrt{3}-1}{3}$　⑥ $\dfrac{\sqrt{3}+1}{3}$

⑦ $\dfrac{3\sqrt{6}-5\sqrt{2}}{2}$　⑧ $\dfrac{2\sqrt{3}+5}{13}$

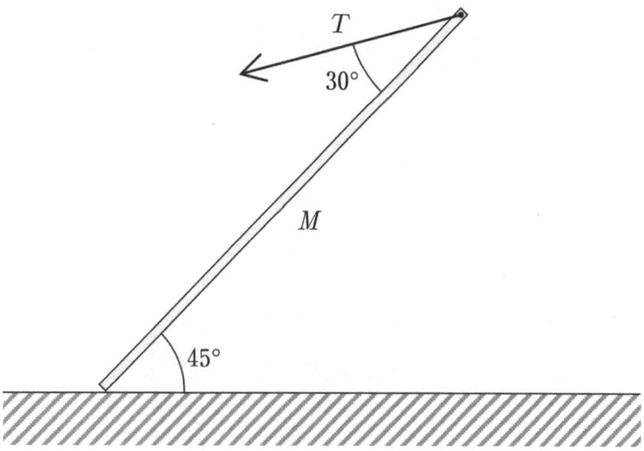

（順天堂大・医）

1
章

21 図のように，水平面に置かれた左右の太さが異なるU字管に水を入れ，断面積 S_{A} と S_{B} のなめらかに動くピストンで封じる。断面積 S_{A}，S_{B} のピストンの上に質量 M_{A}，M_{B} のおもりがある。定滑車と，質量 M のおもりをつけた動滑車を経由して，質量 M_{B} のおもりと天井を糸でつなげた。二つのピストンの高さが等しい状態で静止しているとき，M_{A} はいくらか。正しいものを下の①〜⑧のうちから一つ選べ。ただし，ピストン，糸，動滑車の質量は無視できるとし，糸は滑車にかかっている部分を除きすべて鉛直になっているとする。大気圧は無視してよい。

$M_{\mathrm{A}} =$ □

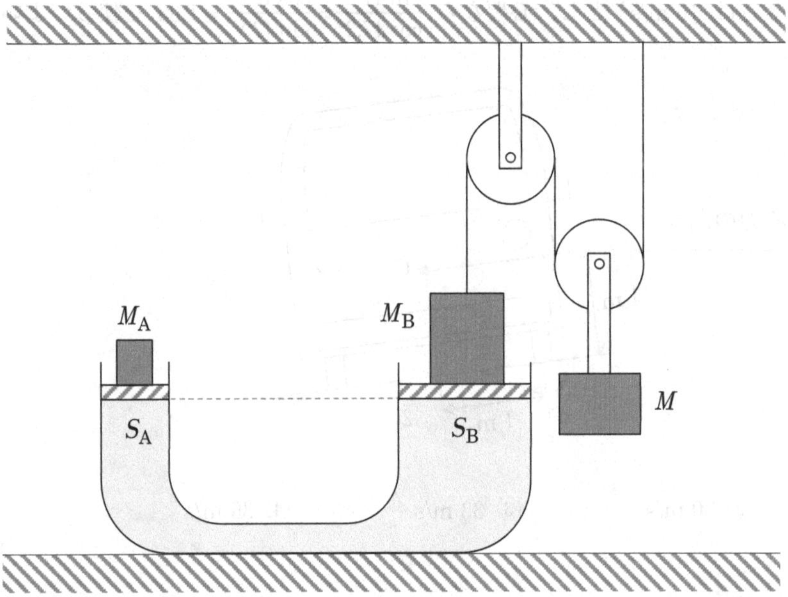

① $M_B\dfrac{S_{\mathrm{A}}}{S_{\mathrm{B}}}-M$　② $M_{\mathrm{B}}\dfrac{S_{\mathrm{B}}}{S_{\mathrm{A}}}-M$　③ $\left(M_B-\dfrac{M}{2}\right)\dfrac{S_{\mathrm{A}}}{S_{\mathrm{B}}}$　④ $(M_B-M)\dfrac{S_{\mathrm{A}}}{S_{\mathrm{B}}}$

⑤ $(M_B-2M)\dfrac{S_{\mathrm{A}}}{S_{\mathrm{B}}}$　⑥ $\left(M_B-\dfrac{M}{2}\right)\dfrac{S_{\mathrm{B}}}{S_{\mathrm{A}}}$　⑦ $(M_B-M)\dfrac{S_{\mathrm{B}}}{S_{\mathrm{A}}}$　⑧ $(M_B-2M)\dfrac{S_{\mathrm{B}}}{S_{\mathrm{A}}}$

（順天堂大・医）

22 一様な太さで長さが $3a$〔m〕の針金を3等分した点で直角に折り曲げ，コの字型ABCDを作り，BCの中点にBCと垂直に同じ太さの針金STを溶接した。この針金のBCの中点を円錐形の台で図のように支えるとき，針金の重心が半直線TS上にあると安定的に支えることができない。安定的に支えられるようにするにはSTの長さをどのような範囲にしなければいけないか。ただし，ABCDとSTは同一平面上にあるものとする。

（大阪医大・改）

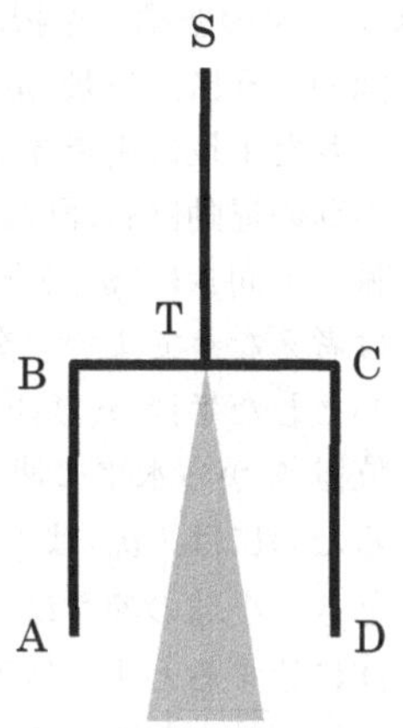

23 質量 M の3つの質点が，バネ定数が K で自然長が L_0 の3本のバネによってつながっている。これらの質点は，図のように，半径 R の円周上を正三角形の形を保ったまま等速で円運動している。質点にはバネからの力しか加わっていない。以下の問いに答えよ。

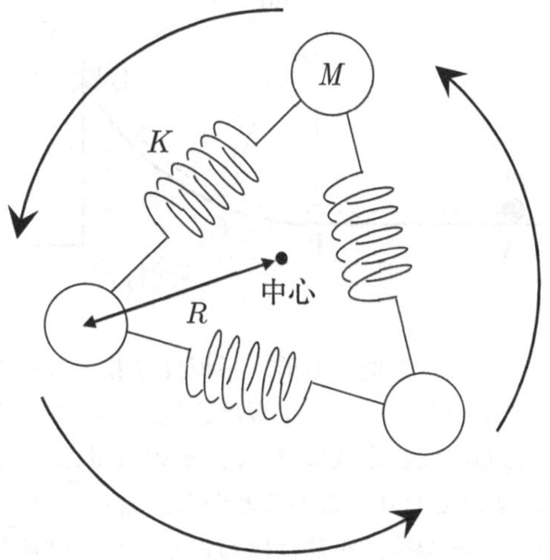

(a) バネは自然長に比べてどれだけ伸びているか。R と L_0 を用いて表せ。

(b) 1つの質点に1本のバネがおよぼしている力の大きさを K, R, L_0 を用いて表せ。

(c) 1つの質点に2本のバネがおよぼしている力の合力の大きさを求めよ。

(d) 回転の角速度 ω を求めよ。

(e) 半径 R はいくらでも大きくなり得るが角速度 ω はある値を超えない。その値を求めよ。

（学習院大）

24 ア～クの空欄は選択肢から選択し，空欄 a には適切な式を答えなさい。

図のように，質量 m の小球が発射台から打ち出され，放物運動のあと，ばねで床に取り付けられた平板に衝突する運動を考える。ただし，小球は図の下向きに重力を受けており，また，小球の運動は紙面内に限られる。重力加速度の大きさを g とし，以下では図の右向きに x 軸，上向きに y 軸をとる。小球の大きさや回転は無視でき，発射台の面との摩擦や空気抵抗は考えなくてよい。発射台は水平な面 AB と円筒面 BCD からなる。円筒面 BCD は軸 R を中心とした半径 r，角度 60° の弧をなし，位置 B で面 AB と滑らかにつながっている。小球は位置 A から水平に速さ v_0 で打ち出され，ABCD に沿って運動を行う。小球が位置 D に達するためには，v_0 は［ア］以上でなければならない。$\angle BRC = \theta$ である位置 C を通り過ぎるとき，小球の速さは［イ］で，円筒面から受ける垂直抗力の大きさは［ウ］である。位置 D に達すると小球は速度 $\vec{v} = (v_x, v_y)$ ので空中に打ち出される。ここで，速度の x 成分は $v_x =$［エ］である。打ち出された小球は，最高点 E を通り過ぎ，落下をはじめる。

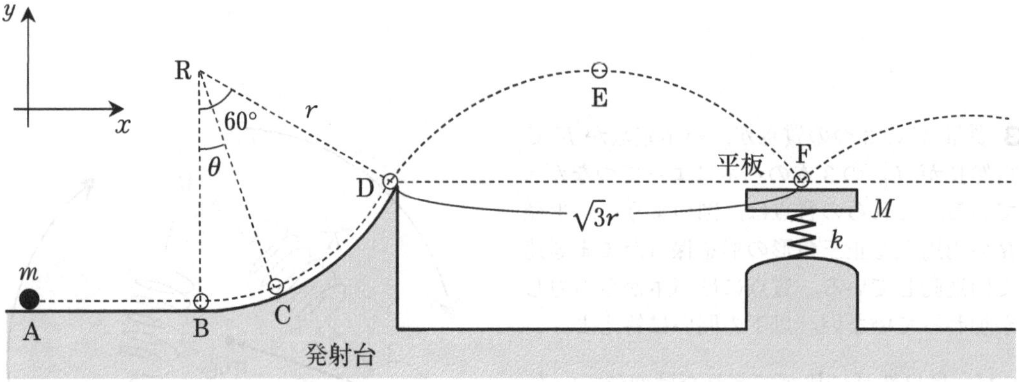

小球と平板が衝突する前，平板はばねとつりあい，その上面が位置 D とちょうど同じ高さになる位置で静止していた。平板は質量が M で，水平面を保ったまま鉛直方向にのみ運動を行う。また，ばねのばね定数は k で，その質量は無視してよい。衝突位置 F は水平距離で位置 D から $\sqrt{3}r$ 離れており，このことから，$v_0 =$［オ］，衝突直前の小球の速度の y 成分は $v_y' =$［カ］である。衝突後，小球ははね返り，平板は運動をはじめた。平板の表面が滑らかで，小球との衝突のはねかえり係数を e とすると，衝突直後の小球の速度の y 成分は $v_y'' =$［a］$\times (-v_y')$ となる。ただし，$v_y'' > 0$ とし，小球と平板の衝突は一度だけ瞬時に起こるものとする。平板は単振動を行い，その振幅は［キ］，周期は［ク］である。

ア の解答群

① $\sqrt{\dfrac{gr}{2}}$　② $\sqrt{gr}$　③ $\sqrt{2gr}$　④ $\sqrt{3gr}$　⑤ $\sqrt{\dfrac{1}{2gr}}$　⑥ $\sqrt{\dfrac{1}{gr}}$　⑦ $\sqrt{\dfrac{2}{gr}}$　⑧ $\sqrt{\dfrac{3}{gr}}$

イの解答群

① $\sqrt{v_0^2 - gr\sin\theta)}$　② $\sqrt{v_0^2 - gr\cos\theta)}$　③ $\sqrt{v_0^2 - 2gr\sin\theta)}$

④ $\sqrt{v_0^2 - 2gr\cos\theta)}$　⑤ $\sqrt{v_0^2 - gr(1-\sin\theta)}$　⑥ $\sqrt{v_0^2 - gr(1-\cos\theta)}$

⑦ $\sqrt{v_0^2 - 2gr(1-\sin\theta)}$　⑧ $\sqrt{v_0^2 - 2gr(1-\cos\theta)}$

ウの解答群

① $\dfrac{mv_0^2}{r}+mg(3\cos\theta-2)$　② $\dfrac{mv_0^2}{r}+mg(3\sin\theta-2)$　③ $\dfrac{mv_0^2}{r}+3mg\cos\theta$

④ $\dfrac{mv_0^2}{r}+3mg\sin\theta$　⑤ $\dfrac{mv_0^2}{r}\cos\theta+mg$　⑥ $\dfrac{mv_0^2}{r}\sin\theta+mg$

⑦ $\dfrac{mv_0^2}{r}\cos\theta+3mg\cos\theta$　⑧ $\dfrac{mv_0^2}{r}\sin\theta+3mg\sin\theta$

エの解答群

① $\dfrac{\sqrt{v_0^2-gr}}{3}$　② $\dfrac{\sqrt{v_0^2-gr}}{2}$　③ $\sqrt{v_0^2-gr}$　④ $2\sqrt{v_0^2-gr}$

⑤ $\dfrac{\sqrt{v_0^2-2gr}}{3}$　⑥ $\dfrac{\sqrt{v_0^2-2gr}}{2}$　⑦ $\sqrt{v_0^2-2gr}$　⑧ $2\sqrt{v_0^2-2gr}$

オの解答群

① $\sqrt{\dfrac{gr}{2}}$　② $\sqrt{gr}$　③ $\sqrt{2gr}$　④ $\sqrt{3gr}$　⑤ $\sqrt{\dfrac{1}{2gr}}$　⑥ $\sqrt{\dfrac{1}{gr}}$　⑦ $\sqrt{\dfrac{2}{gr}}$　⑧ $\sqrt{\dfrac{3}{gr}}$

カの解答群

① $-\sqrt{\dfrac{3gr}{2}}$　② $-\sqrt{gr}$　③ $-\sqrt{2gr}$　④ $-\sqrt{3gr}$

⑤ $-\sqrt{\dfrac{1}{2gr}}$　⑥ $-\sqrt{\dfrac{1}{gr}}$　⑦ $-\sqrt{\dfrac{2}{3gr}}$　⑧ $-\sqrt{\dfrac{4}{3gr}}$

キの解答群

① $\dfrac{m(1+e)}{m+M}\sqrt{\dfrac{3Mgr}{2k}}$　② $\dfrac{m(1+e)}{m+M}\sqrt{\dfrac{2Mgr}{3k}}$　③ $\dfrac{m(1+e)}{m+M}\sqrt{\dfrac{3kgr}{2M}}$　④ $\dfrac{m(1+e)}{m+M}\sqrt{\dfrac{2kgr}{3M}}$

⑤ $\dfrac{M(1+e)}{m+M}\sqrt{\dfrac{3Mgr}{2k}}$　⑥ $\dfrac{M(1+e)}{m+M}\sqrt{\dfrac{2Mgr}{3k}}$　⑦ $\dfrac{M(1+e)}{m+M}\sqrt{\dfrac{3kgr}{2M}}$　⑧ $\dfrac{M(1+e)}{m+M}\sqrt{\dfrac{3kgr}{2M}}$

クの解答群

① $2\pi\sqrt{\dfrac{m}{k}}$　② $2\pi\sqrt{\dfrac{k}{m}}$　③ $2\pi\sqrt{\dfrac{M}{k}}$　④ $2\pi\sqrt{\dfrac{k}{M}}$

⑤ $2\pi\sqrt{\dfrac{M+m}{k}}$　⑥ $2\pi\sqrt{\dfrac{k}{M+m}}$　⑦ $2\pi\sqrt{\dfrac{(m+M)k}{Mm}}$　⑧ $2\pi\sqrt{\dfrac{Mm}{(m+M)k}}$

（明治大）

25 ばね定数がそれぞれ k_1, k_2, k_3 で，自然の長さが等しく軽いばね A, B, C がある。図のように，ばね A, B, C をそれぞれ点 P_A, P_B, P_C で軽い棒と接続し，ばね C の先端におもり X をつけ，ばね A, B の先端を水平な天井にとりつけて，天井からつるした。

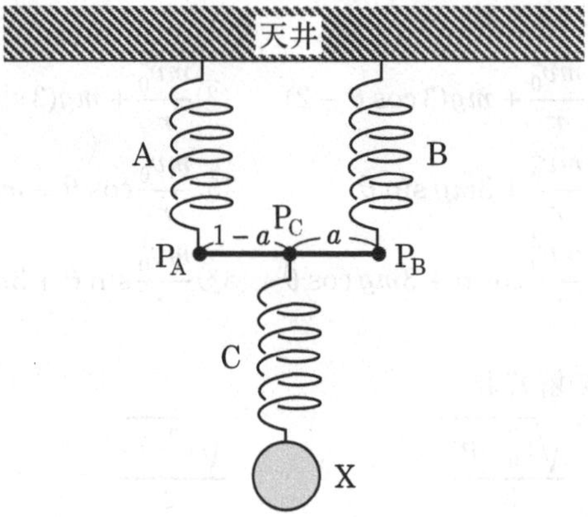

$P_AP_C : P_CP_B = (1-a) : a$ としたところ，棒は水平になった。おもり X の質量を m，ばね A, B の伸びを x，ばね C の伸びを y，重力加速度の大きさを g として，以下の問いに答えなさい。

(1) 図のばね A と B の部分を 1 本のばねとみなしたとき,そのばね定数は [1] である。

① k_1　② k_2　③ k_3　④ k_1+k_2　⑤ $|k_1-k_2|$　⑥ $\frac{k_1+k_2}{k_1k_2}$　⑦ $\frac{k_1k_2}{k_1+k_2}$
⑧ $\frac{k_1k_2}{k_3}$　⑨ $\frac{k_3}{k_1k_2}$

(2) 点 P_C でばね C が棒を下向きに引く力の大きさは [2] である。

① mg　② $mg-k_2x$　③ $mg-k_3y$　④ $mg-(k_1+k_2)x$　⑤ $mg-(k_1+k_2)x-k_3y$
⑥ $mg-\frac{k_1k_2}{k_1+k_2}x$　⑦ $\frac{k_1+k_2}{k_1k_2}x$　⑧ $\frac{k_1k_2}{k_1+k_2}x$　⑨ $|k_1-k_2|x$　⓪ 0

(3) 図のばね A, B, C, の部分を 1 本のばねとみなしたとき，そのばね定数は [3] である。

① $\frac{k_3}{k_1k_2}$　② $\frac{k_1k_2}{k_3}$　③ $\frac{k_1}{k_2k_3}$　④ $\frac{k_2k_3}{k_1}$　⑤ $k_1+k_2+k_3$　⑥ $k_1+k_2-k_3$
⑦ $\frac{k_1+k_2+k_3}{(k_1+k_2)k_3}$　⑧ $\frac{(k_1+k_2)k_3}{k_1+k_2+k_3}$　⑨ $\frac{k_1k_2+k_2k_3+k_3k_1}{k_1+k_2}$

(4) 棒で水平であることから，$a=$ [4] である。

① 1　② $\frac{k_1}{k_1+k_2}$　③ $\frac{k_2}{k_1+k_2}$　④ $\frac{k_1+k_2}{k_1+k_2+k_3}$　⑤ $\frac{k_1+k_3}{k_1+k_2+k_3}$　⑥ $\frac{k_2+k_3}{k_1+k_2+k_3}$
⑦ $\frac{k_1}{k_1+k_2+k_3}$　⑧ $\frac{k_2}{k_1+k_2+k_3}$　⑨ $\frac{k_3}{k_1+k_2+k_3}$　⓪ 0

（日大）

26 水平な地面から質量 m の小球を打ち出した際の運動について考える。重力加速度を g とし，空気抵抗，小球の大きさは無視せよ。

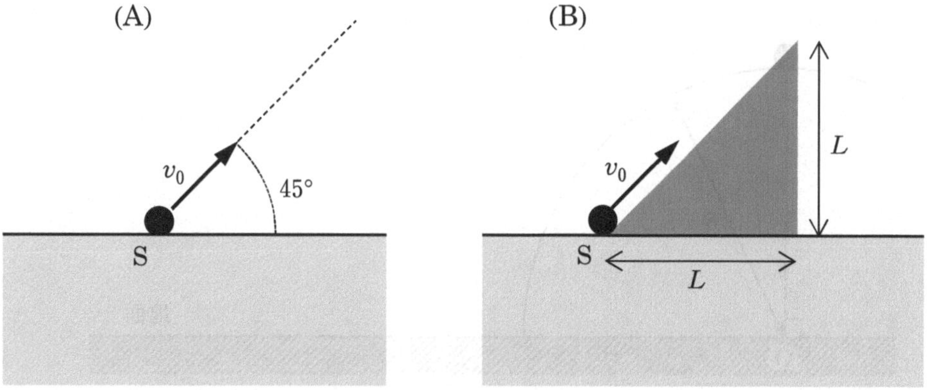

図Aのように，地面の上の点Sから，水平面に対して45度の角度をつけ速さ v_0 で小球を打ち出した（$v_0 > 0$ である）。

(a) 小球の初速度の水平方向成分，鉛直方向成分はいくらか。

(b) 小球が最高点に達するまでの時間を v_0, g で表わせ。

(c) 小球が最高点に達するときの地面からの高さ H_0 を v_0, g で表わせ。

(d) 小球が地面に落下する位置と点Sとの距離 D_0 を v_0, g で表わせ。

次に，図Bのように，水平方向の長さ L，高さ L の斜面を地面の上に固定し，斜面の下端の点Sから，小球を速さ v_0 で斜面に沿って打ち出した。斜面と小球の摩擦は無視できる。以下では，小球が斜面の上端から飛び出す場合について考える。

(e) 小球が斜面の上端から飛び出すために v_0 が満たすべき条件を求めよ。また，小球が斜面から飛び出すときの速さ v_1 を v_0, L, g で表わせ。

(f) 小球が最高点に達するときの地面からの高さ H を v_0, L, g で表わせ。また，(c)で求めた H_0 との大小を比較せよ。

(g) 小球が地面に落下する位置と点Sとの距離 D を v_0, L, g で表わせ。また，(d)で求めた D_0 との大小を比較せよ。

（学習院大）

27 図のように，質量 m の小物体を半径 R のなめらかな半球の頂点に静かに置いたところ，小物体は半球の右側にすべり出した。半球の中心を O，重力加速度の大きさを g，地面は水平であるものとして，以下の問いに答えなさい。

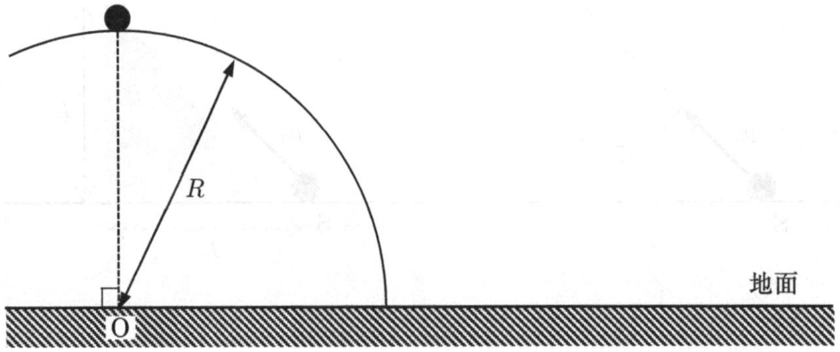

(1) 小物体が半球から離れる点の地面からの高さは [1] $\times R$ である。また，そのときの物体の速さは [2] $\times \sqrt{gR}$ である。

[1] の解答群

① $\frac{1}{5}$　② $\frac{1}{4}$　③ $\frac{1}{3}$　④ $\frac{1}{2}$　⑤ $\frac{2}{3}$　⑥ $\frac{3}{5}$　⑦ $\frac{3}{4}$　⑧ $\frac{4}{5}$

[2] の解答群

① $\sqrt{\frac{3}{10}}$　② $\sqrt{\frac{3}{5}}$　③ $\sqrt{\frac{2}{3}}$　④ $2\sqrt{\frac{1}{5}}$　⑤ 1　⑥ $\sqrt{\frac{3}{2}}$　⑦ $\sqrt{2}$　⑧ 2

(2) 小物体が半球を離れてから地面に到進するまでの時間は [3] $\times \sqrt{\frac{R}{g}}$ である。また，地面に到達した地点と点 O との水平距離は [4] $\times R$ である。

[3] の解答群

① $\frac{1}{\sqrt{3}}$　② $\frac{2}{\sqrt{3}}$　③ $\sqrt{\frac{5}{3}}$　④ $\frac{\sqrt{5}-\sqrt{2}}{\sqrt{3}}$　⑤ $\frac{\sqrt{10}-\sqrt{5}}{2\sqrt{3}}$　⑥ $\frac{2\sqrt{11}-2\sqrt{2}}{3\sqrt{3}}$

⑦ $\frac{\sqrt{19}-\sqrt{10}}{3\sqrt{3}}$　⑧ $\frac{\sqrt{21}-\sqrt{11}}{3\sqrt{3}}$　⑨ $\frac{\sqrt{46}-\sqrt{10}}{3\sqrt{3}}$　⑩ $\frac{\sqrt{51}-\sqrt{11}}{3\sqrt{3}}$

[4] の解答群

① $\frac{9}{5}$　② $\frac{5\sqrt{5}}{9}$　③ $\frac{2\sqrt{7}-4\sqrt{5}}{9}$　④ $\frac{2\sqrt{7}+5\sqrt{5}}{9}$　⑤ $\frac{2\sqrt{21}-4\sqrt{5}}{18}$　⑥ $\frac{2\sqrt{21}+5\sqrt{5}}{18}$

⑦ $\frac{4\sqrt{22}-8}{27}$　⑧ $\frac{4\sqrt{22}+10}{27}$　⑨ $\frac{4\sqrt{23}-4\sqrt{5}}{27}$　⓪ $\frac{4\sqrt{23}+5\sqrt{5}}{27}$

（日大）

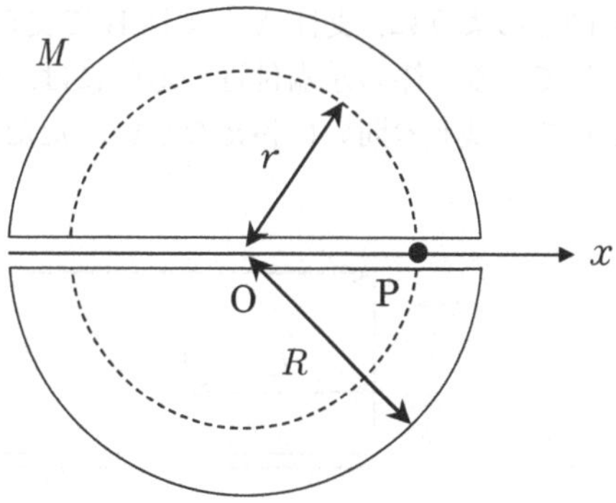

28 図のように，地球の中心 O を通って直線状にあけられた細い穴を考える。この穴に沿って点 O を原点とする x 軸をとる。穴は十分細く，穴をあけたことによる地球の質量の変化は無視できるものとする。地球は半径 R〔m〕の球であり，密度は一様に分布していると考える。また，地球の質量を M〔kg〕，万有引力定数を G〔$\mathrm{N \cdot m^2/kg^2}$〕とし，地球の自転の影響，摩擦および空気の抵抗は無視する。地球の中心 O からの距離が r〔m〕である穴の中の任意の 1 点で，質量 m〔kg〕の物体 P にはたらく重力は，O を中心とした半径 r の球の質量が中心 O に集まったとして，それと物体との間にはたらく万有引力に等しく，半径 r の球の外側の部分は，この点での重力には無関係であることが知られている。このことを用いて，物体 P の運動を考えよう。物体 P の座標 x〔m〕が正である場合を考える($0 \leqq x \leqq R$)。O を中心とした半径 x の球の質量 $M(x)$〔kg〕は，[1] と表すことができる。また，物体 P の加速度を a〔$\mathrm{m/s^2}$〕とすると，運動方程式は $M(x)$ を用いて，[2] となる。[1] と [2] により物体 P は単振動を行うことがわかる。地球表面での重力加速度の大きさを g〔$\mathrm{m/s^2}$〕とすると，$\dfrac{MG}{R^2} = g$ が成り立つので，単振動の周期 T〔s〕は [3] となることがわかる。物体 P を穴の端（地表）から静かにはなしたのち，穴を通って地球の反対側の端点に到達するのにかかる時間 T_1〔s〕は，周期 T を用いて [4] となる。地球の半径を $R = 6.4 \times 10^6$ m，重力加速度の大きさを $g = 9.8\ \mathrm{m/s^2}$ とすると，T_1 は約 [5] 分となる。

問 1　空所 [1] にあてはまる数式として最も適当なものを，次の中から一つ選びなさい。

① $\dfrac{Mx}{R}$　② $\dfrac{Mx^2}{R^2}$　③ $\dfrac{Mx^3}{R^3}$　④ $\dfrac{Mx}{R^3}$　⑤ $\dfrac{Mx^2}{R^3}$　⑥ $4\pi Mx^2$　⑦ $4\pi MR^2$　⑧ $\dfrac{4\pi Mx^3}{3R^3}$

問 2　空所 [2] にあてはまる数式として最も適当なものを，次の中から一つ選びなさい。

① $ma = -\dfrac{GmM(x)}{R^2}$　② $ma = -\dfrac{GmM(x)}{R^3}$　③ $ma = -GmM(x)$　④ $ma = -\dfrac{1}{2}GmM(x)$

⑤ $ma = -\dfrac{GmM(x)}{x^2}$　⑥ $ma = -\dfrac{GmM(x)}{x^3}$　⑦ $ma = -\dfrac{GmM(x)}{2x^2}$　⑧ $ma = -\dfrac{GmM(x)}{2x^3}$

問 3　空所 [3] にあてはまる数式として最も適当なものを，次の中から一つ選びなさい。

① $2\pi\sqrt{\dfrac{R}{g}}$　② $2\pi\sqrt{\dfrac{R^2}{g}}$　③ $\pi\sqrt{\dfrac{R}{g}}$　④ $\pi\sqrt{\dfrac{R^2}{g}}$　⑤ $2\pi\sqrt{\dfrac{g}{R}}$　⑥ $2\pi\sqrt{\dfrac{g}{R^2}}$

⑦ $\pi\sqrt{\dfrac{g}{R}}$　⑧ $\pi\sqrt{\dfrac{g}{R^2}}$

問 4　空所 [4] にあてはまる数式として最も適当なものを，次の中から一つ選びなさい。

① T　② $0.25T$　③ $0.5T$　④ $0.75T$　⑤ πT　⑥ $0.25\pi T$　⑦ $0.5\pi T$　⑧ $0.75\pi T$

問 5　空所 [5] にあてはまる値として最も適当なものを，次の中から一つ選びなさい。

① 10　② 20　③ 30　④ 40　⑤ 50　⑥ 60　⑦ 70　⑧ 80

（龍谷大）

29 図1のように，支柱Aと支柱Bで支えられている長さ $5L$ の棒に，質量 $3M$ のおもりがつけられている。棒の左端付近の地面には，ばねが鉛直に設置されている。重力加速度の大きさを g として，以下の問いに答えなさい。ただし，棒の体積および質量は無視できるものとする。

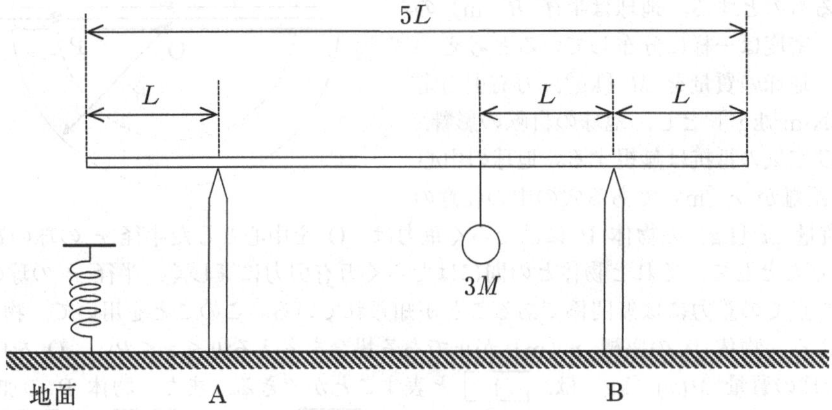

図1

(1) 棒が支柱Aを押す力の大きさは [1]，棒が支柱Bを押す力の大きさは [2] である。

[1]，[2] の解答群

① 0　② $\frac{Mg}{5}$　③ $\frac{Mg}{4}$　④ $\frac{Mg}{3}$　⑤ $\frac{Mg}{2}$

⑥ Mg　⑦ $2Mg$　⑧ $3Mg$　⑨ $4Mg$　⓪ $5Mg$

(2) 質量 $2M$ のおもりを棒の左端から [3] の位置につけると，棒が支柱Aと支柱Bを押す力の大きさは同じとなる。

[3] の解答群

① $\frac{L}{2}$　② $\frac{3}{4}L$　③ L　④ $\frac{5}{4}L$　⑤ $\frac{3}{2}L$

⑥ $\frac{7}{4}L$　⑦ $2L$　⑧ $\frac{5}{2}L$　⑨ $\frac{11}{4}L$　⓪ $3L$

(3) 棒の左端におもりをつけたところ，図2のように，棒は支柱Aとの接点を支点として傾き，棒の左端付近の地面に設置されたばね定数 k のばねを，鉛直の状態のまま，自然の長さから x だけ縮ませて，水平から $\theta\,(< 90°)$ の角度のところで静止した。このとき，左端につけたおもりの質量は [4] である。

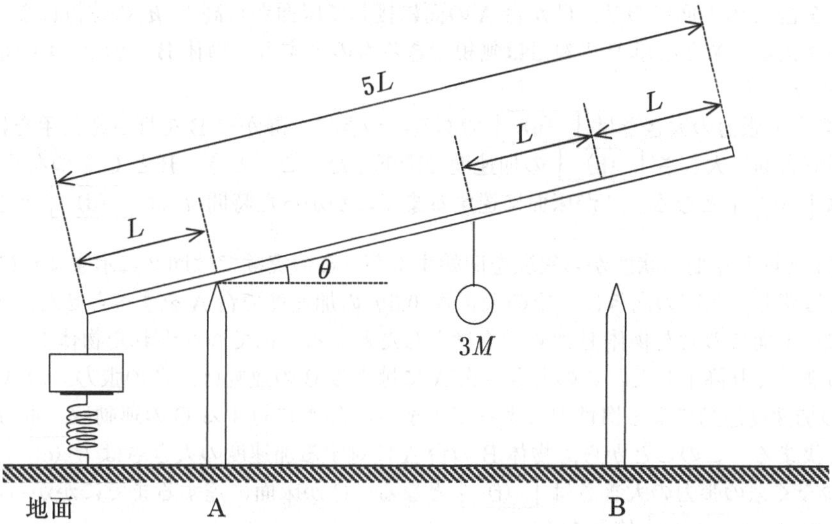

図2

[4] の解答群

① $3M - \dfrac{kz}{g}$　② $3M - \dfrac{kx}{g\cos\theta}$　③ $3M + \dfrac{kx\sin\theta}{g}$　④ $3M + \dfrac{kx}{g}$　⑤ $3M + \dfrac{kx}{g\cos\theta}$

⑥ $3M - \dfrac{kx\sin\theta}{g}$　⑦ $6M - \dfrac{kx}{g}$　⑧ $6M - \dfrac{kx}{g\cos\theta}$　⑨ $6M + \dfrac{kx}{g}$　⓪ $6M + \dfrac{kx}{g\cos\theta}$

（日大）

30 つぎの文の［　　］に入れるべき数式，または数値を記せ。なお，重力加速度の大きさを g とする。

実験1　図1に示すように，上面が粗い平面で側面がなめらかな平面の直方体の台Aを水平でなめらかな床面に固定し，質量 m の物体Bと質量 m の物体Cをつなぐ糸をなめらかな滑車Pにかけ，Bを台Aの上面にのせ，Cが台Aの面に接して床面から高さ h の位置になるようにBを手で押さえる。糸と滑車Pの質量は無視できるものとする。物体Bと台Aの上面との動摩擦係数を0.2とする。

このときの糸の張力の大きさは［(a)］である。つぎに，静かにBを押さえた手をはなすと，Cは鉛直方向に大きさ［(b)］の加速度で降下した。このとき，BとCをつなぐ糸の張力の大きさは［(c)］となる。Cが床面に達するまでにかかった時間 t は［(d)］となる。

実験2　実験1と同じ初期の状態から実験を開始するが，この実験では図2に示すように，台Aの止め具をはずし，矢印の向きに一定の大きさ $0.6g$ の加速度で台Aをすべらせた。すべらせると同時に，上面にのせた物体Bから手をはなしたところ，糸でつながれた物体Cは，高さ h の位置からゆっくり降下した。このとき，台Aに対するBの運動は，糸の張力，台Aとの摩擦力，台Aの加速度運動による慣性力によって決まる。台Aに対するCの運動は，重力と糸の張力によって決まる。このことから，物体Bの台Aに対する加速度の大きさは［(e)］となり，BとCをつなぐ糸の張力の大きさは［(f)］となる。Cが床面に達するまでにかかった時間は，実験1の t の［(g)］倍となる。

なお，矢印の向きに一定の加速度 $0.6g$ で台Aをすべらすのに，台Aに対し水平右向きに力を加えたとすると，その力の大きさは台Aの質量 M を用いて［(h)］となる。

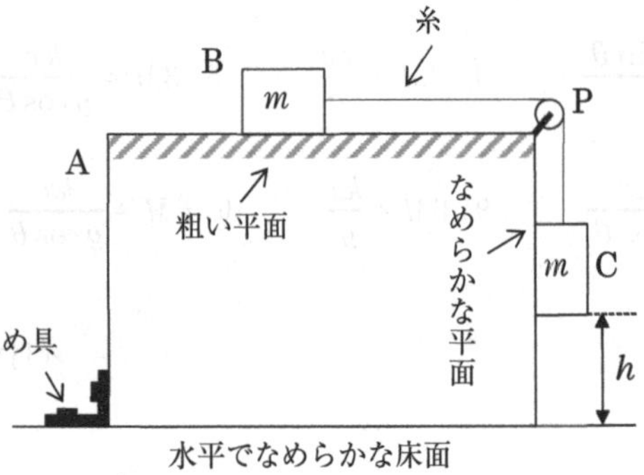

図1

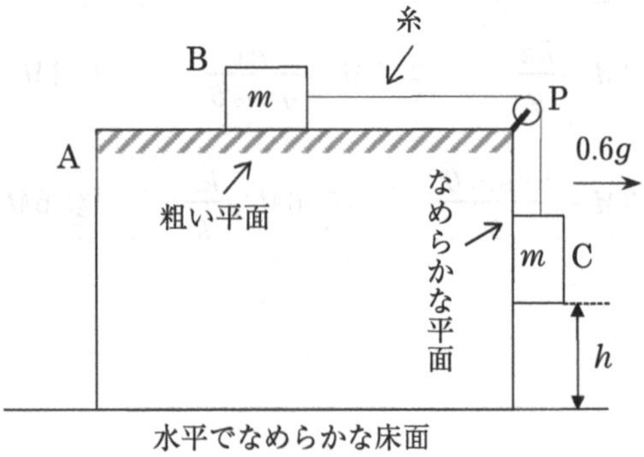

図2

（法政大・改）

31 図のように水平面から角度30°傾いた斜面に，斜め上から質量 m の小物体を投げた。小物体は図のように角度60°，速さ v で斜面の点 P に衝突し，その後はね返って点 Q に到達した。斜面はなめらかで，斜面と小物体の反発係数を e，重力加速度の大きさは g とする。空気抵抗は無視できて，小物体の運動は鉛直面内で起きるものとする。

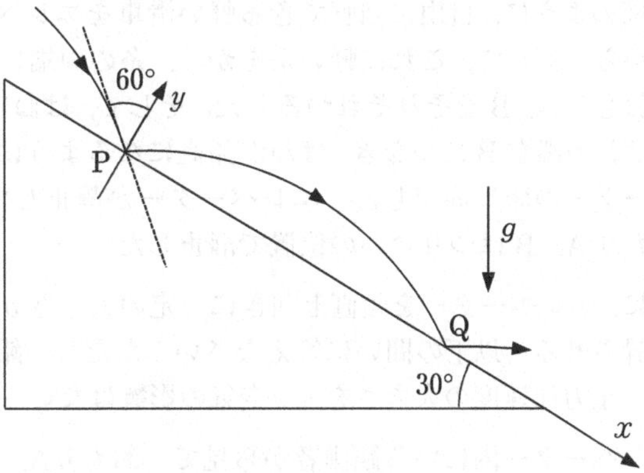

(1) 図のように点 P を座標原点にとり，斜面に沿って下向きに x 軸を，斜面に垂直外向きに y 軸をとる。このとき，点 P ではね返った直後の小物体の速度の x 成分は [1] $\times v$ で，y 成分は [2] $\times v$ である。またこのとき失われた力学的エネルギーは [3] $\times mv^2$ である。

[1] ～ [3] の解答群

① $\dfrac{\sqrt{3}}{4}$　② $\dfrac{1}{2}$　③ $\dfrac{\sqrt{3}}{2}$　④ $\dfrac{1-e}{8}$　⑤ $\dfrac{1-e}{4}$　⑥ $\dfrac{1-e}{2}$　⑦ $(1-e)$　⑧ $\dfrac{\sqrt{3}e}{4}$
⑨ $\dfrac{e}{2}$　⓪ $\dfrac{\sqrt{3}e}{2}$　ⓐ $\dfrac{1-e^2}{8}$　ⓑ $\dfrac{1-e^2}{4}$　ⓒ $\dfrac{1-e^2}{2}$　ⓓ $(1-e^2)$

(2) 小物体が点 P ではね返った時刻を 0 にとると，小物体が点 Q に到達する時刻は [4] $\times \dfrac{v}{g}$ である。小物体が点 Q に到達する直前の速度の x 成分は [5] $\times v$ で，y 成分は [6] $\times v$ である。PQ の距離は [7] $\times \dfrac{v^2}{g}$ である。

[4] の解答群

① $\dfrac{1}{3}$　② $\dfrac{\sqrt{3}}{3}$　② $\dfrac{2\sqrt{3}}{3}$　④ $\dfrac{3\sqrt{3}}{2}$　⑤ $\dfrac{e}{3}$　⑥ $\dfrac{\sqrt{3}e}{3}$　⑦ $\dfrac{2\sqrt{3}e}{3}$　⑧ $\dfrac{3\sqrt{3}e}{2}$

[5] ～ [7] の解答群

① $-\dfrac{e}{4}$　② $-\dfrac{e}{2}$　③ $-\dfrac{e}{3}$　④ $-\dfrac{\sqrt{3}e}{2}$　⑤ $\dfrac{1+e}{4}$　⑥ $\left(\dfrac{\sqrt{3}}{4}+\dfrac{e}{2}\right)$　⑦ $\left(\dfrac{\sqrt{3}+e}{3}\right)$
⑧ $\left(\dfrac{\sqrt{3}}{2}+\dfrac{\sqrt{3}e}{3}\right)$　⑨ $e\left(1+\dfrac{e}{4}\right)$　⓪ $e\left(1+\dfrac{e}{3}\right)$　ⓐ $e\left(1+\dfrac{e}{2}\right)$　ⓑ $e(1+e)$

(3) 小物体が点 Q ではね返った直後の速度の x 成分は [8] $\times v$ で，y 成分は [9] $\times v$ である。

[8] ～ [9] の解答群

① $\dfrac{e^2}{3}$　② $\dfrac{e^2}{2}$　③ $\dfrac{\sqrt{3}e^2}{3}$　④ e^2　⑤ $\left(\dfrac{\sqrt{3}}{4}+\dfrac{e}{2}\right)$　⑥ $\left(\dfrac{\sqrt{3}}{3}+\dfrac{e}{2}\right)$
⑦ $\left(\dfrac{\sqrt{3}}{2}+\dfrac{\sqrt{3}e}{3}\right)$　⑧ $\left(\sqrt{3}+\dfrac{\sqrt{3}e}{3}\right)$

（近畿大）

32 図のように，自由に回転できる軽い滑車をエレベーターの天井からつるして，これに軽い糸をかけ，糸の両端に質量 $2m, m$ のおもりA，Bをそれぞれつるした。そして，ばね定数 k の軽いばねの端をBにつなぎ，ばねが鉛直になるように他端をエレベーターの床に固定した。エレベーターが静止しているとき，おもりA，Bはつり合いの位置で静止した。

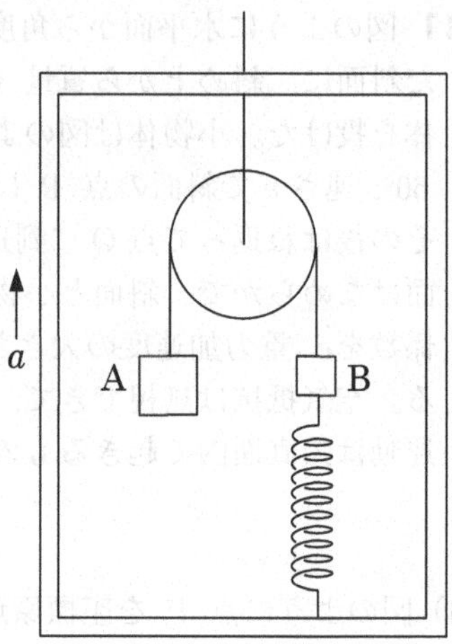

次に，エレベーターを鉛直上向きに一定の大きさ a の加速度で上昇させる。以下の問いに答えなさい。ただし，鉛直上向きを正，重力加速度の大きさを g，空気の影響はないものとする。

(1) エレベーター内にいる観測者から見て，おもりA，B は静止している。この観測者から見て，おもり A は，エレベーターが静止しているときと比べて [1] 。

[1] の解答群

① $\frac{ma}{k}$ だけ上がる　② $\frac{2ma}{k}$ だけ上がる　③ $\frac{3ma}{k}$ だけ上がる

④ $\frac{ma}{k}$ だけ下がる　⑤ $\frac{2ma}{k}$ だけ下がる　⑥ $\frac{3ma}{k}$ だけ下がる　⑦ 変化しない

(2) 次に，おもり B をばねから静かにはずす。その直後の糸の張力の大きさは [2] であり，地上に静止している観測者から見て，おもり A, B の加速度は，それぞれ [3] , [4] である。

[2] の解答群

① $\frac{1}{3}mg$　② $\frac{2}{3}mg$　③ mg　④ $\frac{4}{3}mg$　⑤ $2mg$　⑥ $\frac{1}{3}m(g+a)$

⑦ $\frac{2}{3}m(g+a)$　⑧ $m(g+a)$　⑨ $\frac{4}{3}m(g+a)$　⓪ $2m(g+a)$

[3] の解答群

① $\frac{1}{3}(g+2a)$　② $\frac{2}{3}(g+2a)$　③ $g+2a$　④ $\frac{4}{3}(g+2a)$　⑤ $2(g+2a)$

⑥ $\frac{1}{3}(2a-g)$　⑦ $\frac{2}{3}(2a-g)$　⑧ $2a-g$　⑨ $\frac{4}{3}(2a-g)$　⓪ $2(2a-g)$

[4] の解答群

① $\frac{1}{3}(g+4a)$　② $\frac{2}{3}(g+4a)$　③ $g+4a$　④ $\frac{4}{3}(g+4a)$　⑤ $2(g+4a)$

⑥ $\frac{1}{3}(4a-g)$　⑦ $\frac{2}{3}(4a-g)$　⑧ $4a-g$　⑨ $\frac{4}{3}(4a-g)$　⓪ $2(4a-g)$

(3) さらに，おもりAとおもりBをつなぐ糸が切れたとき，地上に静止している観測者から見て，おもりAがエレベーターの床に落ちる直前のおもりAの加速度は [5] である。

[5] の解答群

① $-\frac{1}{3}g$　② $-\frac{2}{3}g$　③ $-g$　④ $-\frac{4}{3}g$　⑤ $-2g$

⑥ $\frac{1}{3}g$　⑦ $\frac{2}{3}g$　⑧ g　⑨ $\frac{4}{3}g$　⓪ $2g$

（日大）

33 次の文章を読み，[あ]～[お]について適切な数式あるいは数値を記せ。また[イ]，[ロ]については指定された選択肢からもっとも適切なものを一つ選べ。

図のように，原点 O に固定された支点に，二つの小球がそれぞれ長さ ℓ の軽い糸でつながれている。y 軸方向下向きに重力がはたらいており，重力加速度の大きさは g とする。小球は常に xy 平面内を運動し，小球同士の衝突によって糸がゆるむことはないものとする。小球の大きさ，空気抵抗，糸の支点における摩擦はすべて無視でき，糸のねじれや伸び縮みはなく，糸が切れたり糸同士がからまることもないとする。

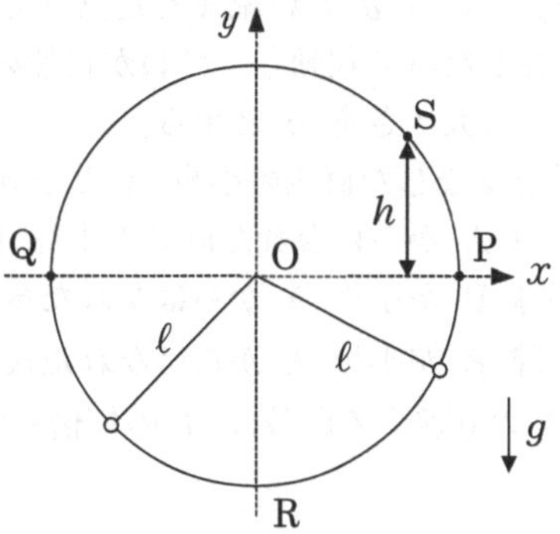

〔1〕最初に糸で支点につながれていた二つの小球 A, B の質量は共に m であった。小球 A を図の位置 P まで，小球 B を図の円弧 QR 上の位置 Q に至らない途中の位置まで持ち上げ，同時に静かに離したところ，二つの小球は弾性衝突した。(衝突後，小球 A は図において反時計回りに円軌道を描いて進み，[イ]。

〔2〕次に，小球 B のかわりに質量 M の小球 C をとりつけた。小球 A を図の位置 P まで，小球 C を図の位置Q までそれぞれ持ち上げ，同時に静かに離したところ，二つの小球は図の位置 R で弾性衝突した。このとき衝突直前の小球 A, C の速さは共に[あ]である。衝突直後，小球 C は位置 R で静止した。このときM は m の[い]倍である。

〔3〕今度は，小球 C のかわりに質量 M' の小球 D をとりつけた。小球 A を図の位置 R に静止させ，小球 Dを図の位置 Q まで持ち上げ静かに離したところ，二つの小球は位置 R で弾性衝突した。その後，小球 A は図において反時計回りに円軌道を描いて進み，原点からの高さ $h\,(0<h<\ell)$ の位置 S まで来たとき糸がゆるんで円軌道を離れた。小球 A が円軌道上にある間，小球 A に生じる加速度の円の中心方向を向く成分は，等速円運動の場合と同じである。これをもとに小球 A の運動方程式を考えると，位置 S での小球 A の速さは g, h を用いて[う]と表されることがわかる。また，M' は m の[ロ]倍である。

〔4〕最後に，小球 D のかわりに質量 $2m$ の小球 E をとりつけた後，小球 A を図の位置 R に静止させ，小球 E を図の位置 Q まで持ち上げ静かに離した。二つの小球は位置 R で衝突して合体し，位置 R から測って高さ[え]の位置まで上昇した。衝突後の二つの小球の力学的エネルギーの総和は，衝突前と比べて[お]だけ減少した。

[イ] 対する選択肢
① 位置 P まで戻らずに引き返した
② ちょうど位置 P まで戻った後，引き返した
③ 位置 P より高い地点まで上がった後，円軌道上を引き返した
④ 位置 P を通り過ぎて上昇する途中で円軌道を離れた

[ロ] 対する選択肢

① $\dfrac{2\ell+3h}{2\ell}$　② $\dfrac{4\ell+3h}{4\ell}$　③ $\dfrac{4\ell}{4\ell-3h}$　④ $\sqrt{\dfrac{2\ell+3h}{2\ell}}$

⑤ $\sqrt{\dfrac{4\ell+3h}{4\ell}}$　⑥ $\sqrt{\dfrac{4\ell}{4\ell-3h}}$　⑦ $\dfrac{\sqrt{2\ell}+\sqrt{2\ell+3h}}{\sqrt{8\ell}}$　⑧ $\dfrac{\sqrt{8\ell+12h}}{\sqrt{2\ell}+\sqrt{2\ell+3h}}$

⑨ $\dfrac{\sqrt{4\ell+6h}-\sqrt{\ell}}{\sqrt{\ell}}$　⑩ $\dfrac{\sqrt{2\ell+3h}}{\sqrt{8\ell}-\sqrt{2\ell+3h}}$

(立命館大)

34 図1のように，なめらかで水平な床の上にばね定数 k の軽いばねの左端を固定しておき，右端に質量 $3m$ の小板 A をとりつけた。この小板 A に質量 m の小球 B を押しつけ，ばねを自然の長さから d だけ縮ませた位置で手を静かにはなしたところ，小板 A と小球 B はしばらく一体となって運動し，ばねが自然の長さになる位置で小球 B は小板 A からはなれた。重力加速産の大きさを g とする。

(イ) 手をはなした直後の小板 A と小球 B の加速度の大きさを，m, k, d を用いて表せ。

(ロ) 小板 A からはなれた直後の小球 B の運動エネルギーを，k, d を用いて表せ。

(ハ) 小球 B が小板 A からはなれた後のばねの伸びの最大値は d の何倍となるか。

(ニ) 小球 B が小板 A からはなれた後に，小板 A のばね振り子が $\frac{1}{2}$ 周期分だけ振動する間に小球 B の直進する距離は d の何倍となるか。

図1

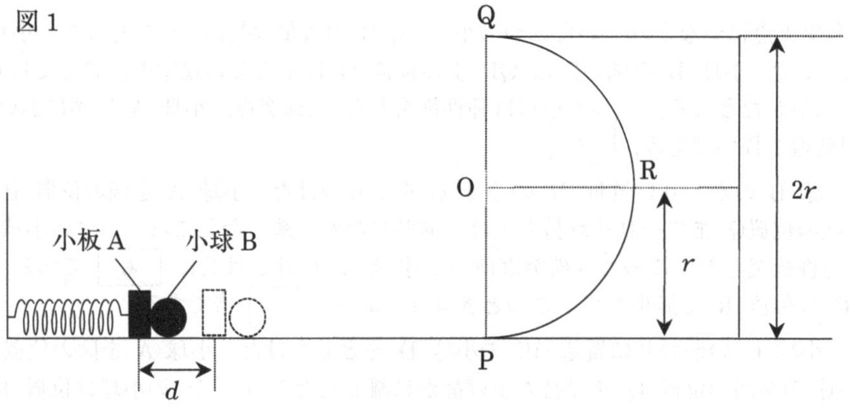

次に，小球 B は水平でなめらかな床の上を一定の速さ v_0 で進み，図1のように点 P から半径 r のなめらかな円筒面の内側に沿って進んだ。円筒面上の点 R と点 Q の床からの高さをそれぞれ r と $2r$ とし，点 P と点 Q の中点を点 O とする。

(ホ) 小球 B が点 R に達するための最小の v_0 を，g, r を用いて表せ。

(ヘ) 小球 B が点 Q に達するための最小の v_0 を，g, r を用いて表せ。

(ト) 小問(ヘ)の v_0 の場合，小球 B が床に最初に衝突する位置と点 P の間の距離を，r を用いて表せ。

(チ) 図2のように，小球 B が円筒面上の点 S から円筒面をはなれ，点 O を通って床に衝突した。線分 OS と線分 OR のなす角 θ に対して，$\sin\theta$ の値を求めよ。

図2

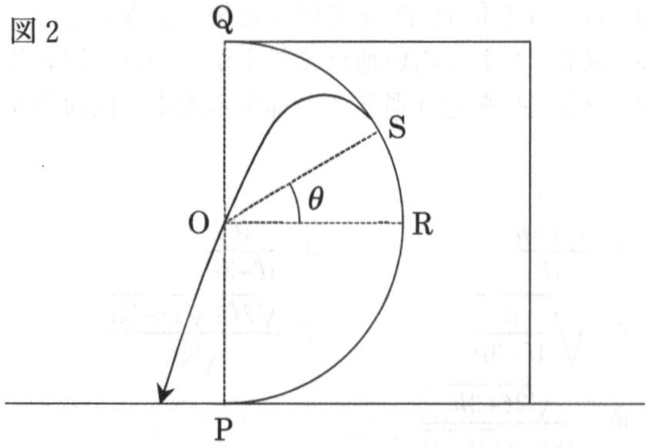

（法政大）

35 図のように，ばね定数が k の軽いばねの右側に質量 m の小物体を取り付け，水平でたるまないベルトコンベア上に置いて，ばねの左端を固定した。小物体とベルトの間の静止摩擦係数は μ，動摩擦係数は μ' である。水平右向きに x 軸を取り，ばねが自然の長さのときの小物体の位置を $x=0$ として，以下の問に答えよ。ただし，重力加速度の大きさを g とし，空気抵抗は無視できるものとする。また，ばねは x 軸と平行で，ベルトは小物体を x 軸の正の向きに運ぶように動くものとする。

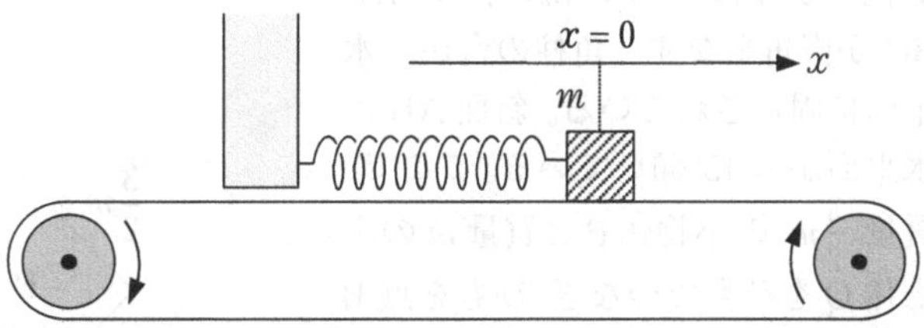

ベルトを一定の速さで動かし，小物体をある位置で静かに放したところ，小物体は放した位置で動かずにベルト上を滑っていた。

(1) 小物体とベルトの間にはたらく摩擦力の大きさを求めよ。
(2) 放した位置の x 座標を求めよ。

次に，ベルトコンベアをいったん停止させて小物体を $x=0$ の位置に置いてから，一定の速さ v でベルトを動かした。ただし，ベルトを動かした瞬間に小物体はベルトとともに同じ速さで動き出したものとする。

(3) 小物体がベルト上を滑り出す直前のばねの弾性力の大きさを求めよ。
(4) ベルトが動き出してから小物体がベルト上を滑り出すまでに要した時間を求めよ。
(5) 小物体が滑り出した後，左向きに動いているときの運動方程式を，小物体の位置を x, 加速度を a として書け。

小物体が滑り出してから，小物体のベルトに対する相対速度が 0 になるまでの間の小物体の運動は，ある単振動の一部となる。この単振動について考える。

(6) 振動の中心の x 座標と，単振動の周期を求めよ。
(7) 小物体の速さの最大値を求めよ。
(8) 単振動の振幅を求めよ。

（名城大）

36 図のように，2つの粗い斜面 AB，BC が直角をなす三角柱の台が，水平面に固定されている。斜面 AB は水平面から 45°傾いている。ここで，質量 $\frac{3}{2}m$ の小物体 P と質量 m の小物体 Q をひもでつなぎ，ひもを点 B に取り付けられた定滑車にかけた。小物体 P は斜面 AB に，小物体 Q は斜面 BC に，それぞれ常に接しており，2つの斜面は十分に長いものとする。小物体 P と斜面 AB の間，および小物体 Q と斜面 BC の間には摩擦があり，どちらも動摩擦係数を μ とする。なお，ひもは伸び縮みせず，ひものたるみは生じない。ひもの質量は無視でき，ひもと滑車の間に摩擦はない。重力加速度の大きさを g とする。

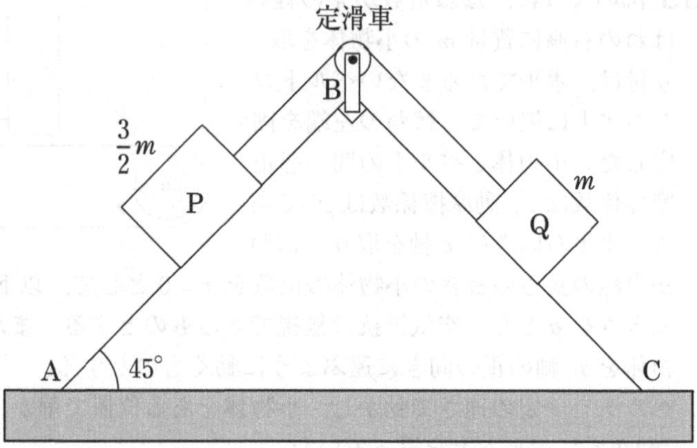

問1 最初，小物体 Q を手で止めておき，その後，静かに手をはなしたところ，小物体 P，Q はともに動き出した。小物体 Q の加速度の大きさはいくらか。

a. $\frac{g}{3\sqrt{2}}(2-3\mu)$　b. $\frac{g}{3\sqrt{2}}(1-3\mu)$　c. $\frac{g}{4\sqrt{2}}(3-2\mu)$
d. $\frac{g}{4\sqrt{2}}(1-2\mu)$　e. $\frac{g}{5\sqrt{2}}(2-5\mu)$　f. $\frac{g}{5\sqrt{2}}(1-5\mu)$

問2 問1の状態において，小物体 P と Q が斜面をすべり，それぞれ斜面に沿って距離 L だけ移動した。このとき，小物体 P と Q の運動エネルギーの総和 K はいくらか。

a. $\frac{mgL}{\sqrt{2}}(2-3\mu)$　b. $\frac{mgL}{\sqrt{2}}(1-3\mu)$　c. $\frac{mgL}{2\sqrt{2}}(2-5\mu)$
d. $\frac{mgL}{2\sqrt{2}}(1-5\mu)$　e. $\frac{mgL}{6\sqrt{2}}(3-2\mu)$　f. $\frac{mgL}{6\sqrt{2}}(1-2\mu)$

問3 問2の状態において，小物体 P と Q の位置エネルギーの総和 U はいくらか。ただし，問1で静止していた状態の位置エネルギーを基準とする。

a. $\frac{mgL}{\sqrt{2}}$　b. $\frac{mgL}{2\sqrt{2}}$　c. $\frac{mgL}{6\sqrt{2}}$　d. $\sqrt{2}mgL$　e. $\frac{\sqrt{2}}{3}mgL$
f. $-\frac{mgL}{\sqrt{2}}$　g. $-\frac{mgL}{2\sqrt{2}}$　h. $-\frac{mgL}{6\sqrt{2}}$　i. $-\sqrt{2}mgL$　j. $-\frac{\sqrt{2}}{3}mgL$

問4 問2の状態になったとき，それまでに摩擦力がした仕事を問2の K と問3の U を用いて表せ。

a. $-\frac{K}{2}$　b. K　c. $-K$　d. $-\frac{U}{2}$　e. U　f. $-U$　g. $K+U$
h. $K-U$　i. $-(K+U)$　f. $-(K-U)$

（東邦大・医）

37 摩擦力や空気による抵抗力があるときの斜面 P 上での質量 m の物体 A の運動を考える。図1のように斜面 P 上の一本の直線に沿って x 軸をとる。x 軸は水平面 H と角度 θ〔rad〕$\left(0 < \theta < \frac{\pi}{2}\right)$ をなす。A の運動は x 軸に沿っておこり，A の重心の位置座標を x, x 方向の速度を v, P と A の間の静止摩擦係数を μ, 動摩擦係数を μ' とする。また，A が倒れたり，回転することはないとする。時刻 $t=0$ で A が位置 $x=0$ (H からの高さ h) から初速度 0 で運動を始めた。重力加速度を g として以下の問いに答えよ。

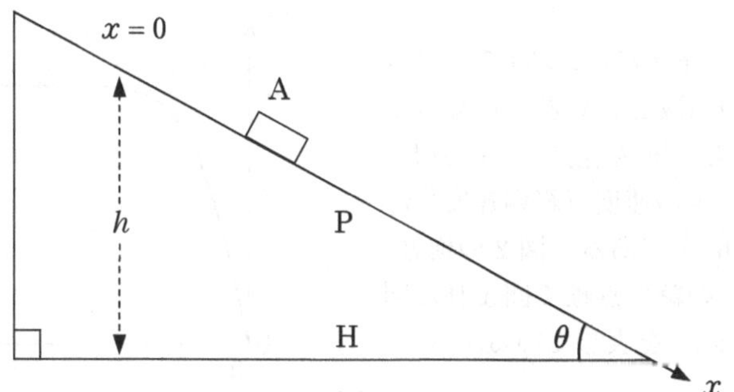

図1

(1) 斜面との摩擦力があり，空気による抵抗力が無い場合を考える。$t=0$ で運動がおこるためには θ は条件 [1] を満たす必要がある。A は途中で静止することなく運動を続け，H に達した。運動中の A にはたらく垂直抗力の大きさは $mg \times$ [2] である。運動中の A の x 方向の加速度を a_0 とすると $a_0 =$ [3] $\times g$ である。A が H に達するまでにかかる時間は [4] $\times \sqrt{\dfrac{h}{a_0}}$ である。

[1] の解答群

① $\mu < \cos\theta$　② $\mu < \sin\theta$　③ $\mu < \tan\theta$　④ $\mu > \cos\theta$　⑤ $\mu > \sin\theta$　⑥ $\mu > \tan\theta$

[2] の解答群　① $\cos\theta$　② $\sin\theta$　③ $\tan\theta$　④ $\mu'\cos\theta$　⑤ $\mu'\sin\theta$　⑥ $\mu'\tan\theta$

[3] の解答群

① $(-\sin\theta - \mu'\cos\theta)$　② $(-\sin\theta + \mu'\cos\theta)$　③ $(\sin\theta - \mu'\cos\theta)$　④ $(\sin\theta + \mu'\cos\theta)$

⑤ $(-\cos\theta - \mu'\sin\theta)$　⑥ $(-\cos\theta + \mu'\sin\theta)$　⑦ $(\cos\theta - \mu'\sin\theta)$　⑧ $(\cos\theta + \mu'\sin\theta)$

[4] の解答群

① $\sqrt{\dfrac{2}{\cos\theta}}$　② $\sqrt{\dfrac{2}{\sin\theta}}$　③ $\sqrt{\dfrac{2}{\tan\theta}}$　④ $\sqrt{\dfrac{1}{\cos\theta}}$　⑤ $\sqrt{\dfrac{1}{2\sin\theta}}$　⑥ $\sqrt{\dfrac{1}{2\tan\theta}}$

⑦ $\sqrt{2\cos\theta}$　⑧ $\sqrt{2\sin\theta}$　⑨ $\sqrt{2\tan\theta}$　⓪ $\sqrt{\cos\theta}$　ⓐ $\sqrt{\dfrac{\sin\theta}{2}}$　ⓑ $\sqrt{\dfrac{\tan\theta}{2}}$

1章

(2) 斜面との摩擦力に加えて，空気による抵抗力が A の運動の向きと逆向きにはたらく場合を考える。抵抗力の大きさは一般に複雑で，A の速さに比例したり，速さの 2 乗に比例する場合が考えられている。ここでは A の速さの 2 乗に比例すると仮定し，その時の比例定数を b (>0) とする。A は途中で静止することなく H に達した。このとき，運動中の A の x 方向の加速度 a は(1)の a_0 (= [3] $\times g$) を使って $a=$ [5] $+a_0$ と表せる。A が運動を始めてから H に達するまでの時間 t_A の長短は m や μ', b に依存する。この点について以下の様に考えてみる。

図 2 は 1 組の m, μ', b の値についての A の速度 v を時刻 t の関数として表したものである。v は t とともに単調増加し，t が十分大きくなるとほぼ一定の速度（終端速度）v_C に達する。$v_C=$ [6] である。図 2 の横軸，v の曲線，時刻 t_A の縦の点線で囲まれた図形の面積は [7] $\times h$ を表している。

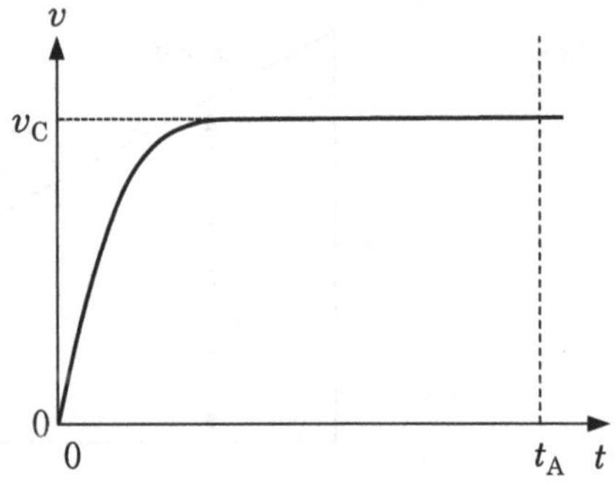

図 2

以下では h が十分高く，v が v_C に到達する時間に比べて t_A が十分長い場合を考える。このとき，t_A の長短は v_C の大小を比較することで判断できる。以上から μ', b が同じであれば t_A は [8] 。また μ' m が同じであれば t_A は [9] 。

[5] の解答群　① $-bv^2$　② bv^2　③ $-mbv^2$　④ mbv^2　⑤ $-\frac{bv^2}{m}$　⑥ $\frac{bv^2}{m}$

[6] の解答群　① $\sqrt{\frac{a_0}{b}}$　② $\sqrt{\frac{a_0}{mb}}$　③ $\sqrt{\frac{ma_0}{b}}$　④ $\frac{a_0}{b}$　⑤ $\frac{a_0}{mb}$　⑥ $\frac{ma_0}{b}$

[7] の解答群　① 1　② $\sin\theta$　③ $\cos\theta$　④ $\tan\theta$　⑤ $\frac{1}{\sin\theta}$　⑥ $\frac{1}{\cos\theta}$　⑦ $\frac{1}{\tan\theta}$

[8] の解答群

① m が大きいほど短い　② m が小さいほど短い　③ m にはほとんどよらない

[9] の解答群

① b が大きいほど短い　② b が小さいほど短い　③ b にはほとんどよらない

(3) (2)の実験を行うため，物体 A として均一な密度の材質でできた辺の長さが c, c, d $(c < d)$ の直方体を用意する。A を図 3.1 のように長さ d の辺が斜面 P の x 軸に平行になるように置いて t_A を測定する。さらに A と同じ材質でできた辺の長さが c, c, $2d$ の直方体で質量 $2m$ の物体 B を用意し，図 3.2 のように x 軸に置く。長さ $2d$ の辺が x 軸に平行で P に接する面の面積が $2cd$ である。

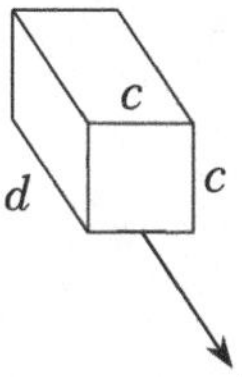

図 3.1

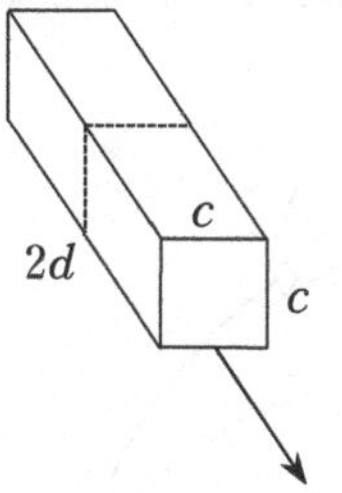

図 3.2

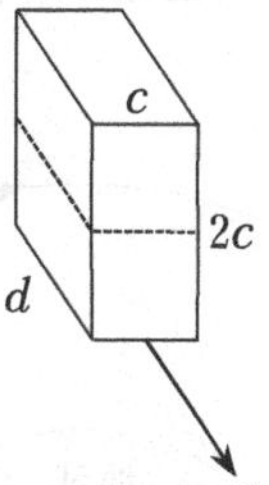

図 3.3

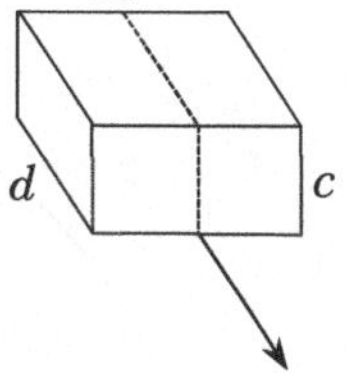

図 3.4

物体 B を $x = 0$ から初速度ゼロで運動させ，H に達するまでの時間を t_B とする。さらに A と同じ材質でできた辺の長さが c, $2c$, d の直方体で質量 $2m$ の物体 C を用意し，図 3.3 のように斜面 P の x 軸に置く。長さ d の辺が x 軸に平行で P に接する面の面積が cd である。A, B と同様の実験を行ない，H に達するまでの時間を t_C とする。ただし A と同様に B, C も倒れたり，回転することはないとする。空気の抵抗力の原因が，主に物体 A と空気分子の正面衝突によるものとすれば，(2)に現れた A にはたらく空気の抵抗力の比例定数 b は，x 軸の正の方向から見た物体 A の断面積に比例する，と考えられる。C にはたらく空気の抵抗力の比例定数 b' はおおよそ $b' =$ [10] $\times b$ である。t_A, t_B, t_C の間にはおおよその関係 [11] が成り立つ。また，図 3.4 のように図 3.3 の物体 C を倒して，P に接する面の面積が $2cd$ になる様にして同様の実験を行う。倒れた C が H に達するまでの時間を t_C と比べると [12] 。

[10] の解答群 ① $\frac{1}{4}$ ② $\frac{1}{2}$ ③ 1 ④ 2 ⑤ 4

[11] の解答群

① $t_A = t_B = t_C$ ② $t_A = t_B < t_C$ ③ $t_C < t_A = t_B$ ④ $t_A = t_C < t_B$ ⑤ $t_B < t_A = t_C$
⑥ $t_B = t_C < t_A$ ⑦ $t_A < t_B = t_C$ ⑧ $t_A < t_B < t_C$ ⑨ $t_A < t_C < t_B$ ⓪ $t_B < t_A < t_C$
ⓐ $t_B < t_C < t_A$ ⓑ $t_C < t_A < t_B$ ⓒ $t_C < t_B < t_A$

[12] の解答群 ① t_C より小さい ② t_C とほぼ同じである ③ t_C より大きい

（近畿大）

38 図のように，半経 R〔m〕の地球の表面の点Pから，質量 m〔kg〕の宇宙船Aを地表に対して水平方向にある初速度で発射したところ，Aは地球の中心Oを焦点のひとつとし，長軸の長さが $3R$ の楕円軌道上を運動した。つぎに，Aが楕円軌道上で，点Oからの距離が $2R$ である点Qに到達した直後にAを加速したところ，Aは点Oを中心とする半径 $2R$ の円軌道上を等速円運動した。ただし，Aの質量は変化せず，地球の質量を M〔kg〕，万有引力定数を G〔$N\cdot m^2/kg^2$〕とする，また，Aの大きさは考えず，地球は一様な球とし，地球の重力以外の影響は考えないものとする。

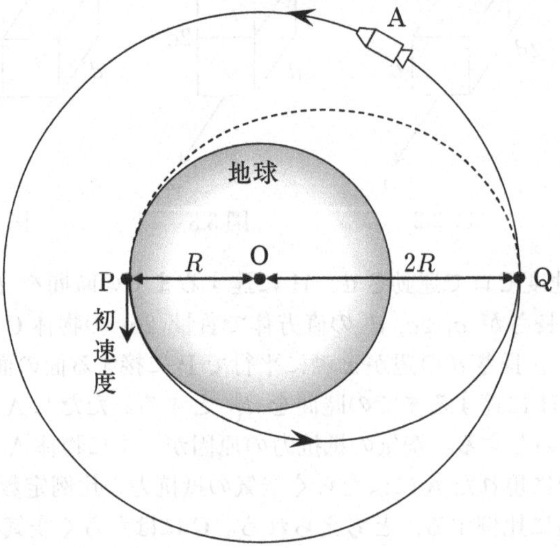

問1 点PでAが受ける万有引力の大きさは $\boxed{\ 1\ }$ であり，点Pでの重力加速度の大きさは $\boxed{\ 2\ }$〔m/s^2〕である。

$\boxed{\ 1\ }$，$\boxed{\ 2\ }$ の解答群

① $\dfrac{GM}{R}$　② $\dfrac{GR}{M}$　③ $\dfrac{G^2M}{R}$　④ $\dfrac{GM^2}{R}$　⑤ $\dfrac{GM}{R^2}$　⑥ $\dfrac{G^2R}{M}$　⑦ $\dfrac{GR^2}{M}$　⑧ $\dfrac{GR}{M^2}$　⑨ $\dfrac{GMm}{R}$
⑩ $\dfrac{GmR}{M}$　⑪ $\dfrac{G^2Mm}{R}$　⑫ $\dfrac{GM^2m}{R}$　⑬ $\dfrac{GMm}{R^2}$　⑭ $\dfrac{G^2mR}{M}$　⑮ $\dfrac{GmR^2}{M}$　⑯ $\dfrac{GmR}{M^2}$

問2 太陽と惑星を結ぶ線分(動径)が，単位時間に描く扇型の面積は常に一定である。これは $\boxed{\ 3\ }$ の法則によると，Aが点Qに到達する直前のAの速さは，Aの初速度の大きさの $\boxed{\ 4\ }$ 倍である。

$\boxed{\ 3\ }$ の解答群

① オーム　② ガリレオ・ガリレイ　③ キャベンディッシュ　④ キルヒホッフ
⑤ クーロン　⑥ ケプラー　⑦ コペルニクス　⑧ ジュール　⑨ フック　⑩ ボイル
⑪ レンツ

$\boxed{\ 4\ }$ の解答群

① $\dfrac{1}{4}$　② $\dfrac{1}{3}$　③ $\dfrac{1}{2}$　④ $\dfrac{2}{3}$　⑤ $\dfrac{3}{4}$　⑥ 1　⑦ $\dfrac{4}{3}$　⑧ $\dfrac{3}{2}$　⑨ 2　⑩ 3　⑪ 4

問3　Aが円軌道を半周するのに要する時間は，Aが点Pから点Oまで飛行するのに要する時間の [5] 倍である。

[5] の解答群

① $\frac{3\sqrt{3}}{16}$　② $\frac{2}{3\sqrt{3}}$　③ $\frac{\sqrt{3}}{4}$　④ $\frac{3\sqrt{3}}{8}$　⑤ $\frac{4}{3\sqrt{3}}$　⑥ $\frac{3\sqrt{3}}{4}$　⑦ $\frac{8}{3\sqrt{3}}$　⑧ $\frac{4}{\sqrt{3}}$
⑨ $\frac{3\sqrt{3}}{2}$　⑩ $\frac{16}{3\sqrt{3}}$

問4　円軌道を飛行するAの速さは [6] m/s であり，この円運動の周期は [7] s である。

[6] の解答群

① $\frac{Gm}{R}$　② $\frac{Gm}{2R}$　③ Gm　④ $\sqrt{\frac{Gm}{R}}$　⑤ $\sqrt{\frac{Gm}{2R}}$　⑥ $\sqrt{Gm}$　⑦ $\frac{GM}{R}$　⑧ $\frac{GM}{2R}$
⑨ GM　⑩ $\sqrt{\frac{GM}{R}}$　⑪ $\sqrt{\frac{GM}{2R}}$　⑫ $\sqrt{GM}$

[7] の解答群

① $4\pi Gm$　② $\frac{4\pi R}{Gm}$　③ $\frac{4\pi R^2}{Gm}$　④ $4\pi R\sqrt{\frac{Gm}{R}}$　⑤ $4\pi R\sqrt{\frac{Gm}{2R}}$　⑥ $4\pi R\sqrt{Gm}$
⑦ $4\pi R\sqrt{\frac{R}{Gm}}$　⑧ $4\pi R\sqrt{\frac{2R}{Gm}}$　⑨ $\frac{4\pi R}{\sqrt{Gm}}$　⑩ $4\pi GM$　⑪ $\frac{4\pi R}{GM}$　⑫ $\frac{4\pi R^2}{GM}$
⑬ $4\pi R\sqrt{\frac{GM}{R}}$　⑭ $4\pi R\sqrt{\frac{GM}{2R}}$　⑮ $4\pi R\sqrt{GM}$　⑯ $4\pi R\sqrt{\frac{R}{GM}}$　⑰ $4\pi R\sqrt{\frac{2R}{GM}}$
⑱ $\frac{4\pi R}{\sqrt{GM}}$

問5　円軌道を飛行するAがもつ運動エネルギーは [8] J であり，Aの位置エネルギーは [9] J である。ただし，万有引力による位置エキルギーの基準点を無限遠とする。

[8]，[9] の解答群

① $\frac{2GMm}{R}$　② $\frac{3GMm}{2R}$　③ $\frac{GMm}{R}$　④ $\frac{3GMm}{4R}$　⑤ $\frac{GMm}{2R}$　⑥ $\frac{GMm}{3R}$　⑦ $\frac{GMm}{4R}$
⑧ $\frac{GMm}{8R}$　⑨ $-\frac{2GMm}{R}$　⑩ $-\frac{3GMm}{2R}$　⑪ $-\frac{GMm}{R}$　⑫ $-\frac{3GMm}{4R}$　⑬ $-\frac{GMm}{2R}$
⑭ $-\frac{GMm}{3R}$　⑮ $-\frac{GMm}{4R}$　⑯ $-\frac{GMm}{8R}$

（北里大）

39 次の文章を読み，[あ]～[け]に適切な数式または数値を記せ。

図1のように，質量が M の密度が一様な直方体を水平面上に置く。以下では，紙面に垂直な方向は考えないものとする。直方体の幅を a，高さを b とする。直方体と水平面の間には摩擦力が働くものとする。重力加速度の大きさは g とする。

[1] 図2のように，長さ ℓ の軽い棒 AB を用意し，棒の A 端を直方体の前面の点 P に動かないように固定した。このとき B 端は直方体の上端 C と同じ高さにあったとする。棒の B 端に軽くて大きさの無視できる滑車を取り付けた。滑車の軸に対する摩擦は無視できるものとする。軽くて伸びないひもを滑車に通し，一方の端を直方体の上端 C に固定し，他方の端に質量 m の小球をつるした。このとき，ひもの BC 部分は水平となり，直方体は静止して動くことはなかった。棒 AB がひもの部分 BC に対してなす角を θ ($0° < \theta < 45°$) とする。このとき，ひもの張力の大きさは[あ]である。棒 AB が A 端において直方体から受ける抗力の大きさは[い]ある。棒 AB がひもから受ける A 端まわりの力のモーメントの大きさは[う]である。このとき，棒 AB は直方体からこれとつりあう力のモーメントを受けている。このような点 P での部材の接合部分を剛節という。

[2] 次に，図3のように，[1]と同じ直方体の点 P に自由に回転できる小さい支点を取り付け，その支点に棒 AB の A 端を取り付け，棒が点 P のまわりに自由に回転できるようにした。棒の B 端から滑車をはずして，ひもを BC 部分が水平になるように B 端に固定した。このとき，ひもの BC 部分の張力の大きさは[え]である。棒 AB が A 端において直方体から受ける抗力の大きさは[お]である。棒 AB がひもから受ける A 端まわりの力のモーメントの大きさは[か]である。このような点 P での部材の接合部分を滑節という。

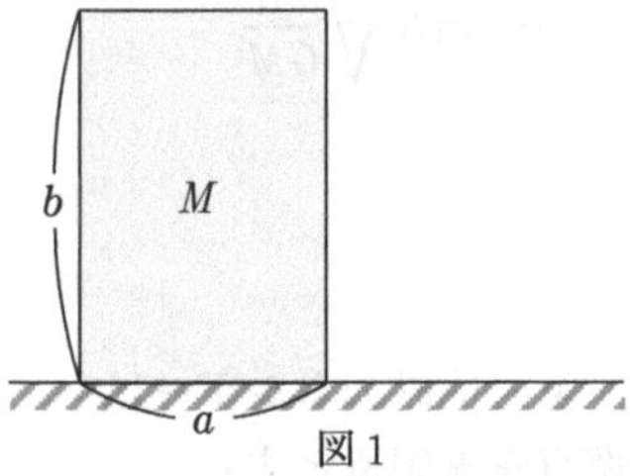

図1

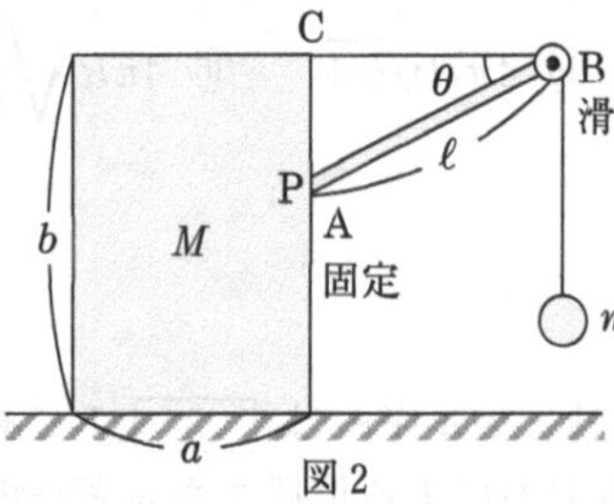

図2

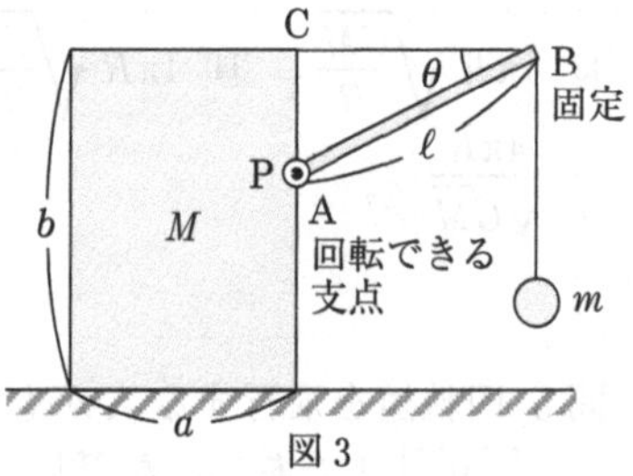

図3

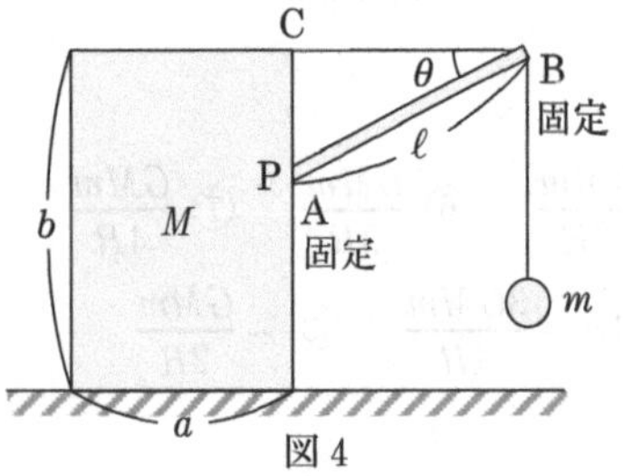

図4

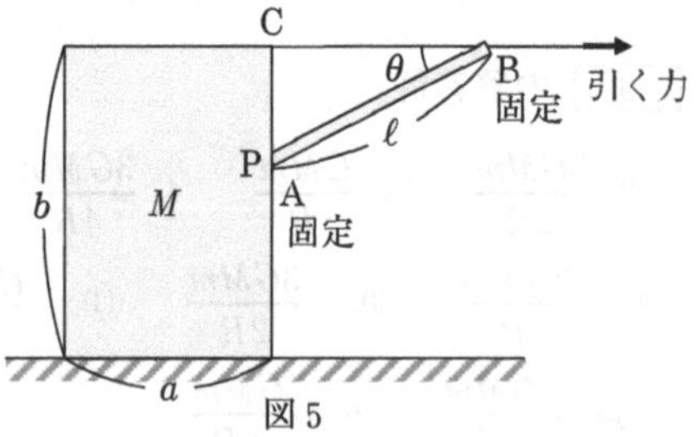

図5

[3] 次に，図4のように，再び棒の A 端を点 P に動かないように固定し，ひもを BC 部分が水平になるように B 端に固定した。小球の質量を大きくしていくと，あるところから直方体が前方に傾き始めた。このことが起こる小球の質量の最小値は[き]である。

[4] 次に，図5のように，小球を取り除いて，ひもを水平方向に引っ張った。引く力を大きくしていくと，直方体はすべることなく前方に傾き始めた。直方体と水平面の間の静止摩擦力は十分に大きくなければならず，このことが起こる静止摩擦係数の最小値は[く]である。また，静止摩擦係数が[く]の場合に，直方体が前方に傾き始めるときのひもを引く力の大きさは[け]となる。

（立命館大）

40 図のように，水平面に沿って右向きに x 軸をとる。$x=0$ の鉛直上で水平面からの高さ L の位置から初速度 0 で質量 m の小物体 A を自由落下させ，斜めに固定した板に弾性衝突させたところ小物体 A は水平方向右向きに速さ S ではね返った。小物体 A が板に衝突した位置の水平面からの高さを H，小物体 A が板に衝突したあと初めて水平面に衝突する直前の速度の鉛直下向き成分の大きさを v とする。重力加速度の大きさは g，空気抵抗は無視できて，水平面は摩擦がなく滑らかである。また，全ての運動は x 軸を含む同一鉛直面内で起こるものとする。

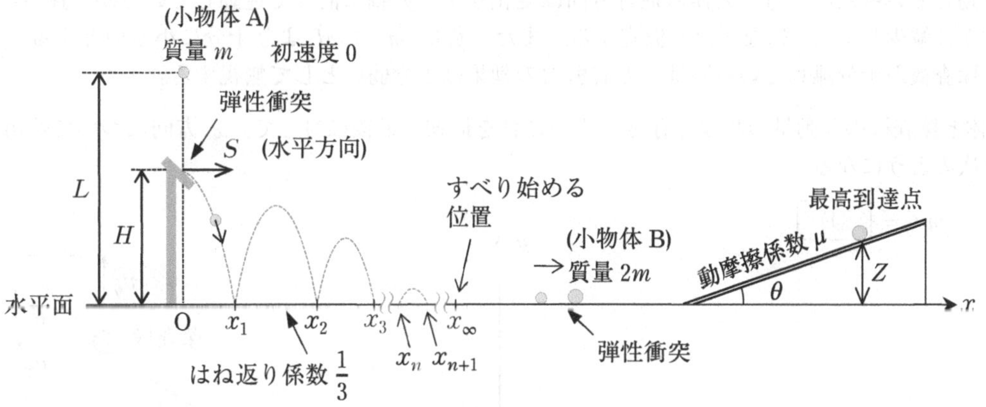

（イ）L を m, g, H, S の中から必要なものを用いて表せ。

（ロ）v を m, g, H, S の中から必要なものを用いて表せ。

物体 A が水平面に衝突する際のはね返り係数は $\frac{1}{3}$ である。水平面からはね返った小物体は次々とはね返りをくり返しながら進んでいく。小物体 A が 1 回目に水平面からはね返る点を x_1, 2 回目に水平面からはね返る点を x_2, n 回目に水平面からはね返る点を x_n とする。はね返りをくり返していくたびに，はね返ったあと次のはね返り点までの水平方向の移動距離が短くなっていき，n を十分に大きくしたときの点 x_∞ からはね返らずにすべり始める。

（ハ）1 回目にはね返る点 x_1 と 2 回目にはね返る点 x_2 との間の距離 $D_1=x_2-x_1$ を，g, v, S の中から必要なものを用いて表せ。

（ニ）n 回目にはね返る点 x_n と $n+1$ 回目にはね返る点 x_{n+1} との間の距離を $D_n=x_{n+1}-x_n$ とする。1 回目にはね返った点 x_1 からすべり始める点 x_∞ までの距離 $x_\infty-x_1$ は

$$x_\infty-x_1=\sum_{n=1}^{\infty}D_n=D_1+D_2+D_3+\cdots$$

で求められる。$x_\infty-x_1$ を，g, v, S の中から必要なものを用いて表せ。
ただし，必要であるならば以下の公式を用いてもよい。

$$\sum_{n=1}^{\infty}r^n=\frac{r}{1-r}\ (r \text{ は実数で，} |r|<1)$$

水平面上をすべり始めた小物体 A は静止している質量 $2m$ の小物体 B と弾性衝突した。

（ホ）衝突後の小物体 B の速度を，m, g, H, S の中から必要なものを用いて表せ。ただし，速度は水平右向きを正とする。

（ヘ）衝突後，小物体 B は水平面との角度 θ が 45° である水平面に固定された斜面を上がり始めた。この斜面は水平面と滑らかにつながっているものとする。小物体 B と斜面の間の動摩擦係数が μ であるとき，小物体 B の水平面から測った最高到達点までの鉛直方向の距離 Z を，m, g, H, S, μ の中から必要なものを用いて表せ。

（大阪工大）

41 天体と探査機の間の万有引力を利用して，探査機の速度を変えることをスイングバイという。

(A) 質量 M の天体と質量 m の探査機が，同一平面上を運動している。図1のように，最初天体と探査機は十分離れていて，天体は y 軸に沿って正の向きに速さ V_0 で動いており，探査機は x 軸に沿って正の向きに速さ v_0 で動いていた。その後，探査機は天体に接近し，速度が変化した。最後に探査機は天体から十分離れ，運動方向を変え，x 成分は v_x，y 成分は v_y の速度で運動していった。一方，天体の進行方向は変化せず，y 軸に沿って運動しているが，速さはわずかに減少して V になったと仮定する。また，質量 m は M より十分に小さいとする。天体と探査機が十分離れている時は，万有引力の効果は十分弱いとして無視する。

(1) 天体と探査機の運動量の和は保存される。これを最初と最後に対して，x 方向について適用すると次のようになる。

$mv_0 =$ ［①］

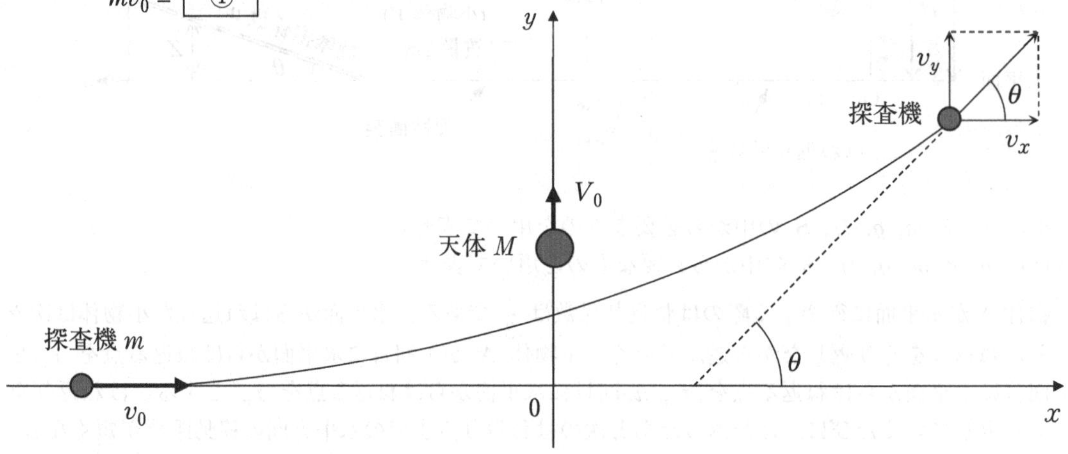

図1

(2) スイングバイによる探査機の運動エネルギーの変化 $\Delta E\ (\geqq 0)$ を，m, v_y を用いて表せ。

$\Delta E =$ ［②］

(3) 最初と最後で，天体と探査機の運動エネルギーの和は保存される。そのとき，ΔE, M, V_0, V の間に成立する関係式を書け。

［③］ $= 0$

(4) 探査機と天体の y 方向の運動量の和は保存する。これを最初と最後に対して適用し，M, m, V, v_y を用いて表せ。

$MV_0 =$ ［④］

(5) 上の(2), (3), (4) で導いた式を解いて v_y を V_0, M, m のみを用いて表せ。　$v_y =$ ［⑤］

(6) ΔE を M, m, V_0 を用いて表せ。　$\Delta E =$ ［⑥］

(7) 探査機のスイングバイ後の速度の向きを x 軸から反時計まわりに角度 θ とする。$\tan\theta$ を V_0/v_0 と m/M で表せ。

$\tan\theta =$ ［⑦］

このように $\tan\theta$ が，初期の値で決まってしまうのは，スイングバイした後も，天体が方向を変えず y 軸方向に運動すると仮定したからである。

(B) 今度は，質量 M_s の不動の太陽の周りを，速さ V_0 で半径 R_0 の等速円運動をしている質量 M の惑星を考える。このとき，M_s M, R_0, V_0 の間には次のような関係が成り立つ。ただし G は万有引力定数である。

$$\frac{GM_sM}{R_0^2} = \boxed{⑧}$$

この惑星の近くを，質量 m の探査機が速度 v_0 で近づいてきて，スイングバイが行われたとする。通常，$M_s \gg M \gg m$ であり，スイングバイによる惑星の軌道の変化は少ないので，スイングバイ後も惑星は円軌道を行うと仮定する。ただし，惑星の円軌道の半径は R, その速さは V に，探査機の速さは v になったとする。すると，M_s, M, R, V の間には ⑧ 式と同じような関係式が成り立つ。

スイングバイの最初と最後で，惑星の運動エネルギーと，惑星の太陽による万有引力の位置エネルギーと，探査機の運動エネルギーの合計は等しいことから，次の関係がある（探査機の太陽や惑星による位置エネルギーの変化は十分小さいとして無視する)。M_s, M, m, R, V, v を全て用いて表すと，

$$\frac{1}{2}MV_0^2 - \frac{GM_sM}{R_0} + \frac{1}{2}mv_0^2 = \boxed{⑨}$$

となる。

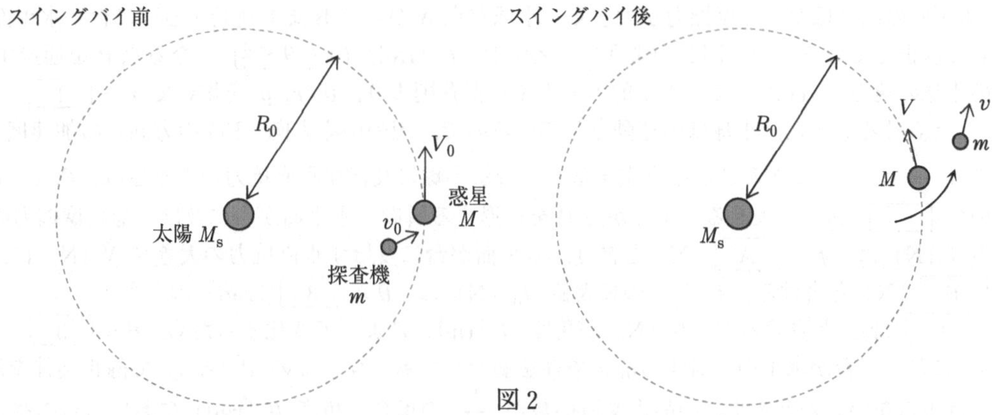

図 2

これらより，探査機の得たエネルギー $\Delta E \left(=\frac{1}{2}mv^2 - \frac{1}{2}mv_0^2\right)$ は，惑星の円軌道の半径の変化として，R_0, R を用いて次のように表される。

$$\Delta E = \frac{1}{2}GM_sM \times \left(\boxed{⑩}\right)$$

以上より，エネルギーの増加 ($\Delta E > 0$) に対しては，惑星の円軌道の半径が減少 ($R < R_0$) していることが分かる。

（京都産業大）

42 次の文中の1〜4，A〜Eに入る数式を答えよ。ただしA〜Eは解答群から選んで答えること。また，円周率を π，重力加速度の大きさを g〔m/s^2〕とし，空気抵抗は無視できるものとする。必要に応じて，次の公式を用いてもよい。

$$2\sin\alpha\cos\alpha = \sin 2\alpha \qquad 1 - 2\sin^2\alpha = \cos 2\alpha$$

$$a\sin\alpha + b\cos\alpha = \sqrt{a^2+b^2}\ \sin(\alpha+\beta) \quad \left(\sin\beta = \frac{b}{\sqrt{a^2+b^2}}, \cos\beta = \frac{a}{\sqrt{a^2+b^2}}\right)$$

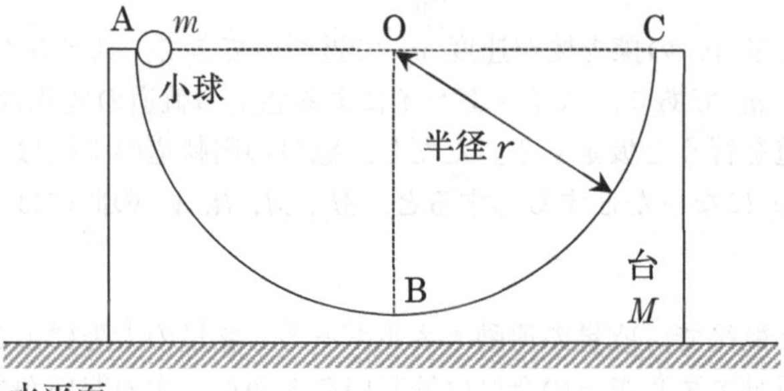

図1

図1のように，半径 r〔m〕のなめらかな半円筒面をもつ質量 M〔kg〕の台を水平面の上に置いた。図1の鉛直断面における半円の中心を点O，左端を点A，右端を点C，最下点を点Bとする。点Aから質量 m〔kg〕の小球を静かにはなした後の運動について考えてみよう。ただし，小球は同一鉛直面内を運動し，小球が運動する間，台が傾くことはない。

台と水平面の間にはたらく摩擦力が大きく，小球が点Aから点Bまで運動する間に台が水平面に対して静止している場合，図2のように，$\angle\mathrm{AOP} = \theta$〔rad〕$\left(0 \leqq \theta \leqq \frac{\pi}{2}\right)$ となる点Pを通過するときの小球の速さ v〔m/s〕は，力学的エネルギー保存則より，θ, r, g を用いて $v =$ [1]〔m/s〕と表せる。また，小球は円運動をしているので，円の中心方向（POの方向）の加速度の大きさは $\dfrac{v^2}{r}$〔m/s^2〕であることを考慮すると，台が小球に及ぼす垂直抗力の大きさは，θ, m, g を用いて [2]〔N〕と表せる。小球が点Pを通過する瞬間，水平面が台に及ぼす静止摩擦力の大きさ f〔N〕は，$f =$ [A]〔N〕と書け，水平面が台に及ぼす垂直抗力の大きさ N〔N〕は，$N =$ [B]〔N〕と書ける。f〔N〕の最大値 f_0〔N〕は，$\theta =$ [3]〔rad〕のとき，$f_0 =$ [C]〔N〕と表せるが，N〔N〕が角度 θ〔rad〕によって変化するため，$\theta =$ [3]〔rad〕において台が水平面に対する静止条件を満たしても，すべての θ〔rad〕で静止条件を満たすとは限らない。台と水平面の静止摩擦係数が $\dfrac{1}{\sqrt{3}}$ の場合，角度 θ〔rad〕における台の静止条件は，[D] と表せる。これは，（ A ）と（ B ）を用いると，M と m の条件として，$\dfrac{3}{2}m\,(2\sin$ [E] $-1) \leqq M$ と書き直すことができる。よって，すべての θ において静止条件が満たされるためには，$\dfrac{3}{2}m \leqq M$ であればよいことがわかる。

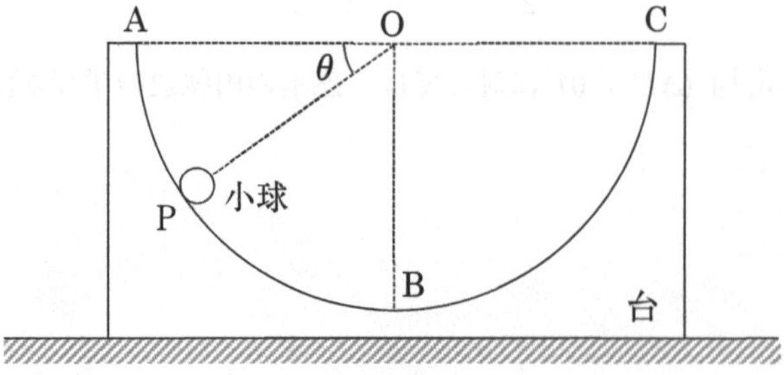

図2

次に，台が水平面上を摩擦なく運動できる場合を考えてみよう。ただし，小球と台は同一鉛直面内を運動し，台が傾くことはない。小球を点Aから静かにはなしたところ，小球と台は同時に動き出した。いま，図3のように，水平面上に右向きを正として x 軸をとり，動き出す前の台の点Bの位置を原点 $x=0$ m とする。このとき，小球と台による全体の重心の x 座標は変わらないので，小球が点Bを通過するときの点Bの x 座標は [4]〔m〕と書ける。

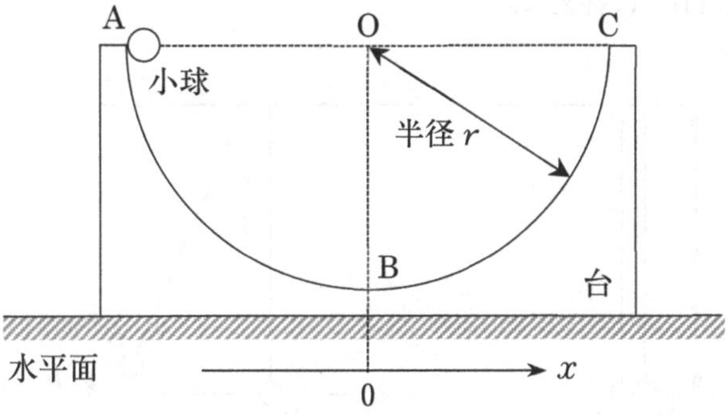

図3

Aの解答群

〔a〕 $3mg\sin^2\theta$　〔b〕 $3mg\cos^2\theta$　〔c〕 $3mg\sin\theta\cos\theta$

〔d〕 $mg(2\cos\theta+\sin\theta)\sin\theta$　〔e〕 $mg(2\cos\theta+\sin\theta)\cos\theta$　〔f〕 $5mg\sin\theta\cos\theta$

Bの解答群

〔a〕 $(M+m\sin^2\theta)g$　〔b〕 $(M+m\cos^2\theta)g$　〔c〕 $(M+m\sin\theta\cos\theta)g$

〔d〕 $(M+3m\sin\theta\cos\theta)g$　〔e〕 $(M+3m\sin^2\theta)g$　〔f〕 $(M+3m\cos^2\theta)g$

Cの解答群

〔a〕 mg　〔b〕 $\frac{3}{2}mg$　〔c〕 $2mg$　〔d〕 $\frac{5}{2}mg$　〔e〕 $3mg$　〔f〕 $5mg$

Dの解答群

〔a〕 $f\leqq\sqrt{3}N$　〔b〕 $f\geqq\sqrt{3}N$　〔c〕 $f\leqq\frac{1}{\sqrt{3}}N$

〔d〕 $f\geqq\frac{1}{\sqrt{3}}N$　〔e〕 $f\leqq\frac{2}{\sqrt{3}}N$　〔f〕 $f\geqq\frac{2}{\sqrt{3}}N$

Eの解答群

〔a〕 $2\theta+\frac{\pi}{6}$　〔b〕 $2\theta+\frac{\pi}{3}$　〔c〕 $2\theta-\frac{\pi}{6}$　〔d〕 $2\theta-\frac{\pi}{3}$　〔e〕 $\theta+\frac{\pi}{6}$　〔f〕 $\theta-\frac{\pi}{6}$

（芝浦工大）

43 図1のように天井から質量の無視できる長さ ℓ の2本の糸がつるされており，それぞれの糸の他端に大きさの無視できる質量 m のおもり A, B がそれぞれ取り付けられている。なお，それぞれのおもりは静止した状態で接触しており，糸は鉛直下向きに向いている。また，おもりの運動は2本の糸を含む一定の平面内に限られているものとし，これら2つのおもりが衝突する場合の反発係数を $\varepsilon\,(\varepsilon < 1)$ とする。空気抵抗は無視できるとし，重力加速度の大きさを g として，次の問〔A〕,〔B〕に答えよ。

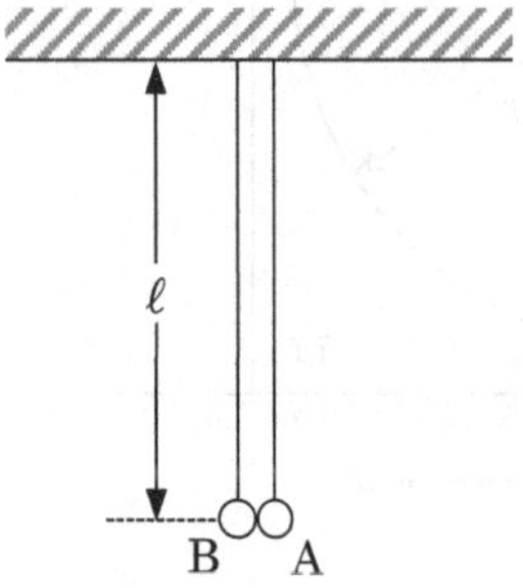

図1

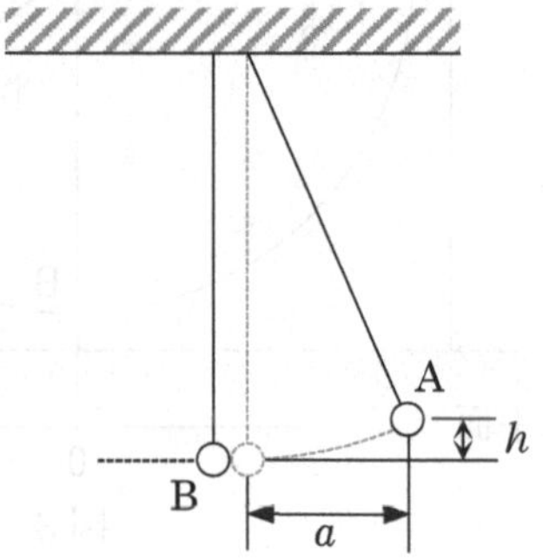

図2

〔A〕はじめにおもり B は最下点で静止していたとする。次の問(1)～(5)に答えよ。

(1) 図2のように，おもり A を最初の位置から水平に a だけ引いたところ，鉛直方向に h だけ高くなった。その位置で，おもり A を静かに放した。おもり A がおもり B に衝突する直前の速さを求め，h, g を用いて答えよ。

以下の問では，a は ℓ より十分小さいとし($a \ll \ell$)，おもり同士が衝突する以外では，2つのおもりの運動は一直線上を往復する単振動の一部とみなせるとして答えよ。

(2) おもり A を静かに放してから，おもり B に衝突するまでの時間を求めよ。

(3) おもり A がおもり B に衝突する直前の速さを求め，g, ℓ, a を用いて答えよ。

(4) おもり A がおもり B に最初に衝突したあと2度目に衝突するまでの間の，おもり A と B の水平方向の距離の最大値を求め，ε, ℓ, g, a, m のうち必要なものを用いて答えよ。

(5) おもり A がおもり B に最初に衝突する前後で，2つのおもりの力学的エネルギーの和はいくら変化したか。ε, ℓ, g, a, m のうち必要なものを用いて答えよ。

〔B〕次に，図3のように，2つのおもりを最下点から b ($b \ll \ell$) だけ水平で反対の向きに引いて，同時に静かに放す。おもり A の最下点を原点とし，水平方向でおもりの運動する面内に x 軸をとり，おもり A を引いた方向を x の正の方向として，次の問(1)～(3)に答えよ。なお，おもり同士が衝突する以外では，2つのおもりの運動は一直線上を往復する単振動の一部とみなしてよいものとする。

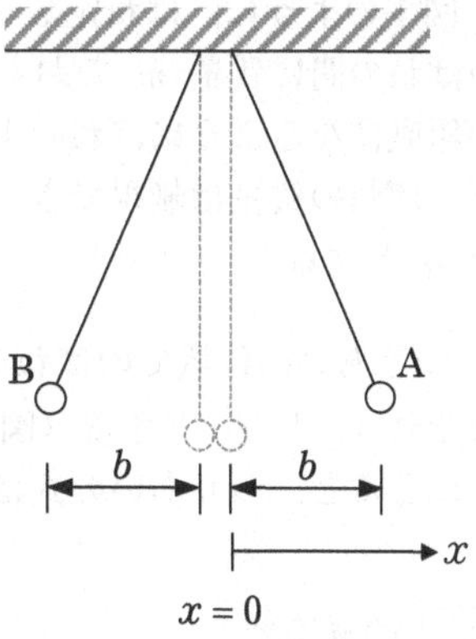

図3

(1) 2つのおもりが最初に衝突した直後の，おもり A の速さを求めよ。

(2) 最初に2つのおもりを放した後，衝突が3回起こるまでのおもり A の位置座標 x の時間変化を示すグラフを描け。なお，グラフには衝突する時刻以外でおもり A の速さが 0 となる点について，x 座標と時刻の値を書け。ただし，おもりを最初に放した時刻を 0 とする。

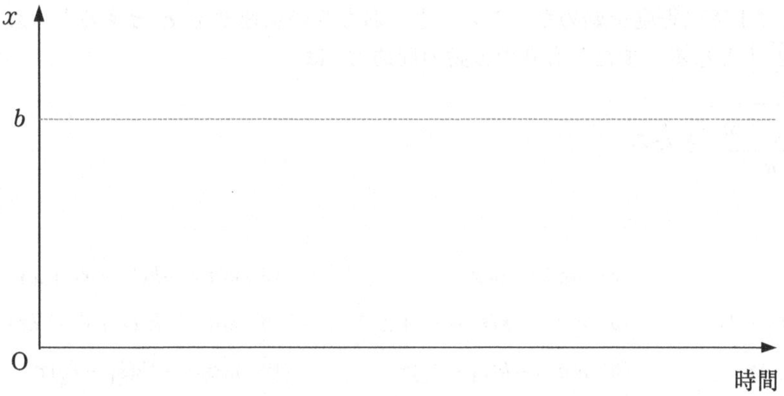

(3) 反発係数が1に近い場合，1回の衝突ではおもりの位置の変化が観測しにくい。そのために，衝突を繰り返させて，おもりの位置を観測することにした。そうしたところ，30回の衝突のあと，おもり A は最大 $x = \frac{1}{2}b$ まで運動した。このときの反発係数を求めよ。ただし，$\log_e 2 = 0.69$ とし，$|y| \ll 1$ のときに成り立つ近似式 $e^{-y} = 1 - y$ を用いてもよい。(e は自然対数の底である)

(関西学院大)

44 図1のように，ばね定数 k，自然長 ℓ_0 の2本のばねの間に質量 m のおもりをつけ，ばねの軸が鉛直になるようにばねの上端と下端を固定した。ばねの質量は無視でき，重力加速度の大きさを g とする。

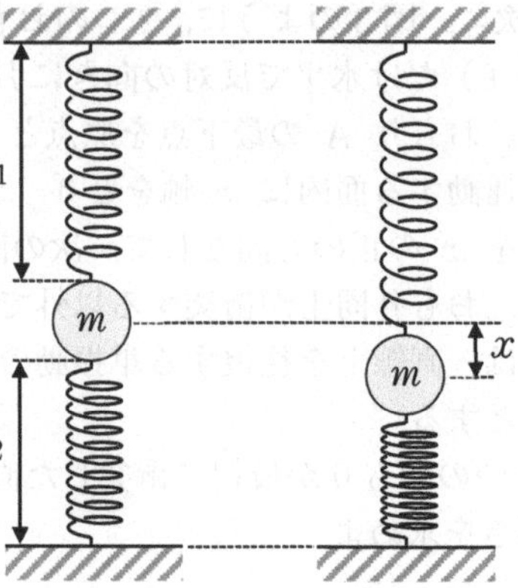

図1　　図2

問1 つりあいの位置でのばね1とばね2の長さをそれぞれ ℓ_1 と ℓ_2 とする（図1）。鉛直下向きを正にとると，つりあいの式は $\boxed{1}$ となる。

$\boxed{1}$ の解答群

① $k(\ell_1+\ell_2)=mg$　② $k(\ell_1-\ell_2)=mg$

③ $k(-\ell_1+\ell_2)=mg$　④ $k(\ell_1+\ell_2)=-mg$　⑤ $k(\ell_1+\ell_2+2\ell_0)=mg$

⑥ $k(\ell_1-\ell_2+2\ell_0)=mg$　⑦ $k(\ell_1+\ell_2-2\ell_0)=mg$　⑧ $k(\ell_1-\ell_2-2\ell_0)=mg$

問2 図2のように，つりあいの位置から鉛直下方におもりを x だけ引っ張り，静かに手を放したところ，ばねは上下に振動を始めた。このとき，おもりの加速度を a とすると，おもりの運動方程式は $\boxed{2}$ となる。またおもりの振動の周期 T は，

$$T=\pi\sqrt{\frac{\boxed{3}\,m}{k}}$$ となる。

$\boxed{2}$ の解答群

① $ma=-kx$　② $ma=-2kx$　③ $ma=-k(\ell_1-\ell_2+x)$

④ $ma=-k(\ell_1-\ell_2+2x)$　⑤ $ma=-k(\ell_1+\ell_2+x)$　⑥ $ma=-k(\ell_1+\ell_2+2x)$

⑦ $ma=-k(\ell_1+\ell_2)x$　⑧ $ma=-k(\ell_1-\ell_2)x$　⑨ $ma=-2k(\ell_1-\ell_2)x$

⓪ $ma=-2k(\ell_1+\ell_2)x$

図3のようにばね定数 k 自然長 ℓ_0 のばねの左端に質量 m のおもり M_1 と右端に質量 $4m$ のおもり M_2 を取りつけ，滑らかな水平な面上に置いた。ばねに沿って x 軸をとり，この系の重心を原点とし，右向きを正とする。ばねの質量は無視できる。

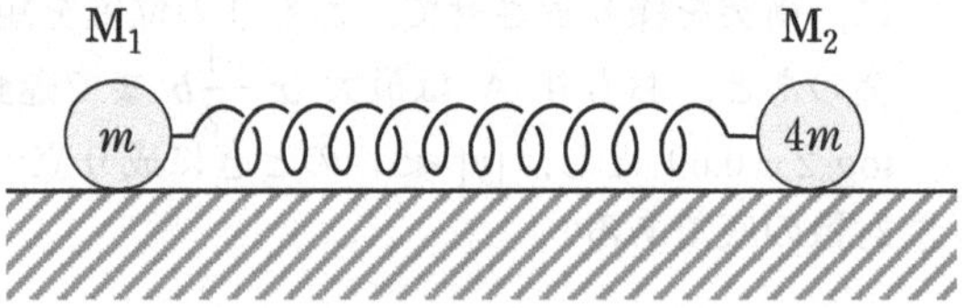

図3

問3 M_1 の x 座標は，$-\dfrac{\boxed{4}}{\boxed{5}}\ell_0$　　M_2 の x 座標は，$\dfrac{\boxed{6}}{\boxed{7}}\ell_0$

問4 つぎに M_1, M_2 を左右に引っ張り同時に静かに手を放すと，M_1, M_2 は運動を始めた。このとき，重心の位置は原点にある。おもり M_2 の振動の周期 T' は，

$$T'=\pi\sqrt{\frac{\boxed{8}\,\boxed{9}}{\boxed{10}}\frac{m}{k}}$$

（日大・医）

45 図のように，質量 $2m$，m のおもり A，B を糸でつないで滑車 K にかけ，さらに質量 $3m$ のおもり C と滑車 K を糸でつなぎ，天井につるされている滑車 L にかけた。滑車と糸の質量は無視でき，また，糸と滑車の間に摩擦はないものとする。以下では，糸に伸びもたるみも生じないものとする。重力加速度の大きさを g とする。

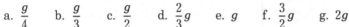

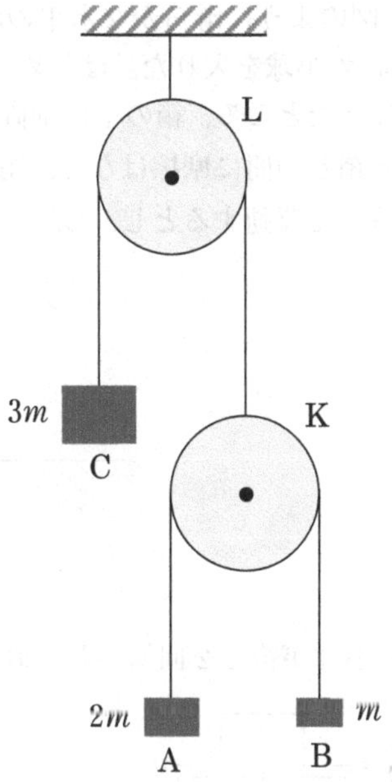

問 1 最初，おもり C を固定しておき，次におもり A，B だけを静かに放した。おもり A の加速度はいくらか。ただし，加速度は鉛直下向きを正とする。

a. $\dfrac{g}{4}$　b. $\dfrac{g}{3}$　c. $\dfrac{g}{2}$　d. $\dfrac{2}{3}g$　e. g　f. $\dfrac{3}{2}g$　g. $2g$

問 2 問 1 の状態で，おもり C と滑車 K をつなぐ糸の張力の大きさはいくらか。

a. $\dfrac{mg}{4}$　b. $\dfrac{mg}{3}$　c. $\dfrac{3}{4}mg$　d. mg　e. $\dfrac{4}{3}mg$
f. $\dfrac{8}{3}mg$　g. $3mg$

問 3 次に，おもり C の固定をはずした後，A，B，C のすべてを静かに放した。おもり A，B，C の加速度をそれぞれ a，b，c とする。ただし，すべての加速度は鉛直下向きを正とする。これらの加速度の間に成り立つ関係式として正しいものを一つ選べ。

a. $a+b=c$　b. $a-b=c$　c. $2a+b=c$　d. $2a+b=-c$
e. $a+2b=2c$　f. $a+b=2c$　g. $a+b=-2c$

問 4 問 3 の状態で，おもり C の加速度 c はいくらか。ただし，加速度は鉛直下向きを正とする。

a. $\dfrac{1}{17}g$　b. $-\dfrac{1}{17}g$　c. $\dfrac{2}{3}g$　d. $-\dfrac{2}{3}g$　e. $\dfrac{11}{6}g$　f. $-\dfrac{11}{6}g$　g. $3g$　h. $-3g$

問 5 問 3 の状態で，おもり A，B をつなぐ糸の張力の大きさはいくらか。

a. $\dfrac{15}{11}mg$　b. $\dfrac{3}{2}mg$　c. $\dfrac{24}{17}mg$　d. $\dfrac{11}{6}mg$　e. $2mg$　f. $\dfrac{13}{6}mg$　g. $\dfrac{5}{2}mg$

（東邦大・医）

46 図のように滑らかな水平の床に，質量 $4m$，長さ $2L$ の直方体の箱を置き，その箱の中に質量 m の小球を入れた。はじめ小球を箱の中心に置く。ここで小球に x 軸の正の向きに速度 v を与えたところ，箱の壁に垂直に衝突した。その後小球は跳ね返り，壁との衝突を繰り返す。小球と箱との間に摩擦はなく，箱と小球との間のはね返り係数を $e=\frac{3}{4}$ とする。小球と箱は x 軸に沿って運動するとし，以下の問いに答えなさい。

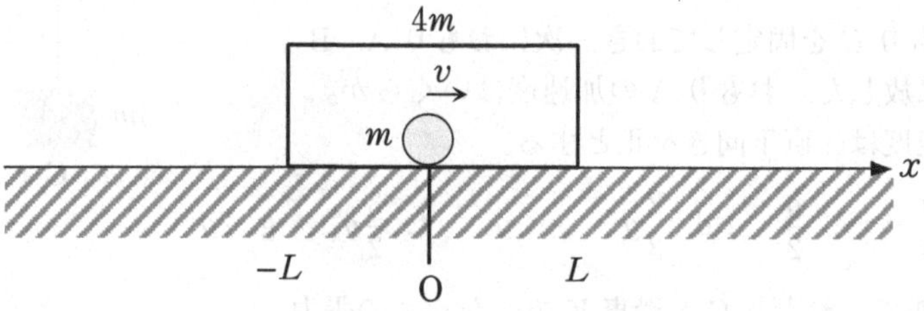

問 1 小球が箱と 2 回衝突した直後の箱の速度 V_2 と小球の速度 v_2 は，

$$V_2 = \frac{\boxed{1}}{\boxed{2}\boxed{3}}v \qquad v_2 = \frac{\boxed{4}\boxed{5}}{\boxed{6}\boxed{7}}v$$

問 2 小球が動き出してから箱の壁と 4 回衝突するまでにかかる時間 T_4 は，

$$T_4 = \frac{\boxed{8}\boxed{9}\boxed{10}}{\boxed{11}\boxed{12}}\frac{L}{v}$$

問 3 小球が動き出してから時間 T_4 の間に箱が進んだ距離 ℓ_4 は，

$$\ell_4 = \frac{\boxed{13}\boxed{14}}{\boxed{15}\boxed{16}}L$$

問 4 n 回衝突した直後の箱の速度を V_n とする。$n \to \infty$ のとき V_n は，

$$V_\infty = \frac{\boxed{17}}{\boxed{18}}v$$

に近づく。

（日大・医）

47 次の問いに答えよ。結果だけでなく考え方と途中の式も示せ。

水平な2点にある釘に，中心には質量 m のおもり，両端には質量 m' ($m < 2m'$) のおもりがついた糸がかけられている。2つの釘の距離は $2L$ で，その中点を O とする。糸はじゅうぶん長く，糸の質量は無視でき，糸と釘の間に摩擦はないとする。重力加速度の大きさを g として，次の問い（問1〜問3）に答えよ。

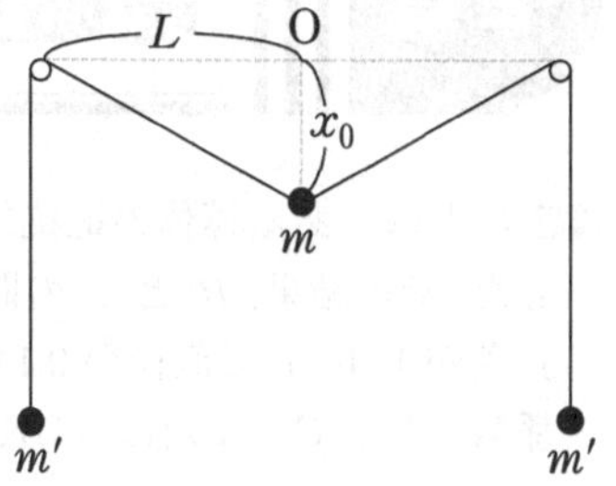

図1

問1 図1のように力がつり合い3つのおもりが静止しているとき，点 O と質量 m のおもりまでの距離 x_0 を，m, m', L を用いて表せ。

問2 図2のように，質量 m のおもりを点 O からそっと放したとき，質量 m のおもりが到達する最大距離 x を，m, m', L を用いて表せ。

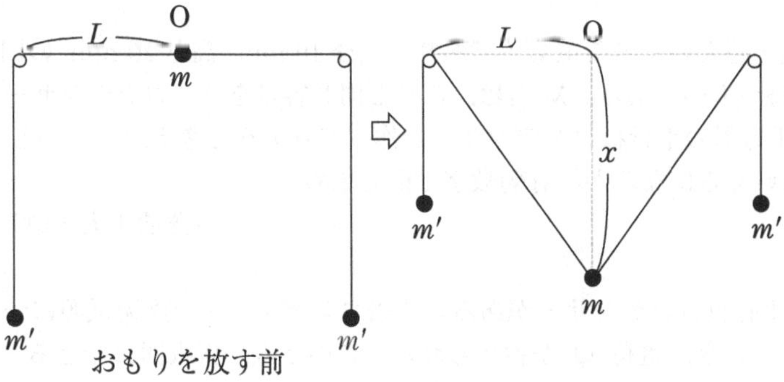

図2

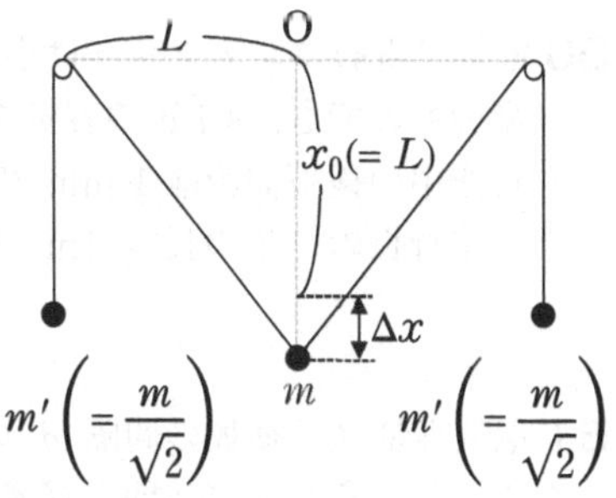

図3

問3 おもりの質量が $m = \sqrt{2}m'$ という関係を満たし，つり合いの位置が $x_0 = L$ となる場合を考える。質量 m のおもりをつり合いの位置からわずかに引き下げて放すと，3つのおもりは上下に単振動する。図3のように，質量 m のおもりが単振動してつり合いの位置から Δx だけ下にある瞬間の運動について，下の問い((a)〜(c))に答えよ。ここで $\Delta x \ll L$ とし，$(\Delta x)^2$ を無視した次の近似式を用いよ。

$$\sqrt{L^2 + (L+\Delta x)^2} \fallingdotseq \sqrt{2}\left(L + \frac{\Delta x}{2}\right), \quad \frac{1}{\sqrt{L^2 + (L+\Delta x)^2}} \fallingdotseq \frac{1}{\sqrt{2}L^2}\left(L - \frac{\Delta x}{2}\right)$$

(a) 質量 m' のおもりのつり合いの位置からの変位の大きさは，質量 m のおもりの変位 Δx の大きさの何倍か。近似して答えを求めよ。この関係を用いて，質量 m' のおもりの加速度を，質量 m のおもりの加速度 a を用いて表せ。ただし，質量 m, m' のおもりの変位および加速度は，下向きを正とする。

(b) 質量 m' のおもりにはたらく張力の大きさを T として，質量 m, m' のおもりの運動方程式を，Δx, a, T, m, L, g を用いて表せ。ただし，$(\Delta x)^2$ を無視した式を記せ。

(c) 前問の運動方程式を連立して T を消去し，$a\Delta x$ と $(\Delta x)^2$ を無視すると，単振動の運動方程式となる。この単振動の周期を，L, g を用いて表せ。

（順天堂大・医）

2章 電磁気学

48 G君は，ある導体の抵抗値（R〔Ω〕）を，導体の温度（t〔℃〕）を室温付近で変えながら測定した。その結果，R と t の間には，$R = 0.068t + 16.2$ の関係があることがわかった。この導体は，長さが 15.6 m で直径が 0.14 mm の円柱状のものであった。このとき，この導体の抵抗率の温度係数（〔1/℃〕または〔1/K〕）を有効数字 2 桁で求めよ。

（芝浦工大・改）

49 材質が同じ円柱形の金属線 A, B がある。B は A に比べて，長さが 2 倍で，断面積が $\frac{1}{4}$ 倍である。このとき B の電気抵抗は A の □ 倍になる。

（琉球大）

50 電気二重層コンデンサーは小型・超大容量の蓄電素子であり，直径 10 mm，高さ 20 mm の円柱型のものでも，4.7 F の容量を持つものがある。M君は，これと同じ容量を持つコンデンサーを真空中の極板間距離 1 mm の正方形の平行板コンデンサーで作ってみようと考えた。このとき，平行板の一辺の長さ〔m〕はいくらになるか。有効数字 1 桁で求めよ。

（芝浦工大・改）

51 電気容量 C，極板の間隔 d の平行板コンデンサーがある。このコンデンサーを直流電源につなぎ，じゅうぶんに時間が経過したとき，電荷 Q が蓄えられた。このとき，極板間にできる一様電場の強さは □ である。

（イ）$\frac{d}{QC}$　（ロ）$\frac{C}{Qd}$　（ハ）$\frac{Q}{Cd}$　（ニ）$\frac{QC}{d}$　（ホ）$\frac{Qd}{C}$　（ヘ）$\frac{Cd}{Q}$

（神奈川大）

52 極板面積 S，極板間隔 d，極板間が真空で電気容量 C_0 の平行板コンデンサーの極板間に，面積 $\frac{S}{2}$，厚さ d，比誘電率 7 の誘電体を極板に平行に完全に挿入した。挿入後のコンデンサーの電気容量は C_0 の何倍になるか求めよ。ただし，極板の面積は十分に広く，極板間隔 d は十分に小さいものとする。

（芝浦工大）

53 10 回巻きの円形コイルに 10 A の直流電流を流した。円形コイルの半径は 0.50 m である。円形コイルの中心に生じる磁場の強さ（単位 A/m）を求めよ。

（芝浦工大）

54 鉄心に 2 つのコイルを巻いた変圧器がある。一次コイルの巻数は 100 回，二次コイルの巻数は 200 回とする。二次コイルに 500 Ω の電気抵抗を接続し，一次コイルに実効値 200 V の交流電圧を加えた。このとき，二次コイルを流れる電流の実効値は □ A である。ただし，2 つのコイルの電気抵抗，および磁束の鉄心外へのもれは無視できるものとする。

（イ）0.10　（ロ）0.20　（ハ）0.40　（ニ）0.80　（ホ）1.6　（ヘ）3.2

（神奈川大）

55 長さ 80 cm, 全巻数 2000 回の細長いソレノイドに電流 0.2 A を流すと，ソレノイド内部の中央付近には何 A/m の磁界(磁場)が発生するか。

(工学院大・改)

56 孤立した半径 R の導体球に電気量 Q の正電荷を与えると，正電荷は表面に一様に分布する。このとき，電気力線は，導体球の表面から垂直に出て放射状に広がり，その総本数は $\dfrac{Q}{\varepsilon_0}$ である。この導体の表面から出る電気力線の単位面積あたりの本数が表面での電場(電界)の強さ E に等しい。よって，電場の強さ E は，R, Q および ε_0 を用いて，[　　] と表される。ただし，導体球は真空中にあり，真空の誘電率を ε_0 とする。

(琉球大)

57 図 a のように，帯電していないはく検電器の金属板に負に帯電した棒を近づけると，はく検電器のはくは [1] 。また，図 b のように，帯電していないはく検電器全体を金網で囲み，はく検電器の金属板に負に帯電した棒を近づけると，はくは [2] 。

[1] の解答群　（ア） 開く （イ） 開いた直後，すぐに閉じる （ウ）開かない

[2] の解答群　（ア） 開く （イ）開かない（ウ）金網がないときよりも大きく開く

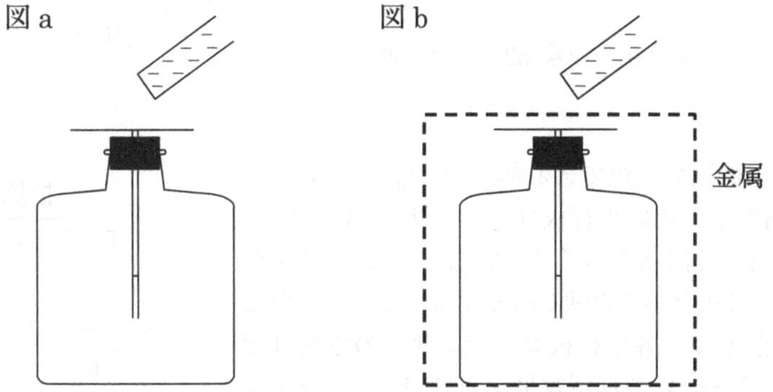

(琉球大)

58 図のような半径 R の円形で 1 巻きのコイルがある。このコイルを下から上へ垂直に貫く一様な磁場の磁束密度の大きさが，時間 Δt の間に一定の割合で $\Delta B\,(>0)$ 増加すると，[　　] の誘導起電力が生じる。

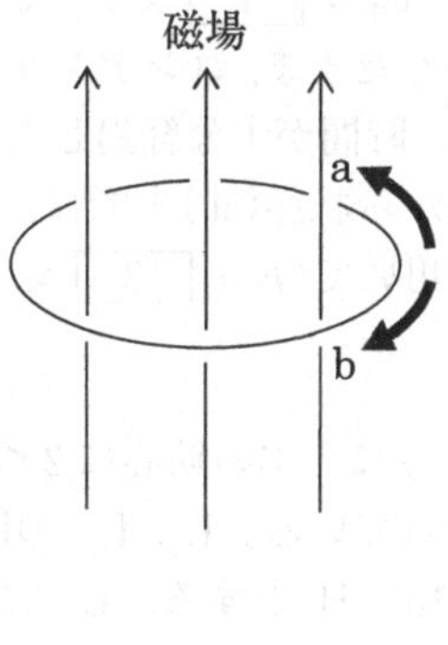

（イ） a の向きに電流が流れる，大きさ $\dfrac{\Delta B}{\Delta t}$

（ロ） a の向きに電流が流れる，大きさ $\dfrac{2\pi R\Delta B}{\Delta t}$

（ハ） a の向きに電流が流れる，大きさ $\dfrac{\pi R^2\Delta B}{\Delta t}$

（ニ） b の向きに電流が流れる，大きさ $\dfrac{\Delta B}{\Delta t}$

（ホ） b の向きに電流が流れる，大きさ $\dfrac{2\pi R\Delta B}{\Delta t}$

（ヘ） b の向きに電流が流れる，大きさ $\dfrac{\pi R^2\Delta B}{\Delta t}$

(神奈川大)

59 半径 R〔m〕の導体球の内部に半径 a〔m〕の同心球型の真空の空洞があり，その空洞の中心に点電荷 $+Q$〔C〕を置く。真空中でのクーロンの法則の比例定数を k_0〔$\mathrm{N \cdot m^2/C^2}$〕とする。

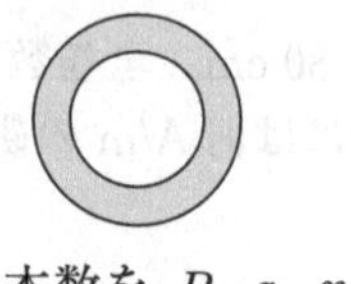

(a) $a < x < R$ の条件を満たす半径 x〔m〕の同心球面を貫く電気力線の本数を R, a, x, Q, k_0 の中から必要なものを用いて表せ。

(b) $x > R$ の条件を満たす半径 x〔m〕の同心球面上の電場の大きさを R, a, x, Q, k_0 の中から必要なものを用いて表せ。

（芝浦工大）

60 図のように，5.0×10^3 N/C の一様な電場の中に点Aと点Bがある。AB間の距離は 2.0 cm で，線分ABと電気力線は 120° の角を成している。3.2×10^{-4} C の点電荷をAからBに移動するときに必要な仕事 W〔J〕と，AB間の電位差 V〔V〕はいくらか。

（大阪医大）

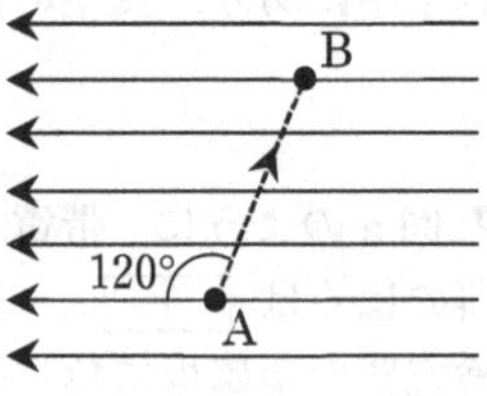

61 最大目盛 15 mA, 内部抵抗 3.6 Ω の電流計を，図のように抵抗 R と並列に接続することで，最大目盛 0.15 A の電流計として使用できる。R は何 Ω にすればよいか。

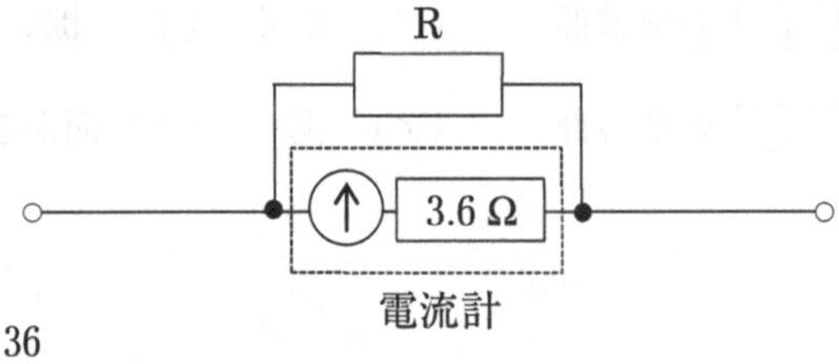

㋐ 0.36　　㋑ 0.40　　㋒ 4.0　　㋓ 32　　㋔ 36

（自治医大）

62 図のように，内部抵抗の無視できる起電力 V_0〔V〕の電池と，抵抗，極板間隔の十分狭い平行板コンデンサー A 及び B を直列につなげた閉じた回路をつくり，点 G で接地して十分に時間が経過した。この状態を状態(ⅰ)とする。ただし，閉じた回路をつくる直前では，各平行板コンデンサーの電荷はゼロとする。コンデンサー A の静電容量を $4C$〔F〕，コンデンサー B の静電容量を C〔F〕とする。状態(ⅰ)では，図に示されているコンデンサー A の極板 a の電位 V_1〔V〕は V_0 を用いて $V_1 =$ 1 $\times V_0$ である。状態(ⅰ)から，閉じた回路を維持したまま，コンデンサー B の極板間の距離だけを半分にした。時間が十分経過した後の状態を状態(ⅱ)とするとき，状態(ⅰ)から状態(ⅱ)までに，電池がなした仕事 E〔J〕は C, V_0 を用いて $E =$ 2 $\times CV_0^2$ である。

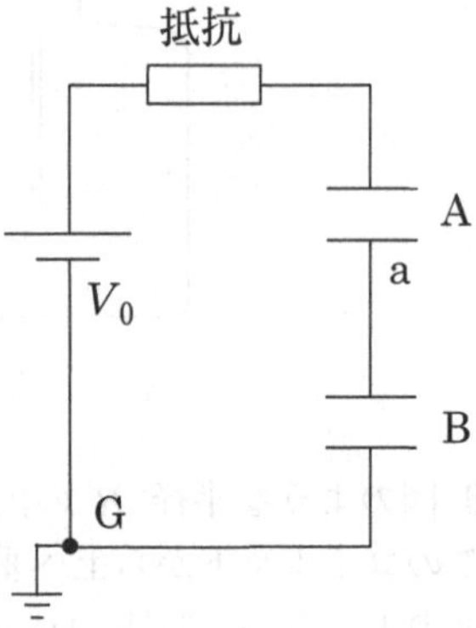

（芝浦工大）

63 図のように一本の鉄心に2つのコイル L_1, L_2 が巻きつけられている。L_1, L_2 の間の相互インダクタンスを 4.0×10^{-2} H とする。L_1 に流れる電流が，0.20 s の間に一定の割合で 3.0 A 増加した。L_2 に生じる誘導起電力の大きさは何Vか。

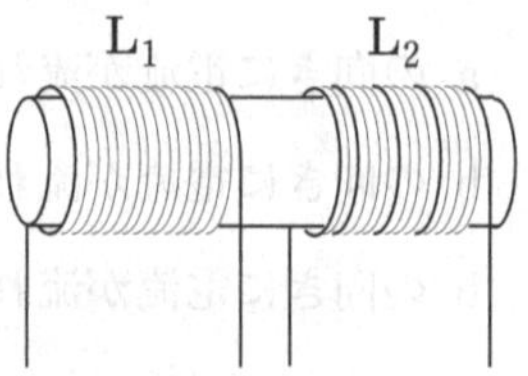

㋐ 0.04　　㋑ 0.20　　㋒ 0.60　　㋓ 3.0　　㋔ 15

（自治医大）

64 二つの相等しいコンデンサー C_1, C_2 がある。図のように，C_1 と C_2 を直列につなぎ，C_2 の極板間に比誘電率 ε_r の誘電体を入れ，電圧 V を加えた。C_1 の極板間の電圧は V の何倍か。C_1 の極板間は真空とする。

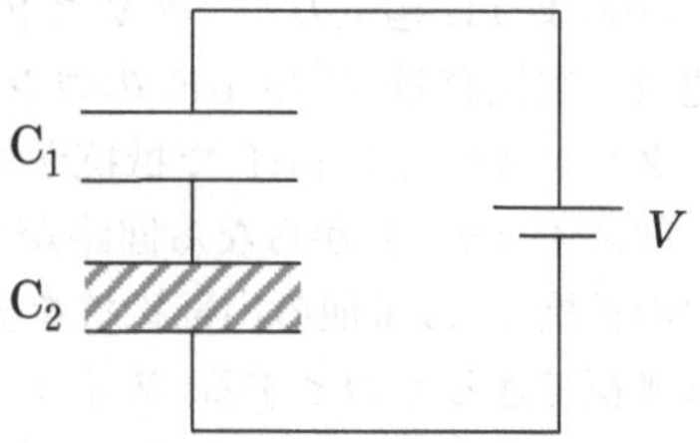

㋐ ε_r　㋑ $\dfrac{1}{\varepsilon_r}$　㋒ $\dfrac{1}{\varepsilon_r+1}$　㋓ $\dfrac{\varepsilon_r}{\varepsilon_r+1}$　㋔ $\dfrac{\varepsilon_r+1}{\varepsilon_r}$

（自治医大）

65 図のように，抵抗値 $R = 10\,\Omega$ の抵抗，自己インダクタンス $L = 2.5\times10^{-2}$ H のコイル，電気容量 C F のコンデンサーを直列に接続し，両端に 50 V，周波数 $\dfrac{200}{\pi}$ Hz の交流電源をつないだ。このとき，実効値 5.0 A の電流が流れた。

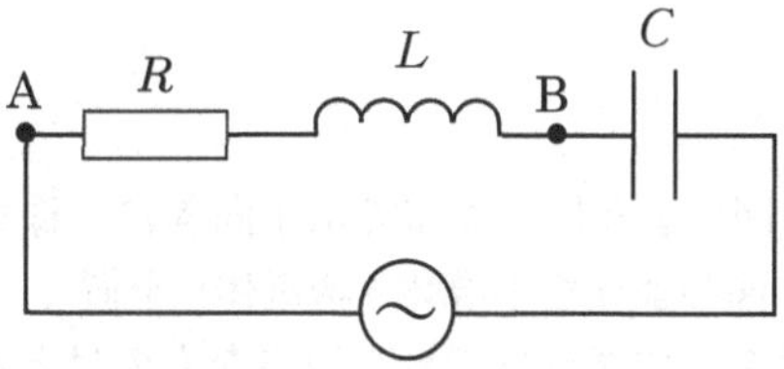

問 1　電気容量 C はいくらか。

a. 2.0×10^{-6} F　b. 2.5×10^{-4} F　c. 1.0×10^{-1} F
d. 4.0×10^{-1} F　e. 6.3×10^{-1} F　f. 40 F

問 2　AB 間の電圧の実効値として最も近いものを選べ。

a. 0.30 V　b. 2.0 V　c. 10 V　d. 50 V　e. 70 V　f. 95 V

（東邦大・医）

66 図のように，断面積 $3.0\times10^{-4}\ \mathrm{m^2}$，長さ 1.5×10^{-1} m の鉄心に，導線を一様に 2000 回巻いたソレノイドがある。このソレノイドに電流 3.0×10^{-2} A を流すと，大きさ [1] Wb の磁束がソレノイドを貫く。また，ソレノイドを流れる電流を一定の割合で 1.0×10^{-2} 秒間に 5.0×10^{-2} A だけ増加させると，ソレノイドに生じる誘導起電力の大きさは [2] V となるので，このソレノイドの自己インダクタンスは [3] H である。ただし，鉄心の透磁率を $3.5\times10^{-3}\ \mathrm{N/A^2}$ とし，解答の有効数字は 2 桁とする。

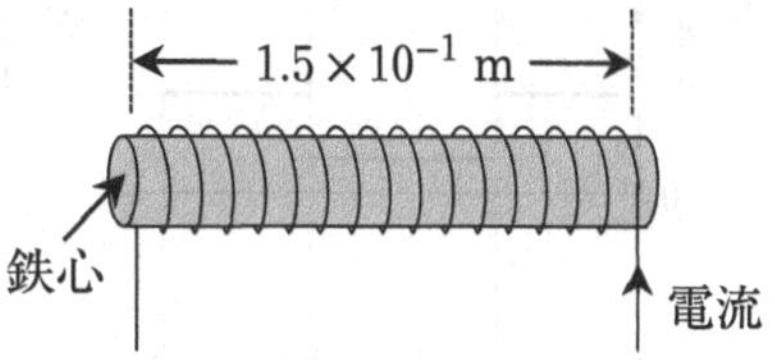

（北里大・医）

67 コイルに 2.0 A の電流が流れている。この電流を時間とともに一定の割合で減少させ，0.040 秒後に 0 にした。このときコイルの両端間には 500 V の誘導起電力が生じた。

問 1　コイルの自己インダクタンスはいくらか。

a. 10 H　b. 20 H　c. 50 H　d. 100 H　e. 150 H　f. 200 H　g. 250H

問 2　電流を減少させる前にコイルにたくわえられていたエネルギーはいくらか。

a. 10 J　b. 20 J　c. 40 J　d. 100 J　e. 200 J　f. 300 J　g. 400 J

（東邦大・医）

68 図のように起電力が 1.8 V で内部抵抗が 0.60 Ω の電池 E, 電気容量が 80 μF のコンデンサー C, 自己インダクタンスが 2.0 mH で抵抗が無視できるコイル L およびスイッチ S からなる回路がある。ただし，図の回路中の抵抗 r は電池の内部抵抗を表しており，導線の抵抗は無視できるものとする。スイッチ S を閉じて十分時間がたってから再びスイッチ S を開いたところ電気振動が生じた。この電気振動の周期 T_0〔s〕を求めよ。また C の極板間の電圧の最大値 V_m〔V〕を求めよ。

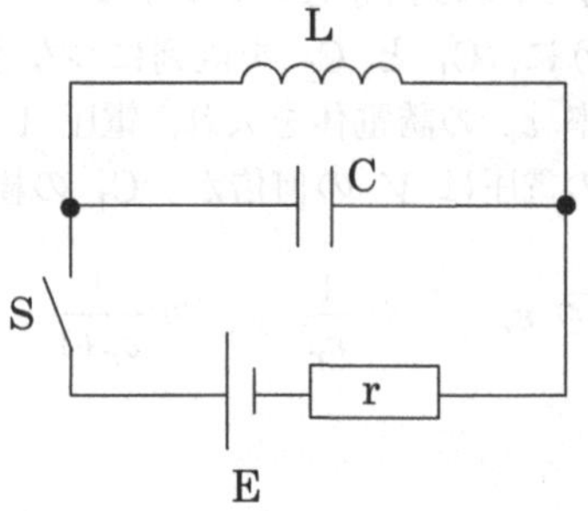

（芝浦工大）

69 図のように，矢印で示す向きに一様な電場がある。その中に図のような不導体（誘電体）を置く。直線 AB に沿った電場を表すグラフで最も適当なものはどれか。不導体の誘電率は真空の誘電率よりも十分大きいとする。

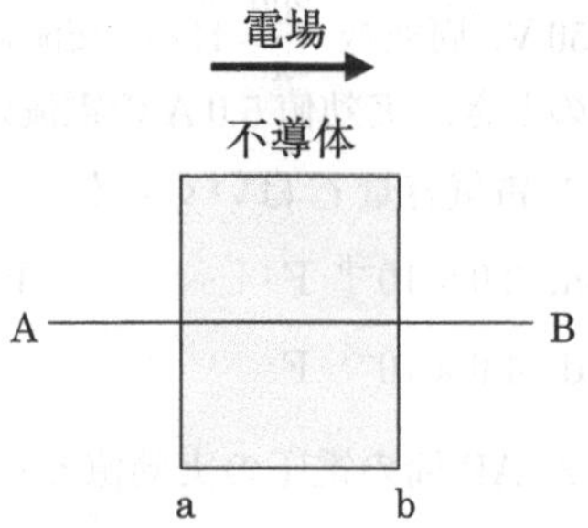

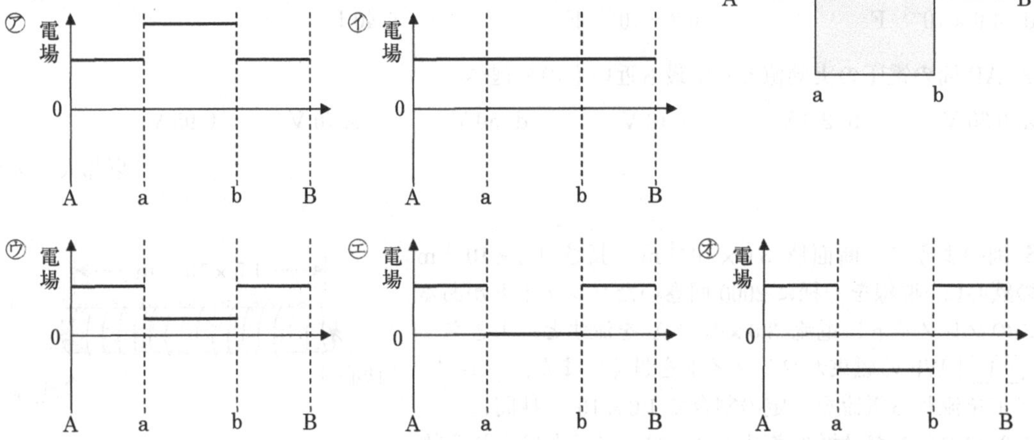

（自治医大）

70 図のように，異なる電気容量（静電容量）C_1，C_2 をもつ 2 つのコンデンサーと抵抗 R，スイッチ，電圧 V の直流電源で回路を構成した。ただし，2 つのコンデンサーには電荷がたくわえられていないものとする。初めにスイッチを A 側に接続し，十分時間がたった後に，B 側へ接続した。その後，十分時間がたったとき，コンデンサー C_1 の電圧は 1 ，B 側へ接続した後に抵抗 R で発生したジュール熱の総量は 2 である。

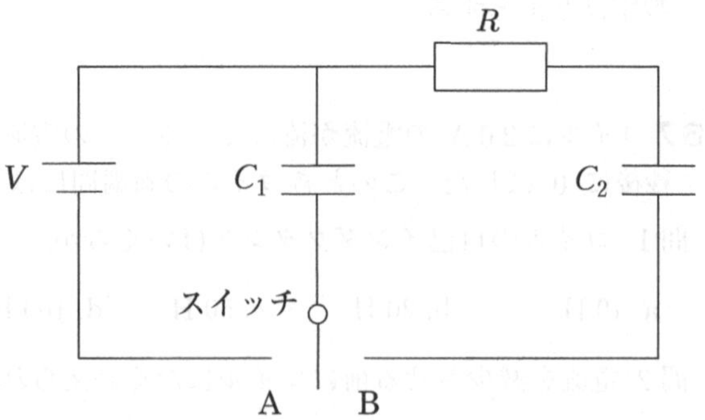

（琉球大）

71 図1のように，電池，コンデンサー，抵抗，スイッチからなる回路を考える。電気容量 C_1，C_2，C_3〔F〕のコンデンサーの合成容量は [1]〔F〕となり，抵抗値 R_1，R_2，R_3 の抵抗の合成抵抗は [2] となる。時刻 $t=0$ s でスイッチ S を閉じた後の電流 I〔A〕の変化を正しく示しているのは図2のア～カの中の [3] である。ただし，$t=0$ s ですべてのコンデンサーには電荷はたくわえられていないものとする。

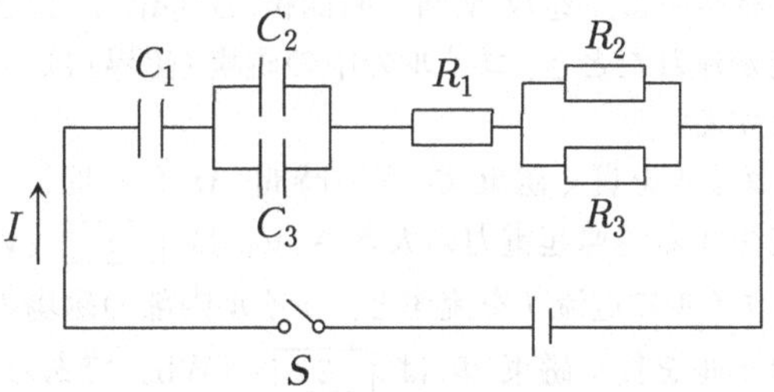

図1

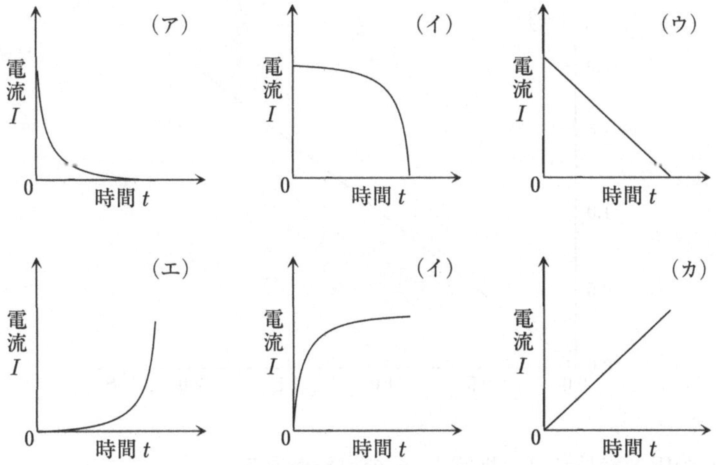

図2

（琉球大）

72 図のように，内部抵抗 r_0〔Ω〕を持つ電池に電流計，電圧計，可変抵抗器を取り付け，回路上の点をそれぞれ a～d とする。ここで，電圧計の内部抵抗は非常に大きく，電流計の内部抵抗は 1 Ω，最大測定値（レンジ）は 0.5 A である。可変抵抗器の抵抗値を変えて，電池の端子電圧と電流の関係を調べたところ，次表のようになった。

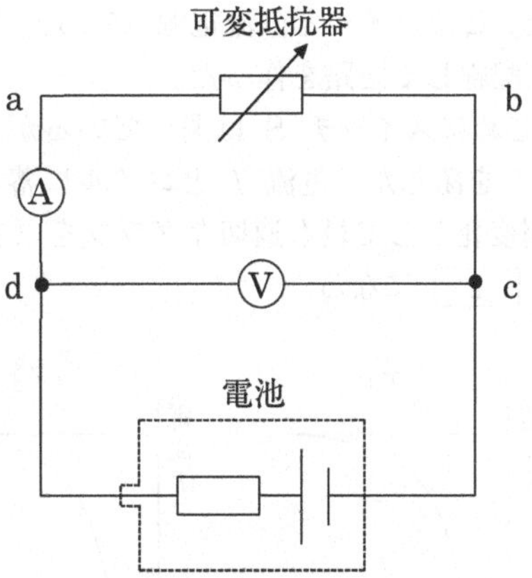

電圧〔V〕	1.0	0.8	0.6	0.4
電流〔A〕	0.2	0.3	0.4	0.5

この電池の内部抵抗 r_0 の大きさは [1]〔Ω〕であり，起電力は [2]〔V〕である。さらに，可変抵抗器の抵抗値を小さくして電圧を 0.2 V にすると，電流計の測定範囲を超えてしまった。そこで，新しく抵抗器を回路の [3] に配置して，その大きさが [4]〔Ω〕であれば，最大 1 A までの電流がこの電流計で測定できる。

[3] の解答群　（ア）ab 間に並列　（イ）cd 間に直列　（ウ）cd 間に並列
（エ）ad 間に直列　（オ）ad 間に並列

（琉球大）

73 真空中に，巻数 N 回，断面積 S〔m^2〕，長さ ℓ〔m〕の十分に長いコイルがある。コイルに電流が流れたとき，コイルの中の磁場（磁界）は一様であるとする。また，真空の透磁率を μ_0〔N/A^2〕とする。

(1) コイルを貫く磁束 Φ が，時間 Δt〔s〕間に $\Delta\Phi$〔Wb〕だけ変化した。コイル1巻きあたりに発生する誘導起電力の大きさ V_1 は [1]〔V〕である。

(2) コイルに電流 I を流すと，コイル内部の磁場の大きさ H は $H=\dfrac{N}{\ell}I$〔A/m〕である。このとき，コイルを貫く磁束 Φ は [2]〔Wb〕である。

(3) コイルに流れる電流 I を図に示したように変化させた。このとき，コイルに発生する誘導起電力の大きさ V_N は [3]〔V〕である。

(4) このコイルの自己インダクタンス L は [4]〔H〕である。

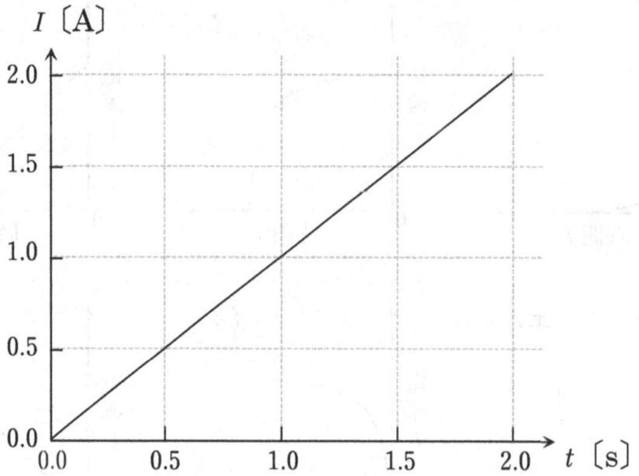

（琉球大）

74 断面が直径 d の円形で長さ ℓ，抵抗率 ρ の導線がある。この導線の抵抗値は，ℓ，d，ρ を用いて表すと，[1] になる。この導線を円筒状に巻いて自己インダクタンス L のコイルを作った。このコイルと直流電源 V およびスイッチ S を，図のように配線して回路を作った。

はじめにスイッチ S は開いているが，時刻 $t=t_0$ でスイッチ S を閉じた。電流 I とコイルに蓄えられるエネルギーUの時間変化として最も適切なグラフを（ア）～（エ）から選ぶと，[2] になる。

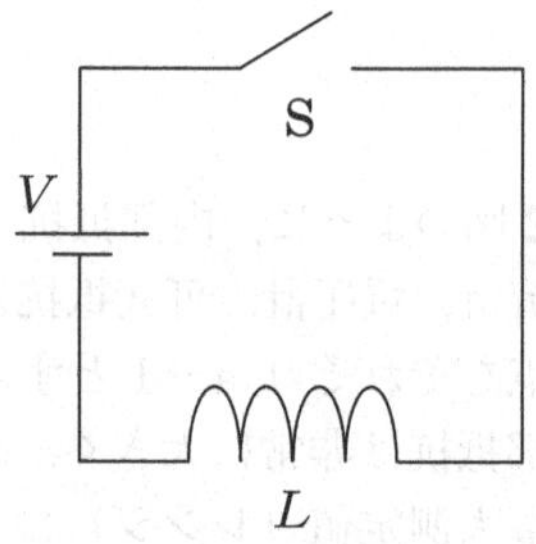

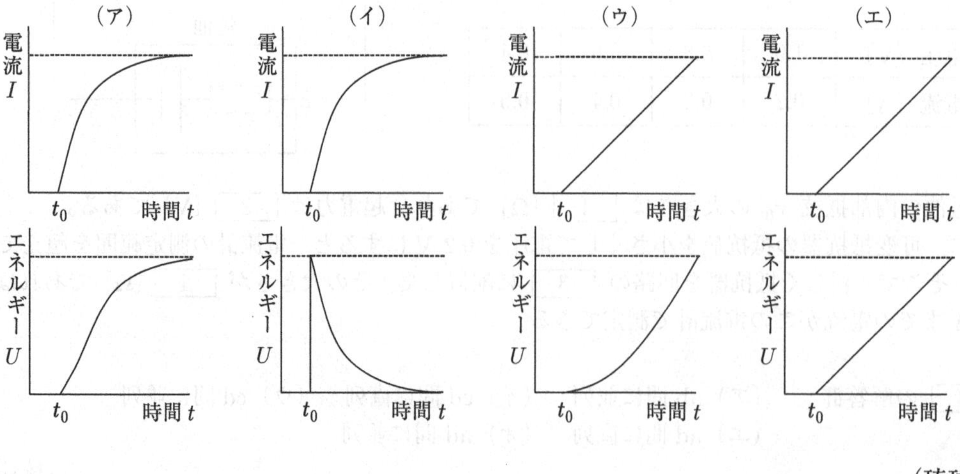

（琉球大）

75 次の問いに答えなさい。

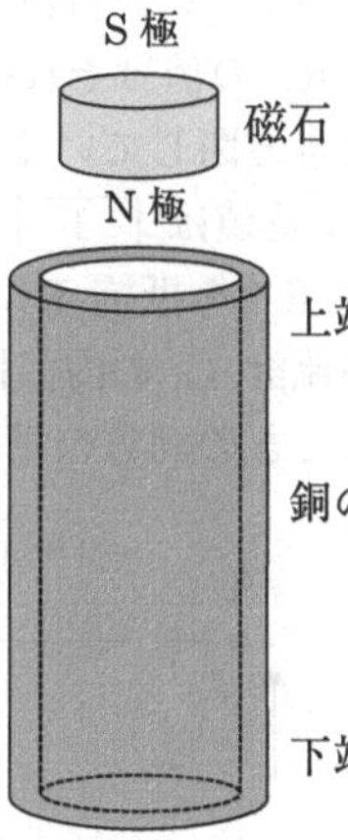

(1) 磁石によって生じた磁場（磁界）の中にコイルを置いて，磁石を動かしたりコイルを動かしたりするとコイルに電圧が発生して電流が流れる。このような現象を何というか。

(2) 図のように，内壁がなめらかでまっすぐな銅の管を垂直に立てて，N 極を下にして管の上端から中に円柱形の磁石を落とした。すると，管の下端における磁石の速さは，磁石を管と同じ長さだけ自由落下させた場合と比較して小さく，管を通過する時間は長くなった。ただし，磁石は管の中で常に N 極を下にして落下するものとする。このような現象が起こる理由を答えよ。

(3) (2)の銅の管と同じ形と大きさのアルミニウムの管と真ちゅう（銅と亜鉛の合金）の管を用意し，この 2 つの管と(2)の磁石を使って，同様の実験を行った。その結果，管の下端における磁石の速さは真ちゅうの場合が一番大きく，次いでアルミニウム，銅の順であった。この結果より，抵抗率の値が一番小さいのは次の（ア）～（ウ）のどれと考えられるか。

（ア）銅　（イ）アルミニウム　（ウ）真ちゅう

（琉球大）

76 図のように，抵抗，コイル，コンデンサーを並列に交流電源に接続する。抵抗の抵抗値，コイルの自己インダクタンス，コンデンサーの電気容量をそれぞれ R〔Ω〕，L〔H〕，C〔F〕とし，時刻 t での交流電源の電圧を $V = V_0 \sin \omega t$〔V〕とする。抵抗，コイル，コンデンサーに流れる電流の最大値が同じになるようにするには，L の値を $R =$ [1]，C の値を $R =$ [2] をみたすようにそれぞれ取ればよい。また，抵抗，コイル，コンデンサーに流れる電流をそれぞれ I_R, I_L, I_C とする。このとき，これらの電流の時間変化の様子を交流の周期を $T = 2\pi/\omega$ としてグラフに表すと，図の I_1, I_2, I_3 は [3] である。

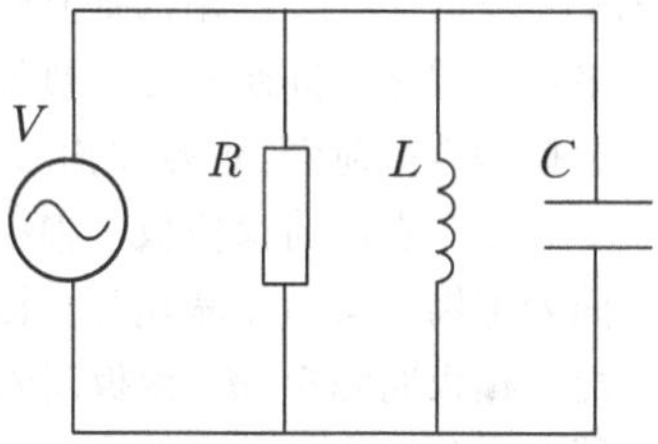

[3] の解答群

（ア）$I_1 = I_R$，$I_2 = I_L$，$I_3 = I_C$
（イ）$I_1 = I_R$，$I_2 = I_C$，$I_3 = I_L$
（ウ）$I_1 = I_L$，$I_2 = I_R$，$I_3 = I_C$
（エ）$I_1 = I_L$，$I_2 = I_C$，$I_3 = I_R$
（オ）$I_1 = I_C$，$I_2 = I_R$，$I_3 = I_L$
（カ）$I_1 = I_C$，$I_2 = I_L$，$I_3 = I_R$

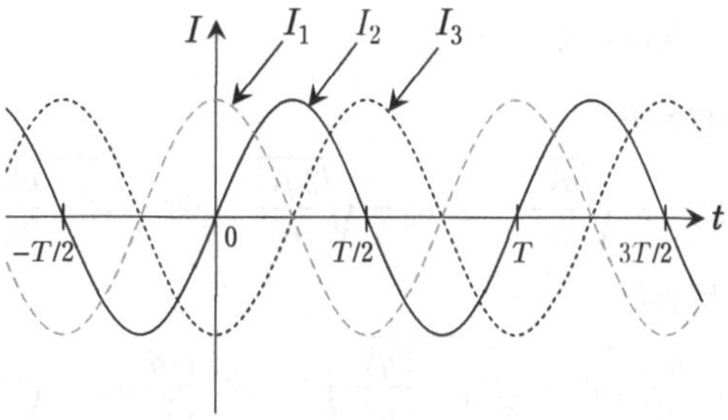

（琉球大）

77 図1のように，直流電源と4個の抵抗 R_1, R_2, R_3, R_4 からなる回路があり，各抵抗 R_2, R_3, R_4 の値はそれぞれ $7.2 \times 10^3\ \Omega$, $6.0 \times 10^3\ \Omega$, $9.6 \times 10^4\ \Omega$ である。スイッチ S が開いているときと閉じているときの両方の場合で図1中のA点を流れる電流 I の値が一致するとき，R_1 の抵抗値は [1] Ω である。次に，図2の回路に対して，図2のように抵抗値 $2.0 \times 10^3\ \Omega$ の抵抗 R_5 を抵抗 R_3 に並列に接続し，内部抵抗をもつ検流計 G を抵抗 R_2 に直列に接続した。検流計 G の内部抵抗の値が [2] Ω であるとき，スイッチ S が開いているときと閉じているときの両方の場合で検流計 G を流れる電流の値が一致する。

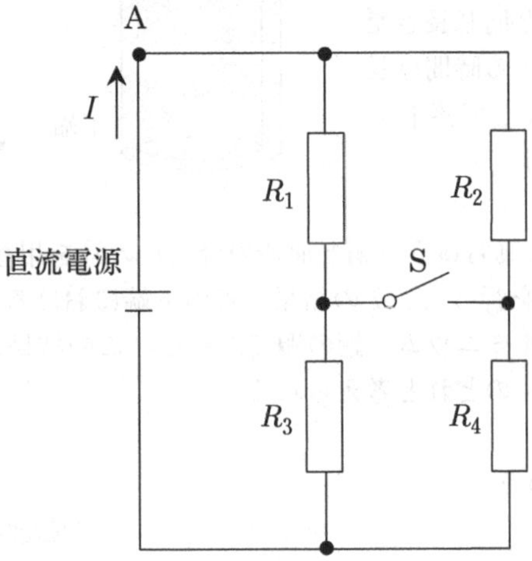

図1

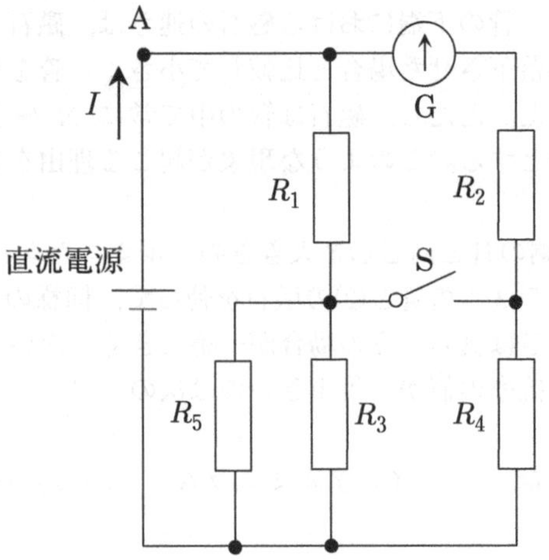

図2

（東京理科大）

78 図のように，x 軸に垂直に置かれた小孔のあいた平行板電極へ向かって，質量 m で電気量 $q\ (> 0)$ を持つ点電荷が x 軸に沿って一定の速さ v_0 で進んでいる。点電荷は極板1の小孔を通過した後，極板間の電場によって減速し，極板2の小孔を通過した。極板間隔を d，極板間の電位差を V，極板の面積は十分に広いものとする。

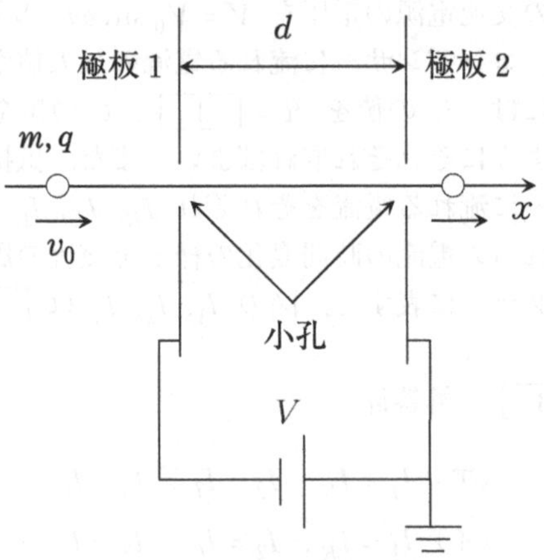

(1) 極板2の小孔を通り抜けた直後の点電荷の速さはいくらか。

(2) 点電荷が平行板電極の間を通り抜けるのに要する時間はいくらか。

(1)の解答群

① $v_0 - \sqrt{\dfrac{qV}{m}}$　② $v_0 - \sqrt{\dfrac{2qV}{m}}$　③ $\sqrt{v_0^2 - \dfrac{qV}{2m}}$　④ $\sqrt{v_0^2 - \dfrac{qV}{m}}$　⑤ $\sqrt{v_0^2 - \dfrac{2qV}{m}}$

(2)の解答群

① $\dfrac{md}{qV}\left(v_0 - \sqrt{v_0^2 - \dfrac{2qV}{m}}\right)$　② $\dfrac{md}{qV}(v_0 - \sqrt{v_0^2 - \dfrac{qV}{m}})$　③ $\dfrac{md}{qV}\left(v_0 - \sqrt{v_0^2 - \dfrac{qV}{2m}}\right)$

④ $\dfrac{md}{qV}\left(\sqrt{v_0^2 + \dfrac{2qV}{m}} - v_0\right)$　⑤ $\dfrac{md}{qV}v_0$

（東京電機大）

79 つぎの文の ☐ に入れるべき式を記せ。

長さ ℓ，断面積 S の太さが一定で一様な導線中に電気量 $-e$ の自由電子が単位体積あたり n 個あるものとする。この導線の両端に電圧 E をかけたとき，導線内部に一様な電場が生じるとすると，その電場の強さは [1] となる。

1個の自由電子は，電場と逆向きに大きさ [2] の力を受ける。これとつり合う抵抗力の大きさは，v に比例すると仮定し，kv（k は比例定数）とおけば，速さ v を k，E，ℓ，e で表すと，[3] となる。

導線を流れる電流 I は，断面積 S を単位時間に通過する電気量であるから，$I = envS$ である。したがって電流 I は，k，E，ℓ，e，S，n を用いて表すと，[4] となり，電流 I が電圧に比例するオームの法則がなりたっていることがわかる。このことから導線の電気抵抗を k，ℓ，e，S，n で表すと，[5] となる。

この速さ v で電場中を移動する自由電子の運動エネルギーは，抵抗力に打ち勝って進むのに必要なエネルギーとして使われ，最終的に熱に変わる。

速さ v の1個の自由電子が単位時間あたりに電場からされる仕事を，e，E，ℓ，v で表すと [6] となる。導体内の自由電子の総数は $n\ell S$ なので，全自由電子が単位時間あたりにされる仕事を n，S，e，E，v で表すと [7] となる。この仕事により発生する熱をジュール熱と呼ぶ。

（法政大）

80 以下の設問の解答を有効数字2桁で求めよ。ただし，導出過程は示さなくてよい。

図に示す回路において，直流電源ならびに電流計の内部抵抗，およびコイルと導線の抵抗を無視するとき，以下の問いに答えよ。ただし，直流電源 V の電圧を 100 V，抵抗 R_1 の抵抗値を 8.0 kΩ，抵抗 R_2 の抵抗値を 2.0 kΩ，抵抗 R_3 の抵抗値を 2.0 kΩ，抵抗 R_4 は可変抵抗であり，はじめの抵抗値を 2.0 kΩ，コイル L の自己インダクタンスを 4.0 mH，コンデンサー C の静電容量を10 μF とする。

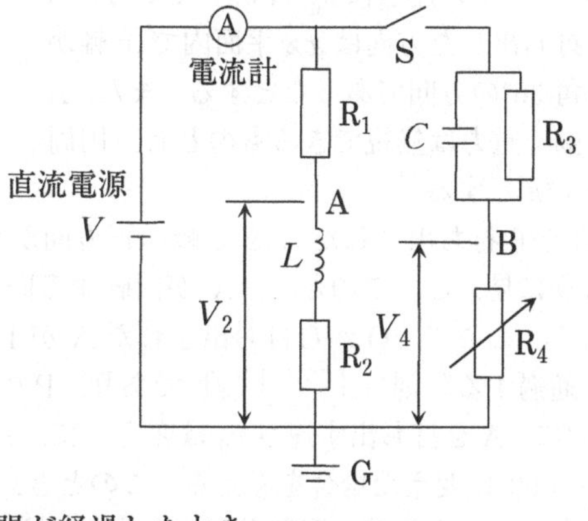

(1) はじめに，スイッチ S を開いた状態で十分に時間が経過したとき，

（イ） 図に示す A－G 間の電圧 V_2〔V〕を求めよ。

（ロ） コイル L に蓄えられているエネルギー〔J〕を求めよ。

(2) 次にスイッチ S を閉じる。

（ハ） スイッチ S を閉じた直後の電流計の読み〔mA〕を求めよ。

（ニ） スイッチ S を閉じてから十分な時間が経過した後，可変抵抗 R_4 を変え，さらに十分な時間が経過してから図に示す B－G 間の電圧 V_4 を測定したところ，A－G 間の電圧 V_2 と同じ値になった。このとき，可変抵抗 R_4 の抵抗値〔kΩ〕を求めよ。

(3) （ニ）の測定が終了後，可変抵抗 R_4 の値を（ニ）で求めた値に固定してスイッチ S を開く。

（ホ）スイッチ S を開いてから，十分な時間が経過する間に抵抗 R_3 が消費するエネルギー〔mJ〕を求めよ。

（芝浦工大）

81 図のように，真空中で xy 平面上の点 A：$(x,y)=(-a,a)$，点 B：$(x,y)=(a,a)$，点 C：$(x,y)=(-a,-a)$，点 D：$(x,y)=(a,-a)$ にそれぞれ電気量 $+Q$, $+Q$, $-2Q$, $-2Q$ の点電荷を固定する。ここで a と Q は正の定数である。クーロンの法則の比例定数を k とする。電力や点電荷の運動に伴う電磁波の影響は無視できるものとする。

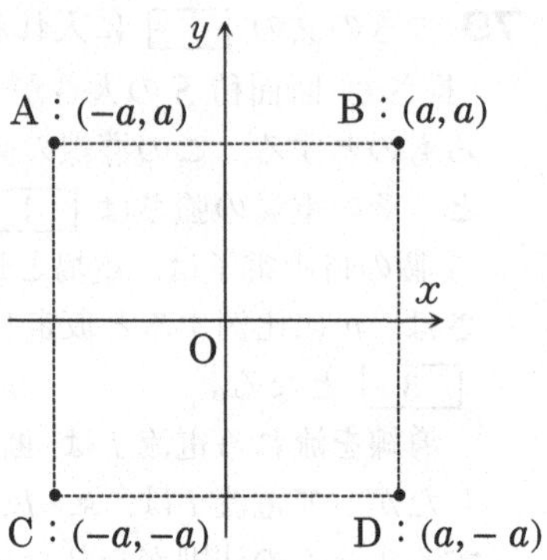

(1) 原点 O における電場の強さを求めよ。

(2) 正の電気量 $q\ (q>0)$，質量 m の点電荷を点 $(x,y)=(0,a)$ に静かに置いたところ，y 軸に沿って運動し始めた。点 $(x,y)=(0,-a)$ を通過する瞬間の速さを v とするとき，v^2 を求めよ。

（芝浦工大）

82 図のように，z 軸の正の向きに磁束密度 B〔T〕(=Wb/m²) の一様な磁場（磁界）がある領域で，正の電気量 q〔C〕をもつ質量 m〔kg〕の粒子 A を，原点 O から時刻 0 s に打ち出した。このとき，時刻 0 s での A の速さは v_0〔m/s〕であり，A を打ち出した方向は xz 平面内で x 軸から角 30°の方向であったとする。また，A に働く重力は無視できるものとし，円周率を π とする。

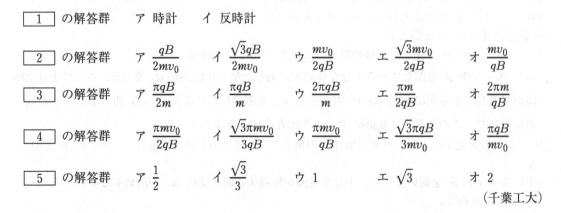

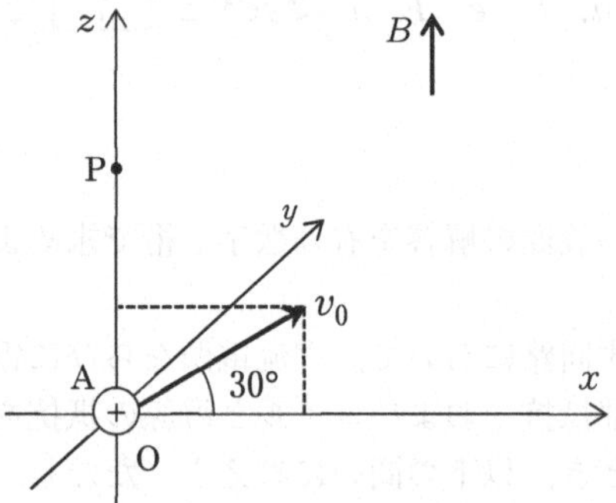

O から打ち出された A を z 軸の正方向から観察すると，A は xy 平面内で等速円運動しているように見える。このとき，A が回転する向きは [1] 回りであり，円の半径は [2]〔m〕である。ここで，O から打ち出された A が 1 回転して z 軸上の点 P を通過したとすると，A が P を通過する時刻は [3]〔s〕であり，P の z 座標は [4]〔m〕である。

次に，A を打ち出す速さ v_0 は変えずに，xz 平面内で A を打ち出す x 軸からの角度のみを，30° から 60°に変えた場合を考える。このとき，O から打ち出された A を z 軸の正の向きから観察すると，A による等速円運動の円の半径はもとの [5] 倍になる。

[1] の解答群　ア 時計　イ 反時計

[2] の解答群　ア $\dfrac{qB}{2mv_0}$　イ $\dfrac{\sqrt{3}qB}{2mv_0}$　ウ $\dfrac{mv_0}{2qB}$　エ $\dfrac{\sqrt{3}mv_0}{2qB}$　オ $\dfrac{mv_0}{qB}$

[3] の解答群　ア $\dfrac{\pi qB}{2m}$　イ $\dfrac{\pi qB}{m}$　ウ $\dfrac{2\pi qB}{m}$　エ $\dfrac{\pi m}{2qB}$　オ $\dfrac{2\pi m}{qB}$

[4] の解答群　ア $\dfrac{\pi mv_0}{2qB}$　イ $\dfrac{\sqrt{3}\pi mv_0}{3qB}$　ウ $\dfrac{\pi mv_0}{qB}$　エ $\dfrac{\sqrt{3}\pi qB}{3mv_0}$　オ $\dfrac{\pi qB}{mv_0}$

[5] の解答群　ア $\dfrac{1}{2}$　イ $\dfrac{\sqrt{3}}{3}$　ウ 1　エ $\sqrt{3}$　オ 2

（千葉工大）

83 つぎの文の □ に入れるべき数式または数値を記せ。

図1に示すように，磁束密度 B の一様な磁界中に，断面積 S，巻き数 N，抵抗の無視できるコイルを断面が磁界に垂直になるように置き，抵抗値 R の抵抗を接続し，b点をアースに接続した。図の矢印方向の磁束密度を正とし，図2に示すように磁束密度を変化させた。

$0 < t < t_0$ の時刻 t において，コイルを貫く磁束は [1] であり，抵抗に流れる電流の大きさは [2] である。

$t_0 < t < 2t_0$ の時刻 t において，単位時間あたりの磁束変化の大きさは [3] であり，そのときの誘導起電力の大きさは [4] である。

$4t_0 < t < 5t_0$ の時刻 t において，抵抗に流れる電流の大きさは [5] である。

b点を電位の基準としたとき，a点の電位が最も低くなる時刻 t の範囲は [6] $< t <$ [7] であり，そのときのa点の電位は [8] である。

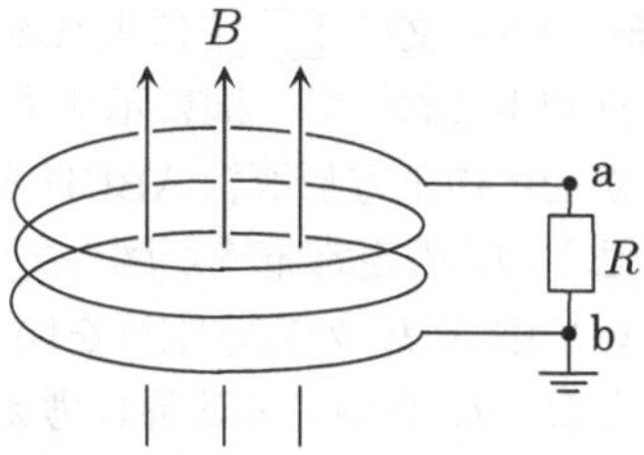

図1

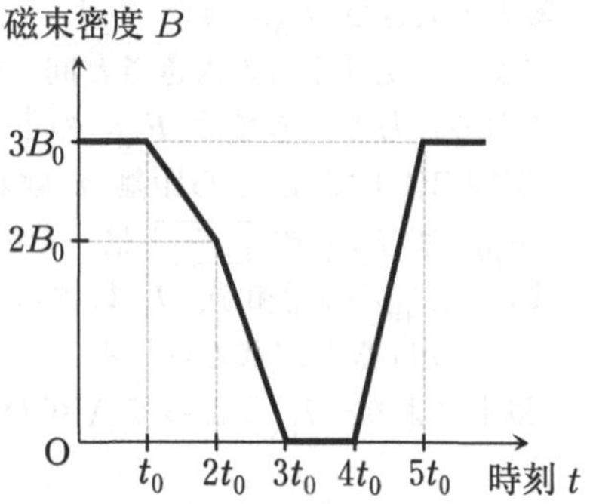

図2

（法政大）

84 図のように，静電容量 C のコンデンサーCと抵抗値 R の抵抗R，および交流電源を直列につないだ。図の左の極板Nに電流が流れる向きを正としたときの電流を i とし，点Bに対する点Aの電位を v_C とすると，時刻 t における電位は $v_C = V_C \sin(\omega t)$ であり，$i = I_0 \sin(\omega t + \delta_1)$ であった。また，交流電源の電圧 v は，$v = V_0 \sin(\omega t + \delta_2)$（電流の正の向きに流そうとする電圧を正とする）であった。

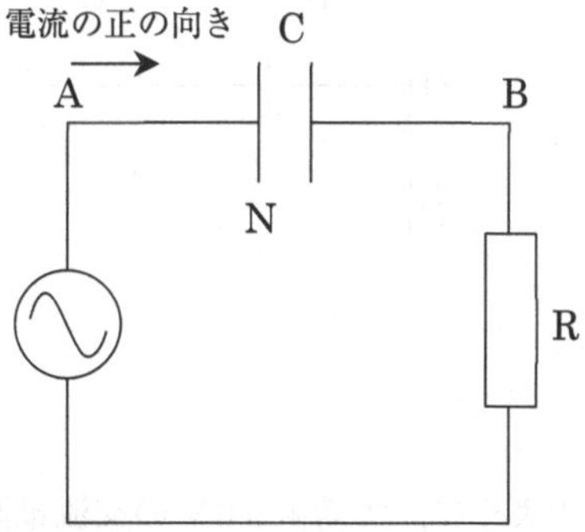

ここで，ω, V_C, I_0, V_0 は正の定数であり，δ_1, δ_2 は $-\pi \leqq \delta_1 < \pi$, $-\pi \leqq \delta_2 < \pi$ を満たす定数である。円周率を π とし，必要に応じて以下の三角関数の公式を用い，次の問いに答えよ。

$$a\sin\theta + b\cos\theta = \sqrt{a^2+b^2}\,\sin(\theta+\phi),\quad \tan\phi = \frac{b}{a}$$

(1) I_0 および δ_1 を V_C，C, R, ω の中から必要なものを用いて表せ。

(2) V_0 を V_C，C, R, ω の中から必要なものを用いて表せ。

（芝浦工大）

85 つぎの文の □ に入れるべき数式，数値，または記号を記せ。
真空中において，図に示すように，じゅうぶんに長い直線導線Lを含む平面内に，一辺の長さが $2r$ の正方形導線ABCDを，ABをLと平行にし，距離 r だけ離して並べて置く。Lには強さ I_1 の定常電流が図の矢印の向きに流れており，ABCDには大きさが無視できる電池を用いて強さ I_2 の定常電流を図の矢印の向きに流した。ただし，真空の透磁率を μ_0，円周率を π とし，I_2 がつくる磁界は考えなくてよい。力の向きを表す場合は図2に示すように記号(a), (b), (c), (d)で記入すること。

I_1 が導線ABの位置につくる磁界の強さは [1] となり，この磁界によって導線ABが受ける力の大きさ F_{AB} は [2]，その力の向きは [3] となる。同様にして，導線CDが I_1 によって受ける力の大きさと向きが求められるので，導線ABと導線CDが I_1 によって受ける力の合力の大きさは F_{AB} の [4] 倍となる。
導線BC上でLから距離 x 離れた長さ Δx の微小導線が I_1 によって受ける力の大きさ ΔF_{BC} は F_{AB} の [5] 倍，その力の向きは [6] となり，導線BC上で x を変化させて求まる ΔF_{BC} の総和が，I_1 によって導線BCが受ける力となる。同様にして，I_1 によって導線DAが受ける力が求められる。
以上により，I_1 によってABCDが受ける力の合力の大きさは F_{AB} の [7] 倍となる。

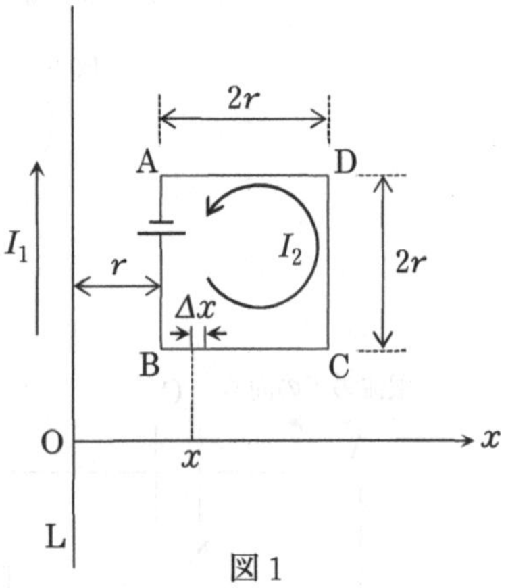

図1

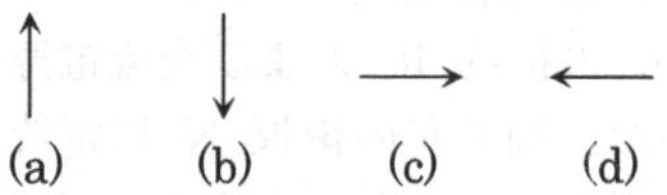

図2

（法政大）

86 図のように，実効値5.0 Vの交流電源，自己インダクタンス20 mHのコイルL，電気容量1.0 μFのコンデンサーC，抵抗値50 Ωの抵抗Rをつないだところ，コイルとコンデンサーに同じ大きさの実効値をもつ電流が流れた。このとき，①交流電源の角周波数と，②抵抗Rを流れる電流の実効値をそれぞれ求めよ。

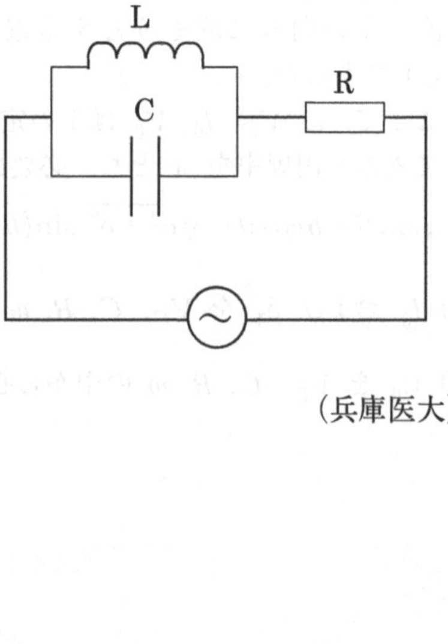

（兵庫医大）

87 図のような，長さ ℓ〔m〕，巻き数 N 回，自己インダクタンス L〔H〕の，鉄心に巻かれたソレノイドに，周波数が f〔Hz〕で実効値が I〔A〕の交流電流を流した。このとき，ソレノイドの中心に生じた電流による磁場の最大値は 1 〔A/m〕である。この鉄心にソレノイドとは別に一巻きコイルを巻いたとき，一巻きコイルに発生する起電力（コイルを一周したときの電位差）の最大値は 2 × 3 〔V〕である。ただし，ソレノイドとコイルの間で磁場は鉄心からもれないものとする。

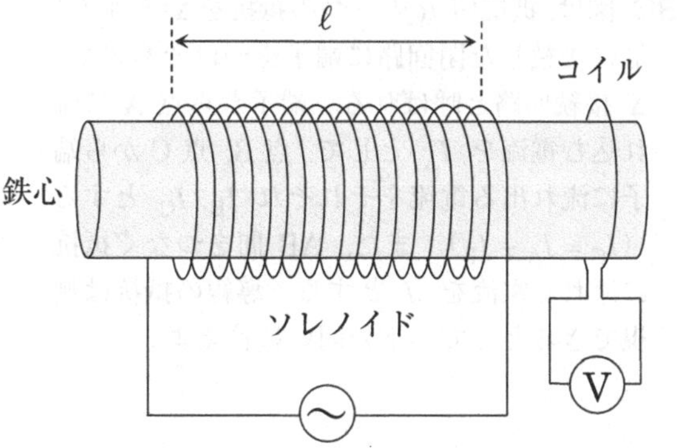

1 の解答群

① $\dfrac{NI}{\sqrt{2}}$　② $\dfrac{N\ell I}{\sqrt{2}}$　③ $\dfrac{NI}{\sqrt{2}\ell}$　④ NI　⑤ $N\ell I$　⑥ $\dfrac{NI}{\ell}$　⑦ $\sqrt{2}NI$

⑧ $\sqrt{2}N\ell I$　⑨ $\dfrac{\sqrt{2}NI}{\ell}$

2 の解答群

① $\dfrac{1}{2\sqrt{2}\pi f}$　② $\dfrac{1}{2\pi f}$　③ $\dfrac{1}{\sqrt{2}\pi f}$　④ πf　⑤ $\sqrt{2}\pi f$　⑥ $2\pi f$　⑦ $2\sqrt{2}\pi f$

3 の解答群

① $\left(\dfrac{1}{N}\right)LI$　② $\left(\dfrac{\ell}{N}\right)LI$　③ $\left(\dfrac{1}{N}\right)\dfrac{I}{L}$　④ $\left(\dfrac{\ell}{N}\right)\dfrac{I}{L}$　⑤ NLI　⑥ $\left(\dfrac{N}{\ell}\right)LI$

（北里大）

88 図は，抵抗値 R の三つの抵抗を Δ（デルタ）形に接続した閉回路に端子をつけたもので，Δ 接続回路と呼ばれる。端子から点 A に流れ込む電流を I_A として，点 B，点 C から端子に流れ出る電流をそれぞれ I_B，I_C とする（$I_C = I_A - I_B$）。また，AB 間をつなぐ抵抗に流れる電流を J とする。導線の抵抗は無視できるとして，下の問いに答えよ。

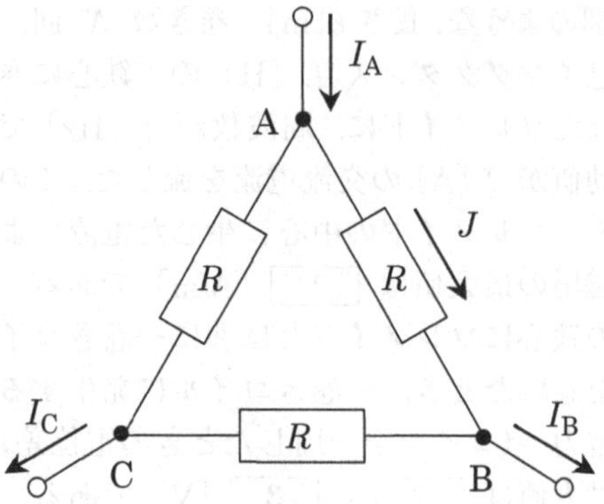

図 1

問 1　図 1 の電流 J を表す式として正しいものを選べ。

① $\frac{1}{2}(I_A + I_B)$　② $\frac{1}{2}(I_A - 2I_B)$　③ $\frac{1}{3}(I_A + I_B)$　④ $\frac{1}{3}(3I_A - 2I_B)$

⑤ $\frac{1}{6}(I_A + 2I_B)$　⑥ $\frac{1}{6}(I_A - 3I_B)$　⑦ $\frac{1}{6}(3I_A + 2I_B)$　⑧ $\frac{1}{8}(I_A + 3I_B)$

問 2　図 1 の，Δ 接続回路で消費される電力はいくらか。正しいものを選べ。

① $\frac{R}{9}(I_A - I_B)^2$　② $\frac{R}{9}(I_A + I_B)^2$　③ $\frac{R}{6}(2I_A + I_B)^2$　④ $\frac{R}{3}\left(I_A^2 + I_B^2\right)$

⑤ $\frac{R}{3}\left(I_A^2 + I_A I_B - I_B^2\right)$　⑥ $\frac{2R}{3}\left(I_A^2 - I_A I_B + I_B^2\right)$

⑦ $\frac{R}{9}\left(2I_A^2 + I_A I_B + I_B^2\right)$　⑧ $\frac{R}{3}\left(2I_A^2 - I_A I_B + 2I_B^2\right)$

問 3　各端子に流れる電流と，各端子間の電位差が常に等しい二つの回路を等価回路と呼ぶ。図 2 は，図 1 の Δ 接続回路と，逆 Y 形の接続回路（Y 接続回路）である。Y 接続回路の抵抗値 r を適当に選ぶと，各端子に流れる電流 I_A，I_B，I_C と AB，BC，CA 間の電位差が二つの回路で等しくなり，Y 接続回路は Δ 接続回路の等価回路となる。このときの Y 接続回路の抵抗値 r として正しいものを選べ。

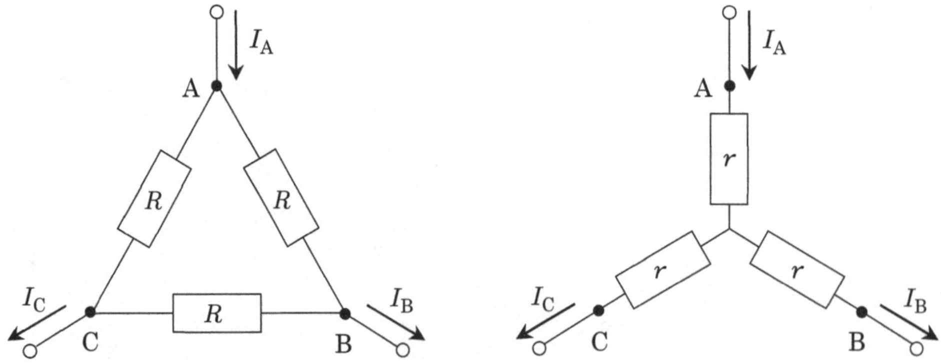

図 2

① R　② $2R$　③ $3R$　④ $6R$　⑤ $\frac{R}{2}$　⑥ $\frac{R}{3}$　⑦ $\frac{R}{6}$　⑧ $\frac{R}{9}$

問4 図3は，抵抗値 R の四つの抵抗と抵抗値 $2R$ の一つの抵抗を接続したもので，図1の Δ 接続回路を一部分に含む回路である。電流 I_A が端子から点Aに流れ込み，点Dから I_A が流れ出る。等価回路の考え方を用いて，AD間の合成抵抗を求めるといくらになるか。正しいものを選べ。

図3

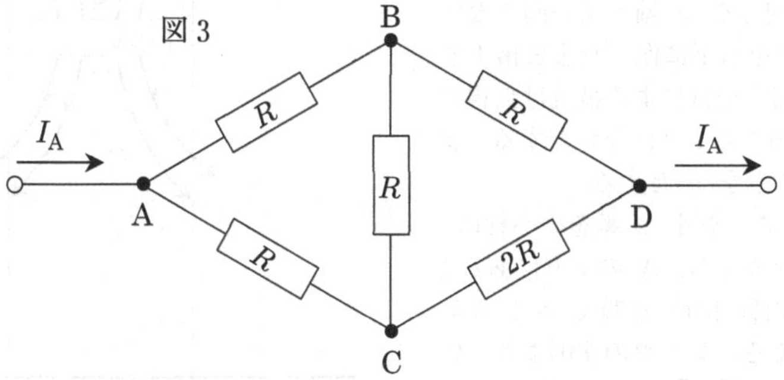

① $\frac{3R}{2}$　② $\frac{3R}{4}$　③ $\frac{3R}{5}$　④ $\frac{5R}{7}$　⑤ $\frac{12R}{7}$　⑥ $\frac{7R}{10}$　⑦ $\frac{13R}{11}$　⑧ $\frac{17R}{12}$

問5 図4のように，抵抗値に対称性がある場合，等価回路の考え方を用いなくてもAB間の合成抵抗を求めることができる。
図4のAB間の合成抵抗は何Ωか。

①. 10　②. 20　③. 40　④. 80　⑤. 100

図4

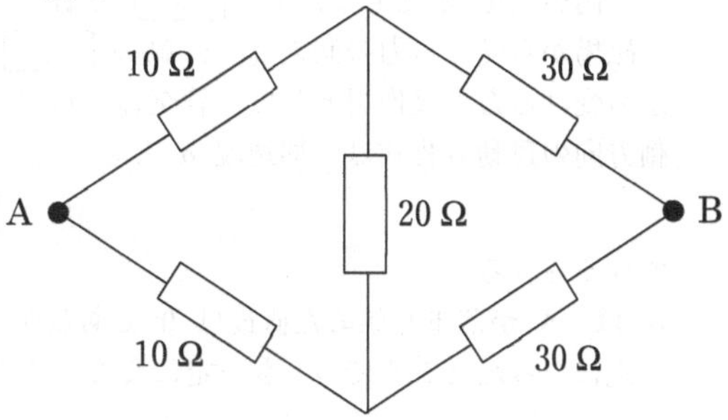

問6 正四面体の辺からなる立体的な回路があり，各辺には抵抗値 R の抵抗が取り付けられている。このとき，任意の2つの頂点間の合成抵抗を求めよ。

（順天堂大・医＋自治医大＋立教大）

89 図のように，水平な台の上に半径 r の金属円筒の管を置き，質量が M で円柱型のネオジム磁石 A を，N 極側の面（円柱の底面）を下にして管内で水平に保ち，静かに放した。管の中心軸を z 軸にとり，鉛直下向きを z 軸の正の向きとする。以下では A は面を水平に保ったまま落下するものとする。その間，空気による抵抗は無視でき，A は管の側面に当たることはないとする。また，重力加速度の大きさを g とする。

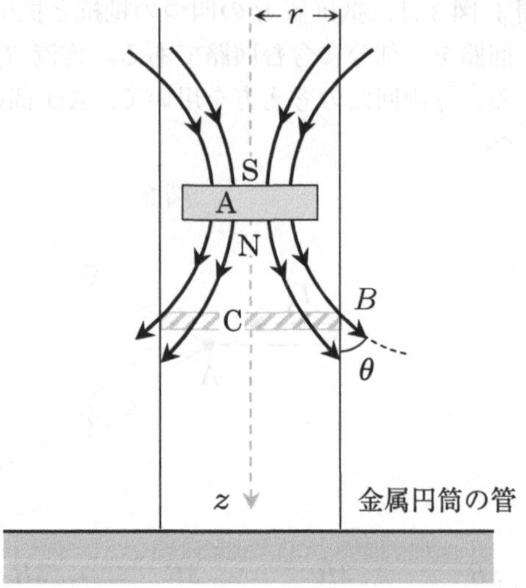

A が落下しているとき，管を z 軸を中心軸にもつコイルの集まりとみなし，A の下方にある 1 つのコイル C（図の斜線部分）を貫く A による磁束の時間変化を考える。レンツの法則より，C には図中の上から見て [1] に誘導電流が流れる。その誘導電流の大きさを I とする。

図のように，A から出る磁束線が，管の C の部分（金属円筒の側面の一部）を貫く位置での磁束密度の大きさを B，向きを z 軸の正の向きとなす角 θ で表すと，コイル C の各部分が A による磁場（磁界）から受ける力の合力の向きは z 軸の [2] の向きである。また，その合力の大きさ f は，C の円周に沿った 1 周りの長さを流れる大きさ I の電流が磁場から受ける力の大きさに等しく，円周率を π として，$f=$ [3] $\cdot 2\pi r$ である。同様に，管の A より上方にある部分が A による磁場から受ける力の向きは，z 軸の [4] の向きである。一方 A は，管全体が A による磁場から受ける力の反作用として，管全体から力を受ける。その大きさを $F(F \geqq 0)$ とすると，A の z 軸方向の運動方程式は，加速度 a として，

$$Ma = \boxed{\ 5\ } \quad \cdots ①$$

で与えられる。

F は，A が落下し始めた直後は 0 であるが，A の落下の速さ v によって変化する。やがて v が一定になったところで F も一定になる。このときの F の一定値 F_0 は①より，$F_0=$ [6] である。

解答群

1　ア 時計回り　　イ 反時計回り

2　ア 正　　イ 負

3　ア IB　　イ $IB\sin\theta$　　ウ $IB\cos\theta$　　エ $IB^2\tan\theta$　　オ $IB^2(1-\cos\theta)$

4　ア 正　　イ 負

5　ア Mg　　イ $Mg-\frac{1}{2}F$　　ウ $Mg-F$　　エ $Mg+\frac{1}{2}F$　　オ $Mg+F$

6　ア 0　　イ $\frac{1}{2}Mg$　　ウ $\frac{\sqrt{2}}{2}Mg$　　エ Mg　　オ $2Mg$

（千葉工大）

90 図1のように，極板A，Pは平行板コンデンサーを構成し，起電力Vの電池とスイッチが導線で接続されている。極板Aは垂直な壁に固定され，極板Pはなめらかで水平な床の上に垂直に置かれ，ばね定数kのばねにより壁につながれている。極板の面積はじゅうぶん大きく両方ともSであり，コンデンサーは，はじめ帯電していない。水平方向にX軸をとり，スイッチが開いているときの極板Pの位置を原点とし，極板Aの位置をdとする。空気の誘電率はεである。このとき，

(a) この平行板コンデンサーの電気容量をS，ε，dを用いて表せ。

スイッチを閉じた。するとコンデンサーに帯電した電荷のクーロン力により，極板Pが床の上を動き出し，図2に示すように最終的に極板Aと平行を保ったままxの位置で静止した。なお，極板Pと床との摩擦，極板が動くことにより伸び縮みする導線の力学的影響は無視できる。

(b) ばねによって極板Pが引っ張られる力の大きさをk，xを用いて表せ。
(c) このときの平行板コンデンサーの電気容量をε，d，x，Sを用いて表せ。
(d) 平行板コンデンサーに帯電した電荷の電気量の大きさをε，d，x，V，Sを用いて表せ。
(e) 平行板コンデンサーを構成する両極板間に生じる電界の強さをV，d，xを用いて表せ。

2つの極板がつくる電界は向きも強さも等しいため，極板間には1つの極板がつくる2倍の強さの電界が生じる。極板Pが受けるクーロン力の大きさは，小問(e)で得られた半分の電界の強さと，極板Pに帯電した電荷の電気量から計算できる点に注意する。

(f) 極板Pが受けるクーロン力の大きさをε，d，x，V，Sを用いて表せ。
(g) ばねの力とクーロン力の関係からVをx，d，ε，S，kを用いて表せ。

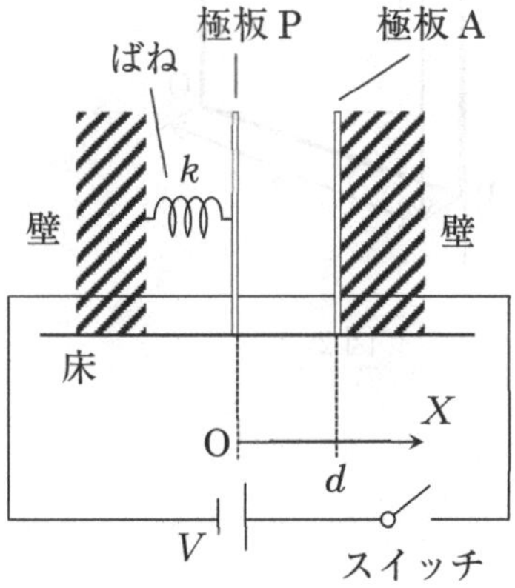

図1

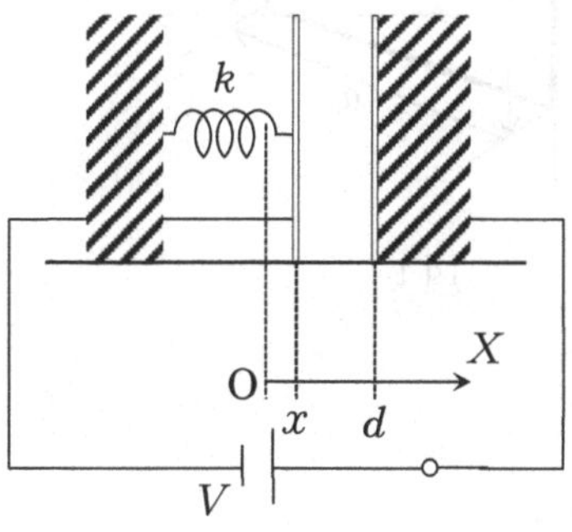

図2

（法政大）

91 つぎの文の [ ] に入れるべき数式または語句を答えよ。ただし誘導電流がつくる磁界は考えなくてよい。また，力の向きを表す場合は，$+x$，$-x$，$+y$，$-y$，$+z$，$-z$ のいずれかで記入すること。

図1に示すように，大きさと質量が無視できる抵抗値 r の抵抗と起電力 E の電池が接続され，各辺の長さがそれぞれ a，b の長方形コイル OPQR が，$+x$ 軸方向に向いた磁束密度 B の一様な磁界中に置かれている。z 軸に平行に置いた辺 OP を回転軸とし，yz 面に対して長方形コイルの面を角度 θ $\left(0<\theta<\dfrac{\pi}{2}\right)$ で固定した。このとき辺 RO に作用する力の大きさは [1] であり，その向きは [2] 軸方向となる。辺 QR にはたらく力による回転軸辺 OP のまわりの力のモーメントの大きさは [3] となる。

つぎに図2に示すように，電池を外し抵抗のみが接続された長方形コイルを辺 OP を回転軸として図に示す方向に角速度 ω で回転させる。長方形コイルの面と磁界が垂直になった時刻を 0 とすると，時間 t の間に長方形コイルは [4]〔rad〕だけ回転する。時刻 t の瞬間に長方形コイルを貫く磁束は [5] となるので，長方形コイルに発生する誘導起電力の大きさは [6] となり，誘導電流の最大値は [7]，抵抗で消費される電力は周期 [8] で周期的に変化する。

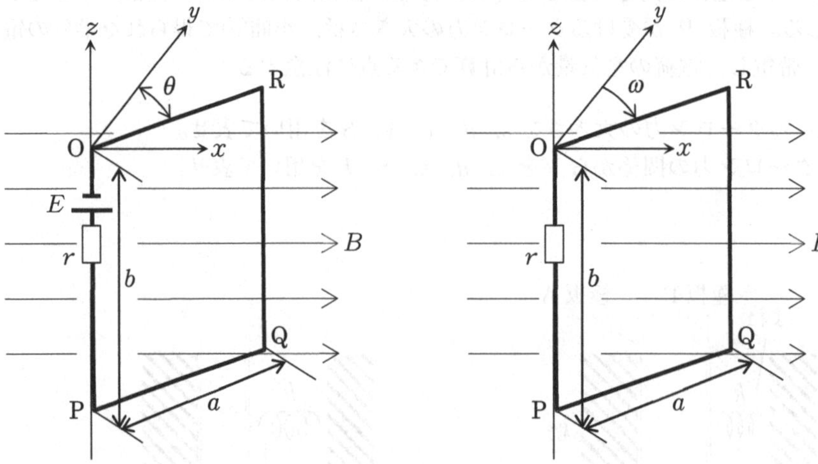

図1　　　　図2

（法政大）

92 図に示すように，起電力 3.0 V の電源，それぞれ，電気容量 2.0 μF，1.0 μF のコンデンサーC_1，C_2 と，自己インダクタンス 20 H のコイル L，および，スイッチ S からなる回路がある，はじめ 2 つのコンデンサーに電荷はなかったものとする。また回路での電磁波の発生，導線やコイルの電気抵抗は無視できるものとする。ただし，円周率 $\pi = 3.14$，$\sqrt{2} = 1.41$，有効数字は 2 桁とし 3 桁目を四捨五入せよ。

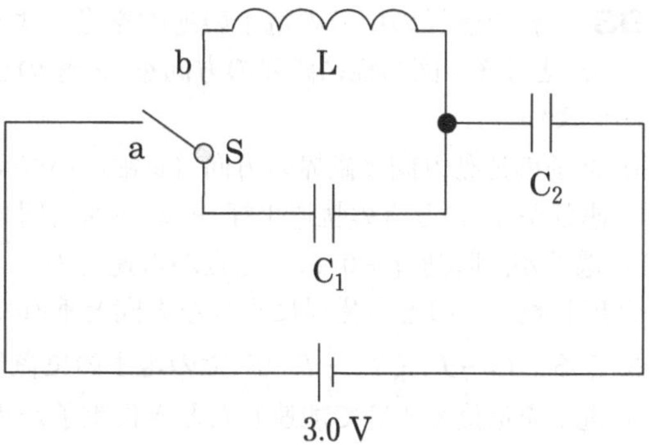

問 1 はじめスイッチ S を a 側に入れた。この回路の 2 つのコンデンサーの合成容量は [ア] F となる。じゅうぶんに時間が経ったとき，コンデンサー C_1 に蓄えられているエネルギーは [イ] であり，コンデンサー C_2 の極板間の電位差は [ウ] V である。

[ア] の解答群

① 1.5×10^{-7}　② 3.3×10^{-7}　③ 6.7×10^{-7}
④ 1.5×10^{-6}　⑤ 3.3×10^{-6}　⑥ 6.7×10^{-6}

[イ] の解答群

① 5.0×10^{-7}　② 1.0×10^{-6}　③ 1.5×10^{-6}
④ 2.0×10^{-6}　⑤ 2.5×10^{-6}　⑥ 3.0×10^{-6}

[ウ] の解答群　① 0.10　② 0.20　③ 0.50　④ 1.0　⑤ 1.5　⑥ 2.0

問 2 次に，問 1 の状態からスイッチ S を a 側から b 側に切りかえて入れたところ，コンデンサー C_1 とコイル L の回路に電気振動が起きた。このとき，電気振動の周波数は [エ] Hz であり，コイルを流れる電流の大きさがはじめて最大となるのはスイッチ S を b 側に閉じてから [オ] s 後である。また，このときの電流の最大値は [カ] A である，

[エ] の解答群

① 80　② 90　③ 1.0×10^{2}
④ 1.2×10^{2}　⑤ 1.4×10^{2}　⑥ 1.6×10^{2}

[オ] の解答群

① 2.5×10^{-3}　② 2.8×10^{-3}　③ 3.1×10^{-3}
④ 2.5×10^{-2}　⑤ 2.8×10^{-2}　⑥ 3.1×10^{-2}

[カ] の解答群

① 1.0×10^{-3}　② 1.2×10^{-3}　③ 1.4×10^{-3}
④ 1.6×10^{-3}　⑤ 1.8×10^{-3}　⑥ 2.0×10^{-3}

（東洋大）

93 一様な磁界の中での電子の運動を考えよう。磁束密度を B, 電子の質量を m, 電子の電荷を $-e$ とする。図の様に磁界の方向を z 軸の正の向きとする座標系で考えよう。また重力は無視してよい。

(a) 電子の運動方向と磁界の方向（z 軸）が直交するとき，電子は一定の速さで円運動する。電子の速さが v のときの軌道半径 r と回転周期 T を B, m, e, v で表せ。

(b) 電子が，時刻 $t=0$ に，原点から速度の x 成分が v で，y 成分が 0 で，z 成分が v_z で動き出した。このとき磁界に平行な方向と垂直な方向の運動は互いに独立なので分けて扱うことができる。$t=\frac{1}{4}T,\ \frac{1}{2}T,\ \frac{3}{4}T,\ T$ での電子の位置座標 (x, y, z) を記号 r, v_z, T で示せ。

(c) 電子を電位差 1 V で加速したときに電子が得る運動エネルギーの大きさを 1 eV（電子ボルト）という。運動エネルギー1 eV の電子の速さ v_1 を求めよ。

(d) 速さ v_1 の電子が問(a)で示した運動をするときの軌道半径 r_1 と回転周期 T_1 を $B,\ e,\ m$ を用いて表せ。

(e) 初速度の x 成分が v_1 で，z 成分が $\frac{1}{10}v_1$ で，問(b)の運動をするときの軌道の様子を，時間 $0 \leqq t \leqq 2T_1$ の範囲で図に示せ。軌道の形・大きさが分かるように数値を図中に示せ。ただし図に用いる文字は，r_1，v_1，T_1 を用いず $B,\ e,\ m$ で表し，図に描き表わしにくいところは言葉で補って説明せよ。

（学習院大・改）

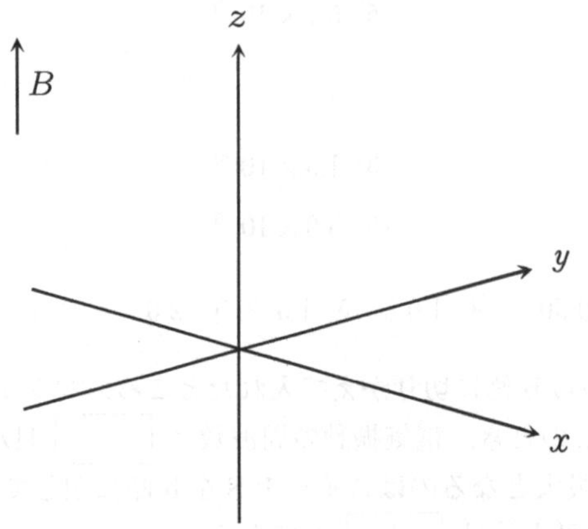

94 内部抵抗の無視できる電池，自己インダクタンス L〔H〕のコイル，10 Ω の抵抗 R_1，未知の抵抗 R_2，スイッチ S をつないで，図 1 のような回路をつくった。最初 S を開いておき，十分に時間が経ってから，S を閉じた。この時刻を $t=0$ s とする。その後，$t=0.5$ s になるまでに，抵抗 R_1 の両端の電位差 V_{AB}〔V〕はほとんど一定になった。そして，$t=0.5$ s で S を再び開いた後，十分に長い時間が経った。その結果，V_{AB} と時間 t〔s〕の関係は図 2 のようになった。ただし，V_{AB} は点 B の電位を基準としている。

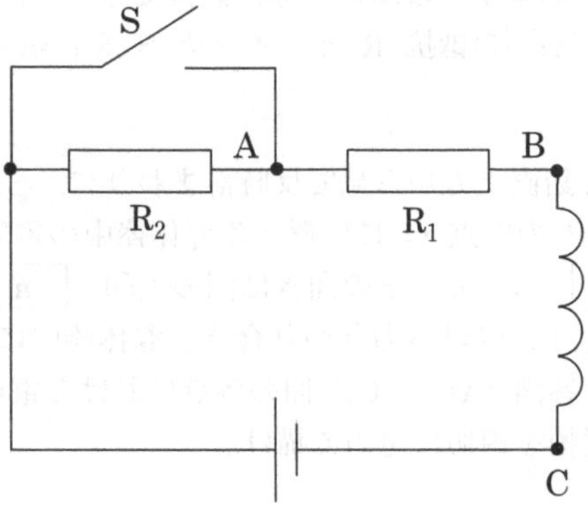

図 1

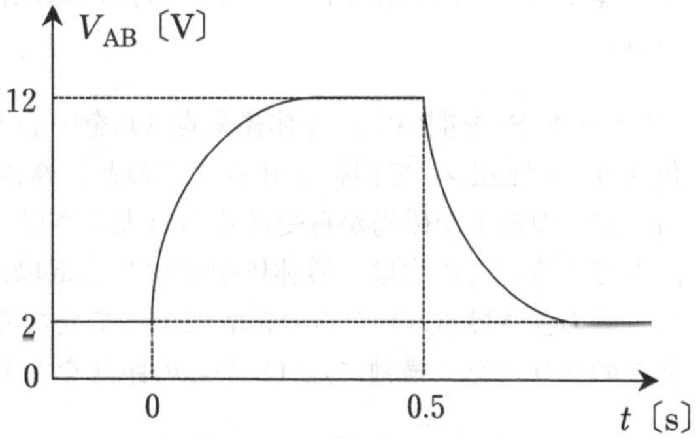

図 2

問 1　R_2 の抵抗値はいくらか。

a. 10 Ω　b. 20 Ω　c. 25 Ω　d. 35 Ω　e. 40 Ω　f. 50 Ω　g. 60 Ω　h. 110 Ω

問 2　$t=0$ s で S を閉じた瞬間において，点 C を基準とした点 B の電位はいくらか。

a. 4 V　b. 8 V　c. 10 V　d. 12 V　e. 14 V　f. −8 V　g. −10 V　h. −12 V　i. −14 V

問 3　S を閉じた直後の短い時間において V_{AB} の時間変化率の絶対値が 200 V/s であったとみなせるならば，コイルの自己インダクタンス L はいくらか。

a. 0.3 H　b. 0.5 H　c. 1.5 H　d. 3 H　e. 6 H　f. 9 H　g. 15 H　h. 25 H

問 4　$t=0.5$ s で S を開いた瞬間において，点 C を基準とした点 B の電位はいくらか。

a. 6 V　b. 12 V　c. 60 V　d. 72 V　e. 84 V

f. −12 V　g. −60 V　h. −72 V　i. −84 V

（東邦大・医）

95 次の文中のア～オには数式を，a～c には図中の矢印の向きを記号で答えよ。(A) には適切なグラフの概形を描け。

図のように，鉛直上向きの磁束密度 B〔T〕の一様な磁場中に，導線でできた点 O を中心とする半径 a〔m〕の円形コイルが水平に置かれている。円形コイルの上には長さ a の細い導体棒の一端 P がのせられ，導体棒は，点 O の位置で，磁場に平行な回転軸に取りつけられている。導体棒 OP は点 O を中心として，端 P が常に円形コイルと接触しながら，水平面内でなめらかに回転することができ，そのときの導体棒と円形コイルの間の摩擦は無視できる。回転軸も導体であり，回転軸と円形コイルの間に抵抗値 R〔Ω〕の抵抗 R とスイッチ S を接続している。

スイッチ S を開いて，導体棒を点 O を中心として鉛直上方から見て反時計まわりに，一定の角速度 ω〔rad/s〕で回転させる。このとき導体棒 OP の中点 Q に位置する導体棒中の電気量 $-e$〔C〕の電子が磁場から受ける力の大きさは［ア］〔N〕で，その向きは図の矢印［a］の向きである。この力は，導体棒中に生じる電場から電子が受ける力とつり合う。導体棒中に生じる電場の強さは点 O からの距離によって異なる。解答図 (A) に OP 間の各点における電場の強さのグラフを，横軸に点 O からの距離をとり，縦軸を適切に定めて描け。

次に，スイッチ S を閉じて，導体棒を点 O を中心として鉛直上方から見て反時計まわりに，一定の角速度 ω で回転させる。導体棒が磁場を横切ることにより OP 間に起電力が生じる。この起電力の大きさは［イ］〔V〕で，導体棒を流れる電流の向きは図のこの矢印［b］の向きである。このとき，抵抗 R で消費される電力は［ウ］〔W〕である。導体棒に電流が流れることにより導体棒全体が磁場から受ける力は，大きさが［エ］〔N〕で，図の矢印［c］の向きである。磁場から受けるこの力のすべてが導体棒の中点 Q にはたらくと考えると，導体棒を一定の角速度 ω で回転させるために必要な仕事率は［オ］〔W〕である。

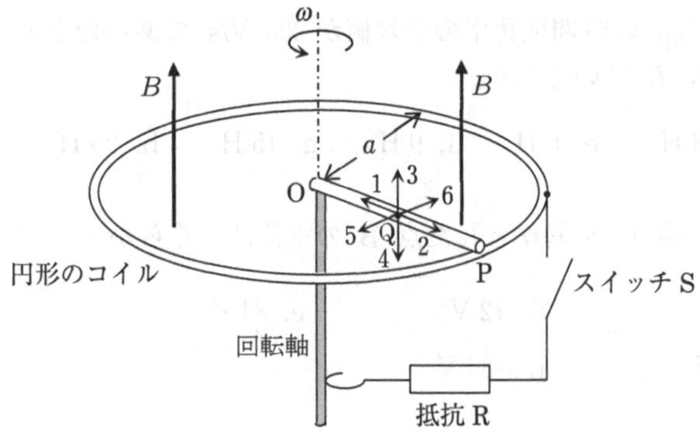

(A)

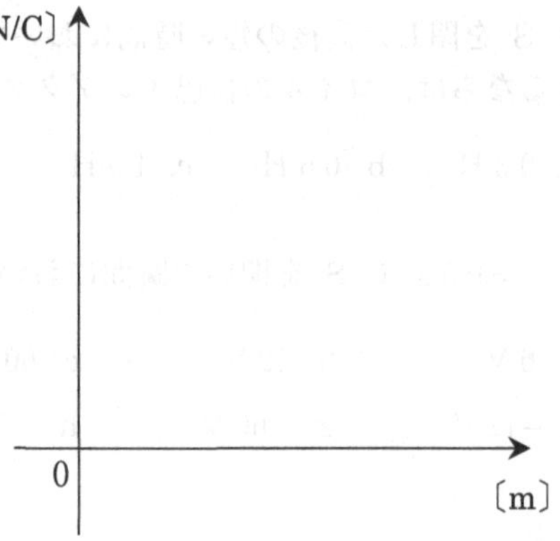

（同志社大）

96 図のような円柱形磁極間の一様な上向きの磁界 B_0 の中に，質量 m，正電荷 q をもつ小球 P を絶縁体でできた長さ a_0 で太さの無視できる細い棒の先端に固定して置いた。この棒は，磁界に対して垂直な平面内を自由に回転できるように，もう一方の端を磁極の中心軸上にある軸受けに留めてある。P に適当な速さを与えたところ，磁界に対して垂直な平面内で等速円運動した。軸受けと棒の間の摩擦，重力の影響は無視できるとして，以下の問いに答えよ。

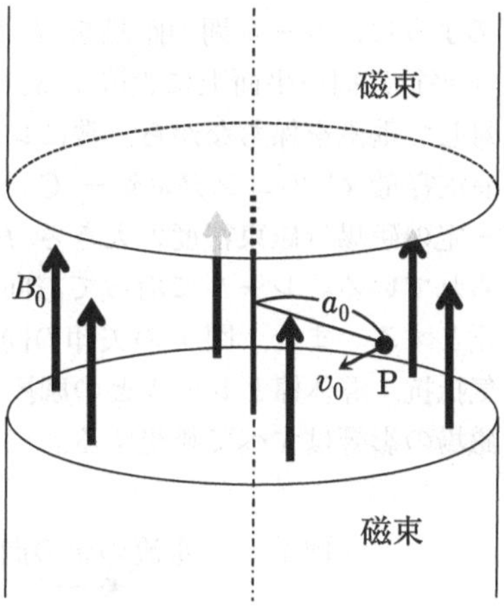

(a) 小球 P が棒から力を受けずに回転しているときの P の速さ v_0 を q, m, a_0, B_0 を用いて表わせ。

(b) このとき，P が1周する時間を q, m, B_0 で表わせ。

(c) P が半径 a_0 の等速円運動をしていることで，半径 a_0 の輪に電流が流れているとみなせる。この電流の大きさ I を求めよ。ただし，この場合の電流は，輪上の一点を単位時間あたりに通過する電荷量である。

次に，時間 Δt の間に磁極間の磁束密度を B_0 から ΔB だけ一定の割合で増加させた。

(d) 磁束密度の変化にともない，輪を貫く磁束が時間的に変化した。輪を貫く磁束の変化率を a_0, ΔB, Δt で表わせ。

(e) 輪を貫く磁束が時間的に変化したことにより，輪に誘導起電力 V が誘起された。これにともない，輪上には電界が生じる。この電界の大きさを E とすると，誘導起電力 V は $V = 2\pi a_0 E$ で表わせる。輪上に生じた電界の大きさ E を a_0, ΔB, Δt を用いて表わせ。

(f) この電界により，P は力を受けて加速される。磁束密度を変化させた後に P が受けた力積は，粒子の運動量の変化に等しい。磁束密度を変化させた Δt 後の P の速さ v を q, m, a_0, B_0, ΔB を用いて表わせ。

（学習院大）

97 図1のように，レール間の距離を L にして，右方向にじゅうぶんに長く伸びた細い導体レールを2本平行に同一平面上に設置する。レール上に置かれた質量 m の細い導体棒は，2本のレールに対して垂直を保ちながら，常にレールに沿って滑らかに動くことができる。レールの左端には，静電容量 C のコンデンサー C と抵抗値 R の抵抗 R が直列につなげてあり，空間的に一様で一定の磁場（磁束密度の大きさ B ）が鉛直下向き（紙面に対して垂直に表から裏向き）にかけられている。レールに沿って右向きに x 軸を取り，導体棒の速度は，右向きに運動する向きを正とする。また，図1の矢印の向きに流れる電流の向きを正とする。抵抗 R 以外のすべての電気抵抗，導体棒とレールとの摩擦，空気抵抗および導体棒の運動に伴う電磁波，誘導電流が作る磁場の影響はすべて無視する。

図1

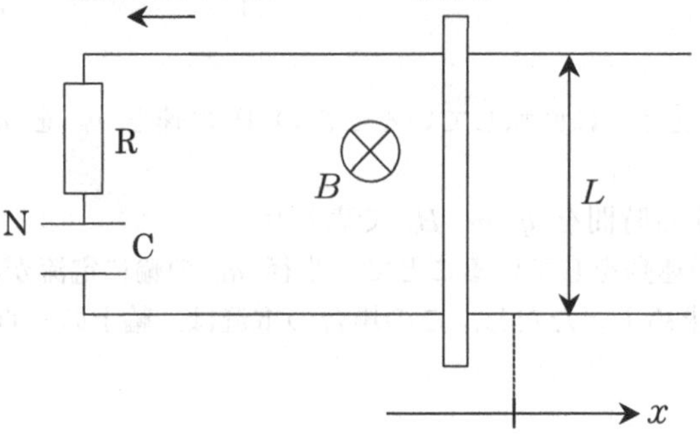

はじめ，時刻 $t=0$ に導体棒に右向きの速さ v_0 を与えたところ，じゅうぶんに時間が経過した後，一定の速さ v_1 で右向きに運動をつづけた。ここで，時刻 $t=0$ にコンデンサーに蓄えられている電気量は 0 とする。

(1) 時刻 t における導体棒の速度を v，図1のコンデンサーの極板 N に向かって流れる電流を i とするとき，時刻 t にコンデンサーの極板 N に蓄えられている電気量を B, R, L, v, C, i の中から必要なものを用いて表せ。

(2) 時刻 $t=0$ からじゅうぶんに時間が経過するまで，抵抗 R で発熱したジュール熱を Q，導体棒の時刻 $t=0$ における運動エネルギーを E_0 とおくとき，$\dfrac{Q}{E_0}=1-\gamma\times\dfrac{v_1^2}{v_0^2}$ とかける。定数 γ を C, R, m, B, L の中から必要なものを用いて表せ。

次に，抵抗 R をはずし，図 2 のようにばね定数 k の絶縁体で作られた軽いばねの一端を二本のレールの間の中点 H に固定し，他端を導体棒の中心点に取り付けた。このとき，ばねは導体棒に直角で二本のレールを含む同一水平面上にあり，導体棒はレールに直交したまま，常にレールに沿って運動する。また，導体棒が原点にあるとき，ばねの長さは自然長である。時刻 $t=0$ に $x=-h$ $(h>0)$ の位置に置かれた導体棒から静かに手を離したところ，導体棒は単振動を始めた。ここで，時刻 $t=0$ にコンデンサーに蓄えられている電気量は 0 とする。

図 2

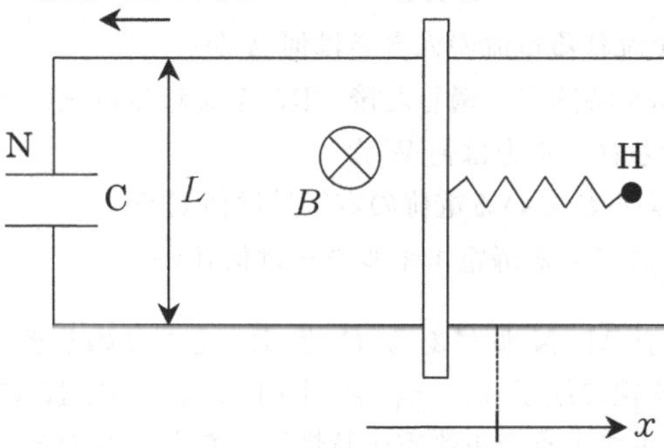

(3) 導体棒が原点を通過するときの速さを k, m, L, h, C, B の中から必要なものを用いて表せ。

時刻 t から微小な時間 Δt の間に，図 2 のコンデンサーの極板 N に蓄えられている電気量および導体棒の速度がそれぞれ Δq, Δv 変化したとする。このとき，$\dfrac{\Delta q}{\Delta v}$ は定数となる。一方，時刻 t における図 2 の矢印の向きに流れる電流を i とすると，$i=\dfrac{\Delta q}{\Delta t}$ である。これより，導体棒の右向きの加速度 a が $a=\dfrac{\Delta v}{\Delta t}$ であることを用いると，$\dfrac{i}{a}$ も定数となる。以上から，時刻 t に電流が導体棒におよぼす力が a の関数として表せるので，導体棒の時刻 t における位置を x とすると，導体棒の運動方程式を変形して

$$Ma=-kx$$

という式が導ける。ここで，M は正の定数で，導体棒の見かけの質量とみなせる。

(4) 導体棒の単振動の周期を C, k, B, m, L の中から必要なものを用いて表せ。

（芝浦工大）

98 図1のように，抵抗値がともに $1.0\times10^2\,\Omega$ の電気抵抗 R_1，R_2，内部抵抗の無視できる起電力12Vの直流電源 E，スイッチ S，端子 M，N，および端子 M，N 間に抵抗値 $2.0\times10^2\,\Omega$ の電気抵抗 R_3，電気容量 4.0×10^{-6} F のコンデンサー C がつながれた回路がある。はじめ S は開いており，C には電荷はたくわえられていないものとする。ただし，有効数字は2桁とする。

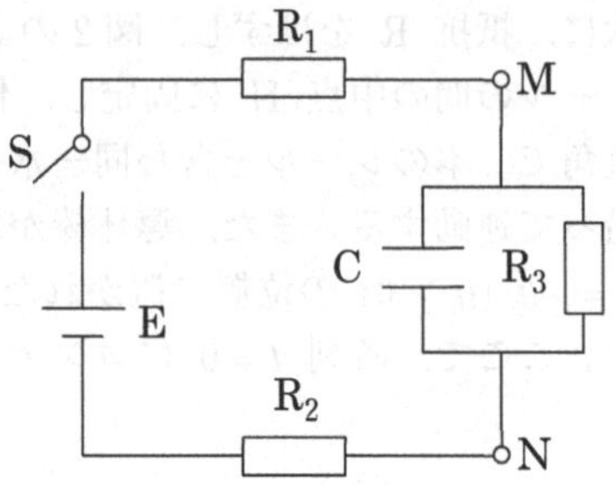

図1

問1　S を閉じた直後に R_1 を流れる電流の大きさは何Aか。

問2　S を閉じてからじゅうぶん時間が経過した後，R_1 を流れる電流の大きさは何Aか。
また，このとき R_3 で消費される電力は何Wか。

問3　問2の状態で，C に蓄えられている電荷の電気量は何Cか。
また，このときCに蓄えられている静電エネルギーは何Jか。

つぎに，S を開いてから，端子 M，N 間にある C と R_3 をとりのぞき，図2のように接続した2個の電球 P_1，P_2 からのびる導線の端子 m_1，n_1 を，図1の端子 M，N にそれぞれ接続した。ただし，P_1，P_2 はいずれも図3に示すような電流電圧特性にしたがうものとする。

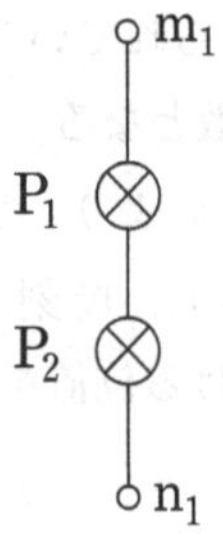

図2

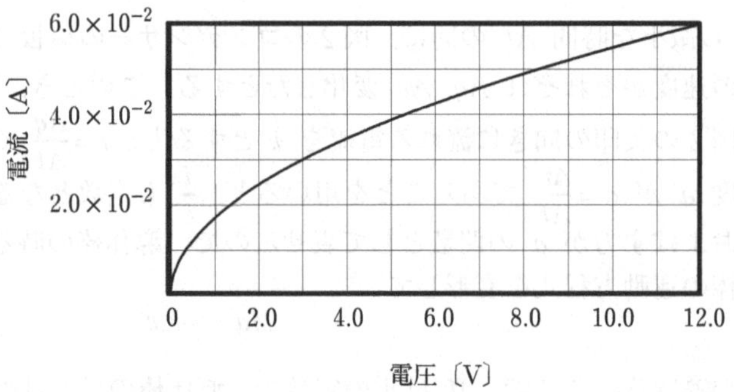

図3

問4　S を閉じたとき，P_1 を流れる電流の大きさは何Aか。
また，このとき P_1 で消費する電力は何Wか。

つぎに，S を開いてから，端子 M, N 間にある P_1 と P_2 をとりのぞき，図4のように接続した2個の電球 Q_1, Q_2 からのびる導線の端子 m_2, n_2 を，図1の端子 M, N にそれぞれ接続した。ただし，Q_1, Q_2 はいずれも図5に示すような電流電圧特性にしたがうものとする。

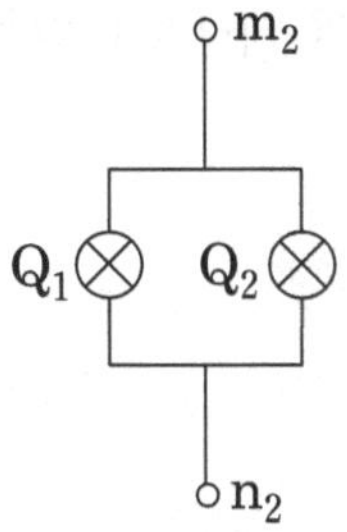

図4

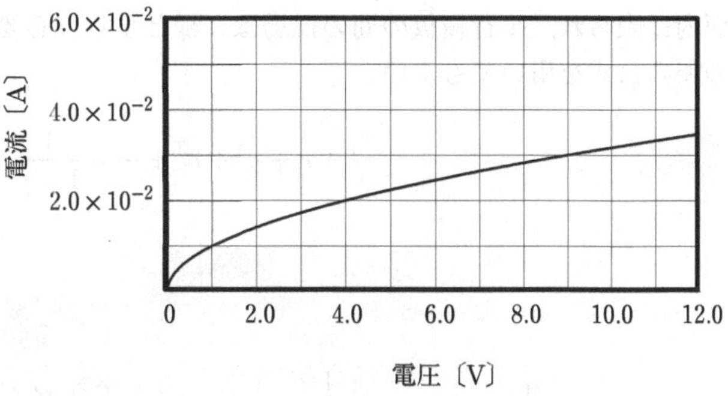

図5

問5　Sを閉じたとき，R_1 を流れる電流の大きさは何Aか。

問6　問5の状態で，Q_1 の抵抗値は何Ωか。

問7　Sを閉じてから 1.5×10^3 秒間で，Q_1 と Q_2 において発生するジュール熱の和は何Jか。

（北里大）

99 正の電荷 q〔C〕をもった質量 m〔kg〕の小物体 A がある。A は図のように，一対の小穴 P, Q があいた電位差 V〔V〕をもつ平行極板 C, D で加速され，平行極板に平行な壁の小穴 R_0 を通過して，紙面の表から裏向きの一様な磁束密度 B〔T〕が存在する領域に入る。ここに，小穴 P, Q, R_0 は一直線上にあり，3 つの小穴を通る直線は壁と平行極板に垂直であるとする。以下，これらの装置は真空中にあり，重力の影響は無視できるものとする。また，A の運動は紙面内に限られ，平行極板の間の電場は一様とする。必要であれば，$|r|<1$ のときに成り立つ次の和の公式を用いてもよい。

$$1+r+r^2+r^3+\cdots=\frac{1}{1-r}$$

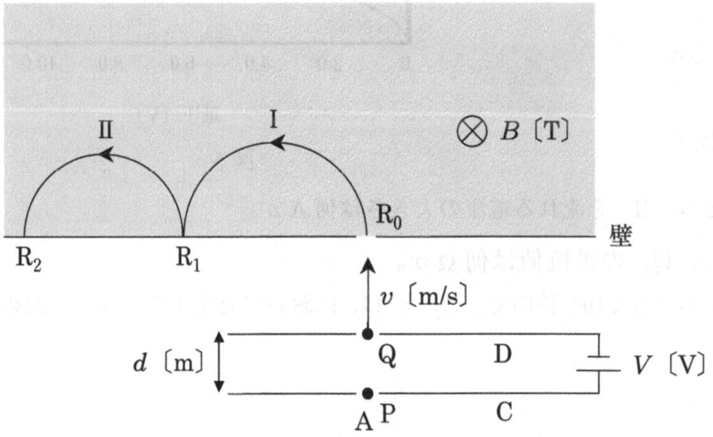

(1) 平行極板の間の距離が d〔m〕のとき，平行極板内の電場の大きさは [1]〔V/m〕である。A を極板 C にあけられた小穴 P に静かに置くと，A は極板 D の小穴 Q へ向かって加速された。A が小穴 P から小穴 Q に到達するまでの時間は [2]〔s〕で，小穴 Q を通過直後の速さは $v=$ [3]〔m/s〕である。以下では [3] の代わりに v を使う。

[1] の解答群

① $\dfrac{V}{d}$　② $\dfrac{V}{d^2}$　③ $\dfrac{V^2}{d}$　④ $\dfrac{V^2}{d^2}$　⑤ $\dfrac{d}{V}$　⑥ $\dfrac{d}{V^2}$　⑦ $\dfrac{d^2}{V}$　⑧ $\dfrac{d^2}{V^2}$

[2] の解答群

① $\sqrt{\dfrac{q}{2mV}}d$　② $\sqrt{\dfrac{q}{mV}}d$　③ $\sqrt{\dfrac{3q}{2mV}}d$　④ $\sqrt{\dfrac{2q}{mV}}d$

⑤ $\sqrt{\dfrac{m}{2qV}}d$　⑥ $\sqrt{\dfrac{m}{qV}}d$　⑦ $\sqrt{\dfrac{3m}{2qV}}d$　⑧ $\sqrt{\dfrac{2m}{qV}}d$

[3] の解答群

① $\sqrt{\dfrac{qV}{2m}}$　② $\sqrt{\dfrac{qV}{m}}$　③ $\sqrt{\dfrac{3qV}{2m}}$　④ $\sqrt{\dfrac{2qV}{m}}$

⑤ $\sqrt{\dfrac{m}{2qV}}$　⑥ $\sqrt{\dfrac{m}{qV}}$　⑦ $\sqrt{\dfrac{3m}{2qV}}$　⑧ $\sqrt{\dfrac{2m}{qV}}$

(2) A は Q を通過したのち，壁の小穴 R_0 を通って，速さ v〔m/s〕で一様な磁場が存在する領域に入射し，図の軌道Ｉを描く。軌道Ｉの半径は [4]〔m〕で，R_0 から入射して壁の点 R_1 に達するまでの時間は [5]〔s〕である。また，R_1 に達する直前の速さは [6]〔m/s〕である。

[4] の解答群

① $\frac{qB}{4mv}$　② $\frac{qB}{2mv}$　③ $\frac{qB}{mv}$　④ $\frac{2qB}{mv}$　⑤ $\frac{mv}{4qB}$　⑥ $\frac{mv}{2qB}$　⑦ $\frac{mv}{qB}$　⑧ $\frac{2mv}{qB}$

[5] の解答群

① $\frac{qB}{4\pi m}$　② $\frac{qB}{2\pi m}$　③ $\frac{qB}{\pi m}$　④ $\frac{2qB}{\pi m}$　⑤ $\frac{\pi m}{4qB}$　⑥ $\frac{\pi m}{2qB}$　⑦ $\frac{\pi m}{qB}$　⑧ $\frac{2\pi m}{qB}$

[6] の解答群

① $\frac{v}{2}$　② v　③ $\frac{3v}{2}$　④ $2v$

(3) A は R_1 で壁に衝突した後，跳ね返って，図の軌道Ⅱを描いた。A と壁の衝突係数を e とすると，軌道Ⅱの半径は [7]〔m〕である。A が点 R_1 で壁に衝突してから点 R_2 に達するまでの時間は [8] s となる。ただし $0 < e < 1$ である。

[7] の解答群

① $\frac{emv}{2qB}$　② $\frac{emv}{qB}$　③ $\frac{3emv}{2qB}$　④ $\frac{2emv}{qB}$　⑤ $\frac{qm}{2evB}$　⑥ $\frac{qm}{evB}$　⑦ $\frac{3qm}{2evB}$　⑧ $\frac{2qm}{evB}$

[8] の解答群

① $\frac{\pi em}{2qB}$　② $\frac{\pi em}{qB}$　③ $\frac{2\pi em}{qB}$　④ $\frac{4\pi em}{qB}$　⑤ $\frac{\pi m}{2qB}$　⑥ $\frac{\pi m}{qB}$　⑦ $\frac{2\pi m}{qB}$　⑧ $\frac{4\pi m}{qB}$

(4) この後，A は何度も壁にぶつかり跳ね返されながら半円軌道を繰り返して図の左方向に進んだ。このとき，A は壁の上で，小穴 R_0 からはかって距離 [9]〔m〕の点に限りなく近づく。

[9] の解答群

① $\frac{mv}{(1+e)qB}$　② $\frac{2mv}{(1+e)qB}$　③ $\frac{mv}{(1-e)qB}$　④ $\frac{2mv}{(1-e)qB}$

⑤ $\frac{(1+e)mv}{qB}$　⑥ $\frac{2(1+e)mv}{qB}$　⑦ $\frac{(1-e)mv}{qB}$　⑧ $\frac{2(1-e)mv}{qB}$

（近畿大）

100 図1のように，平行平板コンデンサーが真空中に置かれている。コンデンサーの極板は一辺の長さが L の正方形であり，極板間の距離は d である。図1のように，極板の中心をとおり極板に垂直な平面に x 軸および y 軸をとる。ただし，x 軸は極板の辺ABに平行になるようにとる。また，y 軸は x 軸に垂直にとる。さらに，xy 平面に垂直に z 軸をとる。$y=d$ の面にある極板には電荷 q，$y=0$ の面にある極板には電荷 $-q$ が蓄えられている。ただし，$q>0$ とする。

図2はxy平面でのコンデンサーの断面図である。図2のように，xy平面内での極板間にはさまれた部分に点P, Q, Rをとり，それらのxy座標を，$P\left(\frac{L}{3}, \frac{d}{5}\right)$，$Q\left(\frac{L}{3}+\frac{2d}{5}, \frac{d}{5}\right)$, $R\left(\frac{L}{3}+\frac{2d}{5}, \frac{3d}{5}\right)$ とする。ただし，d は L に比べて十分小さいとし，コンデンサーの端の影響は無視できるとする。真空の誘電率を ε_0 として，以下の問に答えよ。

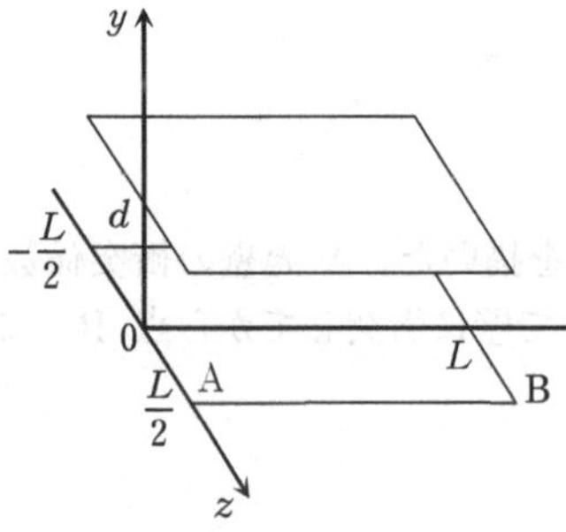

図1

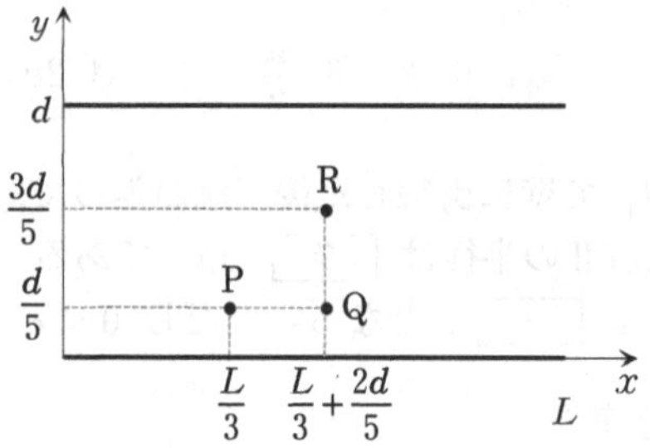

図2

(1) このコンデンサーの電気容量を求めよ。

(2) PQ間，RQ間，RP間の電位差を求めよ。

(3) コンデンサーに，誘電率が ε_1 で厚さが d の直方体の誘電体を，極板に平行に a だけゆっくり差し込み，$L-a \leqq x \leqq L$ の部分が誘電体で満たされるようにした（図3）。ただし，a は d に比べて十分大きいとし，さらに $a<L$ とする。また，誘電体の端の影響は無視できるとする。誘電体を差し込んだあとの，極板間の電位差を求めよ。

(4) 問(3)で，誘電体を差し込んだあとの，コンデンサーに蓄えられた静電エネルギーを求めよ。

(5) 問(3)で，誘電体を差し込むのに外力がした仕事を求めよ。

(6) 問(3)で，誘電体を差し込むとき，誘電体がコンデンサーから受ける力の向きは，極板間に引き込まれる向きか，それとも極板間から押し出される向きか。「引き込まれる向き」あるいは「押し出される向き」で答えよ。ただし，$\varepsilon_1 > \varepsilon_0$ とする。

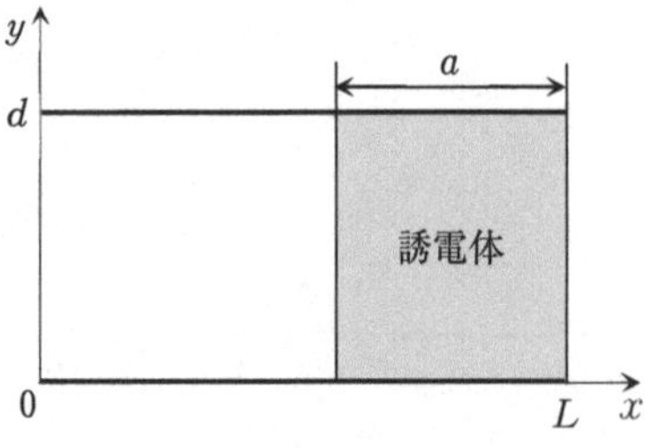

図3

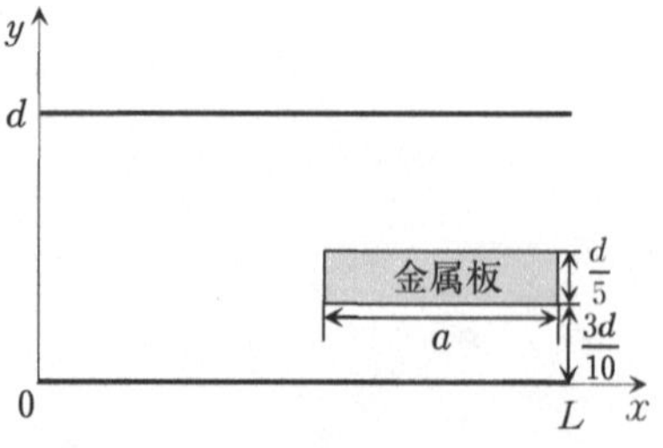

図4

(7) 図2の状態から，断面が横 a，縦 $\frac{d}{5}$ の長方形で，奥行きが L の直方体の金属板を，図4のように，コンデンサーの極板に平行に a だけゆっくりと差し込んだ。ただし，金属板の底面が下の極板から $\frac{3d}{10}$ の位置になるようにした。その結果，$L-a \leqq x \leqq L$ かつ $\frac{3d}{10} \leqq y \leqq \frac{d}{2}$ かつ $-\frac{L}{2} \leqq z \leqq \frac{L}{2}$ を満たす領域が金属板で占められた。金属板を差し込んだあとの，極板間の電位差を求めよ。ただし，金属板の端の影響は無視できるとする。

(8) 問(7)で，金属板を差し込んだあとの，コンデンサーに蓄えられた静電エネルギーを求めよ。

（関西学院大）

101 空所を埋め，問いに答えよ。

(1) 電荷間にはたらく静電気力は，クーロンの法則で説明される。空間を隔てた電荷間に力がはたらくのは，電荷が存在する空間に［ア］が生じ，電荷を持ち込むとそれが置かれた地点の［ア］から力を受けるためと説明される。そのため，電荷分布が異なっていても，［ア］が同じであれば，受ける力も同じである。

空間内の1点に着目し，無限の遠方からこの点まで +1 C の電荷を運んでくる仕事を，無限遠点を基準とするその点の［イ］という。点電荷 q_0〔C〕から ℓ〔m〕離れた点の［イ］は，クーロンの法則の比例係数を k〔N·m^2/C^2〕として，

$$k\frac{q_0}{\ell}$$

である。［イ］の等しい点を集めてできる面を［ウ］面という。この面の形状から，［ア］を決めることができる。

図1

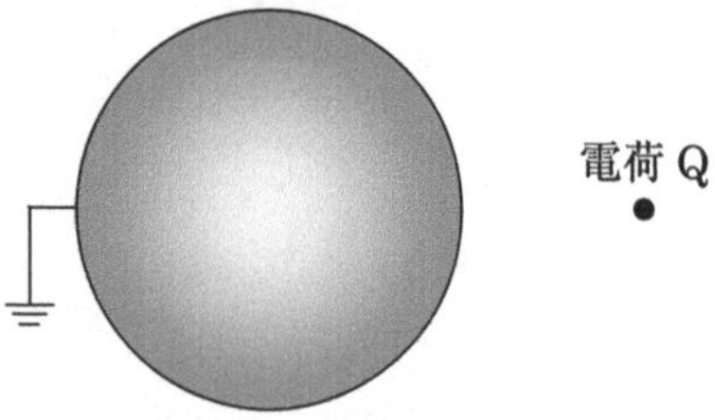

図2

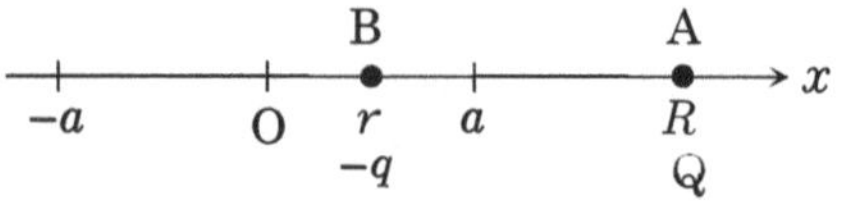

(2) 図1のように，真空中に半径 a〔m〕の接地された金属球がある。正の電気量 Q〔C〕をもつ電荷（以下，電荷 Q と呼ぶ）を，金属球の中心から R〔m〕($> a$) の点に置くと，［エ］とよばれる現象により，金属球面上に負の電荷が現れる。電荷 Q は，金属球の中心の向きに力を受けると考えられるが，どのように電荷が分布するかが分からなければ，力の大きさを求めることはできない。

(3) そこで，この接地された金属球を電気量 $-q$〔C〕($q > 0$) をもつ点電荷（以下，電荷 q と呼ぶ）に置きかえて，電荷 Q にはたらく力を計算しよう。

金属球の中心があったところを原点 O とし，電荷 Q の位置（以下，この点を A とする）を通る向きに x 軸をとる。電荷 q は，$x = r$〔m〕($< a$) の点 B にあるとする（図2参照）。無限遠点を基準とする点 x での［イ］を $\phi(x)$ と表すことにする。接地された金属球の表面は，［イ］が 0 V の［ウ］面と考えられる。金属球を電荷 q の点電荷に置きかえられるためには，2つの電荷 Q と q による［イ］を重ね合わせたとき，半径 a の球面上で 0 V となるように q と r を決める必要がある。以下で，このようなことが 可能かを調べてみよう。まず，図2の x 軸上での $\phi(x)$ を考える。

問1 2つの電荷 Q と q による $\phi(a)$ を文字式で表せ。

$\phi(a)=\phi(-a)=0\,\mathrm{V}$ とすると，q と r が次のように決まる。

$$q=\frac{a}{R}Q,\quad r=\frac{a^2}{R} \qquad ①$$

問 2 $\phi(x)$ のグラフの概形を，$x<r$ の範囲で右図に描け。ただし，$r<x$ のグラフは与えた。

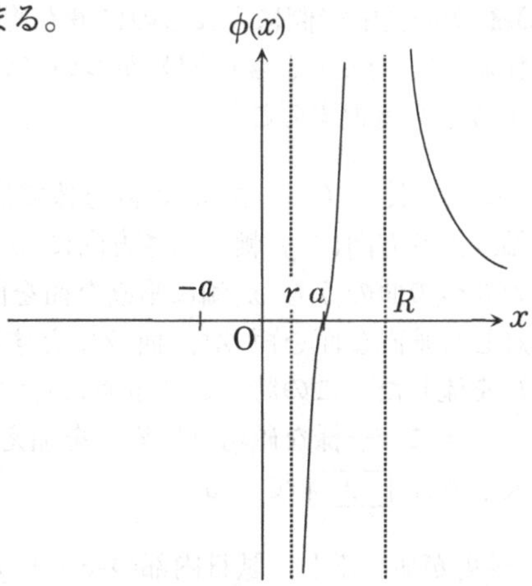

次に，半径 a の球面上の一般の点 C での ［イ］ を計算してみよう。図 3 は，点 A, B, C を含む平面を示したものである。

図 3 のように，AC, BC の長さをそれぞれ L〔m〕, ℓ〔m〕とすると，点 C における ［イ］ は以下のようになる。

$$k\left\{\frac{Q}{L}+\frac{-q}{\ell}\right\} \qquad ②$$

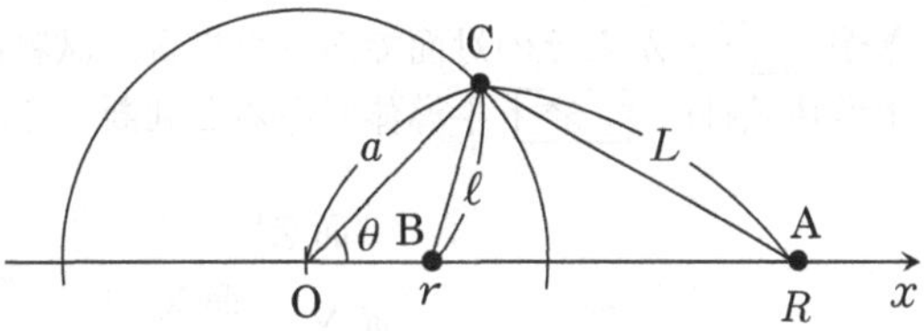

図 3

$\angle\mathrm{AOC}=\theta$ とする。$\triangle\mathrm{AOC}$ に余弦定理を適用すると，

$$L^2=a^2+R^2-2aR\cos\theta \qquad ③$$

となり，L を θ を用いて表すことができる。

問 3 $\triangle\mathrm{BOC}$ に余弦定理を適用し，式①を用いて以下の関係が成り立つことを示せ。

$$\ell=\frac{a}{R}L \qquad ④$$

式④は θ の値によらず常に成り立ち，式②に代入すれば，半径 a の球面上のすべての点での ［イ］ が 0 V となることが分かる。

(4) 以上の考察により，2 つの電荷 Q と q からなる系でも，半径 a の球面は ［イ］ が 0 V の ［ウ］ 面であることが分かる。詳しい計算により，半径 a の球面の外では，［ウ］ 面の形状が，接地した金属球と電荷 Q からなる系と完全に一致することが分かっている。

問 4 電荷 Q が接地した金属球から受ける力の大きさを，k, a, R, Q を用いて求めよ。

問 5 接地前に金属球は帯電していなかったとする。接地することにより金属球から地球へ移動した電気量を答えよ。

（大阪工大）

102 次の文中空欄に入れるのに最も適当なものを解答群A，Bから選べ（同じものを2回用いてもよい）。ただし，※の記号がついていない空欄は解答群Aから，※の記号がついた空欄は解答群Bから選択すること。

幅 w，長さ ℓ，高さ h の直方体で抵抗率 ρ の半導体試料を考える。図のように幅方向に x 軸，長さ方向に y 軸，高さ方向に z 軸をとる。座標軸の向きは図に示すとおりとする。試料の6つの面のうち x 軸に垂直な面を面 X^+，面 X^-，y 軸に垂直な面を面 Y^+，面 Y^-，z 軸に対して垂直な面を面 Z^+，面 Z^- とする。この試料に対して y 軸の正の向きに強さ一定の電流 I を流した。この時，この電流に対する半導体試料の抵抗は [1] である。その後，z 軸の正の向きに，一様な磁場（磁界）を加えた。試料を貫く磁束の大きさを Φ とすると，磁束密度の大きさは [2] である。

磁場が加わると，試料内部のキャリアにはローレンツ力がはたらき，キャリアの電荷の正負に関わらずキャリアは [3※] に集められる。キャリアの分布が不均一になると，試料内部には [3※] とその対面の間に一定の電位差（ホール電圧）V_H と電場（電界）が発生し，やがてキャリアにはたらくこの電場による力とローレンツ力がつりあう。発生した試料内部の電場の向きが [3※] からその対面であった場合，試料内のキャリアは [4※] であると判断できるため半導体試料は [5※] 半導体であると判断できる。

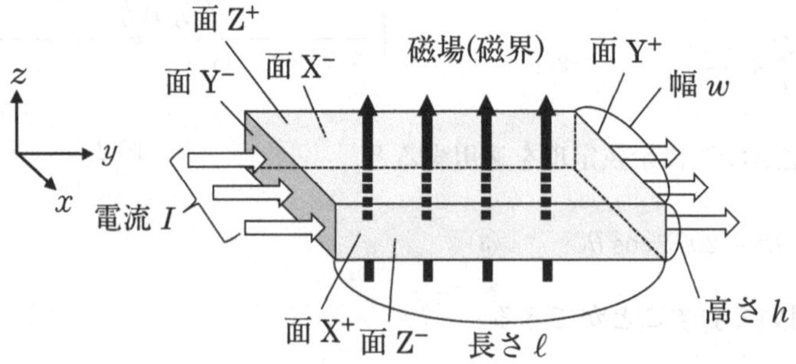

電気素量を e（ただし $e>0$），試料内部のキャリアの速さを v とするとキャリア1個にはたらくローレンツ力の大きさは [6] である。単位体積当たりのキャリア数を n とし，y 軸の正の向きに電流が一様に流れているとすると試料を流れる電流 I はキャリアの速さ v を用いて式①と書ける。

$I =$ [7] ……①

電場による力の大きさ [8] とローレンツ力の大きさがつりあうことから式②が成り立つ。

[8] = [6] ……②

②を用いて①から v を消去し，式を整理すると $n =$ [9] と表すことができる。つまり，試料寸法，電流値，ホール電圧等がわかれば試料中の単位体積当たりのキャリア数 n を測定することができる。

解答群 A

（ア）$\rho\dfrac{\ell}{wh}$　（イ）$\rho\dfrac{h}{w\ell}$　（ウ）$\rho\dfrac{w}{h\ell}$　（エ）$\rho\dfrac{wh}{\ell}$　（オ）$\rho\dfrac{w\ell}{h}$

（カ）$\rho\dfrac{h\ell}{w}$　（キ）$\dfrac{\Phi}{w\ell}$　（ク）$w\ell\Phi$　（ケ）$\dfrac{\phi}{h}$　（コ）$h\Phi$

（サ）$ev\Phi$　（シ）$\dfrac{ev\Phi}{w\ell}$　（ス）$evw\ell\Phi$　（セ）$\dfrac{ev\Phi}{h}$　（ソ）$evh\Phi$

（タ）$envwh$　（チ）$\dfrac{env}{wh}$　（ツ）$env\ell$　（テ）$\dfrac{env}{\ell}$　（ト）$\dfrac{eV_{\mathrm{H}}}{w}$

（ナ）$\dfrac{eV_{\mathrm{H}}}{\ell}$　（ニ）$\dfrac{eV_{\mathrm{H}}}{h}$　（ヌ）$\dfrac{I\Phi}{eV_{\mathrm{H}}wh\ell}$　（ネ）$\dfrac{I\Phi w\ell}{eV_{\mathrm{H}}h}$　（ノ）$\dfrac{I\Phi}{eV_{\mathrm{H}}h}$

（ハ）$\dfrac{I\Phi}{eV_{\mathrm{H}}h^2}$　（ヒ）$\dfrac{I\Phi}{eV_{\mathrm{H}}}$

解答群 B

（ア）面 X^+　（イ）面 X^-　（ウ）面 Y^+　（エ）面 Y^-　（オ）面 Z^+

（カ）面 Z^-　（キ）電子　（ク）陽子　（ケ）中性子　（コ）ホール（正孔）

（サ）p 型　（シ）n 型　（ス）真性

（関西大）

103 導線の太さが無視できる質量 m〔kg〕の正六角形コイル ABCDEF が平面上にある。正六角形コイルの一辺の長さを a〔m〕，コイルの中心点（AD,BE,CF の交点）を M，コイル全体の抵抗を R〔Ω〕とする。$y \leqq 0$ の領域に $+z$ の向き（紙面に垂直に手前に向かう向き）をもつ磁束密度 B_0〔Wb/m^2〕の磁場が存在する。重力加速度は $-y$ の向きをもち，大きさを g〔m/s^2〕とする。また，円周率を π とする。

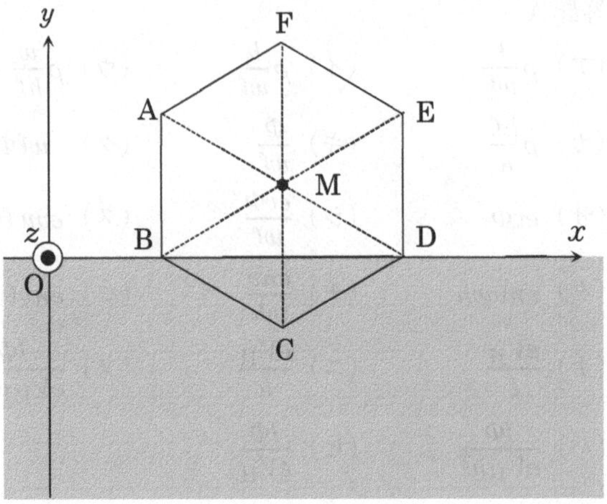

はじめ，図のように，コイル上の点 B，D が x 軸上にあり，コイルの辺 BC と CD の部分が磁場中にあった。このコイルを，この位置から点 M が x 軸上に来るまでの間，$-y$ の向きに速さ v_1〔m/s〕で移動させた。この移動中，コイルをつらぬく磁束は毎秒 [1]〔Wb〕ずつ増加するので，コイルには [2] A の大きさの誘導電流が流れる。このとき，コイルの BC と CD の各部分はいずれも磁場から [3]〔N〕の同じ大きさの力を受ける。この力の $+y$ の向きの成分は [4]〔N〕の大きさをもつ。点 M が x 軸上にきた時点で移動を中止した。その後，このコイルを，直線 FC を回転軸として $+y$ の向きに見て時計回りに角速度 $\frac{\pi}{6}$〔rad/s〕で回転させた。回転開始後 2 秒経過した時点でのコイルをつらぬく磁束の大きさは [5]〔Wb〕である。Δx が非常に小さいとき $\cos p(x+\Delta x) - \cos px \fallingdotseq -p\Delta x \sin px$（$p$ 定数）という近似が成り立つことを利用して微小時間 Δt における磁束の変化を求めることができる。これを用いて，回転開始後 9 秒経過した時点でのこのコイルに生じる誘導起電力は [6]〔V〕の大きさをもつことがわかる。

[1] と [2] の解答群

① $\dfrac{av_1B_0}{3}$　② $\dfrac{av_1B_0}{2}$　③ $\dfrac{2\sqrt{3}av_1B_0}{3R}$　④ $\dfrac{\sqrt{3}av_1B_0}{R}$　⑤ $\dfrac{\sqrt{3}av_1B_0}{2}$

⑥ $\sqrt{3}av_1B_0$　⑦ $\dfrac{2\sqrt{3}av_1B_0}{3}$　⑧ $\dfrac{av_1B_0}{2R}$　⑨ $\dfrac{av_1B_0}{3R}$　⓪ $\dfrac{\sqrt{3}av_1B_0}{2R}$

[3] と [4] の解答群

① $\dfrac{3\sqrt{3}a^2v_1B_0^2}{3R}$　② $\dfrac{av_1B_0^2}{2R}$　③ $\dfrac{3a^2v_1B_0}{2R}$　④ $\dfrac{\sqrt{3}a^2v_1B_0^2}{R}$　⑤ $\dfrac{a^2v_1B_0^2}{R}$

⑥ $\dfrac{2\sqrt{3}a^2v_1B_0^2}{R}$　⑦ $\dfrac{2\sqrt{3}a^2v_1B_0}{3R}$　⑧ $\dfrac{3a^2v_1B_0^2}{2R}$　⑨ $\dfrac{\sqrt{3}a^2v_1B_0^2}{2R}$　⓪ $\dfrac{a^2v_1B_0^2}{3R}$

ⓐ $\dfrac{2\sqrt{3}av_1B_0}{3R}$

[5] と [6] の解答群

① $\dfrac{3\sqrt{3}a^2B_0}{8}$　② $\dfrac{3a^2B_0}{8}$　③ $\dfrac{9\pi a^2B_0}{4}$　④ $\dfrac{\pi a^2B_0}{4}$　⑤ $\dfrac{9a^2B_0}{8}$

⑥ $\dfrac{\pi a^2B_0}{8}$　⑦ $\dfrac{3\sqrt{3}a^2B_0}{4}$　⑧ $\dfrac{\sqrt{3}\pi a^2B_0}{4}$　⑨ $\dfrac{\sqrt{3}\pi a^2B_0}{8}$　⓪ $\dfrac{3a^2B_0^2}{8}$

次に，コイルをはじめの状態，すなわち，コイル上の点 B，D が x 軸上にあり，コイルの辺 BC と CD の部分が磁場中にある状態に戻して固定した。このコイルを固定する力をとりのぞいたところ，コイルは$-y$の向きに動きはじめ，点 A，E が x 軸上に来るまでの間に，コイルの重力とコイルが磁場から受ける力がつり合い，$-y$ の向きの速さ v_2〔m/s〕の等速度運動になった。このとき，コイルが磁場から受ける力は [7]〔N〕の大きさをもつ。この力がコイルの重力とつり合うことから，速さ v_2 は [8] となる。

[7] の解答群

① $\dfrac{3a^2v_2B_0}{2R}$　② $\dfrac{3a^2v_2B_0^2}{R}$　③ $\dfrac{2\sqrt{3}a^2v_2B_0}{3R}$　④ $\dfrac{\sqrt{3}a^2v_2B_0^2}{R}$　⑤ $\dfrac{av_2B_0^2}{2R}$　⑥ $\dfrac{\sqrt{3}a^2v_2B_0^2}{2R}$

[8] の解答群

① $\dfrac{mgR}{3a^2B_0^2}$　② $\dfrac{\sqrt{3}mgR}{2a^2B_0}$　③ $\dfrac{mgR}{a^2B_0^2}$　④ $\dfrac{\sqrt{3}mgR}{3a^2B_0^2}$　⑤ $\dfrac{\sqrt{3}mgR}{3aB_0}$　⑥ $\dfrac{\sqrt{3}mgR}{6aB_0^2}$

（近畿大）

104 図のように，真空中に点 O を原点として，xy 平面が水平になるように xyz 座標をとる。じゅうぶんに長い 2 本の導線 A と B が，xz 平面内で x 軸からそれぞれ d〔m〕だけ離れて x 軸に平行に張られており，A, B には x 軸の負の方向にそれぞれ I_1〔A〕の電流が流れている。さらに，表面がなめらかな導体からなる 2 本の細いレールが，xy 平面内で y 軸からそれぞれ $\frac{L}{2}$〔m〕だけ離れて y 軸に平行に張られ，レールの端に電気抵抗，電源，およびスイッチ S が接続されている。質量 m〔kg〕の導体棒 C をレールと直角になるようにレール上に静かに置き，S を閉じたところ，C に一定の電流 I〔A〕が流れた。このとき，C はレールと直角を保ったまま点 O に向かって運動を始め，C が x 軸から a〔m〕だけ離れたレール上の点 P と点 Q をむすんだ直線上に達したとき，C の速さが v〔m/s〕になった。ただし，C を含む回路に電流が流れることで生じる磁場は無視できるものとし，真空の透磁率を μ_0〔N/A²〕とする。

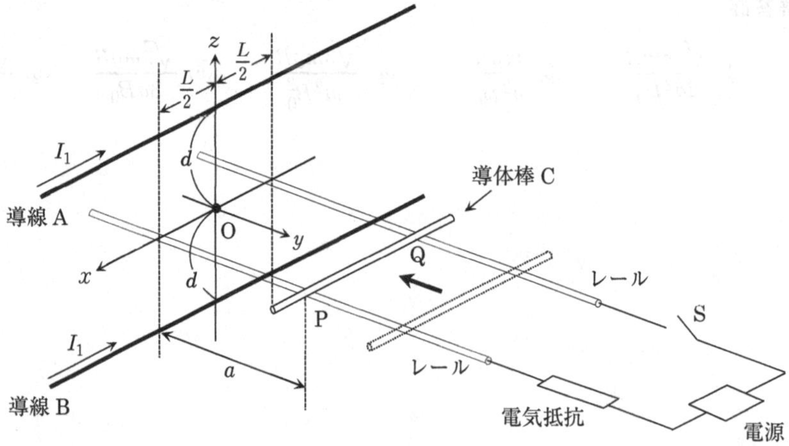

問 1 A, B 両方を流れる電流が作る磁場の，原点 O での強さは [1] A/m である。

[1] の解答群

① 0　② $\frac{1}{2\pi}\frac{I_1}{d}$　③ $\frac{1}{\pi}\frac{I_1}{d}$　④ $\frac{2}{\pi}\frac{I_1}{d}$　⑤ $\frac{1}{2\pi}\frac{d}{I_1}$　⑥ $\frac{1}{\pi}\frac{d}{I_1}$　⑦ $\frac{2}{\pi}\frac{d}{I_1}$

⑧ $\frac{1}{2\pi}dI_1$　⑨ $\frac{1}{\pi}dI_1$　⑩ $\frac{2}{\pi}dI_1$

問 2 A, B 両方を流れる電流が作る磁場の，PQ 上での強さは [2] × [3] A/m である。

[2] の解答群

① $\frac{I}{\pi}$　② $\frac{\pi}{I}$　③ $\frac{I_1}{\pi}$　④ $\frac{\pi}{I_1}$　⑤ $\frac{II_1L}{\pi}$　⑥ $\frac{\pi}{II_1L}$　⑦ $\mu_0\frac{II_1L}{\pi}$　⑧ $\mu_0\frac{\pi}{II_1L}$

⑨ $\frac{vII_1L}{\pi}$　⑩ $\frac{\pi v}{II_1L}$　⑪ $\mu_0\frac{vIL}{\pi}$　⑫ $\mu_0\frac{vI_1L}{\pi}$　⑬ $\mu_0\frac{vII_1L}{\pi}$　⑭ $\mu_0\frac{\pi v}{II_1L}$

⑮ $\frac{II_1L}{\pi v}$　⑯ $\frac{\pi}{vII_1L}$　⑰ $\mu_0\frac{II_1L}{\pi v}$　⑱ $\mu_0\frac{\pi}{vII_1L}$

[3] の解答群

① a　② d　③ $\sqrt{a^2+d^2}$　④ $\frac{1}{a}$　⑤ $\frac{1}{d}$　⑥ $\frac{1}{a^2}$　⑦ $\frac{1}{d^2}$　⑧ $\frac{1}{\sqrt{a^2+d^2}}$

⑨ $\frac{a}{a^2+d^2}$　⑩ $\frac{d}{a^2+d^2}$　⑪ $\frac{d}{a\sqrt{a^2+d^2}}$　⑫ $\frac{a}{d\sqrt{a^2+d^2}}$　⑬ $\frac{d}{a^2}$　⑭ $\frac{a}{d^2}$

問3　C が PQ 上にいるとき，C に流れる電流の向きは [4] である。

[4] の解答群　① 点 P から点 Q に向かう方向　② 点 Q から点 P に向かう方向

問4　C が PQ 上にいるとき，C が磁場から受ける力の大きさは [5] × [6]〔N〕であり，C に生じる誘導起電力の大きさは [7] × [8]〔V〕である。

[5] と [7] 解答群

① $\dfrac{I}{\pi}$　② $\dfrac{\pi}{I}$　③ $\dfrac{I_I}{\pi}$　④ $\dfrac{\pi}{I_1}$　⑤ $\dfrac{II_1L}{\pi}$　⑥ $\dfrac{\pi}{II_1L}$　⑦ $\mu_0\dfrac{II_1L}{\pi}$
⑧ $\mu_0\dfrac{\pi}{II_1L}$　⑨ $\dfrac{vII_1L}{\pi}$　⑩ $\dfrac{v\pi}{II_1L}$　⑪ $\mu_0\dfrac{vIL}{\pi}$　⑫ $\mu_0\dfrac{vI_1L}{\pi}$　⑬ $\mu_0\dfrac{vII_1L}{\pi}$
⑭ $\mu_0\dfrac{\pi v}{II_1L}$　⑮ $\dfrac{II_1L}{\pi v}$　⑯ $\dfrac{\pi}{vII_1L}$　⑰ $\mu_0\dfrac{II_1L}{\pi v}$　⑱ $\mu_0\dfrac{\pi}{vII_1L}$

[6] と [8] 解答群

① a　② d　③ $\sqrt{a^2+d^2}$　④ $\dfrac{1}{a}$　⑤ $\dfrac{1}{d}$　⑥ $\dfrac{1}{a^2}$　⑦ $\dfrac{1}{d^2}$　⑧ $\dfrac{1}{\sqrt{a^2+d^2}}$
⑨ $\dfrac{a}{a^2+d^2}$　⑩ $\dfrac{d}{a^2+d^2}$　⑪ $\dfrac{d}{a\sqrt{a^2+d^2}}$　⑫ $\dfrac{a}{d\sqrt{a^2+d^2}}$　⑬ $\dfrac{d}{a^2}$　⑭ $\dfrac{a}{d^2}$

つぎに，S を開き，C を x 軸から b〔m〕だけ離してレールと直角にレール上に静かに置いた。その後，S を閉じたところ，C に一定の電流 I〔A〕が流れ，C はレールと直角を保ったまま単振動を始めた。ただし，b は d に比べてじゅうぶん小さく，じゅうぶん小さい値 ϕ〔rad〕に対しては，$\sin\phi = \tan\phi$ と近似できるものとする。

問5　S を閉じた直後に，A, B 両方を流れる電流が作る磁場から C が受ける力の大きさは [9] × [10] N である。

[9] の解答群　① $\dfrac{I}{\pi}$　② $\dfrac{\pi}{I}$　③ $\dfrac{I_I}{\pi}$　④ $\dfrac{\pi}{I_1}$　⑤ $\dfrac{II_1L}{\pi}$　⑥ $\dfrac{\pi}{II_1L}$　⑦ $\mu_0\dfrac{II_1L}{\pi}$

[10] の解答群　① b　② d　③ $\dfrac{b}{d^3}$　④ $\dfrac{b}{d^2}$　⑤ $\dfrac{b}{d}$　⑥ bd　⑦ bd^2　⑧ bd^3

問6　C が原点 O を通る瞬間の C の速さは [11] × [12]〔m/s〕である。

[11] の解答群

① $\sqrt{\mu_0\dfrac{II_1L}{\pi}}$　② $\sqrt{\mu_0\dfrac{\pi}{II_1L}}$　③ $\sqrt{\dfrac{1}{\mu_0}\dfrac{II_1L}{\pi}}$　④ $\sqrt{\dfrac{1}{\mu_0}\dfrac{\pi}{II_1L}}$　⑤ $\sqrt{\dfrac{mII_1L}{\pi}}$　⑥ $\sqrt{\dfrac{\pi m}{II_1L}}$
⑦ $\sqrt{\mu_0\dfrac{mII_1L}{\pi}}$　⑧ $\sqrt{\mu_0\dfrac{\pi m}{II_1L}}$　⑨ $\sqrt{\dfrac{1}{\mu_0}\dfrac{mII_1L}{\pi}}$　⑩ $\sqrt{\dfrac{1}{\mu_0}\dfrac{\pi m}{II_1L}}$　⑪ $\sqrt{\dfrac{II_1L}{\pi m}}$
⑫ $\sqrt{\dfrac{\pi}{mII_1L}}$　⑬ $\sqrt{\mu_0\dfrac{II_1L}{\pi m}}$　⑭ $\sqrt{\mu_0\dfrac{\pi}{mII_1L}}$　⑮ $\sqrt{\dfrac{1}{\mu_0}\dfrac{II_1L}{\pi m}}$　⑯ $\sqrt{\dfrac{1}{\mu_0}\dfrac{\pi}{mII_1L}}$

[12] の解答群

① b　② d　③ b^2　④ d^2　⑤ bd　⑥ $\dfrac{1}{b}$　⑦ $\dfrac{1}{d}$　⑧ $\dfrac{1}{b^2}$　⑨ $\dfrac{1}{d^2}$
⑩ $\dfrac{d}{b}$　⑪ $\dfrac{b}{d}$

（北里大）

105 図のように，抵抗値が R〔Ω〕，$2R$〔Ω〕の電気抵抗 R_1，R_2，電気容量 C〔F〕のコンデンサー C，自己インダクタンス L〔H〕のコイル L，および角周波数 ω〔rad/s〕で，内部抵抗が無視できる交流電源からなる回路がある。ただし，時刻 t〔s〕での点 a を流れる電流 $I(t)$〔A〕は，定数 I_0〔A〕を用いて $I(t)=I_0\sin\omega t$ と表され，図中の矢印は電流の正の方向を表すものとする。また，点 a，点 b，点 c，点 d はいずれも回路上の点であり，必要に応じて右の関係式を用いよ。

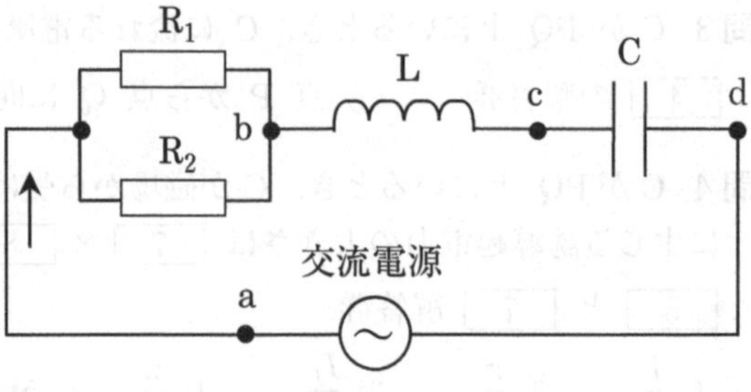

$$\sin\left(\omega t+\frac{\pi}{2}\right)=\cos\omega t,\quad \sin\left(\omega t-\frac{\pi}{2}\right)=-\cos\omega t$$

$$\cos\left(\omega t+\frac{\pi}{2}\right)=-\sin\omega t,\quad \cos\left(\omega t-\frac{\pi}{2}\right)=\sin\omega t$$

問 1　R_1 と R_2 をひとつの電気抵抗とみなしたときの抵抗値は [1] $\times R$〔Ω〕であり，R_1 に流れる電流の実効値は [2] $\times I_0$〔A〕ある。

① 0　② $\frac{1}{6}$　③ $\frac{\sqrt{2}}{6}$　④ $\frac{1}{3}$　⑤ $\frac{\sqrt{2}}{3}$　⑥ $\frac{1}{2}$　⑦ $\frac{2}{3}$　⑧ $\frac{\sqrt{2}}{2}$
⑨ 1　⑩ $\frac{2\sqrt{2}}{3}$　⑪ $\sqrt{2}$　⑫ $\frac{3}{2}$　⑬ $\frac{3\sqrt{2}}{2}$　⑭ $2\sqrt{2}$　⑮ 3

問 2　R_1 で消費される電力の $I(t)$ の 1 周期にわたる平均値は [3]〔W〕である。

① 0　② $\frac{1}{9}RI_0$　③ $\frac{\sqrt{2}}{9}RI_0$　④ $\frac{2}{9}RI_0$　⑤ $\frac{2\sqrt{2}}{9}RI_0$　⑥ $\frac{1}{3}RI_0$
⑦ $\frac{4}{9}RI_0$　⑧ $\frac{\sqrt{2}}{3}RI_0$　⑨ $\frac{4\sqrt{2}}{9}RI_0$　⑩ $\frac{1}{9}RI_0^2$　⑪ $\frac{\sqrt{2}}{9}RI_0^2$　⑫ $\frac{2}{9}RI_0^2$
⑬ $\frac{2\sqrt{2}}{9}RI_0^2$　⑭ $\frac{1}{3}RI_0^2$　⑮ $\frac{4}{9}RI_0^2$　⑯ $\frac{\sqrt{2}}{3}RI_0^2$　⑰ $\frac{4\sqrt{2}}{9}RI_0^2$

問 3　時刻 t のとき，L の両端に加わる電圧（点 c に対する点 b の電位）は [4]〔V〕と表される。

① $\omega LI_0\sin\omega t$　② $-\omega LI_0\sin\omega t$　③ $\omega LI_0\cos\omega t$　④ $-\omega LI_0\cos\omega t$
⑤ $\frac{LI_0}{\omega}\sin\omega t$　⑥ $-\frac{LI_0}{\omega}\sin\omega t$　⑦ $\frac{LI_0}{\omega}\cos\omega t$　⑧ $-\frac{LI_0}{\omega}\cos\omega t$
⑨ $\frac{\omega I_0}{L}\sin\omega t$　⑩ $-\frac{\omega I_0}{L}\sin\omega t$　⑪ $\frac{\omega I_0}{L}\cos\omega t$　⑫ $-\frac{\omega I_0}{L}\cos\omega t$
⑬ $\frac{I_0}{\omega L}\sin\omega t$　⑭ $-\frac{I_0}{\omega L}\sin\omega t$　⑮ $\frac{I_0}{\omega L}\cos\omega t$　⑯ $-\frac{I_0}{\omega L}\cos\omega t$

問 4　時刻 t のとき，C の両端に加わる電圧（点 d に対する点 c の電位）は [5]〔V〕と表される。

① $\omega CI_0\sin\omega t$　② $-\omega CI_0\sin\omega t$　③ $\omega CI_0\cos\omega t$　④ $-\omega CI_0\cos\omega t$　⑤ $\frac{CI_0}{\omega}\sin\omega t$
⑥ $-\frac{CI_0}{\omega}\sin\omega t$　⑦ $\frac{CI_0}{\omega}\cos\omega t$　⑧ $-\frac{CI_0}{\omega}\cos\omega t$　⑨ $\frac{\omega I_0}{C}\sin\omega t$　⑩ $-\frac{\omega I_0}{C}\sin\omega t$
⑪ $\frac{\omega I_0}{C}\cos\omega t$　⑫ $-\frac{\omega I_0}{C}\cos\omega t$　⑬ $\frac{I_0}{\omega C}\sin\omega t$　⑭ $-\frac{I_0}{\omega C}\sin\omega t$　⑮ $\frac{I_0}{\omega C}\cos\omega t$
⑯ $-\frac{I_0}{\omega C}\cos\omega t$

問5 R_1, R_2, L および C からなる回路のインピーダンスは [6]〔Ω〕である。また，[6] を Z〔Ω〕とおくと，力率（回路に加わる電圧と回路に流れる電流の位相差の余弦）を Z を含む式で表すと [7] となる。

6の解答群

① $\sqrt{\left(\frac{R}{3}\right)^2+\left(\omega L+\frac{1}{\omega C}\right)^2}$　② $\sqrt{\left(\frac{2R}{3}\right)^2+\left(\omega L+\frac{1}{\omega C}\right)^2}$　③ $\sqrt{R^2+\left(\omega L+\frac{1}{\omega C}\right)^2}$

④ $\sqrt{\left(\frac{R}{3}\right)^2+\left(\omega L-\frac{1}{\omega C}\right)^2}$　⑤ $\sqrt{\left(\frac{2R}{3}\right)^2+\left(\omega L-\frac{1}{\omega C}\right)^2}$　⑥ $\sqrt{R^2+\left(\omega L-\frac{1}{\omega C}\right)^2}$

⑦ $\sqrt{\left(\frac{R}{3}\right)^2+\left(\omega C+\frac{1}{\omega L}\right)^2}$　⑧ $\sqrt{\left(\frac{2R}{3}\right)^2+\left(\omega C+\frac{1}{\omega L}\right)^2}$　⑨ $\sqrt{R^2+\left(\omega C+\frac{1}{\omega L}\right)^2}$

⑩ $\sqrt{\left(\frac{R}{3}\right)^2+\left(\omega C-\frac{1}{\omega L}\right)^2}$　⑪ $\sqrt{\left(\frac{2R}{3}\right)^2+\left(\omega C-\frac{1}{\omega L}\right)^2}$　⑫ $\sqrt{R^2+\left(\omega C-\frac{1}{\omega L}\right)^2}$

7の解答群

① $\frac{RZ}{3}$　② $\frac{2RZ}{3}$　③ RZ　④ $\frac{R}{3Z}$　⑤ $\frac{2R}{3Z}$　⑥ $\frac{R}{Z}$　⑦ $\frac{Z}{3R}$　⑧ $\frac{2Z}{3R}$　⑨ $\frac{Z}{R}$

問6 交流電源の電圧の実効値を一定に保ちながら ω を変化させたところ，ある ω のときに，回路に流れる電流が最大となった。このとき，ω は [8]〔rad/s〕である。

① $\frac{\sqrt{C}}{L}$　② $\frac{C}{\sqrt{L}}$　③ $\frac{\sqrt{L}}{C}$　④ $\frac{L}{\sqrt{C}}$　⑤ $L\sqrt{C}$　⑥ $C\sqrt{L}$　⑦ $\sqrt{\frac{C}{L}}$

⑧ $\sqrt{\frac{L}{C}}$　⑨ $\frac{1}{\sqrt{LC}}$　⑩ $\sqrt{LC}$　⑪ $\frac{C}{L}$　⑫ $\frac{L}{C}$　⑬ $\frac{1}{LC}$　⑭ LC

（北里大・医）

106 ダイオードを含む回路を考える。ただし，ダイオードは順方向に電流を流す場合には抵抗が R〔Ω〕で，逆方向に流そうとする場合の抵抗は無限大の素子であると単純化して考える。ダイオード D_1 と D_2，電気容量 C〔F〕のコンデンサー C_1 と C_2，スイッチ S，起電力 V_0〔V〕の電池 E_1 と E_2 で図のような回路を作った。G は接地されている。以下では，電池の内部抵抗と回路の配線に用いる導線の抵抗は無視できるものとする。

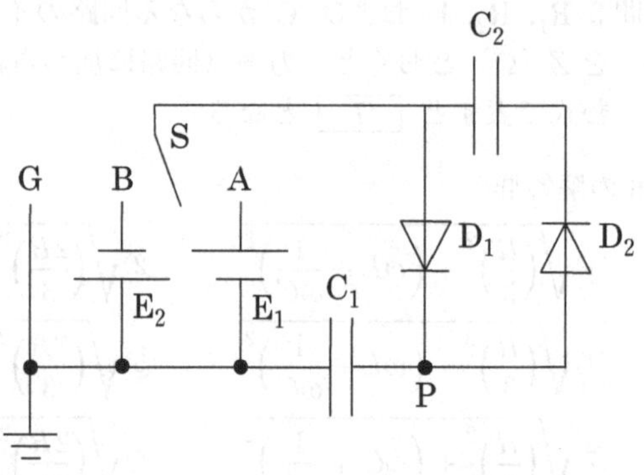

(1) 最初，二つのコンデンサーに蓄えられている電荷は 0 C であり，スイッチ S は A，B，G いずれにもつながれていないものとする。この状態から，スイッチ S を A 側に入れた瞬間に流れる電流は [1]〔A〕である。十分な時間待って，回路を流れる電流が 0 A になったときにコンデンサー C_1 に蓄えられている電荷の大きさは [2]〔C〕である。一方コンデンサー C_2 に蓄えられている電荷の大きさは [3]〔C〕である。

[1] ～ [3] の解答群

① 0　② $\frac{RV_0}{2}$　③ RV_0　④ $\frac{3RV_0}{2}$　⑤ $\frac{V_0}{2R}$　⑥ $\frac{V_0}{R}$　⑦ $\frac{3V_0}{2R}$

⑧ $\frac{CV_0}{4}$　⑨ $\frac{CV_0}{2}$　⓪ CV_0　ⓐ $\frac{3CV_0}{2}$　ⓑ $\frac{V_0}{2C}$　ⓒ $\frac{V_0}{C}$　ⓓ $\frac{3V_0}{2C}$

(2) (1)の最後の状態から，次にスイッチ S を B 側に入れ，十分な時間待って，回路を流れる電流が 0 A になったときを考える。点 P における電位 V〔V〕を以下のようにして求めよう。G の電位は 0 V なので，コンデンサー C_2 に蓄えられる電荷の大きさは V〔V〕を用いると，[4]〔C〕と表すことができる。同様にコンデンサー C_1 に蓄えられている電荷を V〔V〕を用いて表す。コンデンサー C_1 と C_2 の右側の極板に蓄えられる電荷の和の大きさは [2]〔C〕であることに注意すると，V〔V〕は [5] と求まる。

[4] と [6] の解答群

① $\frac{C(V+V_0)}{4}$　② $\frac{C(V+V_0)}{2}$　③ $C(V+V_0)$　④ $\frac{3C(V+V_0)}{2}$

⑤ $\frac{V+V_0}{4C}$　⑥ $\frac{V+V_0}{2C}$　⑦ $\frac{V+V_0}{C}$　⑧ $\frac{3(V+V_0)}{2C}$

⑨ 0　⓪ $\frac{V_0}{4}$　ⓐ $\frac{V_0}{3}$　ⓑ $\frac{V_0}{2}$

ⓒ V_0　ⓓ $\frac{3V_0}{2}$　ⓔ $2V_0$　ⓕ $\frac{5V_0}{2}$

(3) (2)の最後の状態から，再びスイッチ S を A 側に入れる。十分な時間待って回路を流れる電流が0Aになったときにコンデンサー C_1 に蓄えられている電荷の大きさは [6]〔C〕である。次に，もう一度スイッチ S を B 側に入れて，十分な時間待って回路を流れる電流が0Aになったとき，コンデンサー C_1 に蓄えられている電荷の大きさは [7]〔C〕となる。最後に，スイッチ S を G 側に入れると点 P における電位は [8]〔V〕となる。

[7] ～ [9] の解答群

① 0　② $\frac{CV_0}{4}$　③ $\frac{CV_0}{2}$　④ CV_0　⑤ $\frac{3CV_0}{2}$　⑥ $2CV_0$

⑦ $\frac{V_0}{8C}$　⑧ $\frac{V_0}{4C}$　⑨ $\frac{V_0}{2C}$　⓪ $\frac{V_0}{C}$　ⓐ $\frac{3V_0}{2C}$　ⓑ $\frac{2V_0}{C}$

ⓒ $\frac{V_0}{8}$　ⓓ $\frac{V_0}{4}$　ⓔ $\frac{V_0}{2}$　ⓕ V_0　ⓖ $\frac{3V_0}{2}$　ⓗ $2V_0$

（近畿大）

3章　波動

107 以下のリストにあげられたものはすべて，電場と磁場が振動しながら伝わる電磁波である。これらの電磁波を波長の長いものから並べたとき，波長が3番目に長いものを記号で答えよ。

(a) 赤外線　(b) テレビの電波　(c) γ 線　(d) 黄色の可視光
(e) X線　(f) 紫外線　(g) 青色の可視光

（芝浦工大）

108 次のそれぞれの文章が正しいときには1を，間違っているときには 0 を割り当てる。それらの数字を(ア)(イ)(ウ)(エ)の順に書くと □ となる。

（ア）音波は縦波であり，光は横波である。

（イ）音速は媒質により異なるが，光の速さは媒質によらず一定である。

（ウ）音波に比べて光の伝わる速さはきわめて大きいため，回折することはない。

（エ）シャボン玉が色づいて見えるのは光の干渉によるものである。

（琉球大）

109 次のそれぞれの文章が正しいときには1を，間違っているときには 0 を割り当てる。それらの数字を(ア)(イ)(ウ)(エ)の順に書くと □ となる。

（ア）音波の伝わる速さは，媒質や気温によらず一定である。

（イ）音源が動いても，音波の波長は変化しない。

（ウ）音波は，媒質の粗密の変化が伝わっていく縦波である。

（エ）音波には，反射，屈折，干渉の現象が見られるが，回折現象は生じない。

（琉球大）

110 夕日が赤く見えるのは，太陽光に含まれる青い光と，赤い光の性質の違いによる。どのような違いか。

㋐ 青い光の方が，気体分子で散乱されやすい。

㋑ 赤い光の方が，気体分子で散乱されやすい。

㋒ 青い光の方が，大気層へ進むとき大きく屈折する。

㋓ 赤い光の方が，大気層へ進むとき大きく屈折する。

㋔ 青い光の方が，大気層へ進むときの全反射の臨界角が小さい。

（自治医大）

111 振動数 f の単色光が真空中から絶対屈折率 n の媒質中へ入射した。このとき，媒質中での光の波長は □ である。ただし，真空中での光速を c とする。

（イ）cfn　（ロ）$\dfrac{cf}{n}$　（ハ）$\dfrac{cn}{f}$　（ニ）$\dfrac{n}{cf}$　（ホ）$\dfrac{f}{cn}$　（ヘ）$\dfrac{c}{fn}$

（神奈川大）

112 長さ L の閉管中で気柱が共鳴し，3倍振動の定常波が生じた。この定常波の波長は $\boxed{}$ L である。ただし，開口端補正は無視できるものとする。

（イ）$\frac{1}{2}$　（ロ）$\frac{2}{3}$　（ハ）$\frac{3}{4}$　（ニ）1　（ホ）$\frac{4}{3}$　（ヘ）$\frac{3}{2}$

（神奈川大）

113 振動数がそれぞれ f_1 と f_2 の2つのおんさを同時に鳴らしたときに聞こえるうなりの時間間隔は $\boxed{}$ である。

（イ）$|f_1 - f_2|$　（ロ）$\frac{1}{|f_1-f_2|}$　（ハ）$2|f_1 - f_2|$　（ニ）$\frac{2}{|f_1-f_2|}$　（ホ）$2\pi|f_1 - f_2|$　（ヘ）$\frac{2\pi}{|f_1-f_2|}$

（神奈川大）

114 両端の開いた細長い筒の一方の端 A の近くにスピーカーを置いて，振動数を連続的に変えながら一定の大きさの音を鳴らした。いくつかの振動数のとき，筒内の空気が共鳴して大きく聞こえたが，もっとも低い音の共鳴は振動数が f_1 のときで，また2番目に低い共鳴は振動数が f_2 のときであった。次に筒のもう一方の端 B にふたをしてから，同じようにスピーカーから音を出した。やはりいくつかの振動数で音が大きく聞こえたが，もっとも低いのは振動数が F_1 のときで，2番目に低いのは F_2 のときであった。ここで，f_1 と F_1 はともに，それぞれの場合の基本振動数と考えてよい。振動数 f_1と f_2，F_1 と F_2 の間の関係として正しいものを次の①～④の中から選べ。ただし，振動の腹が開口端よりずれることは考えないものとする。

①$f_2 = 2f_1$，$F_2 = 2F_1$　②$f_2 = 2f_1$，$F_2 = 3F_1$

③$f_2 = 3f_1$，$F_2 = 2F_1$　④$f_2 = 3f_1$，$F_2 = 3F_1$

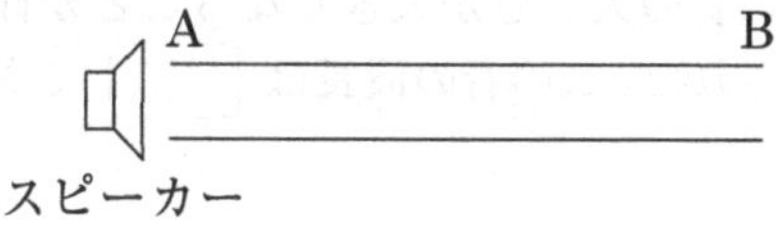

（成蹊大）

115 $y = A\sin(320t + 62x)$ の式で表される正弦波がある。x〔m〕は位置座標，y〔m〕は変位，A〔m〕は振幅，t〔s〕は時刻を表す。この波の波長 λ〔m〕および速さ v〔m/s〕を求めよ。

（芝浦工大）

116 互いに6 cm 離れた2つの波源で同じ振幅をもつ波長2 cm の正弦波を同時刻で同位相になるように発生させた。このとき，波源間を結ぶ直線上では定常波が発生しており，全く振動しない点が波源間で $\boxed{}$ 個存在する。ただし，距離による波の減衰はないものとする。

（琉球大）

117 屈折率の $\boxed{\text{a}}$ 媒質から $\boxed{\text{b}}$ 媒質へ光が入射するとき，屈折角は入射角より大きい。入射角が $\boxed{\text{c}}$ より大きくなると，屈折光はなくなり，入射光はすべて反射される。この現象を全反射という。

解答群

ア　a：大きい　b：小さい　c：限界角　　イ　a：小さい　b：大きい　c：臨界角

ウ　a：大きい　b：小さい　c：臨界角　　エ　a：小さい　b：大きい　c：限界角

（琉球大）

118 図のように，水面上で 8.0 cm の距離だけ離れた二つの波源 A, B が同じ周期・同位相で振動して，ともに波長が 4.0 cm で等しい振幅の球面波を水面に送り出しているとする。水面波の減衰は考えないものとして，図の点ア～ウのうちで，二つの波が強め合う点をすべて求めよ。正しいものを，下の①～⑦のうちから一つ選べ。

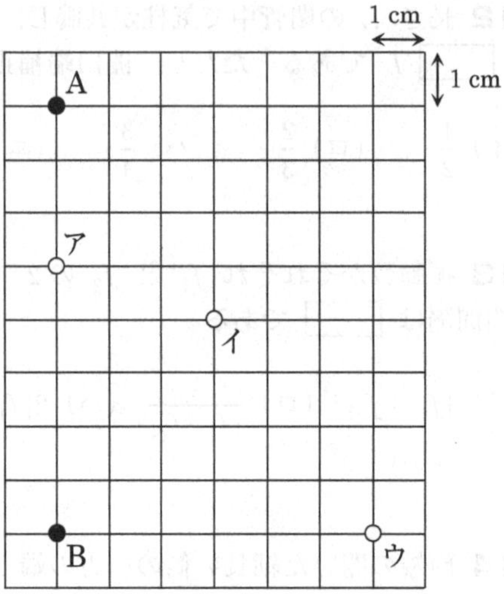

① ア　② イ　③ ウ　④ ア，イ

⑤ ア，ウ　⑥ イ，ウ　⑦ ア，イ，ウ

（順天堂大・医）

119 おんさの出す音の波長を測定しようと，次のような実験を行った。

図のように，ついたてが少しずつ動かせるようになっている。点 P で音を聞いたところ，ついたてが距離 ℓ 動くごとに音の大きさが大きくなることが観測された。この音の波長は □ である。

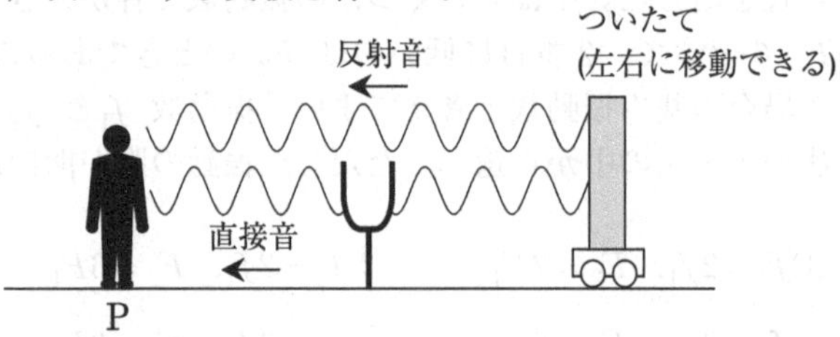

（琉球大）

120 図のように細くて一様な弦の一端を壁に固定し，もう一端は摩擦のない質量の無視できる滑車を通しておもりをぶら下げる。壁の固定端 P から弦が滑車に接する点 Q までの区間は水平でその距離は 1 m である。

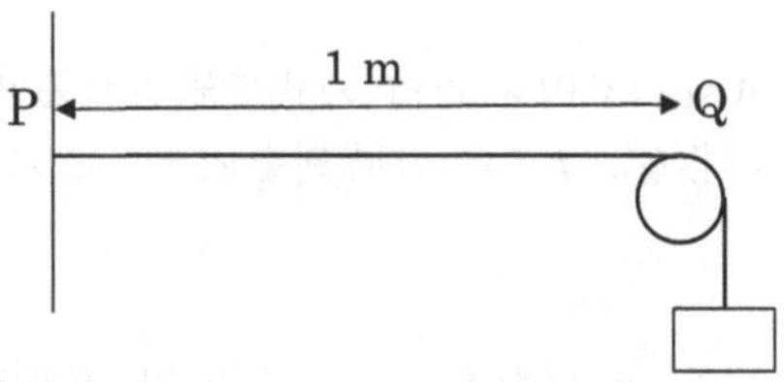

この弦に 50 Hz の低周波発振器によってつくった振動を伝えて，弦に波を起こす。おもりの質量 M〔kg〕を徐々に変えていくと，M がある条件を満たすときには，点 P と点 Q を固定端とする定常波が現れた。M が満たす条件式を自然数 n $(n = 1, 2, 3, \cdots)$ を用いて求めよ。ただし，この弦に伝わる波の速さは，弦にかかっている張力を S〔N〕としたときに $\sqrt{5000S}$〔m/s〕となっていることがわかっている。重力加速度の大きさを g〔m/s^2〕とする。

（芝浦工大）

121 長さ d の閉管の気柱に定常波が生じた。節の数が n 個のとき，定常波の波長はいくらか。

ア．$\dfrac{d}{2n}$　イ．$\dfrac{d}{2n-1}$　ウ．$\dfrac{2d}{2n-1}$　エ．$\dfrac{2d}{n}$　オ．$\dfrac{4d}{2n-1}$

（自治医大）

122 図は互いに異なる屈折率を持つ媒質へと光が入射したときの波面の様子である。
このとき［　　］。

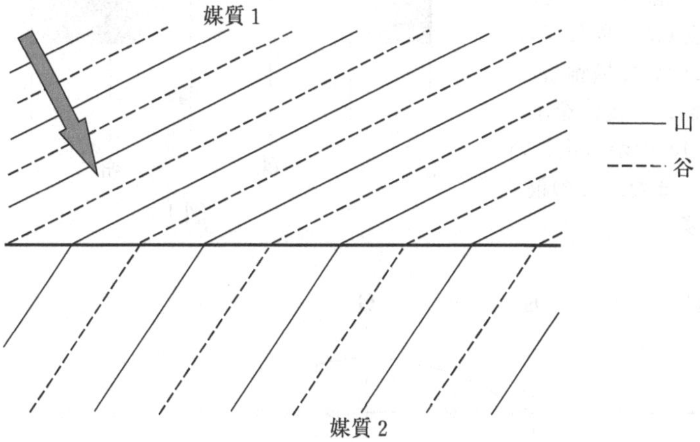

解答群

ア　媒質 1 と媒質 2 で光の振動数は同じで，速さは媒質 1 での方が速い

イ　媒質 1 と媒質 2 で光の振動数は同じで，速さは媒質 2 での方が速い

ウ　媒質 1 と媒質 2 で光の速さは同じで，速さは媒質 1 での方が速い

エ　媒質 1 と媒質 2 で光の速さは同じで，速さは媒質 2 での方が速い

（琉球大）

123 図のように，振動数 500 Hz，音速 340 m/s の音を出す音源を，壁に垂直に速さ 2.0 m/s で近づけるとき，音源の後方で静止している人が聞く音源からの直接音の振動数は［ 1 ］Hz であるが，壁からの反射音の振動数は［ 2 ］Hz となる。

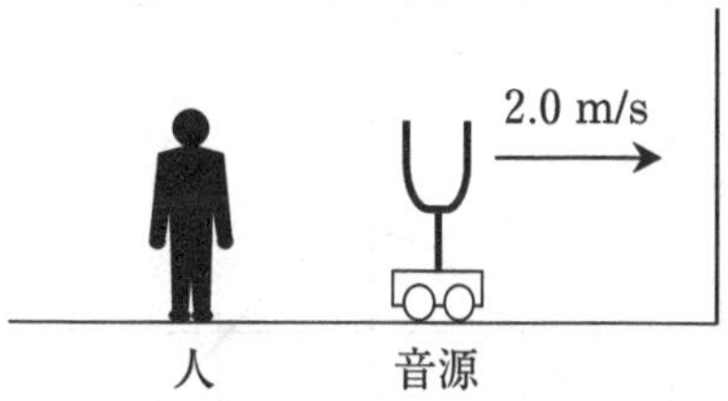

（琉球大）

124 図は，水の入った水槽を上から見た図である。水槽の水面上を矢印の向きに平行な波が進んでいる。そこに一つの角が 60° の厚い板を沈めて水の深さを浅くすると，その部分での波の波長は元の波の $\frac{1}{2}$ になった。板を入れていない領域をⅠ，入れている領域をⅡとする。領域Ⅱの波の進行方向を示す正しい図を，(ア)～(エ)の中から選ぶと［ 1 ］となる。このとき，屈折角を θ とすると $\sin\theta =$［ 2 ］となる。

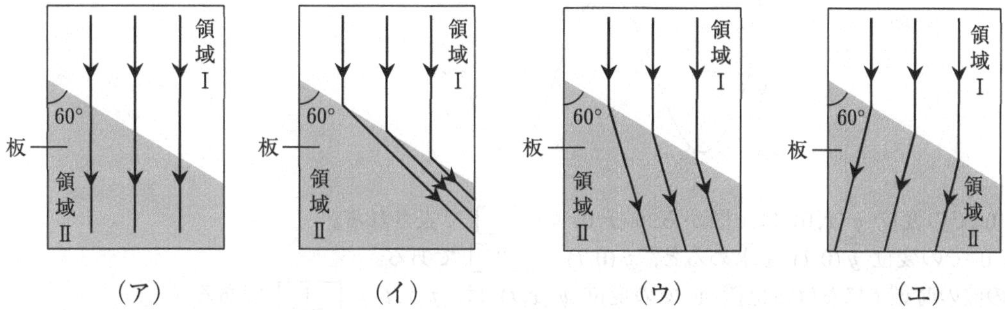

（琉球大）

125 図1のように疎密の様子を色の濃淡で示してある縦波がある。各測定点 A から G を等間隔（距離 ℓ）に配置し，疎密の中心は測定点に一致しているとする。この縦波について横軸 x に波の進む方向，縦軸 y に変位を示すと，図2の(ア)〜(エ)の中から正しいものは [1] となる。また，この縦波の波長は [2] である。

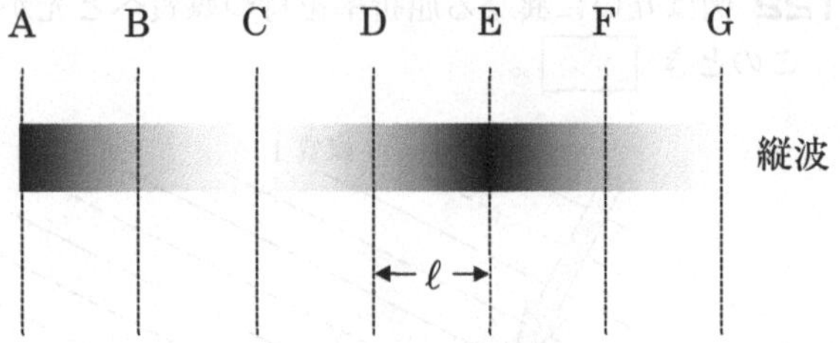

図1

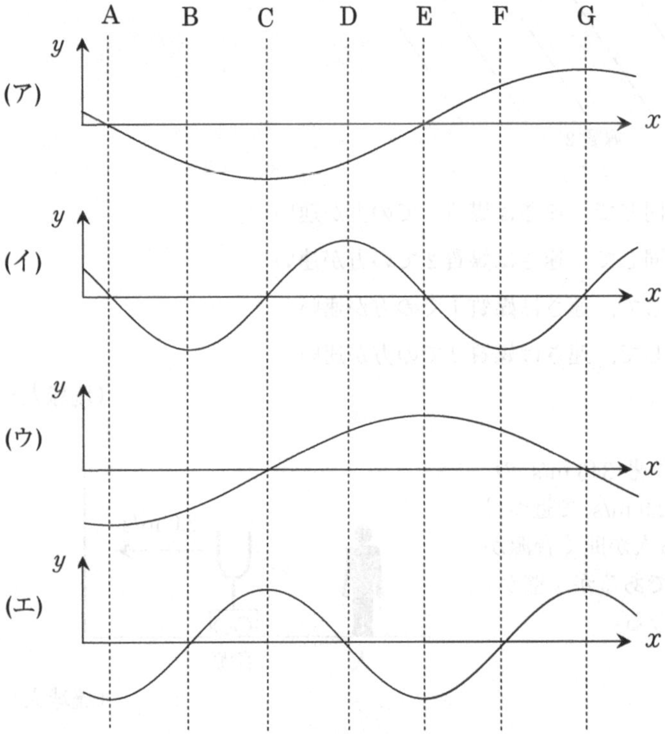

図2

（琉球大）

126 x 軸上の正方向に進む振幅 A，波長 λ，周期 T の正弦波 $y(x,t)$ がある。図は時刻 $t=0$ における変位 $y(x,0)$ を示す。

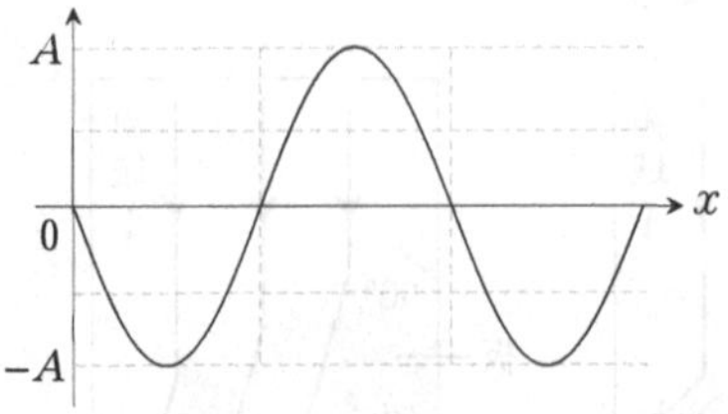

(1) $t=0$ での変位 $y(x,0)$ は，図から $y(x,0)=$ [1] で表される。

(2) $x=0$ での変位 $y(0,t)$ を求めると，$y(0,t)=$ [2] である。

(3) この波の時刻 t における位置 x での変位 $y(x,t)$ は，$y(x,t)=$ [3] である。

（琉球大）

127 図のように，スピーカー S_1 と S_2 が十分離れて置かれ，S_1 と S_2 を結ぶ直線 AB 上に音波を測定する測定器がある。2つのスピーカーには1つの発振器と閉じられたスイッチが接続され，それぞれのスピーカーからは同じ振動数 f〔Hz〕と同じ振幅の音波が出ている。これらの実験装置は大気中に置かれ，スピーカーから出た音波の振動数，振幅，速さはそれぞれ一定値をとり，変化しないものとする。S_1 と S_2 を結ぶ直線 AB 上で測定器の場所を変えて音波を測定すると，音の大きさが最大になる場所が x〔m〕の間隔で存在した。このことから，S_1 と S_2 の間には音波の定常波が存在することがわかる。これは音波が [1] するために起こる現象である。このときそれぞれのスピーカーが発する音波の速さ V〔m/s〕を求めると [2]〔m/s〕となる。

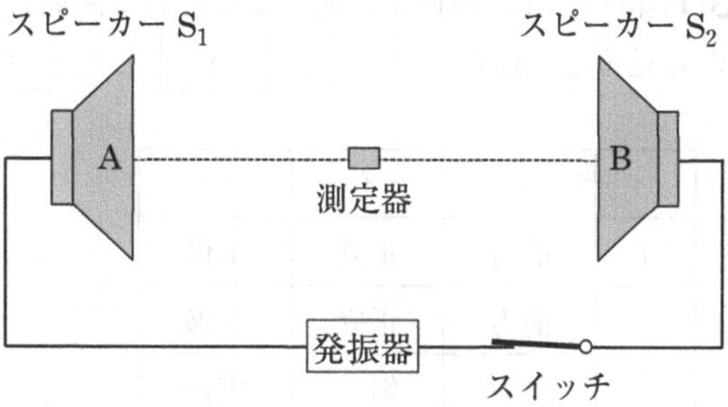

次に，スイッチを開いて S_2 から出ていた音を止めた。S_1 と S_2 を結ぶ直線 AB 上で測定器を S_1 に向かって一定の速さ v〔m/s〕で動かすと，f と異なる振動数が測定された。この測定された振動数は f, V, v を用いて [3]〔Hz〕と表される。さらに，スイッチを閉じて同様の測定を行うと，1秒間に n 回のうなりが観測された。このとき測定器の速さ v は f, V, n を用いて [4]〔m/s〕と表される。

[1] の解答群 (ア) 反射 (イ) 屈折 (ウ) 回折 (エ) 干渉

（琉球大）

128 時間を t，波の速さを v として，波 $A\sin\frac{\pi(x-vt)}{\ell}$ と以下の選択肢の中のある式で表される波を合成すると，$x=0$ と $x=\ell$ を固定端とする定常波（定在波）が得られる。それは記号(a)～(f)で答えると [ ] である。なお，$\ell>0,\ v>0$ である。

(a) $A\sin\frac{\pi(x-vt)}{\ell}$ (b) $A\cos\frac{\pi(x-vt)}{\ell}$ (c) $A\tan\frac{\pi(x-vt)}{\ell}$

(d) $A\sin\frac{\pi(x+vt)}{\ell}$ (e) $A\cos\frac{\pi(x+vt)}{\ell}$ (f) $A\tan\frac{\pi(x+vt)}{\ell}$

（工学院大）

129 真空中に屈折率 n で厚さが d〔m〕の薄膜があり，これに波長 λ〔m〕の単色光が入射角 θ〔rad〕で入る。

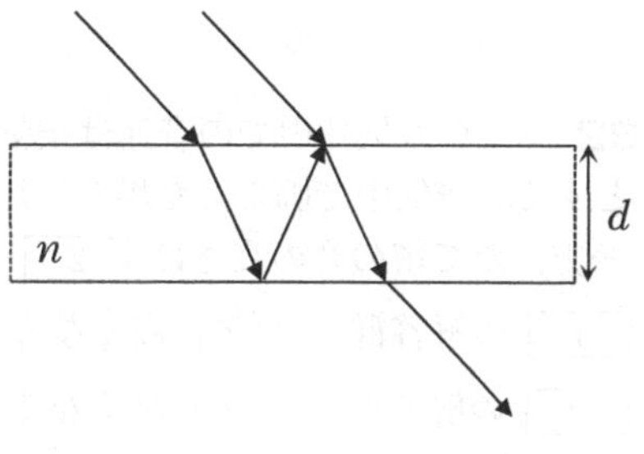

(1) 薄膜中での光の波長 λ'〔m〕を求めよ。
(2) 膜を直接透過する光と膜の中で2回反射してから透過する光が，強め合う条件を満たす波長 λ〔m〕の中で最も長いものを表す式を n, d, θ を用いて表せ。

（芝浦工大）

130 図のように，鏡面が球面になっている凹面鏡の焦点の内側に物体を置いて前方（物体の左側）から見ると，鏡の [ア] に [イ] した [ウ] ができる。

	ア	イ	ウ
①	前方	正立	実像
②	前方	正立	虚像
③	前方	倒立	実像
④	前方	倒立	虚像
⑤	後方	正立	実像
⑥	後方	正立	虚像
⑦	後方	倒立	実像
⑧	後方	倒立	虚像

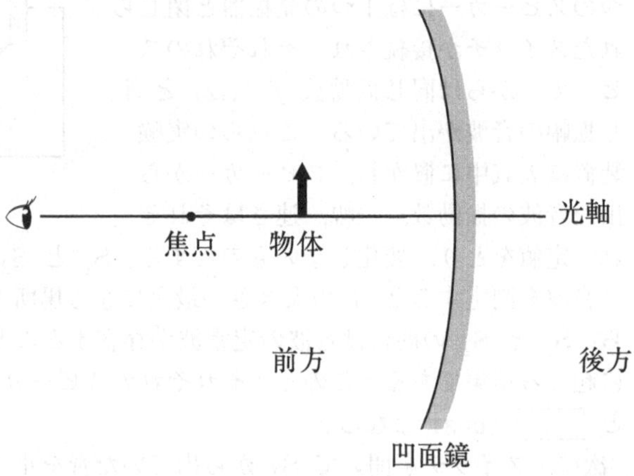

（獨協医大）

131 図のように，ピストンの付いたガラス管が水平に置かれ，その左端開口部付近にあるスピーカーから一定の振動数の音波が送られている。ピストンを左端から右に向かってゆっくり動かしていくと，管口からの距離 $\ell = \ell_1$ のとき最初の共鳴が起こり，さらに動かしていくと $\ell = \ell_2$ になったとき2度目の共鳴が起こった。これらの共鳴振動の開口端付近の腹は，管の端よりも少し外側（左側）の同じ位置にあった。この管外の腹の位置から開口端までの距離（開口端補正）はいくらか。

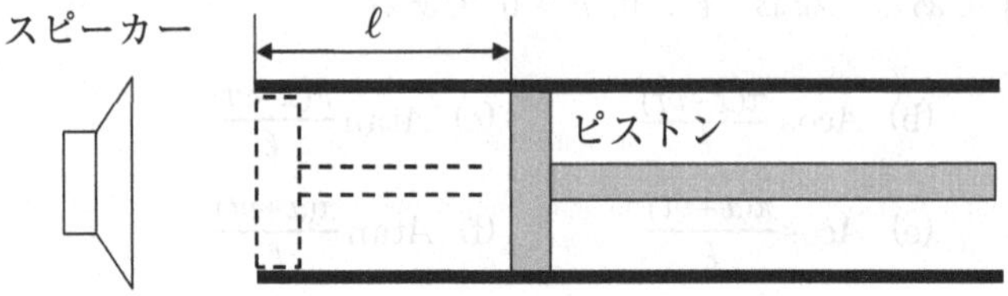

ア. $\dfrac{\ell_2 - 3\ell_1}{2}$　イ. $\dfrac{\ell_2 - 2\ell_1}{2}$　ウ. $\dfrac{\ell_2 - \ell_1}{2}$　エ. $\dfrac{2\ell_2 - \ell_1}{2}$　オ. $\dfrac{3\ell_2 - \ell_1}{2}$

（自治医大）

132 ヘリウム気体中での音速は空気中より速い。ヘリウム気体の中でギターとたて笛を鳴らしたとする。空気中で鳴らした場合に比べ，ギターの音の高さは [1] 。
一方，たて笛の音の高さは [2] 。

[1] の解答群　（ア）高くなる　（イ）低くなる　（ウ）ほとんど変化しない

[2] の解答群　（ア）高くなる　（イ）低くなる　（ウ）ほとんど変化しない

（琉球大）

133 図のように，水面から深さ H の水中に点光源を置いた。点光源の真上の水面に半径 r の不透明な円板を浮かべて，上方の空気中のどこから見ても点光源が見えないようにしたい。円板の最小の半径はいくらか。ただし，空気の屈折率を 1，水の屈折率を n とする。また，円板の厚さは無視できるとする。

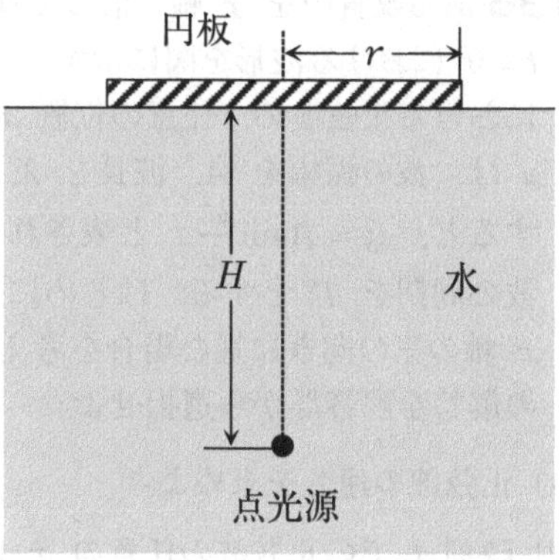

a：$\dfrac{H}{\sqrt{n^2-1}}$　　b：$\dfrac{H}{\sqrt{n-1}}$　　c：$\dfrac{H}{n^2-1}$

d：$\dfrac{H}{2\sqrt{n^2-1}}$　　e：$\dfrac{H}{2\sqrt{n-1}}$

（東邦大・医）

134 図のように，線密度 ρ〔kg/m〕，長さ L〔m〕の弦が張力 S〔N〕で張られている。弦のまわりに長さ ℓ〔m〕の開管 a と閉管 b を配置し，弦に基本振動を起こして，気柱の共鳴実験を行った。張力 S〔N〕は自由に変化させることができる。ただし，最小の張力を S_0〔N〕とし，この張力以下ではどの管も共鳴しないことを確認している。また，弦を伝わる波の速さは $\sqrt{\dfrac{S}{\rho}}$〔m/s〕である。以下の問いに答えなさい。ただし，開口端補正は考えなくてよい。

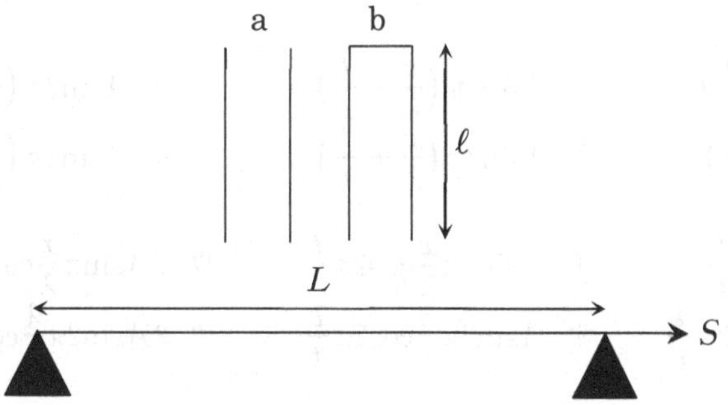

(1) 張力が S〔N〕のとき，弦に発生する定常波の基本振動数を L, S, ρ を用いて求めなさい。

(2) 空気中の音速を V〔m/s〕としたとき，弦から発生した音波の波長を L, S, ρ, Vを用いて求めなさい。

(3) 張力 S〔N〕を S_0〔N〕からゆっくり増加させ，張力が S_1〔N〕になったとき，最初の共鳴が聞こえた。このとき，共鳴した管は a と b のどちらか。また，その管で発生している定常波の波長を ℓ を用いて求めなさい。

（昭和大）

135 ある媒質中を x 軸に沿って進む正弦波の時刻 $t=0$ における波形を図に示す。この時刻 $t=0$ における正弦波の，任意の位置 x における変位 y は，波の振幅を A，波長を λ，円周率を π とすると，$y=A\sin\frac{2\pi}{\lambda}x$ と表される。また，正弦波の周期を T とする。はじめに，この正弦波が x 軸の正の向きに進む場合を考える。以下の問いの解答を解答群から選択せよ。

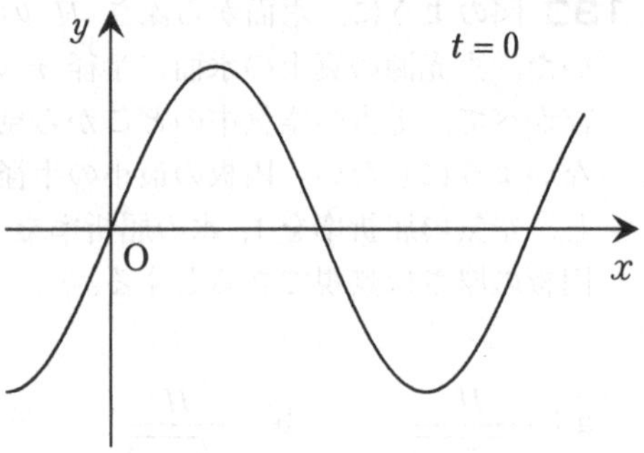

(1) 正弦波の速さを求めよ。

(2) 時刻 t での正弦波の任意の x における変位を求めよ。

次に，図の正弦波が x 軸の負の向きに進む場合を考える。

(3) 時刻 t での正弦波の任意の x における変位を求めよ。

さらに，(2)で表される正弦波と(3)で表される正弦波が重なり合って定常波ができる場合を考える。

(4) 時刻 t での定常波の任意の x における変位を求めよ。ただし必要ならば，任意の角 α, β についての関係式 $\sin\alpha+\sin\beta=2\sin\frac{\alpha+\beta}{2}\cos\frac{\alpha-\beta}{2}$ を用いよ。

(5) 定常波の隣り合う節の間隔を，正弦波の波長 λ を用いて表せ。

解答群 (1) ア λT　イ $\frac{T}{\lambda}$　ウ $\frac{1}{\lambda}$　エ $\frac{\lambda}{T}$　オ $\frac{1}{T}$　カ $\frac{T}{\lambda^2}$

(2) ア $A\sin\pi\left(\frac{x}{\lambda}-\frac{t}{T}\right)$　イ $A\sin2\pi\left(\frac{x}{\lambda}-\frac{t}{T}\right)$　ウ $A\sin2\pi\left(\frac{\lambda}{x}-\frac{T}{t}\right)$

エ $A\sin\pi\left(\frac{x}{\lambda}+\frac{t}{T}\right)$　オ $A\sin2\pi\left(\frac{x}{\lambda}+\frac{t}{T}\right)$　カ $A\sin2\pi\left(\frac{\lambda}{x}+\frac{T}{t}\right)$

(3) ア $A\sin\pi\left(\frac{x}{\lambda}-\frac{t}{T}\right)$　イ $A\sin2\pi\left(\frac{x}{\lambda}-\frac{t}{T}\right)$　ウ $A\sin2\pi\left(\frac{\lambda}{x}-\frac{T}{t}\right)$

エ $A\sin\pi\left(\frac{x}{\lambda}+\frac{t}{T}\right)$　オ $A\sin2\pi\left(\frac{x}{\lambda}+\frac{t}{T}\right)$　カ $A\sin2\pi\left(\frac{\lambda}{x}+\frac{T}{t}\right)$

(4) ア $A\sin\pi\frac{x}{\lambda}\cos\pi\frac{t}{T}$　イ $A\sin2\pi\frac{x}{\lambda}\cos2\pi\frac{t}{T}$　ウ $2A\sin\pi\frac{x}{\lambda}\cos\pi\frac{t}{T}$

エ $2A\sin2\pi\frac{x}{\lambda}\cos2\pi\frac{t}{T}$　オ $A\sin2\pi\frac{\lambda}{x}\cos2\pi\frac{T}{t}$　カ $2A\sin2\pi\frac{\lambda}{x}\cos2\pi\frac{T}{t}$

(5) ア $\frac{1}{2}\lambda$　イ λ　ウ $\frac{3}{2}\lambda$　エ 2λ　オ $\frac{5}{2}\lambda$　カ 3λ

(千葉工大)

136 図のような装置を用いて光速を測定する。点Sにある光源からの光を回転鏡の回転の中心Oに当て，Oを中心とする球面鏡Mからの反射光が再びOに戻るようにMを固定する。Sからの光がOM間を往復する間に回転鏡が角 θ〔rad〕だけ回転すると，Mで反射された光は，再び回転鏡で反射され，点 S′の方向に進む。このとき反射光と入射光の間の角，∠SOS′ は [1] である。回転鏡の回転数が一定なら，S′の方向は一定に保たれる。この回転数が単位時間当たり n 回であるとき，回転鏡が θ だけ回転するのにかかる時間は，円周率を π とすると，[2] であり，これはOとMの間を光が往復する時間に等しい。したがって，球面鏡Mの半径を L とすると，光速は [3] となる。この光速は，真空中では光の波長によって [4] ことが知られている。

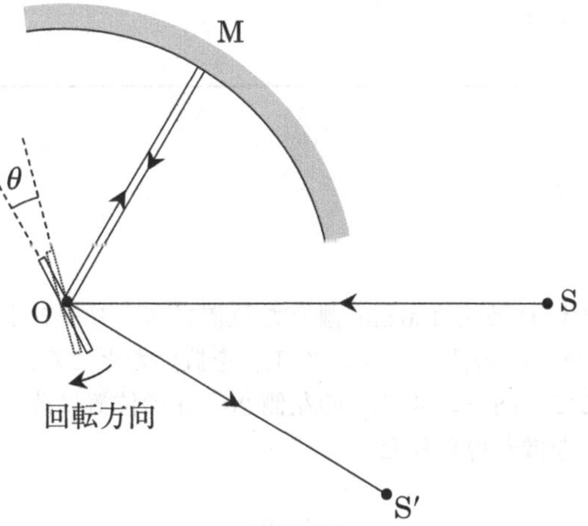

解答群

1　ア $\dfrac{\theta}{4}$　イ $\dfrac{\theta}{2}$　ウ θ　エ 2θ　オ 4θ

2　ア $\dfrac{\theta}{2\pi n}$　イ $\dfrac{\theta}{\pi n}$　ウ $\dfrac{2\pi\theta}{n}$　エ $\dfrac{\pi n}{\theta}$　オ $\dfrac{2\pi n}{\theta}$

3　ア $\dfrac{\theta L}{\pi n}$　イ $\dfrac{2\theta L}{\pi n}$　ウ $\dfrac{nL}{\pi\theta}$　エ $\dfrac{2\pi nL}{\theta}$　オ $\dfrac{4\pi nL}{\theta}$

4　ア 変わる　イ 変わらない

（千葉工大）

3章

137 図のように二枚の凸レンズ（対物レンズ L_1，接眼レンズ L_2）を組み合わせて顕微鏡を作成した。L_1 の焦点距離は 20 mm，L_2 の焦点距離は 50 mm，物体 AA′ と L_1 の距離は 25 mm である。なお目の位置は L_2 の焦点距離とする。明視の距離（虚像と目の距離）が 250 mm であった場合の L_1 と L_2 の間隔を求めなさい。

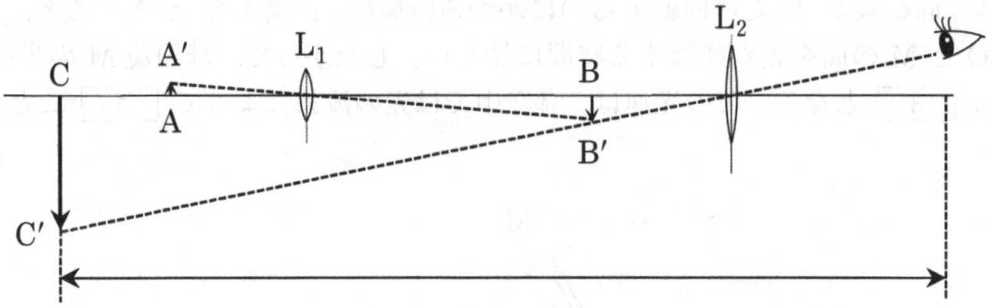

（昭和大・医）

138 図のように，物体 P から 130 cm 離れた位置にスクリーンがあり，スクリーンの左側 30 cm の位置に焦点距離 20 cm の薄い凸レンズ L_1 を置いたところ，スクリーン上には鮮明な像が得られなかった。そこで，凸レンズ L_1 の左側 20 cm の位置に薄い凹レンズ L_2 を置いたところ，スクリーン上に鮮明な像が得られた。

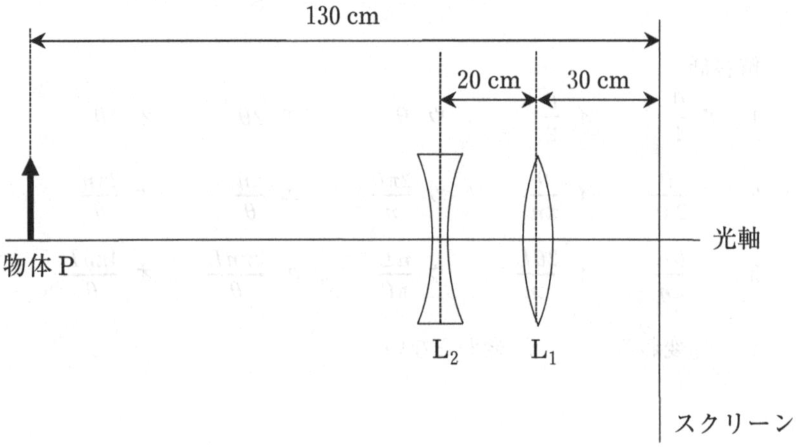

(1) 凹レンズ L_2 の焦点距離 f の大きさ $|f|$ はいくらか。

① 20 cm　② 30 cm　③ 50 cm　④ 60 cm　⑤ 80 cm　⑥ 90 cm

(2) 像の大きさは物体 P の何倍か。

① $\frac{1}{4}$　② $\frac{1}{2}$　③ 1　④ $\frac{3}{2}$　⑤ 2　⑥ $\frac{5}{2}$

（獨協医大）

139 図のように，球面半径 R〔m〕の平凸レンズを平面ガラスの上にのせ，上から平面に垂直に波長 5.00×10^{-7} m の単色光を当てた。このとき反射光を上から観測すると，レンズとガラス板との接点 A を中心とする同心円状の明暗の縞模様が見えた。ここで，中心部分の暗い円とその外側の明環とをそれぞれ1番目とする。

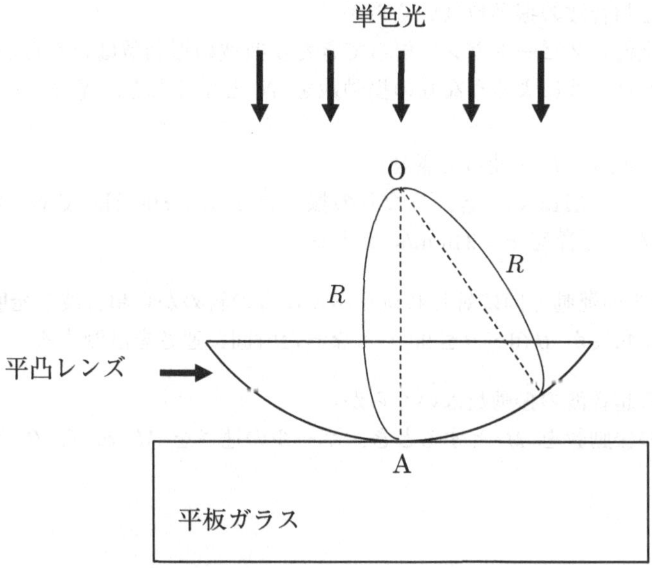

(1) 内側から数えて5番目の暗環の半径が 4.00×10^{-3} m であった。このレンズの球面の半径 R はいくらか。

① 0.50 m　② 1.00 m　③ 2.0 m　④ 3.0 m　⑤ 4.0 m
⑥ 5.0 m　⑦ 6.0 m　⑧ 7.0 m　⑨ 8.0 m　⑩ 9.0 m

(2) 平凸レンズと平板ガラスの間を液体で満たしたところ，内側から数えて5番目の暗環の半径が 3.65×10^{-3} m となった。この液体の空気に対する屈折率はいくらか。ただしこの液体の空気に対する屈折率は，平凸レンズ及び平板ガラスの空気に対する屈折率よりも小さいものとする。

① 1.05　② 1.10　③ 1.15　④ 1.20　⑤ 1.25
⑥ 1.30　⑦ 1.35　⑧ 1.40　⑨ 1.45　⑩ 1.50

（東京医大・改）

140 スピードガンは送り出した波が運動する物体に反射される際に受けるドップラー効果を利用して物体の速さを計測する。図1のように一定の速さ v で運動するボールの正面からスピードガンの超音波（音速 c）を発射する。以下の問いに答えよ。ただし超音波の振動数は f とし，風は吹いていないものとする。

（イ）ボールで観測される超音波の振動数はいくらか。
（ロ）超音波がボールで反射しスピードガンに戻ってきた反射波の振動数はいくらか。
（ハ）送り出した超音波と反射波によるうなりの振動数を N とするとき，N を v, c, f を使って表せ。
（ニ）ボールの速さ v を N, c, f を使って表せ。
（ホ）超音波の振動数が $f = 3\,\mathrm{kHz}$ のとき，うなりの振動数は $N = 800\ \mathrm{Hz}$ であった。ボールの速さ v は何 km/h か。ただし音速 $c = 340\ \mathrm{m/s}$ とする。

つぎに図2のようにボールの運動方向に対しじゅうぶん遠方の斜めから超音波を発射し，ボールと超音波の進行方向のなす角度が $\theta\ (0 \leqq \theta \leqq 90°)$ となった瞬間に速さを計測する。

（ヘ）ボールで観測される超音波の振動数はいくらか。
（ト）このときのうなりの振動数を M とするとき，ボールの速さを M, c, f, θ を使って表せ。

図1

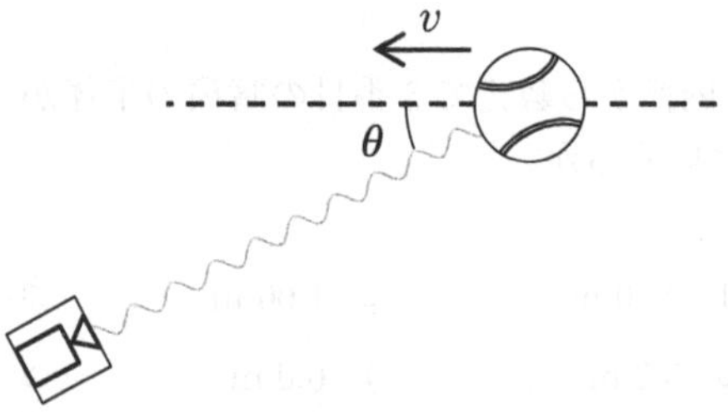

図2

（法政大・改）

141 図 1, 2 のように，$x-y$ 面の座標 (5,5) の点 P に，x 軸に対し 45° 傾けて平面鏡を置き，長さ 1 cm の物体 aa′を x 軸に平行にして，物体の下端 a を座標 (5,20) に置いた。ここで，座標の単位は cm である。

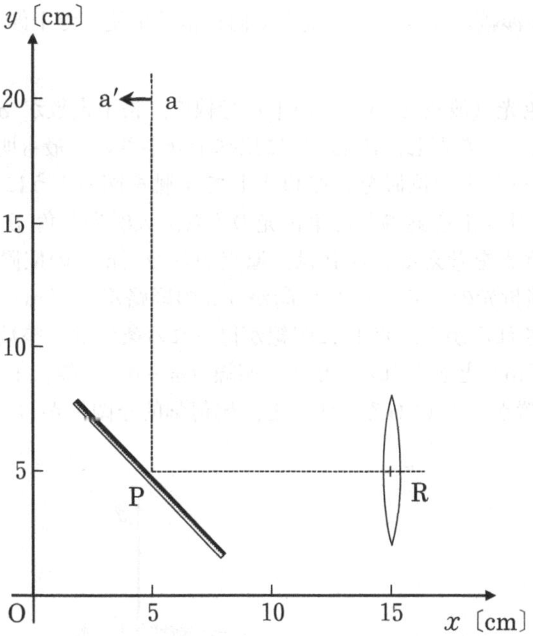

図 1

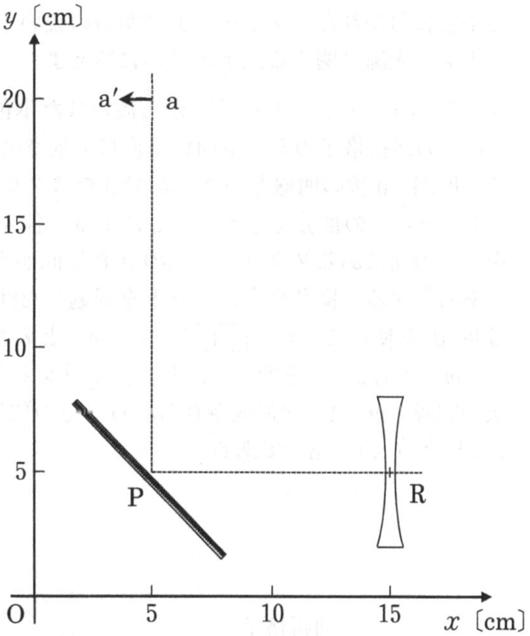

図 2

問 1 図 1 で座標 (15,5) の点 R に焦点距離 15 cm の凸レンズを x 軸に垂直に置いたところ，鏡とレンズによって物体 aa′の像ができた。物体の先端 a′の像ができる位置の座標を求めなさい。

x 座標 $\dfrac{\boxed{\text{ア}}\boxed{\text{イ}}\boxed{\text{ウ}}}{\boxed{\text{エ}}}$ cm　　y 座標 $\dfrac{\boxed{\text{オ}}}{\boxed{\text{カ}}}$ cm

問 2 図 2 で座標 (15,5) の点 R に焦点距離 15 cm の凹レンズを x 軸に垂直に置いたところ，鏡とレンズによって物体 aa′ の像ができた。物体の先端 a′ の像ができる位置の座標を求めなさい。

x 座標 $\dfrac{\boxed{\text{キ}}\boxed{\text{ク}}}{\boxed{\text{ケ}}}$ cm　　y 座標 $\dfrac{\boxed{\text{コ}}\boxed{\text{サ}}}{\boxed{\text{シ}}}$ cm

（日大・医）

142 透明なガラス板やフィルムの片面に，細いすじを等間隔で平行に多数引いたものを回折格子という。すじの部分は光を乱反射して光を通さないが，すじとすじの間は光を通しスリットの役割をする。隣り合うスリットの間隔を格子定数という。回折格子に光を当てると，非常に多くのスリットを通過して回折した光が干渉を引き起こし，回折格子面から距離 ℓ〔m〕はなして平行におかれたスクリーン上に明暗の鋭い干渉縞ができる。空気中で回折格子を使った干渉の実験と光源に関する以下の問いに答えよ。

(1) 図に示すように，レーザーから放たれた単色光（波長 λ〔m〕）の平行光線を，格子定数が d〔m〕の回折格子のシート面に垂直に入射させた。ただし，d は ℓ に比べ十分小さい。最も明るい明線（0 次の明線という）ができたスクリーン上の位置を原点Oとして x 軸を図のようにとり，$x \geqq 0$ の部分を考えることにする。各スリットを通過した単色光のうち，入射光と角 θ をなす方向にあるスクリーン上の点Pに向かう光を考える。点Pは，原点から x〔m〕の位置にあるとする。隣り合うスリットを通過した回折光のうち，点Pに向かう光の経路差 L〔m〕は角 θ を使って，$L =$ [1] $\times d$〔m〕と表されるから，点Pに明線が得られる条件は，整数 m（$m = 0, 1, 2 \cdots$）を使って，$L =$ [2] $\times \lambda$〔m〕と表される。0 次の明線（$m = 0$）の隣に 1 次の明線（$m = 1$）が形成される。今，その位置が点Pにあるとすると，幾何学的な関係から，$x =$ [3] $\times \ell$〔m〕である。

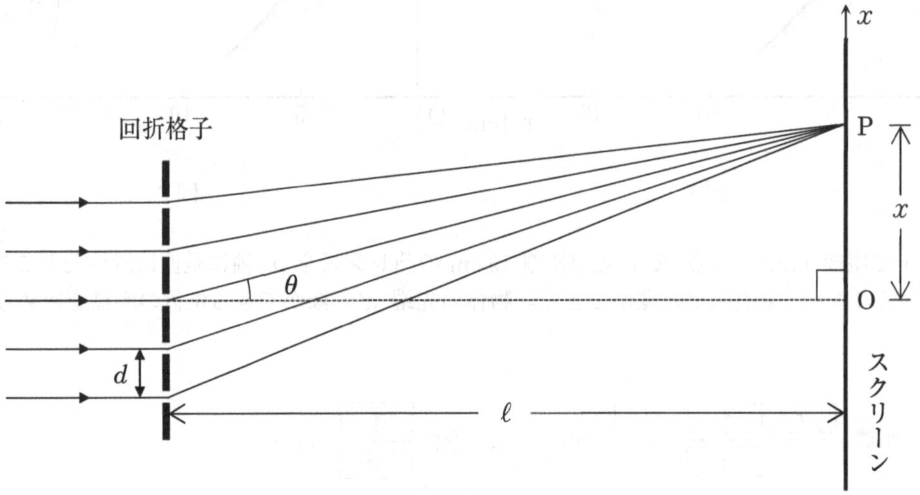

[1] の解答群

① $\sin\theta$　② $\cos\theta$　③ $\sin\theta\cos\theta$　④ $\dfrac{1}{\sin\theta}$　⑤ $\dfrac{1}{\cos\theta}$　⑥ $\dfrac{1}{\sin\theta\cos\theta}$

[2] の解答群

① $\dfrac{m}{2}$　② $\left(\dfrac{m}{2}+1\right)$　③ m　④ $\left(m+\dfrac{1}{5}\right)$　⑤ $\left(m+\dfrac{1}{3}\right)$　⑥ $\left(m+\dfrac{1}{2}\right)$

[3] の解答群

① $\dfrac{\lambda^2}{d^2-\lambda^2}$　② $\dfrac{\lambda^2}{d^2+\lambda^2}$　③ $\dfrac{d^2}{d^2-\lambda^2}$　④ $\dfrac{d^2}{d^2+\lambda^2}$　⑤ $\dfrac{\lambda}{\sqrt{d^2-\lambda^2}}$　⑥ $\dfrac{\lambda}{\sqrt{d^2+\lambda^2}}$

⑦ $\dfrac{d}{\sqrt{d^2-\lambda^2}}$　⑧ $\dfrac{d}{\sqrt{d^2+\lambda^2}}$　⑨ $\dfrac{\lambda}{d-\lambda}$　⓪ $\dfrac{\lambda}{d+\lambda}$　ⓐ $\dfrac{d}{d-\lambda}$　ⓑ $\dfrac{d}{d+\lambda}$

(2) 次に，回折格子とスクリーンの間を，空気に対する屈折率が n （>1）の透明な物質ですき間なく満たした。この物質中での光の波長は空気中での光の波長の [4] 倍である。このとき，波長 λ〔m〕の入射光を当てて形成される1次の明線は点 $\mathrm{P}'(x')$ に移動した。x' と x の関係は [5] である。1次の明線に対する関係から，この物質の屈折率は，$n=$ [6] と表すことができる。

[4] の解答群 ① $\dfrac{1}{2n}$ ② $\dfrac{1}{n}$ ③ $\dfrac{2}{n}$ ④ $\dfrac{n}{2}$ ⑤ n ⑥ $2n$

[5] の解答群 ① $x'>x$ ② $x'=x$ ③ $x'<x$

[6] の解答群

① $\dfrac{x'}{\sqrt{\ell^2-x'^2}}\dfrac{\lambda}{d}$ ② $\dfrac{x'}{\sqrt{\ell^2+x'^2}}\dfrac{\lambda}{d}$ ③ $\dfrac{x'}{\sqrt{\ell^2-x'^2}}\dfrac{d}{\lambda}$ ④ $\dfrac{x'}{\sqrt{\ell^2+x'^2}}\dfrac{d}{\lambda}$ ⑤ $\dfrac{\sqrt{\ell^2-x'^2}}{x'd}\lambda$

⑥ $\dfrac{\sqrt{\ell^2+x'^2}}{x'd}\lambda$ ⑦ $\dfrac{\sqrt{\ell^2-x'^2}}{d\lambda}x'$ ⑧ $\dfrac{\sqrt{\ell^2+x'^2}}{d\lambda}x'$ ⑨ $\dfrac{\sqrt{\ell^2-x'^2}}{x'\lambda}d$ ⓪ $\dfrac{\sqrt{\ell^2+x'^2}}{x'\lambda}d$

(3) 回折格子とスクリーンの間の透明な物質を取り去り，(1)の状態に戻した。今，波長が λ_0〔m〕の単色光を，$d=3\lambda_0$〔m〕の回折格子に入射させたところ，スクリーン上の x〔m〕の位置に1次の明線が観測された。次に，単色光の波長を $\dfrac{3}{2}\lambda_0$〔m〕にすると，1次の明線は [7] $\times x_0$〔m〕の位置に移動する。プリズムで光の分散によるスペクトルの観察ができるが，回折格子を用いて分光器を構成することもできる。

[7] の解答群

① $\dfrac{1}{3}$ ② $\dfrac{1}{2}$ ③ $\dfrac{1}{\sqrt{3}}$ ④ $\dfrac{1}{\sqrt{2}}$ ⑤ $\sqrt{\dfrac{2}{3}}$ ⑥ 1 ⑦ $\sqrt{\dfrac{3}{2}}$

⑧ $\dfrac{2}{\sqrt{3}}$ ⑨ $\sqrt{2}$ ⓪ $\sqrt{3}$ ⓐ 2 ⓑ $2\sqrt{\dfrac{2}{3}}$ ⓒ $\sqrt{6}$ ⓓ 3

（近畿大）

143 空欄にあてはまる最も適当なものを対応する解答群の中から一つずつ選べ。ただし，［キ］～［ケ］には最も適当な数値を入れること。［キ］には0以外の数字が入るものとする。

図のように，厚い平面ガラス板の上に屈折率 n のガラスでできた平凸レンズを置き，上方から波長 λ の単色光を照射して上から観察したところ，2つのガラスの接点Oを中心として，同心円状に明暗のしま模様が見えた。平凸レンズの下側は，放物線 $y=ax^2$ を y 軸のまわりに一回転させてできる曲面の形状をしており，平凸レンズと平面ガラス板の間隔は十分小さいとする。空気の屈折率は1であるとして，以下の問題に答えよ。

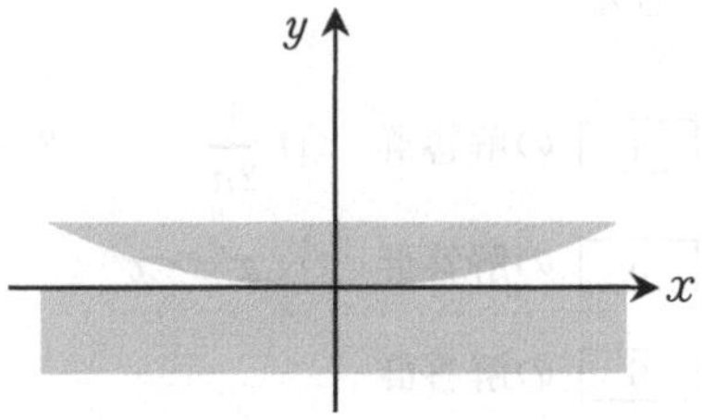

(a) 同心円状のしま模様は，レンズ下面で真上に反射した光と平面ガラス板の上面で反射した光の干渉により生じる。2つの光の経路差は，ガラスの接点Oからの水平方向の距離を x として［ア］と表わされる。レンズ下面で反射した光は，［イ］ため，反射に際して［ウ］。平面ガラス板の上面で反射した光は，［エ］ため，反射に際して［オ］。

［ア］の解答群

① $\frac{a}{2}x^2$　② $\sqrt{\frac{a}{2}}x$　③ ax^2　④ $2ax^2$　⑤ $\frac{\pi a}{2}x^2$　⑥ πax^2　⑦ $2\pi ax^2$

［イ］，［エ］の解答群

① 媒質の境界が平らでなく曲面である
② 媒質の境界が平面である
③ 全反射が起こらない
④ 媒質が絶縁体である
⑤ 屈折の法則が成り立つ
⑥ 屈折率の大きい媒質から入射し屈折率の小さい媒質との境界で反射する
⑦ 屈折率が等しい2つの媒質の境界で反射する
⑧ 屈折率の小さい媒質から入射し屈折率の大きい媒質との境界で反射する

［ウ］，［オ］の解答群

① 振幅が増大する
② 位相が変わらない
③ 位相が π だけ変化する（位相が反転する）
④ 波長が長くなる
⑤ 波長が短くなる
⑥ 周期が長くなる
⑦ 周期が短くなる
⑧ 振動数が大きくなる
⑨ 振動数が小さくなる

(b) 明るい円のうち，m 番目に小さい円の半径を r_m とすると，$r_m=$［カ］が成り立つ。波長が $\lambda=6.0\times10^{-7}$ m の単色光が入射したとき，$r_8=7.5$ mm であったとすると，

$a=$［キ］.［ク］$\times10^{-［ケ］}$ $\mathrm{m^{-1}}$　であることがわかる。

同心円状のしま模様の間隔は，a の値が大きい平凸レンズを使う場合は，[コ]。振動数の小さい単色光を用いる場合は [サ]。
屈折率がより大きいガラスを用いた場合は [シ]。
2つのガラスの隙間をアルコールで満たした場合は [ス]。

[カ] の解答群

① $\dfrac{a\lambda^2}{2}m$　② $\sqrt{\dfrac{\lambda}{2a}m}$　③ $a\lambda^2 m$　④ $\sqrt{\dfrac{\lambda}{a}m}$

⑤ $\dfrac{a\lambda^2}{2}\left(m-\dfrac{1}{2}\right)$　⑥ $\sqrt{\dfrac{\lambda}{2a}\left(m-\dfrac{1}{2}\right)}$　⑦ $a\lambda^2\left(m-\dfrac{1}{2}\right)$　⑧ $\sqrt{\dfrac{\lambda}{a}\left(m-\dfrac{1}{2}\right)}$

[コ] ～ [ス] の解答群

① 大きくなる　② 変わらない　③ 小さくなる

④ 接点０からの距離によって大きくなる場合と小さくなる場合がある

（杏林大・医）

144

(A) スピーカーと長さ 60 cm の管がある。空気中の音速を 340 m/s として次の問いに答えよ。ただし，開口端補正は無視できる。有効数字は 2 桁で求めよ。

（イ）図 1 のように管の両端は開放されている。スピーカーから出る音の振動数を 250 Hz から少しずつ上げていくと，特定の振動数で共鳴が起こった。最初に共鳴が起こる振動数を求めよ。

図 1
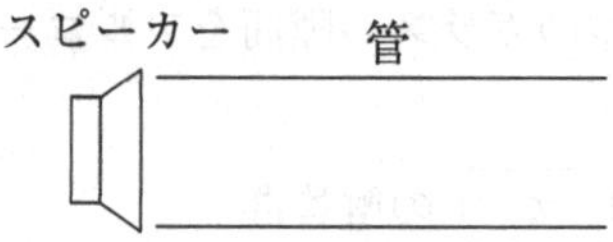

（ロ）図 2 のようにスピーカーから遠方の管の一端を閉じる。スピーカーから出る音の振動数を 250 Hz から少しずつ上げていくと，特定の振動数で共鳴が起こった。最初に共鳴が起こる振動数を求めよ。

図 2
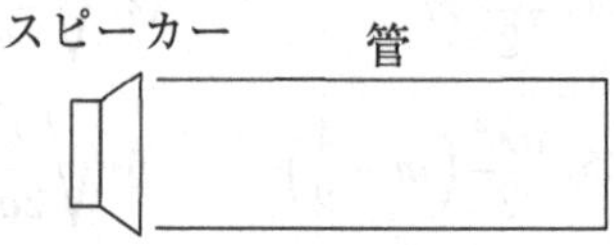

(B) 音源と観察者は同じ直線上を移動する。音源は振動数 f〔Hz〕の音を出しながら観察者へ向かって地表に対して v_S〔m/s〕の速さで移動する。また，観察者は音源へ向かって地表に対して v_0〔m/s〕の速さで移動する。そのとき，観察者は振動数 f_0〔Hz〕の音を聞いた。ただし，空気中の音の速さを V〔m/s〕($V > v_S, V > v_0$) とし，風の影響は無視できるものとする。

（ハ）このとき観察者の速さは $v_0 = \dfrac{\boxed{（ハ）}}{f}$〔m/s〕と書ける。空欄（ハ）の中に入る文字式を f, f_0, v_S, V を用いて表せ。

(C) スピーカー S_1，測定器 M，スピーカー S_2 は図 3 のように，常に同じ直線上に並んでいるものとする。また，スピーカー S_1 とスピーカー S_2 から出る音の振動数はともに f〔Hz〕とする。ただし，空気中の音の速さを V〔m/s〕とし，風の影響は無視できるものとする。

図 3

（ニ）スピーカー S_1 とスピーカー S_2 を地表のある位置に固定した。測定器 M を用いてスピーカー S_1 とスピーカー S_2 の間の各点で音の強さを測定すると，音の強さが位置に対して周期的に変動した。まず，音が強くなった位置に測定器 M を置く。次に，測定器 M の位置をスピーカー S_1 に近づく方向に少しずつ変えて音の強さを測定した。測定器 M が最初に測定器を置いた位置から 2 m 移動する間に，音が弱くなる位置の数が n 回あった。この数 n を求めよ。ただし，2 台のスピーカーから出る音の振動数を $f = 340$ Hz，空気中の音の速さを $V = 340$ m/s とする。

（ホ）測定器 M を地表のある位置に固定した。図 4 のようにスピーカー S_1 は地表に対して v_{S1}〔m/s〕の速さで測定器 M に近づいている。スピーカー S_2 は地表に対して $v_{S2} = \dfrac{1}{100}V$〔m/s〕の速さで測定器 M から遠ざかっている。2 つのスピーカーの音による 1 秒間のうなりの回数を測定器 M で測定すると N 回であった。このときのスピーカー S_1 の速さは $v_{S1} = (\boxed{（ホ）}) \times V$〔m/s〕であった。空欄 $\boxed{（ホ）}$ の中に入る文字式を f, N を用いて表せ。

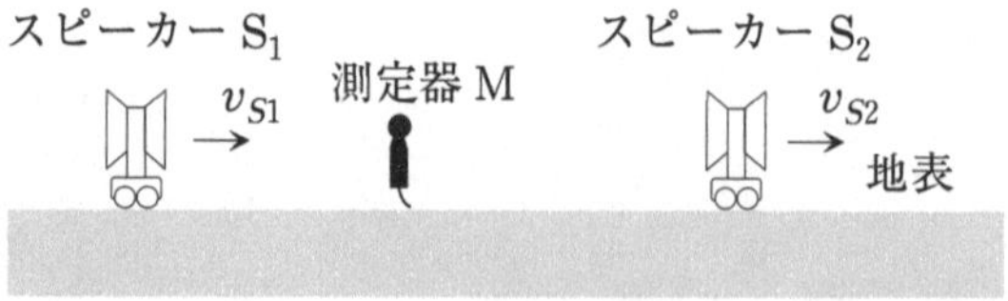

図 4

（芝浦工大）

145 静水面を x 軸方向に伝わる波について考える。時刻 t, 位置 x での静水面からの高さのずれ Y が

$$Y = A\sin\,(at + bx + c)$$

と表せるものとする。ここで A, a, b, c は定数で，$A > 0$ である。以下の問いに答えなさい。

問 1 時刻 $t = 0$ でこの波が山となる位置をすべて求めなさい。ただし $n = 0, \pm1, \pm2, \cdots$とする。

$$x = \boxed{\ 1\ }$$

＜$\boxed{\ 1\ }$ の解答群＞

① $\left(n + \frac{1}{2}\right)\frac{\pi}{b}$　② $\left(2n + \frac{1}{2}\right)\frac{\pi}{b}$　③ $(2n + 1)\frac{\pi}{b}$

④ $\left(n + \frac{1}{2}\right)\frac{\pi}{b} - \frac{c}{b}$　⑤ $\left(2n + \frac{1}{2}\right)\frac{\pi}{b} - \frac{c}{b}$　⑥ $(2n + 1)\frac{\pi}{b} - \frac{c}{b}$

問 2 位置 $x = 0$ をこの波の山が通過する時刻をすべて求めなさい。ただし $n = 0, \pm1, \pm2, \cdots$とする。

$$t - \boxed{\ 2\ }$$

＜$\boxed{\ 2\ }$ の解答群＞

① $\left(n + \frac{1}{2}\right)\frac{\pi}{a}$　② $\left(2n + \frac{1}{2}\right)\frac{\pi}{a}$　③ $(2n + 1)\frac{\pi}{a}$

④ $\left(n + \frac{1}{2}\right)\frac{\pi}{a} - \frac{c}{a}$　⑤ $\left(2n + \frac{1}{2}\right)\frac{\pi}{a} - \frac{c}{a}$　⑥ $(2n + 1)\frac{\pi}{a} - \frac{c}{a}$

問 3 この波の伝わる速さは $\boxed{\ 3(a)\ }$ であり，$a > 0$, $b > 0$ とすると，この波は x 軸の $\boxed{\ 3(b)\ }$ の向きに進む。

＜$\boxed{\ 3\ }$ の解答群＞

① (a) $\left|\frac{a}{b}\right|$，(b) 正　② (a) $\left|\frac{a}{b}\right|$，(b) 負　③ (a) $\left|\frac{b}{a}\right|$，(b) 正

④ (a) $\left|\frac{b}{a}\right|$，(b) 負　⑤ (a) $|a|$，(b) 正　⑥ (a) $|a|$，(b) 負

⑦ (a) $|b|$，(b) 正　⑧ (a) $|b|$，(b) 負

問 4 静水面からの高さのずれが

$$Y_1 = A\sin(at + bx)$$
$$Y_2 = A\sin\,(at - bx + c)$$

と表される 2 つの波を重ね合わせると定在波ができる。この定在波の節の位置をすべて求めなさい。ただし $n = 0, \pm1, \pm2, \cdots$とする。

$$x = \boxed{\ 4\ }$$

＜$\boxed{\ 4\ }$ の解答群＞

① $\left(n + \frac{1}{2}\right)\frac{\pi}{b}$　② $\left(2n + \frac{1}{2}\right)\frac{\pi}{b}$　③ $(2n + 1)\frac{\pi}{b}$

④ $\left(n + \frac{1}{2}\right)\frac{\pi}{b} + \frac{c}{2b}$　⑤ $\left(2n + \frac{1}{2}\right)\frac{\pi}{b} + \frac{c}{2b}$　⑥ $(2n + 1)\frac{\pi}{b} + \frac{c}{2b}$

（日大・医）

146 図1のように，空気中で平面ガラス1の上に平面ガラス2が微小な角度 α〔rad〕でくさび形におかれている。平面ガラス2は点Oで平面ガラス1に接している。上から波長 λ〔m〕の単色光を平面ガラス1に垂直に照射し，反射光を上から観測すると，平行な明暗の縞模様が見えた。以下，空気の屈折率は1，平面ガラスの屈折率はどちらも n とせよ。ただし $n>1$ である。また，微小な角度 $|\alpha|$〔rad〕に対して成り立つ近似式 $\sin\alpha \fallingdotseq \tan\alpha \fallingdotseq \alpha$ を用いよ。

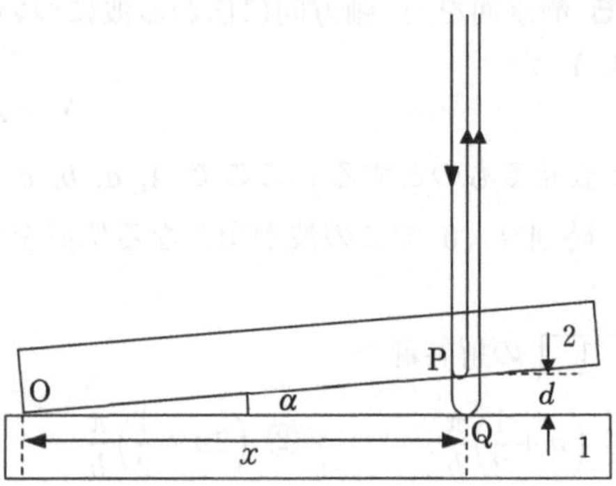

図1

(1) 平面ガラス1上で，点Oから x〔m〕だけ離れた点Qに垂直に入射する光線を考えよう。この光線が平面ガラス2の下面と交差する点をPとし，PとQの間の空気層の厚さを d〔m〕とすると，Pで反射される光とQで反射される光の光路差は [1]〔m〕である。反射された光の位相は，Pでは [2] が，Qでは [3]。Pで反射される光とQで反射される光が干渉して打ち消しあうには，$m=0,1,2,\cdots$ として $d=$ [4] $\times\lambda$〔m〕が満たされなければならない。Oから測った m 番目の暗線の位置を m を用いて表すと $x=$ [5] $\times\lambda$〔m〕となる。したがって，隣り合う暗線の間隔は [6] $\times\lambda$〔m〕となる。またPとQで反射された光が干渉して明線を生じるには $m=0,1,2,\cdots$ として $d=$ [7] $\times\lambda$〔m〕が満たされなければならない。

[1] の解答群

① $\dfrac{d}{4}$　② $\dfrac{d}{2}$　③ d　④ $2d$　⑤ $3d$　⑥ $4d$

[2] と [3] の解答群

① 変化しない　② 逆になる

[4] と [7] の解答群

① $\dfrac{m}{2}$　② m　③ $2m$　④ $4m$

⑤ $\dfrac{1}{2}\left(m+\dfrac{1}{2}\right)$　⑥ $\left(m+\dfrac{1}{2}\right)$　⑦ $2\left(m+\dfrac{1}{2}\right)$　⑧ $4\left(m+\dfrac{1}{2}\right)$

[5] の解答群

① $\dfrac{m\alpha}{2}$　② $m\alpha$　③ m　④ $\left(m+\dfrac{1}{2}\right)$　⑤ $\dfrac{m}{2\alpha}$　⑥ $\dfrac{m}{\alpha}$　⑦ $\dfrac{m}{2}$　⑧ $\dfrac{1}{2}\left(m+\dfrac{1}{2}\right)$

[6] の解答群

① $\dfrac{\alpha}{2}$　② α　③ $\dfrac{1}{2}$　④ 1　⑤ $\dfrac{1}{2\alpha}$　⑥ $\dfrac{1}{\alpha}$

(2) 次に，2つの平面ガラスの間のくさび型の隙間を，屈折率 n' の透明な液体で満たす。$n < n'$ のとき，O からの距離 x〔m〕の位置に暗線ができる条件は，$m = 0, 1, 2, \cdots$ として $x =$ [8] $\times \lambda$〔m〕となる。液体の屈折率 n' が $1 < n' < n$ を満たすとき，O からの距離 x〔m〕の位置に暗線ができる条件は，$m = 0, 1, 2, \cdots$ として $x =$ [9] $\times \lambda$〔m〕となる。

[8] と [9] の解答群

① $\dfrac{m\alpha}{2n'}$　② $\dfrac{m\alpha}{n'}$　③ $\dfrac{\alpha}{2n'}\left(m+\dfrac{1}{2}\right)$　④ $\dfrac{\alpha}{n'}\left(m+\dfrac{1}{2}\right)$

⑤ $\dfrac{\alpha}{n'}(2m+1)$　⑥ $\dfrac{m}{2n'\alpha}$　⑦ $\dfrac{m}{n'\alpha}$　⑧ $\dfrac{2m}{n'\alpha}$

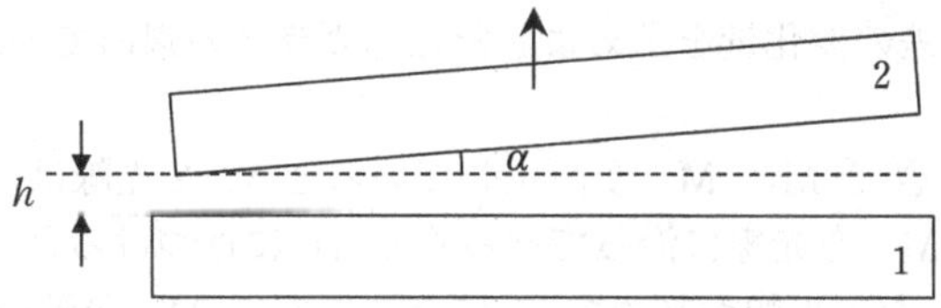

図 2

(3) 2つの平面ガラスの間の液体を取り去る。その後，図 2 のように，平面ガラス 1 に対する平面ガラス 2 の傾きを角度 α〔rad〕に保ったまま，平面ガラス 2 を少しずつ真上に持ち上げた。すると，暗線と明線の位置は徐々に変化していったが，平面ガラス 2 を高さ $h =$ [10]〔m〕だけ持ち上げたとき，明線や暗線の位置は持ち上げる前の位置と初めて一致した。

[10] の解答群

① $\dfrac{\lambda}{4}$　② $\dfrac{\lambda}{2}$　③ λ　④ $\dfrac{3\lambda}{2}$　⑤ 2λ　⑥ 4λ

(近畿大)

3章

147 図のように半透鏡 H と反射鏡 M_1,M_2 を用いた光の干渉計を考える。レーザー光源 S から発せられた波長 λ のレーザー光線は，H で等しい割合の透過光と反射光に分岐される。H を透過した光線は右方向に進み，M_1 に垂直に入射して反射されたのち再び H に戻る。ここで下方に反射された光が検出器 D に入る。一方，S を出て H で上方に反射された光線は反射鏡 M_2 で同様に反射されて H を透過し D に至る。したがって M_1 と M_2 で反射された 2 本の光線が H で干渉したのち，D に入射する。空気の屈折率を 1 とし，必要ならば光速 c を用いてよい。

(イ) レーザー光線を波長 λ の波と考えたとき，一般に距離 ℓ だけ離れた地点で同時に観測した波の位相差を求めよ。ただし位相差は正の量とする。

(ロ) H で分岐してからのち，それぞれ反射鏡で反射されて H に戻るまでの 2 本の光線の位相差を求めよ。ただし H の厚さは無視できるものとし，$L_1 > L_2$ とする。

(ハ) つぎに屈折率 $n\,(>1)$ で厚さ d のガラスを光線に垂直に一方の光路に差し入れた。このとき，小問（ロ）で求めた位相差の変化量を求めよ。ただしガラスの端面での反射は無視できるものとする。

(ニ) ガラスを取り除いた元の状態で M_1，M_2 が静止しているとき，2 光線は D において同じ位相で干渉し強めあっていた。M_1 を光線に沿ってゆっくり H に近づけると干渉光の振幅は次第に小さくなりやがて 0 となった。振幅が初めて 0 になるまでに M_1 が動いた距離はいくらか。

(ホ) M_1 を光線に沿って一定の速さ v で H から遠ざけた。M_1 の運動によって生じる光のドップラー効果も音波のドップラー効果と同様に扱えるとすれば，動いている M_1 に入射する光の振動数はいくらか。

(ヘ) M_1 から反射された光の振動数はいくらか。

(ト) このとき 2 本の光線の位相差が変化することから，D で検出される光の強度は周期的に強くなったり弱くなったりする。このときの周期を求めよ。

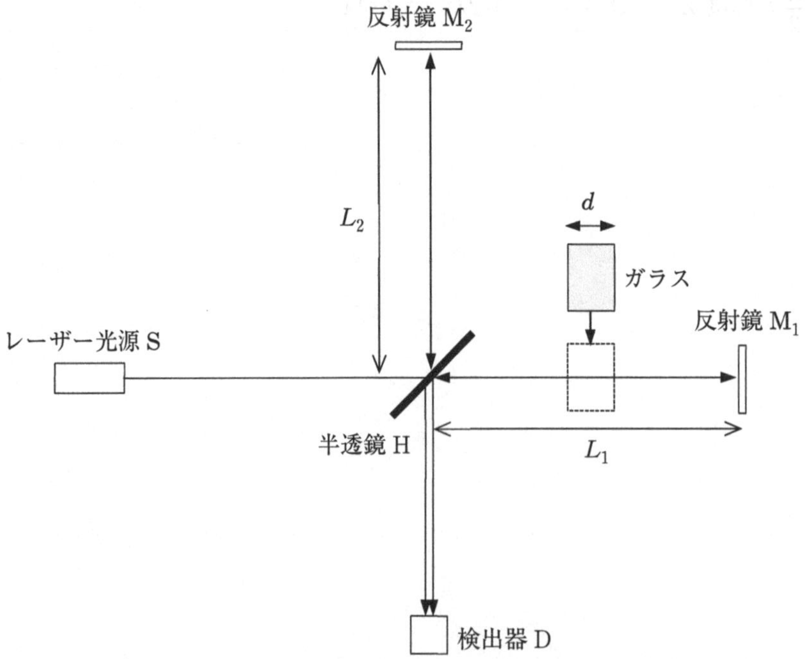

（法政大）

148 図1は振動数 f の音源Sが静止している観測者に速さ u で直進して近づいている様子を表している。図2は振動数 f の音源Sが点Oを中心に水平面内で左回りに半径 R の等速円運動をしている様子を表している。点A, B は, 円軌道と同じ平面内でOからそれぞれ $0.5R$, $2R$ の距離にある。音の速さを V として, 以下の文中の空欄内に入れるのに適当なものを解答群の中からひとつ選べ。

図2

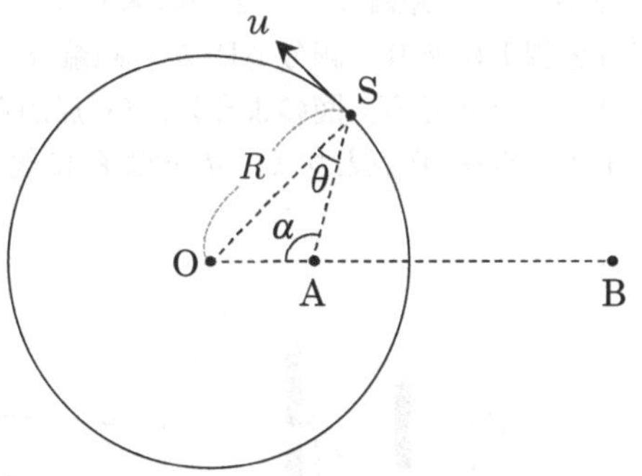

図1

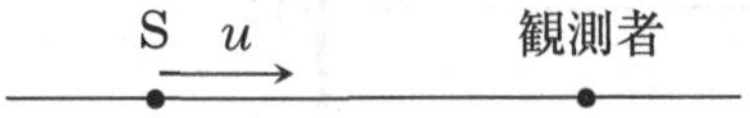

図1の場合, 観測者が聞く音の波長は [1] で, 振動数は [2] である。
次に図2の場合を考える。音源の動く方向は音源から観測者に向かう方向と一致しないので, 音源の速度の SA 方向成分 u_A を用いる必要がある。音源が図のように円周の上半分の位置にあるとき, ∠OSA を θ とすると, S から A に向かう向きを正として $u_A =$ [3] となる。∠OAS を α として △OSA の辺 OS, OA の間には $\dfrac{\mathrm{OS}}{\sin\alpha}=\dfrac{\mathrm{OA}}{\sin\theta}$ の関係があるので, A で観測される音の振動数は, α を用いて [4] となる。音源が円軌道を1周する間に A で観測される音の振動数の最小値は [5] で, 最大値は [6] である。観測者が B に静止して音の振動数の最大値 f_1 および最小値 f_2 を観測すれば, f_1 と f_2 を用いて音源の振動数と速さをそれぞれ [7] , [8] のように求めることができる。また, 振動数の最小値が観測されてから次の最大値が観測されるまでの時間は, 音源の速さ u を用いて [9] と表せる。

解答群

〔1〕 $\dfrac{V+u}{f}$　〔2〕 $\dfrac{V-u}{f}$　〔3〕 $\dfrac{f}{V+u}$　〔4〕 $\dfrac{f}{V-u}$

〔5〕 $\dfrac{V+u}{V}f$　〔6〕 $\dfrac{V}{V+u}f$　〔7〕 $\dfrac{V-u}{V}f$　〔8〕 $\dfrac{V}{V-u}f$

〔9〕 $u\sin\theta$　〔10〕 $-u\sin\theta$　〔11〕 $u\cos\theta$　〔12〕 $-u\cos\theta$

〔13〕 $\dfrac{2V}{2V+u\sin\alpha}f$　〔14〕 $\dfrac{V}{V+2u\sin\alpha}f$　〔15〕 $\dfrac{2V+u\cos\alpha}{2V}f$　〔16〕 $\dfrac{V+2u\cos\alpha}{V}f$

〔17〕 $\dfrac{V+2u}{V}f$　〔18〕 $\dfrac{V-2u}{V}f$　〔19〕 $\dfrac{2V+u}{2V}f$　〔20〕 $\dfrac{2V-u}{2V}f$

〔21〕 $\dfrac{2V}{2V+u}f$　〔22〕 $\dfrac{2V}{2V-u}f$　〔23〕 $\dfrac{V}{V+2u}f$　〔24〕 $\dfrac{V}{V-2u}f$

〔25〕 $\dfrac{f_1+f_2}{2}$　〔26〕 $\dfrac{f_1+f_2}{2f_1f_2}$　〔27〕 $\dfrac{2f_1f_2}{f_1+f_2}$　〔28〕 $\dfrac{f_1f_2}{f_1+f_2}$

〔29〕 $\dfrac{f_1+f_2}{2}V$　〔30〕 $\dfrac{f_1+f_2}{2\sqrt{f_1f_2}}V$　〔31〕 $\dfrac{f_1+f_2}{f_1-f_2}V$　〔32〕 $\dfrac{f_1-f_2}{f_1+f_2}V$

〔33〕 $\dfrac{2\pi R}{u}$　〔34〕 $\dfrac{4\pi R}{3u}$　〔35〕 $\dfrac{\pi R}{u}$　〔36〕 $\dfrac{\pi R}{3u}$

（福岡大・改）

149 空所を埋め，問いに答えよ。
図1は，2つのスリットによる光の干渉実験装置を示している。Lは光源，Sは1つのスリット，A,BはSから等距離にある2つのスリットである。A,B間の距離は d である。線分ABの垂直二等分線上にあり，線分ABから距離 ℓ だけ離れた点をO点とし，Oを通ってABに平行にスクリーンを立てる。図のように，O点から上側に距離 x だけ隔たったところにある，スクリーン上の一点をP点とする。d,x は ℓ に比べて極めて小さいものとする。

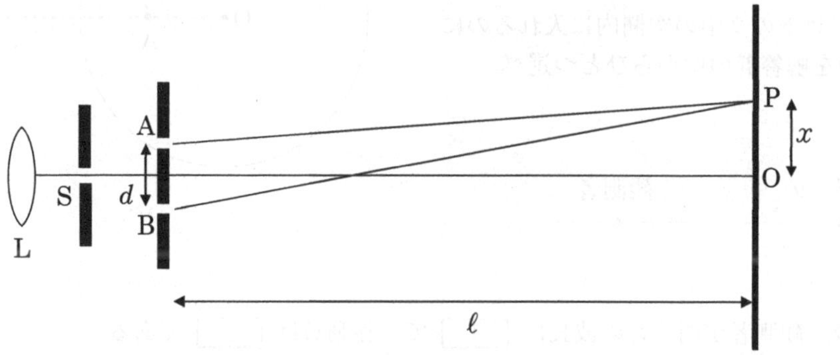

ヤングの実験（光の干渉実験装置）

(1) Lから波長 λ，振動数 f の単色光を出したところ，光はSを通って同位相でA,Bに達する。A,Bを通過した光は回折し，互いに干渉してスクリーン上に単色の干渉縞をつくった。

まず，AおよびBからスクリーン上のP点までの距離の差（経路差）$BP-AP$ を x を用いて表そう。AP^2, BP^2 は，

$$AP^2=\ell^2+\left(x-\frac{d}{2}\right)^2,\quad BP^2=\ell^2+\left(x+\frac{d}{2}\right)^2$$

となるから，$BP^2-AP^2=2xd$ である。この式は $(BP+AP)(BP-AP)=2xd$ とも書ける。したがって，d,x が ℓ に比べて極めて小さいとき，近似式 $BP+AP \fallingdotseq 2\ell$ を用いると
$BP-AP \fallingdotseq$ ［ア］ $\times x$ となる。

① P点に明線が現れる条件を $d,\ell,\lambda,x,0$ または正の整数である m を用いて表せ。

② O点付近での干渉縞の間隔 Δx を d,ℓ,λ を用いて表せ。

③ 観測すると $\Delta x=1.8$ mm であった。このときの単色光の波長 λ m を有効数字2桁の数値で求めよ。（単位は m で答えよ。）ただし，$d=0.50$ mm，$\ell=1.5$ m とする。

Aを通過してきた光のP点での光の振動を表す式を

$$\varphi_1=a\sin(2\pi ft+\phi)$$

とする。ただし，a は振幅，f は振動数，t は時刻である。
経路差 $BP-AP$ を，$BP-AP=\Delta\ell$ と表し，この経路差による位相のずれを $\Delta\ell,\lambda$ を用いて表すと，Bを通過して来た光のP点での光の振動を表す式は，

$$\varphi_2=a\sin(2\pi ft-\boxed{\text{イ}}+\phi)$$

となる。ここで，経路長による振幅の違いは無視した。P点においてこの2つの光が干渉して観測される振動は，$\sin\alpha+\sin\beta=2\cos\frac{\alpha-\beta}{2}\sin\frac{\alpha+\beta}{2}$ を用いて，

$$\varphi=\varphi_1+\varphi_2=\boxed{\text{ウ}}\times\sin\left[2\pi\left(ft-\frac{\Delta\ell}{2\lambda}\right)+\phi\right]$$

となる。P点で観測される光の強度 I は，[ウ] の2乗に比例し

$$I = k(\boxed{ウ})^2 \quad (k\ は比例定数)$$

となる。この結果からも問①の結果を確認することができる。

④ Sを取り除くと(1)の干渉縞はどうなるか。理由も付けて答えよ。

(2) Lから白色光（赤色から紫色までのすべての色の光が混合している）をだしたところ，スクリーン上にいろいろな色の干渉縞ができた。次の文は，O点付近で見える干渉縞の様子を述べている。{白，赤，紫} の中から正しいものを選んで，文中の空所を埋めよ。

O点に [エ] 色の明線，その両側に暗線，その両外側に [オ] 色の明線が観測される。

（大阪工大）

150 ケプラー式の屈折望遠鏡は，2 枚の凸レンズを使って遠方の物体を観測する装置である。屈折望遠鏡の原理について考えてみよう。まず 1 枚のレンズにより生じる像の大きさについて考える。図 1 のように，焦点距離 f_1 の凸レンズ L_1 を光軸が水平になるように設置する。レンズ L_1 の左側でレンズ L_1 からの距離が f_1 の α 倍 $(\alpha > 1)$ の位置に，大きさ h の物体 A を光軸の上側に鉛直に設置したところ，レンズ L_1 により物体 A の像 B が生じた。

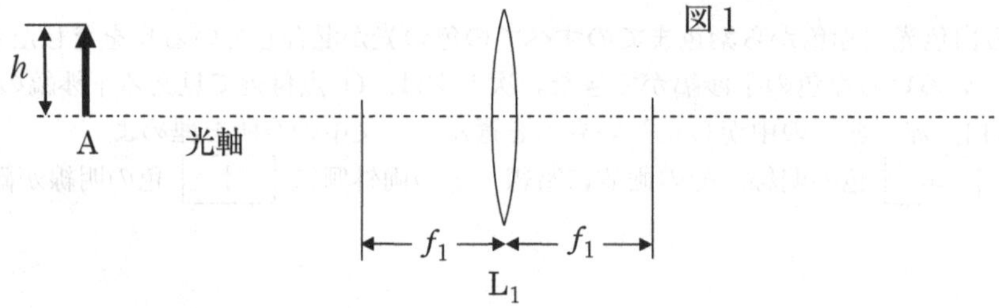

図 1

3章

(1) 像 B の種類は次のいずれか。次の選択肢から正しいものを選び，その番号で答えよ。

① 正立の実像　　② 正立の虚像　　③ 倒立の実像　　④ 倒立の虚像

(2) 像 B の生じる位置はレンズ L_1 の左右いずれか。また，像 B とレンズ L_1 の間の距離を求めよ。

(3) 像 B の大きさを求めよ。

次に，2 枚のレンズを通して得られる像の大きさについて考える。レンズ L_1 の右側に焦点距離 f_2 の凸レンズ L_2 を光軸が一致するように設置し，L_1 の右側の焦点と L_2 の左側の焦点が一致するように L_2 の位置を調整した。L_1 と L_2 の間隔は前問(2)の距離より大きかった。このとき，2 枚のレンズを通して像 C が見えた。これはレンズ L_1 で生じる像 B が実際の物体であると考え，それをレンズ L_2 を通して見ているものと理解できる。

(4) 像 C の種類は次のいずれか。次の選択肢から正しいものを選び，その番号で答えよ。ただし，正立か倒立かは像 B の向きではなく，元の物体 A の向きを基準にする。

① 正立の実像　　② 正立の虚像　　③ 倒立の実像　　④ 倒立の虚像

(5) 像 C の生じる位置はレンズ L_2 の左右いずれか。また，像 C とレンズ L_2 の間の距離を求めよ。

(6) 像 C の大きさを求めよ。

この結果を踏まえて望遠鏡の倍率について考えてみよう。物体や像の見かけの大きさを図 2 のような角（視角）θ で表すと，その正接 $\tan\theta$ は，

$$\tan\theta = \frac{\text{物体の大きさ}}{\text{物体までの距離}} \quad \text{または} \quad \frac{\text{像の大きさ}}{\text{像までの距離}}$$

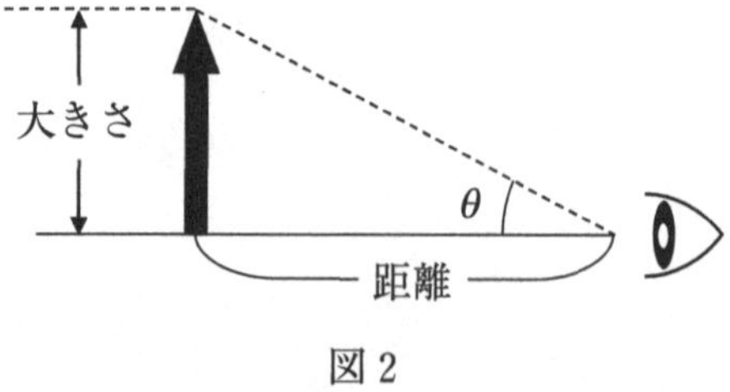

図 2

と書ける。ここで，L_1 の位置から見た物体 A の視角を θ_1，L_2 の位置から見たとしたときの像 C の視角を θ_2 として，遠方の物体 A を観測するときの望遠鏡の倍率を θ_2 と θ_1 の正接の比 $\tan\theta_2 / \tan\theta_1$ によって表す。

(7) 物体 A は遠方（α は十分大きい）にあるとして，望遠鏡の倍率を求め，f_1，f_2 で表せ。ただし，十分大きい x に対して成り立つ以下の近似式を用いよ。

$$\frac{ax+b}{cx+d} \fallingdotseq \frac{a}{c} \ (a, b, c, d \text{ は定数})$$

(8) 望遠鏡の倍率が大きくなるのはどのようなレンズの組み合わせか。次の選択肢から正しいものを選び，その番号で答えよ。

① レンズ L_1 の焦点距離が短く，レンズ L_2 の焦点距離が長いもの
② レンズ L_1 の焦点距離が長く，レンズ L_2 の焦点距離が短いもの
③ レンズ L_1 と L_2 の焦点距離が等しいもの

（名城大）

151 下に顕微鏡の模式図を示す。顕微鏡は対物レンズ L_1（焦点距離が f_1）と接眼レンズ L_2（焦点距離がf_2）から成る。図に示すように，対物レンズを使って物体ABからそれより大きな実像A′B′を作らせ，さらにこの実像を接眼レンズを使って虫眼鏡の原理と同じようにして，目が最も見やすい距離（これを明視の距離という）に拡大された虚像 A″B″を見るようにするのである。

物体 AB と対物レンズの距離を p，対物レンズによってできた実像 A′B′と接眼レンズとの距離を q とする。また両レンズ間の距離を ℓ，明視の距離を d とし，目の位置を接眼レンズの焦点に置く。なおレンズの厚みは物体とレンズの距離や像とレンズの距離に比べて無視してよい。このとき以下の問いに答えなさい。

(1) 対物レンズで物体 AB の実像 A′B′を得るためには p と f_1 の大小関係はどうであればよいか。

(2) 対物レンズが満たすレンズの式を p, f_1, ℓ, q を用いて表せ。

(3) 接眼レンズで実像 A′B′の虚像 A″B″を得るためには q と f_2 の大小関係はどうであればよいか。

(4) 接眼レンズが満たすレンズの式を q, f_2, d を用いて表せ。

(5) いま対物レンズと接眼レンズの焦点距離 f_1, f_2 がそれぞれ 20 mm と 50 mm，物体 AB と対物レンズとの距離 p が 24 mm，明視の距離 d が 250 mm であった。このとき対物レンズによってできた実像 A′B′と接眼レンズの距離 q はいくらか。また両レンズ間の距離 ℓ はいくらか。

(6) さらに(5)の場合の顕微鏡の倍率を求めよ。

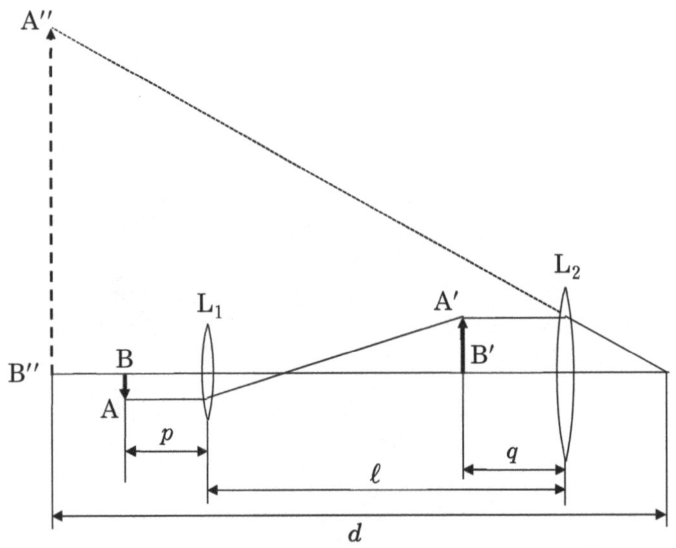

（昭和大・医）

152 図のように，海面から高さ h のところに電波望遠鏡があり，遠くの電波源から直接来る電波（直接波）と，海面から反射される電波（反射波）とを同時に受信する。直接波の進む方向と，水平面との角度を θ とし，電波は波長 λ の平面波とする。ただし，海面は十分なめらかで，h は一定であるとする。また，海面で電波が反射されるとき，電波の位相は $+\pi$ ずれるとする。次の各問いに答えよ。

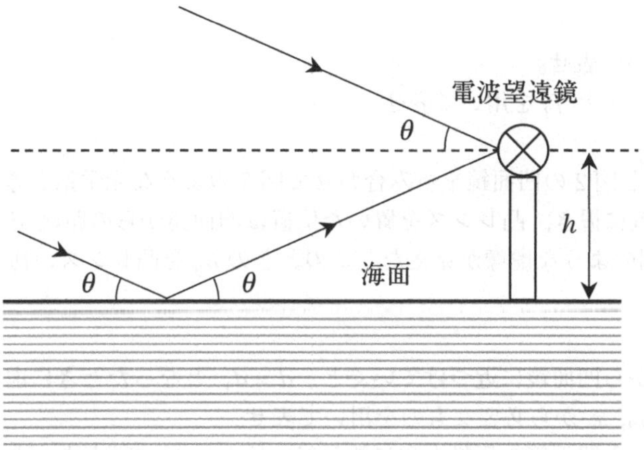

(1) 反射波と直接波との行路差を求めよ。

(2) 反射波と直接波とが強め合うとき，m を $m=0,1,2\cdots$ として，$\sin\theta$ を求めよ。

(3) 振動数 50 MHz の電波を $h=200$ m の電波望遠鏡で受信するとき，電波が強めあう θ の最小値は何 rad か。光速を 3.0×10^8 m/s^2 とし，θ が小さいとき，$\sin\theta \fallingdotseq \theta$ と近似できることを利用して良い。

(4) 電波源が光速の $\frac{1}{20}$ の速さで電波望遠鏡に近づいているとき，電波が強めあう θ の最小値は，(3)で求めた角度の何倍になるか。ただし，電波源が近づく速さが光速に比べて無視できない場合の相対性理論的な効果は考えなくてよい。

（兵庫医大・改）

153 図1のように置かれた物体Aと凸レンズを考える。凸レンズと物体間の距離を a，凸レンズの焦点距離を f_1 とするとき，凸レンズから距離 b 離れたところに虚像が見えた。

(1) b を，a と f_1 を用いて表せ。

(2) この凸レンズの倍率を，a と f_1 を用いて表せ。

つぎに，図2のように置かれた物体Bと凹面鏡を考える。凹面鏡と物体間の距離を x，凹面鏡の焦点距離を f_2 とするとき，凹面鏡から距離 y 離れたところに実像ができた。

(3) y を，x と f_2 を用いて表せ。

(4) この凹面鏡の倍率を，x と f_2 を用いて表せ。

つぎに，図1の凸レンズと図2の凹面鏡を組み合わせて図3のような光学系を考える。物体Cを凹面鏡から距離 x の位置に置き，凸レンズを置いた位置は凹面鏡からの距離 d で表すものとすると，$d = d_0$ のときに図のような虚像が見えた。このときの d_0 を凸レンズの初期位置と呼ぶことにする。

(5) 凸レンズを初期位置から凹面鏡に近づけていくと，$d = d_1$ となったときに虚像が消えた。このときの d_1 を，f_1, f_2, x から必要なものを用いて表せ。

(6) 凸レンズを初期位置から凹面鏡の反対方向に離していくと，$d = d_2$ となったときにも虚像が消えた。このときの d_2 を，f_1, f_2, x から必要なものを用いて表せ。

(7) 凸レンズが初期位置に置かれているとき，この光学系の倍率を，d_0, f_1, f_2, x を用いて表せ。

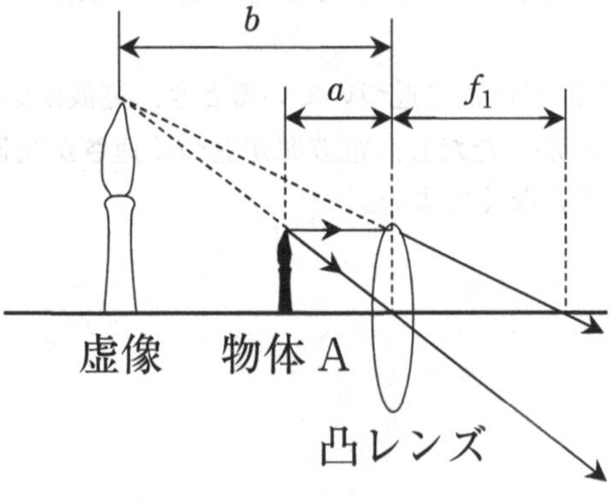

図1

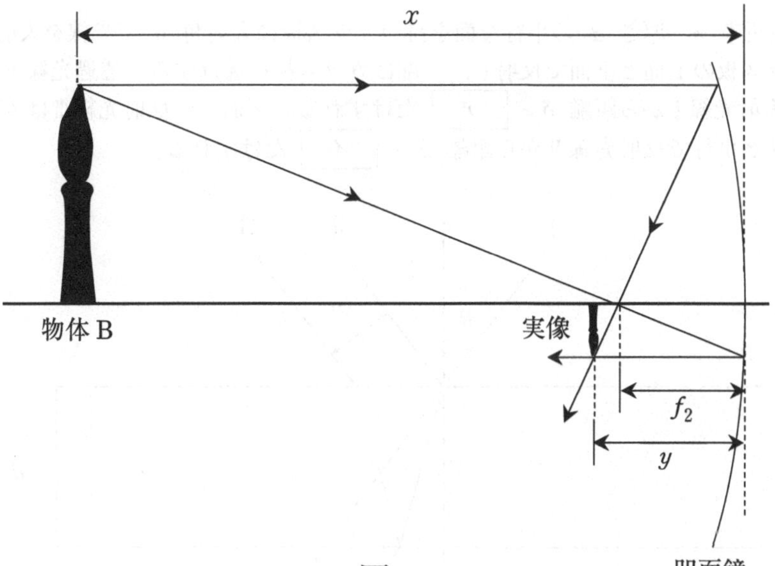

図2

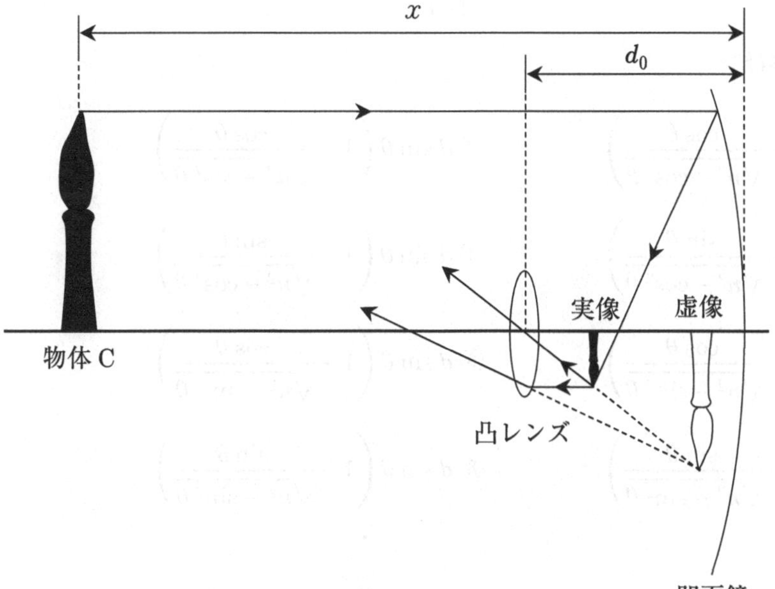

図3

（法政大）

154

I 図1のように屈折率 n，厚さ d の平行な面を持つガラス板に入射角 θ で光線を入射する。光線の一部はガラス板の上面と下面で反射し，一部はガラス板を透過する。透過光線Ⅳは入射光線Ⅰに平行で入射光線Ⅰから距離 $\delta=$ ［ア］ だけずれる。下面での反射光線Ⅲはガラス上面での反射光線Ⅱと平行で反射光線Ⅱから距離 $\delta'=$ ［イ］ だけずれる。

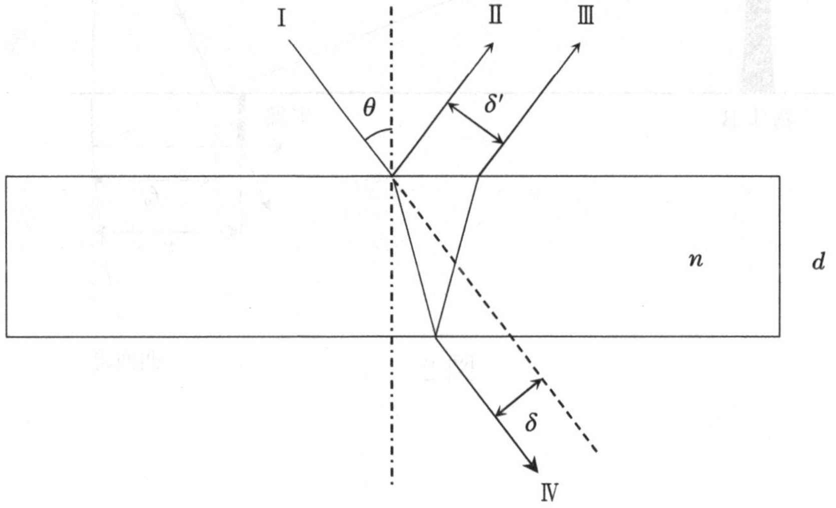

図1

＜［ア］の解答群＞

① $d\cos\theta\left(1-\dfrac{\cos\theta}{\sqrt{n^2-\cos^2\theta}}\right)$　② $d\sin\theta\left(1-\dfrac{\cos\theta}{\sqrt{n^2-\cos^2\theta}}\right)$

③ $d\cos\theta\left(1-\dfrac{\sin\theta}{\sqrt{n^2-\cos^2\theta}}\right)$　④ $d\sin\theta\left(1-\dfrac{\sin\theta}{\sqrt{n^2-\cos^2\theta}}\right)$

⑤ $d\cos\theta\left(1-\dfrac{\cos\theta}{\sqrt{n^2-\sin^2\theta}}\right)$　⑥ $d\sin\theta\left(1-\dfrac{\cos\theta}{\sqrt{n^2-\sin^2\theta}}\right)$

⑦ $d\cos\theta\left(1-\dfrac{\sin\theta}{\sqrt{n^2-\sin^2\theta}}\right)$　⑧ $d\sin\theta\left(1-\dfrac{\sin\theta}{\sqrt{n^2-\sin^2\theta}}\right)$

＜［イ］の解答群＞

① $\dfrac{2d\cos^2\theta}{\sqrt{n^2-\cos^2\theta}}$　② $\dfrac{2d\sin^2\theta}{\sqrt{n^2-\cos^2\theta}}$　③ $\dfrac{2d\sin\theta\cos\theta}{\sqrt{n^2-\cos^2\theta}}$

④ $\dfrac{2d\cos^2\theta}{\sqrt{n^2-\sin^2\theta}}$　⑤ $\dfrac{2d\sin^2\theta}{\sqrt{n^2-\sin^2\theta}}$　⑥ $\dfrac{2d\sin\theta\cos\theta}{\sqrt{n^2-\sin^2\theta}}$

⑦ $\dfrac{2d\cos^2\theta}{\sqrt{n^2-\sin\theta\cos\theta}}$　⑧ $\dfrac{2d\sin^2\theta}{\sqrt{n^2-\sin\theta\cos\theta}}$　⑨ $\dfrac{2d\sin\theta\cos\theta}{\sqrt{n^2-\sin\theta\cos\theta}}$

Ⅱ 図2のように屈折率 n，厚さ d の平行な面を持つガラス板 G_1 と G_2 を設置する。光源 S を出た光は水平右向きに距離 ℓ 進んで G_1 で反射し，距離 L_0 進んで G_2 で再度反射してから距離 ℓ 進んで望遠鏡 Z に到達する。ガラス板 G_1，G_2 への光の入射角はそれぞれ θ_1，θ_2 とする。

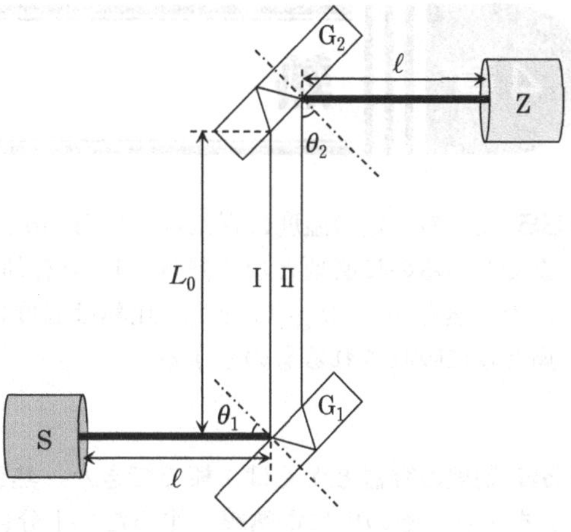

図 2

問 1 $\theta_1 = \theta_2 = \theta$ のとき光源 S から望遠鏡 Z までの光路Ⅰと光路Ⅱの光路長は等しく [ウ] である。

＜[ウ] の解答群＞

① $2\ell + L_0 + \dfrac{2nd}{\sqrt{n^2 - \cos^2\theta}}$　② $2\ell + L_0 + \dfrac{2nd\cos\theta}{\sqrt{n^2 - \sin^2\theta}}$

③ $2\ell + L_0 + \dfrac{2nd\sin\theta}{\sqrt{n^2 - \cos^2\theta}}$　④ $2\ell + L_0 + \dfrac{2nd}{\sqrt{n^2 - \sin^2\theta}}$

⑤ $2\ell + L_0 + \dfrac{2n^2d}{\sqrt{n^2 - \cos^2\theta}}$　⑥ $2\ell + L_0 + \dfrac{2n^2d\cos\theta}{\sqrt{n^2 - \sin^2\theta}}$

⑦ $2\ell + L_0 + \dfrac{2n^2d\sin\theta}{\sqrt{n^2 - \cos^2\theta}}$　⑧ $2\ell + L_0 + \dfrac{2n^2d}{\sqrt{n^2 - \sin^2\theta}}$

問 2 $\theta_1 = \theta_2 = \dfrac{\pi}{4}$ とする。図3のように一辺 1 cm の正方形の底面を持ち，高さ 50 cm の真空の透明な容器 A_1 と A_2 をそれぞれ光路Ⅰ，Ⅱに挿入する。波長 635 nm の光を入射して望遠鏡をのぞきながら A_2 のみに窒素ガスをゆっくりと注入した。望遠鏡の視野は少しずつ暗くなったが，圧力が $P =$ [エ].[オ] $\times 10^{[カ]}$ Pa になったとき，もとの明るさに戻った。窒素ガスの屈折率は 1 m^3 あたりのモル数を ρ とすると，$n_\rho = 1 + K\rho$ で表される。窒素ガスの定数 K は，光の波長が 635 nm の場合 6.68×10^{-6} m^3/mol である。容器 A_2 の窒素ガスは理想気体とみなしてよい。ただし測定温度は 300 K で，気体定数を $R = 8.31$ J/(mol·K) とする。

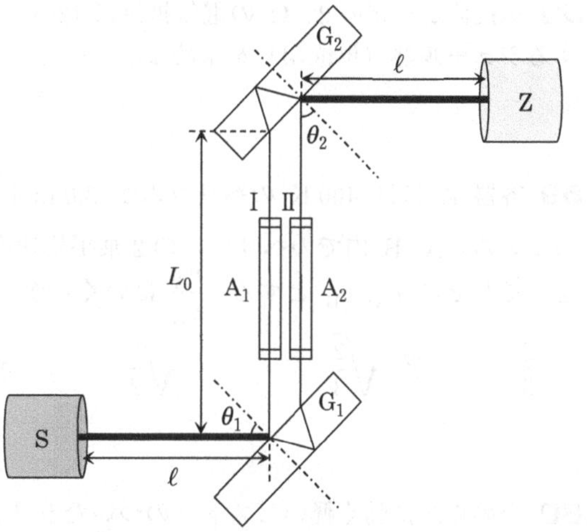

図 3

（日大・医）

4章　熱

155 20℃の一定の温度に保たれている 40 g の銅と 40 g の鉄がある。この銅と鉄をともに 30℃まで温めるのに必要となる熱量〔J〕を有効数字 2 桁で求めよ。ただし，銅の比熱を 0.38 J/(g·K)，鉄の比熱を 0.45 J/(g·K) とし，比熱は温度によらず一定とする。また銅と鉄に与えた熱量は全て銅と鉄に吸収されるものとする。

（芝浦工大）

156 銅製の容器とかくはん棒でできた，熱容量が 8.4 J/K の熱量計がある。この熱量計に水 230 g を入れ，その中に電熱線を沈めた。十分に時間がたち熱量計と水の温度が安定した後，水をかき混ぜながら電熱線に 3.5 V の電圧を加えたところ 2.0 A の電流が流れ続けた。電熱線に電流が流れ始めてから，水温が 4.0 K だけ上昇するまでにかかる時間〔s〕を求めよ。ただし，水の比熱を4.2 J/(g·K) とし，電熱線の熱容量は無視する。また，発生した熱は全て熱量計と水温の上昇に使われ，熱量計と水の温度は常に等しいとする。水をかき混ぜることによる熱の発生は無視する。

（芝浦工大）

157 熱容量が 3.0×10^2 J/K で温度が 3.0×10^2 K の物質と熱容量が 4.0×10^2 J/K で温度が 2.5×10^2 K の物質を接触させたところ，しばらくして，両物質は同じ温度になった。両物質の熱容量は一定であるとし，また，熱のやりとりは両物質の間でのみおこなわれると仮定して，その温度（単位 K）を求めよ。

（芝浦工大）

158 抵抗値が一定の 20 Ω の電気抵抗に 12 V の直流電圧を加えた。60 秒間に電気抵抗で発生するジュール熱（単位 J）を求めよ。

（芝浦工大）

159 容器 A には 400 K のヘリウムが 3.0 mol，容器 B には 600 K のヘリウムが 1.0 mol 入っている。A, B 内でのヘリウムの 2 乗平均速度（分子の速さの 2 乗平均 $\overline{v^2}$ の平方根 $\sqrt{\overline{v^2}}$ ）を，それぞれ v_A, v_B とする。$\dfrac{v_A}{v_B}$ はいくらか。

㋐ $\dfrac{2}{3}$　　㋑ $\sqrt{\dfrac{2}{3}}$　　㋒ $\sqrt{\dfrac{3}{2}}$　　㋓ $\dfrac{3}{2}$　　㋔ $\sqrt{3}$

（自治医大）

160 なめらかに動く軽いピストンのついたシリンダー内に単原子分子の理想気体を封入した。この気体に外部から熱を加えて，気体の圧力を 2.0×10^5 Pa に保ちながらピストンをじゅうぶんゆっくり動かした。気体の体積を 1.5×10^{-3} m^3 だけ膨張させたとき，気体の内部エネルギーは □ J だけ増加した。

（イ）0　　（ロ）30　　（ハ）45　　（ニ）60　　（ホ）3.0×10^2　　（ヘ）4.5×10^2

（神奈川大）

161 熱効率が ☐ %の熱機関がある。この機関は400 J の熱を受け300 J の熱を排出し，外へ100 J の仕事をする。

（イ）2.5　（ロ）5　（ハ）10　（ニ）25　（ホ）50　（ヘ）75

（神奈川大）

162 理想気体が外部にする仕事を W，理想気体が外部から得た熱量を Q，理想気体の内部エネルギーの増加を ΔU とする。

(a) ［（ア）定圧　（イ）定積　（ウ）等温　（エ）断熱］ 変化の場合は $\Delta U = Q$ が成り立つ。

(b) ［（ア）定圧　（イ）定積　（ウ）等温　（エ）断熱］ 変化の場合は $Q = W$ が成り立つ。

(c) ［（ア）定圧　（イ）定積　（ウ）等温　（エ）断熱］ 変化の場合は $\Delta U = -W$ が成り立つ。

（琉球大）

163 理想気体の絶対温度が T であるとき，その気体分子一個あたりの運動エネルギーの平均は，k をボルツマン定数として，［(a)］となる。よって，同じ温度なら，水素分子の二乗平均速度 $\sqrt{\overline{v^2}}$ は酸素分子の二乗平均速度 $\sqrt{\overline{v^2}}$ の［(b)］倍になると考えられる。(酸素分子は水素分子の 16 倍の質量を持つとする)。

（琉球大）

164 容器内の理想気体を断熱的にゆっくり圧縮すると，理想気体は外から正の仕事をされるので，内部エネルギーが (a)［（ア）変化せず，　（イ） 増加し，　（ウ）減少し，］

温度が (b)［（ア）変化しない。（イ）上がる。　（ウ）下がる。］

一方，温度を一定に保ってゆっくり圧縮すると，内部エネルギーが

(c)［（ア）変化しない（イ）増加する（ウ）減少する］ ので，この理想気体は，

(d)［（ア）熱量を放出も吸収もしない。
（イ）正の熱量を外へ放出する。
（ウ）正の熱量を外から吸収する。］

（琉球大）

165 一般に，物質に熱を加えて温度を上げると物質の状態は固体から液体へ，また液体から気体へと変化する。質量 1 g の物質が，固体から液体に，液体から気体に変化するのに必要な熱をそれぞれ［(a)］，蒸発熱という。
水の比熱，蒸発熱はそれぞれ 4.19 J/(g·K), 2256.9 J/g であるので，20℃の水 500 g を 100℃の水蒸気に変えるのに必要な熱量は約 (b)［（ア）1296　（イ）1128　（ウ）168］ kJ である。

（琉球大）

166 図の A, B, C は，n〔mol〕の単原子分子からなる理想気体の 3 つの状態を示している。A は，絶対温度 T〔N〕，1 気圧（$= 1.013 \times 10^5$ Pa）の状態である。気体定数を R〔J/(mol·K)〕，気体の定積モル比熱を $C_v = \frac{3}{2}R$〔J/(mol·K)〕とする。解答は，n, R, T を用いて表せ。

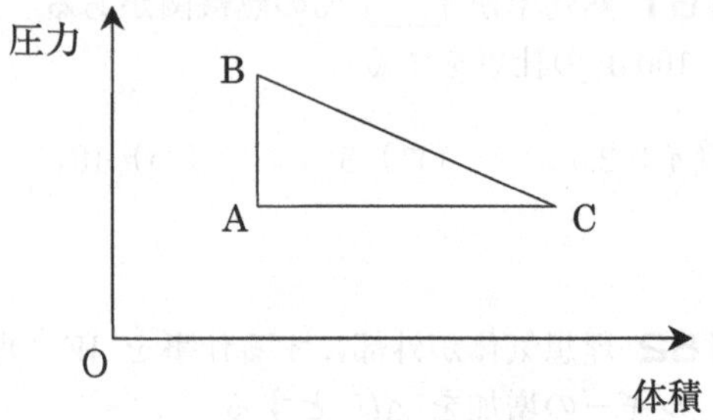

状態 A から，体積を一定に保ったまま状態 B に変化させた。状態 B の圧力は状態 A の 2 倍である。このとき，加えた熱量は［(a)］〔J〕となる。

状態 A から圧力を一定に保ち，状態 C に変化させた。状態 C の体積は状態 A の 3 倍である。このときの内部エネルギーの増加量は［(b)］J である。

図の実線に沿って，A→B→C→A の順に静かに変化させたとき，気体のする仕事は［(c)］〔J〕となる。

（琉球大）

167 Y さんは，断熱容器に密封されたヘリウムガスの物質量を熱測定から調べようとした。容器の中には，加熱用のニクロム線と温度計が設置されている。そこで，Y さんはニクロム線に実効値が 100 V，0.10 A で 50 Hz の交流を 30 秒間流し，気体の温度変化を測定したところ，10 K 上昇した。この容器のなかにあるヘリウムガスの物質量（mol）を有効数字 2 桁で求めよ。ただし，気体定数は 8.31 J/mol·K とし，ニクロム線と温度計の熱容量は無視でき，ヘリウムガスは十分希薄で，単原子分子理想気体と考える事ができる。

（芝浦工大）

168 3.0 mol のヘリウムガスの温度が 12 K 高くなるとき，内部エネルギーはいくら増加するか。ヘリウムガスの定積モル比熱を C_v，定圧モル比熱を C_p とする。

㋐ $4C$　　㋑ $4C_p$　　㋒ $36C_v$　　㋓ $36C_p$　　㋔ $36(C_p - C_v)$

（自治医大）

169 図のように，熱を通さない壁でできた密閉容器があり，熱を通さない薄い仕切りによって左右二つの部分に分けられている。容器の左側には 400 K のヘリウムガス 3.0 mol が入っており，右側には 600 K のヘリウムガス 1.0 mol が入っている。仕切りを取り去り，十分に時間が経過した後のヘリウムガスの温度は何 K になるか。

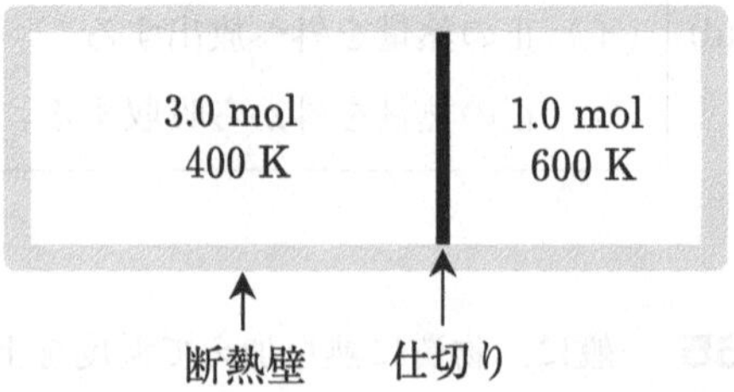

㋐ 400　　㋑ 450　　㋒ 500　　㋓ 550　　㋔ 600

（自治医大）

170 次の文章を読み，問１から問４に答えよ。

断熱容器の中に，最初，$-T_1$〔℃〕の氷のみが m〔g〕入っていた。この容器についているヒーターを一定の電力で加熱したところ，容器内の温度は図に示すような時間変化をした。図中の横軸は加熱開始から経過した時間を表す。加熱開始後，時刻 t_1〔s〕で温度は0℃になり，しばらく温度は一定となった。時刻 t_2〔s〕となったとき，氷はすべてとけて水となった。その後，水の温度は上昇し，時刻 t_3〔s〕で T_2〔℃〕となった。容器の熱容量は無視でき，水の比熱は c_w〔J/g·K〕とする。容器内は常に１気圧となっている。水の蒸発は無視する。

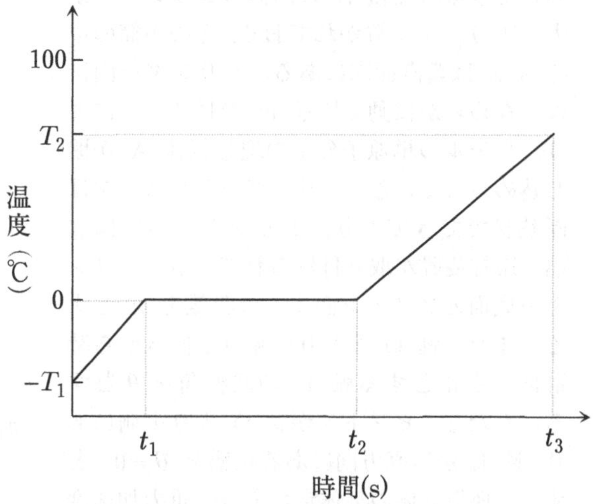

問１ ヒーターの電力はいくらか。

a. $\dfrac{mc_wT_2}{t_3}$　b. $\dfrac{mc_w(T_2+273)}{t_3}$　c. $\dfrac{mc_w(T_1+T_2)}{t_3}$

d. $\dfrac{mc_wT_2}{t_3-t_1}$　e. $\dfrac{mc_w(T_2+273)}{t_3-t_1}$　f. $\dfrac{mc_w(T_1+T_2)}{t_3-t_1}$

g. $\dfrac{mc_wT_2}{t_3-t_2}$　h. $\dfrac{mc_w(T_2+273)}{t_3-t_2}$　i. $\dfrac{mc_w(T_1+T_2)}{t_3-t_2}$

問２ 質量 mg の氷がとけはじめてからすべて水になるまでに必要な熱量はいくらか。

a. $\dfrac{t_2}{t_3-t_2}mc_wT_2$　b. $\dfrac{t_2}{t_3-t_2}mc_w(T_2+273)$　c. $\dfrac{t_2}{t_3-t_2}mc_w(T_1+T_2)$

d. $\dfrac{t_2-t_\iota}{t_3-t_2}mc_wT_2$　e. $\dfrac{t_2-t_1}{t_3-t_2}mc_w(T_2+273)$　f. $\dfrac{t_2-t_\iota}{t_3-t_2}mc_w(T_1+T_2)$

g. $\dfrac{t_2-t_1}{t_3}mc_wT_2$　h. $\dfrac{t_2-t_1}{t_3}mc_w(T_2+273)$　i. $\dfrac{t_2-t_1}{t_3}mc_w(T_1+T_2)$

問３ 氷の比熱 c_i〔J/g·K〕は，水の比熱 c_w〔J/g·K〕の何倍か。

a. $\dfrac{t_1}{t_3-t_2}\dfrac{T_1}{T_2}$　b. $\dfrac{t_\iota}{t_2-t_1}\dfrac{T_1}{T_2}$　c. $\dfrac{t_3-t_2}{t_1}\dfrac{T_1}{T_2}$　d. $\dfrac{t_2-t_1}{t_1}\dfrac{T_1}{T_2}$

e. $\dfrac{t_1}{t_3-t_2}\dfrac{T_2}{T_1}$　f. $\dfrac{t_1}{t_2-t_1}\dfrac{T_2}{T_1}$　g. $\dfrac{t_3-t_2}{t_1}\dfrac{T_2}{T_1}$　h. $\dfrac{t_2-t_1}{t_1}\dfrac{T_2}{T_1}$

問４　0℃の状態になっている時刻 t〔s〕$(t_1<t<t_2)$ に，とけずに残っている氷の質量はいくらか。

a. $\dfrac{t_2-t_1}{t}m$　b. $\dfrac{t-t_1}{t_1}m$　c. $\dfrac{t-t_1}{t_2}m$　d. $\dfrac{t_2}{t-t_1}m$　e. $\dfrac{t_1}{t-t_1}m$

f. $\dfrac{t_2-t}{t_2-t_1}m$　g. $\dfrac{t_2-t_1}{t-t_1}m$　h. $\dfrac{t-t_1}{t_2-t_1}m$　i. $\dfrac{t}{t_2-t_1}m$

（東邦大・医）

171 図のように，軸 O を中心に鉛直面内を回転できる断面積 S の円筒のシリンダーが大気圧 P_0 中に置かれており，その円筒の中心軸 L は鉛直面内にある。シリンダー内には，なめらかに動く質量 m のピストンにより，1 モルの単原子分子の理想気体 A が閉じ込められている。シリンダーとピストンは断熱材でできており，シリンダー内には加熱・冷却装置が取り付けられている。シリンダー底面とピストン面までの距離を h とする。また，軸 O まわりの鉛直上向きから時計回りを正とする軸 L の回転角を θ とする。ただし，ピストンが軸 O より上側にあり，軸 L が鉛直方向にある状態を $\theta=0°$ とする。理想気体の気体定数を R，重力加速度の大きさを g とする。以下の手順でシリンダーを 1 回転させた。この間にピストンはシリンダーから外れることはなかった。

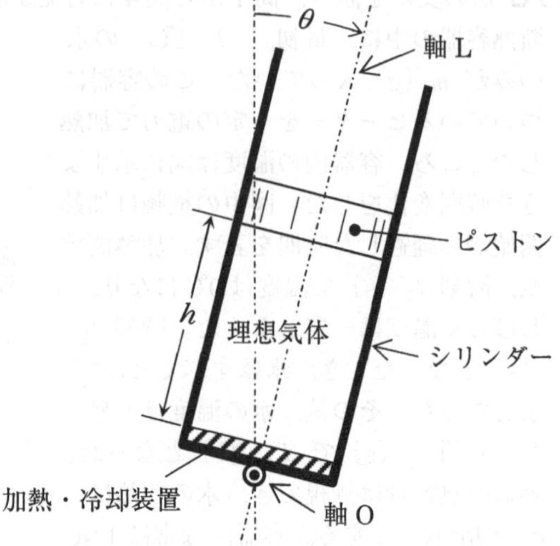

はじめ $\theta=0°$ でシリンダーとピストンが静止している。この状態を状態 1 とする。このとき，$h=h_1$ で A の圧力は $1.5P_0$ および絶対温度は T_1 であった。ピストンの質量 m を g，P_0，S で表すと [1] となり，T_1 を h_1，P_0，R，S で表すと，[2] となる。

つぎに，状態 1 からシリンダーを時計回りにゆっくりと回転させると，$h=h_2$ となり，A の圧力が $0.5P_0$，絶対温度が T_1 の a 倍となった。この状態を状態 2 とする。このときの θ は [3]° であり，a を h_1，h_2 で表すと [4] となる。また，状態 1 から状態 2 への変化の間に A が外部へした仕事を a，T_1，R で表すと [5] となる。

つぎに，状態 2 の A を，θ を固定して冷却したところ $h=h_3$ となった。この状態を状態 3 とする。状態 2 から状態 3 への変化の間に A が外部からされた仕事を h_2，h_3，P_0，S で表すと [6] となる。

つぎに，状態 3 からシリンダーを時計回りにゆっくりと回転させて $\theta=0°$ に戻すと $h=h_4$ となった。この状態を状態 4 とする。さらに状態 4 の A を，θ を固定して加熱したところ状態 1 に戻った。このとき A に加えられた熱量を h_1，h_4，R，T_1 で表すと [7] となる。

（法政大）

172 図1のように，1 mol の単原子分子の理想気体が一様な断面積の円筒容器内でなめらかに動くピストンで封入されている。容器とピストンは断熱材でできており，ピストンは気密を保ったまま固定したり，移動させたりすることができる。また，密封された容器内部には気体を加熱あるいは冷却する小さな装置 H があり，その熱容量は無視できる。以下の問いに答えよ。

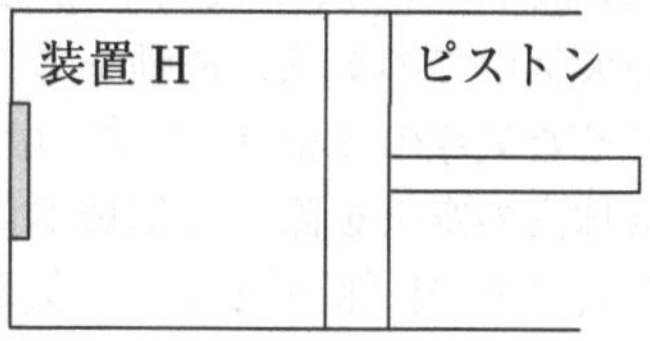

図1

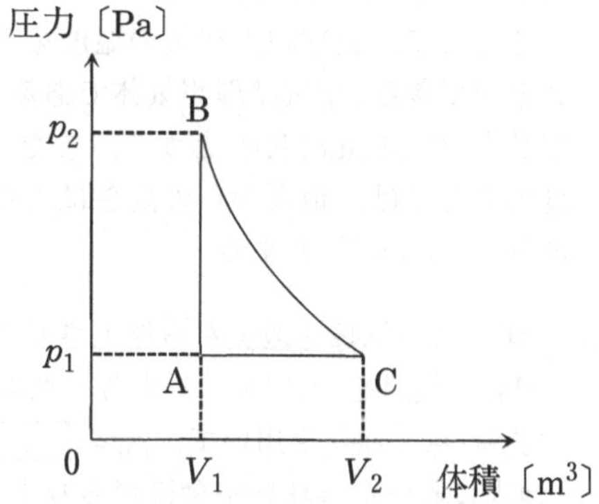

図2

A 図2に示すような経路に沿って気体を状態変化させる。すなわち，まず，気体の圧力が p_1〔Pa〕，V_1〔m^3〕の状態 A から，体積を一定に保つようにピストンを固定して装置 H で気体を加熱し，圧力が p_2〔Pa〕の状態 B に変化させる。

つぎに，装置 H を働かせずに，ピストンを移動させて圧力が p_1〔Pa〕，体積 V_2〔m^3〕の状態 C に変化させる。さらに，気体の圧力を一定に保つようにピストンを移動させながら装置 H を働かせて，状態 A に戻す。

問1 A → B の過程において，気体が受けとった熱量〔J〕を p_1, p_2, V_1 を用いて表せ。
問2 B → C の過程において，気体が外部にした仕事〔J〕を p_1, p_2, V_1, V_2 を用いて表せ。
問3 C → A の過程において，気体が失った熱〔J〕を p_1, V_1, V_2 を用いて表せ。

B 単原子分子の理想気体の断熱変化において，圧力 p と体積 V が

$$pV^{\frac{5}{3}} = 一定$$

を満たしながら変化するとして解答せよ。

問4 前問 A の全過程を通して，気体が外部にした正味の仕事〔J〕を p_1, p_2, V_1 を用いて表せ。
問5 この一巡の過程を熱サイクルとみたときの熱効率は何%かを，有効数字2桁で求めよ。ただし，$p_2 = 2p_1$ とする。また，必要ならば，$\sqrt[3]{2} = 1.26$, $\sqrt[5]{2} = 1.15$ であることを用いよ。

（日大）

173 図1のように，大気圧 p〔Pa〕，温度 T〔K〕の大気中での気球の運動を考える。完全に膨らませた気球の体積 V〔m^3〕は常に一定であり，気球内の空気を除いた気球本体と乗員を合わせた質量を M〔kg〕とする。気球には下方に開口部があるため，気球内の空気は常に大気と等しい圧力に保たれる。また，下からバーナーで加熱することで，気球内の空気の温度を上昇させることができる。空気は理想気体であるとし，気体定数を R〔J/(mol·K)〕とする。また，重力加速度の大きさは，地表からの高さによらず一定であり，g〔m/s^2〕とする。

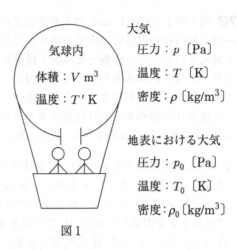

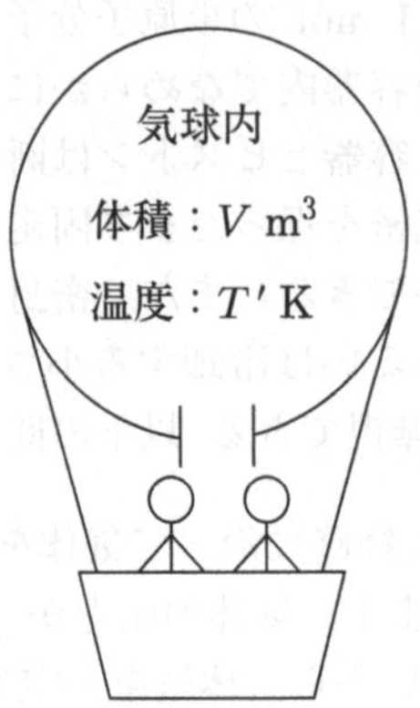

図1

(1)まず，この気球を地表から浮上させるための条件を考察しよう。地表での大気の圧力を p_0〔Pa〕，気温を T_0〔K〕とする。地表における大気の密度 ρ_0〔kg/m^3〕は，空気1 mol あたりの質量 m〔kg〕を用いて，$\rho_0 =$ [1] と表せる。

地表に置いた気球を完全に膨らむまで加熱し，さらにある程度加熱を続けた。このときの気球内の温度を T'〔K〕($T' > T_0$) とする。気球が地表から浮上する，しないにかかわらず，気球内の空気の圧力 p は $p =$ [2] $\times p_0$ と表せ，気球内の空気の密度 ρ は $\rho =$ [3] $\times \rho_0$ と表せる。

気球が浮き上がる条件は，気球にはたらく浮力が気球本体，乗員，および気球内の空気にはたらく重力に打ち勝つことである。気球にはたらく浮力は [4] であるから，気球が浮き上がるためには，気球内の温度 T' を最低温度 $T_0' =$ [5] $\times T_0$ より高くする必要がある。

気球の体積 $V = 2.00 \times 10^3$ m^3，気球本体の質量 280 kg，体重 60.0 kg の乗員2名，地表における温度 $T_0 = 300$ K，空気の密度 $\rho_0 = 1.20$ kg/m^3 のとき，$T_0' =$ [6]〔K〕となる。気球内の空気の温度の上限を 450 K とすれば，この気球が浮き上るためには，体重 60.0 kg の乗員の人数の上限は [7] 人である。

[1] の解答群

① $\dfrac{mp_0}{RT_0}$　② $\dfrac{mRT_0}{p_0}$　③ $\dfrac{mT_0}{Rp_0}$　④ $\dfrac{mp_0V}{RT_0}$　⑤ $\dfrac{mRT_0}{p_0V}$　⑥ $\dfrac{mT_0}{Rp_0V}$

[2] と [3] の解答群

① 0　② 1　③ $\dfrac{T'}{T_0}$　④ $\dfrac{T_0}{T'}$　⑤ $\left(\dfrac{T'}{T_0}\right)^2$　⑥ $\left(\dfrac{T_0}{T'}\right)^2$

[4] の解答群

① $\rho_0 g$　② $\rho_0 Vg$　③ $\dfrac{T_0}{T'}\rho_0 g$　④ $\dfrac{T_0}{T'}\rho_0 Vg$　⑤ $\dfrac{T'}{T_0}\rho_0 g$　⑥ $\dfrac{T'}{T_0}\rho_0 Vg$

[5] の解答群

① $\dfrac{\rho_0 V+M}{\rho_0 V}$　② $\dfrac{\rho_0 V-M}{\rho_0 V}$　③ $\dfrac{\rho_0 V-M}{\rho_0 V+M}$　④ $\dfrac{\rho_0 V+M}{\rho_0 V-M}$

⑤ $\dfrac{M}{\rho_0 V+M}$　⑥ $\dfrac{M}{\rho_0 V-M}$　⑦ $\dfrac{\rho_0 V}{\rho_0 V+M}$　⑧ $\dfrac{\rho_0 V}{\rho_0 V-M}$

6 の解答群

① 80　② 120　③ 200　④ 280　⑤ 360　⑥ 460　⑦ 540　⑧ 680

7 の解答群　① 4　② 8　③ 12　④ 16　⑤ 20　⑥ 24

(2) 次に，この気球がどのくらいの高度まで浮上できるかを考察しよう。一般的に，高度が上がるにつれて，大気の温度 T と気圧 p は下がっていき，大気の密度 ρ も変化する。図2は横軸に高度 h〔km〕，縦軸に T と p を取ってこの様子を表している。高度 h での大気の密度 ρ と地表での大気の密度 ρ_0 との関係は，ボイル・シャルルの法則より，T, T_0, p, p_0 のうち，必要なものを使って $\rho=$ 8 $\times\rho_0$ と書ける。

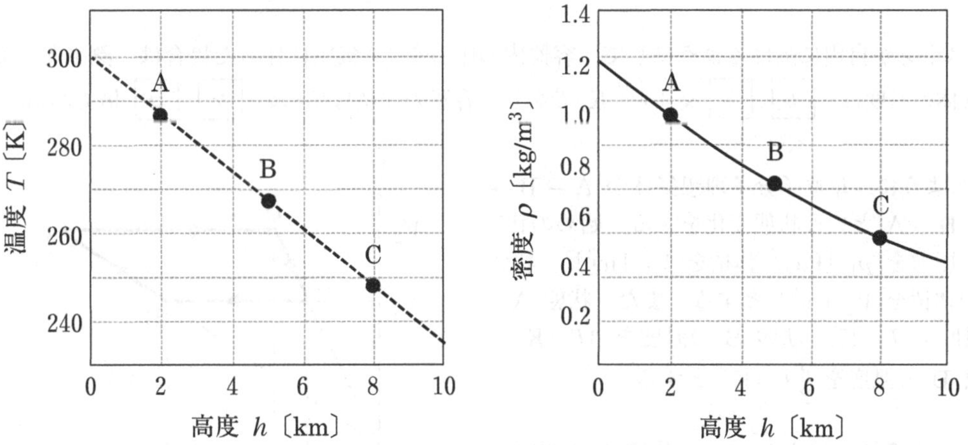

図2

今，(1)と同じ気球（$V=2.0\times10^3\ \mathrm{m^3}$，気球本体の質量 280 kg）に体重 60.0 kg の乗員が2名乗り，気球内の温度を $T'=370$ K に保ったとする。このとき，気球が受ける浮力と本体，乗員を含めた気球の重力がつりあい，気球はある高度 h'〔km〕で静止したとする。この h' が最高上昇高度である。気球内の温度が T' でのつりあいを表す式は，(1)の地表でのつりあいの条件を表す式，$T_0'=$ 5 $\times T_0$ で，地表での値，T_0, T_0', ρ_0 を高度 h における値，T, T', ρ に置き換えた T' の表式を考えればよい。図2に示した3点 A, B, C の中で h' に最も近い点を決定しよう。A, B, C 各々について図2から T と ρ の値を読み取って，T' の表式の右辺の値を計算し，左辺の $T'=370$ K に最も近い値を与える点を求めることにより，静止した気球の高度はおおよそ $h'=$ 9 km となる。

8 の解答群

① 1　② $\dfrac{p_0}{p}$　③ $\dfrac{p}{p_0}$　④ $\dfrac{T_0}{T}$　⑤ $\dfrac{T}{T_0}$　⑥ $\dfrac{p_0}{p}\dfrac{T_0}{T}$

⑦ $\dfrac{p}{p_0}\dfrac{T}{T_0}$　⑧ $\dfrac{p_0}{p}\dfrac{T}{T_0}$　⑨ $\dfrac{p}{p_0}\dfrac{T_0}{T}$

9 の解答群　① 2　② 5　③ 8

（近畿大）

174 空欄にあてはまる最も適当な数値を答えよ。(2)で解答が分数形の部分では既約分数の形で表すこと。気体定数を $R = 8.31$ J/(mol·K) とする。

(1) 断熱材でできた容器に 1.0 気圧，300 K の単原子分子理想気体 1.0 mol が入っている。この容器は可動式のピストンで体積を変えることができる。この容器に温度 900 K の金属 1.0 mol を入れて気体と接触させ，じゅうぶん時間がたつと気体と金属の温度は等しくなった。次の(a),(b)の 2 つの場合について，熱平衡後の温度を求めよ。ただし，金属 1.0 mol あたりの比熱は気体定数の 3.0 倍であり，金属の体積は無視できるとする。また，金属と気体は化学変化を起こさないとする。

(a) ピストンを固定して，体積を一定に保った場合は，熱平衡状態での気体の温度は［ア］.［イ］$\times 10^{［ウ］}$ K であり，容器内の圧力は，［エ］.［オ］気圧である。

4章

(b) ピストンが自由に動けるようにして，容器内の圧力を 1.0 気圧に保った場合は，熱平衡状態での気体の温度は［カ］.［キ］$\times 10^{［ク］}$ K であり，容器の体積は始めの［ケ］.［コ］倍である。

(2) 図のように，単原子分子理想気体が A → B → C → D → A という状態変化をする。始めの状態 A の圧力を p_1〔Pa〕，体積を V_1〔m^3〕，状態 C の体積を V_2〔m^3〕とする。また，状態 A の温度を T〔K〕，状態 B の温度を $3T$〔K〕，状態 D の温度を $\frac{3}{2}T$〔K〕とする。

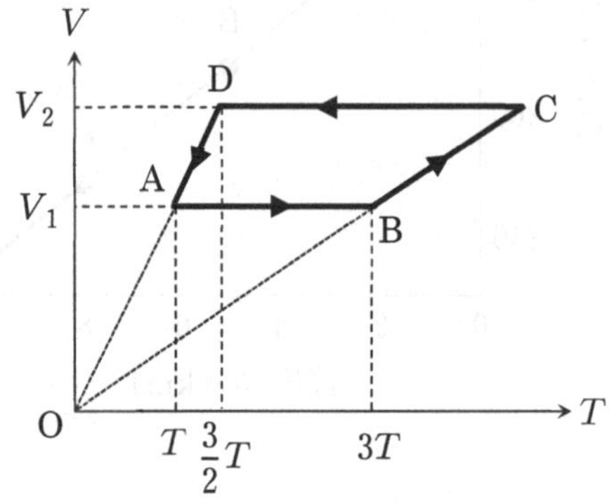

(a) 状態 B の圧力は［サ］$\times p_1$，状態 C の体積は $\frac{［シ］}{［ス］} \times V_1$，状態 C の温度は $\frac{［セ］}{［ソ］} \times T$ である。

(b) A から B への過程で気体が吸収した熱量を Q とすると，B から C への過程で気体が吸収した熱量は $\frac{［タ］}{［チ］} \times Q$ である。また，1 サイクルの間に気体が外部にした仕事は $\frac{［ツ］}{［テ］} \times Q$ である。このサイクルを熱機関だとみなしたとき，熱効率は $\frac{［ト］}{［ナニ］}$ である。

（杏林大・医）

175 一辺 L の立方体に質量 m の単原子分子 N 個からなる理想気体が入っている。この気体の性質を微視的な観点から考察することにしよう。図 1 のように原点 O および x, y, z 軸をとり，$x=L$ の面を面 A と呼ぶことにする。気体分子は立方体の面と完全弾性衝突するとしてよい。1つの分子に注目する。この分子の速さを v とし，x, y, z 方向の速さを，それぞれ v_x, v_y, v_z とする。

(イ) この分子が面 A に衝突したとき，衝突前後での運動量の変化の大きさはいくらか。

(ロ) 時間 T の間にこの分子が面 A に衝突する平均の回数を v_x, T, L で表せ。

(ハ) 時間 T の間にこの分子が面 A に加える平均の力の大きさはいくらか。

N は非常に大きく，数多くの分子が連続的に面 A に衝突しているため，面 A には常に一定の圧力が加わっているとみることができる。また，$v^2=v_x^2+v_y^2+v_z^2$ であるが，分子は乱雑に運動しているため，平均としてはどの方向にも同じ速さで運動しているとみなす事ができ，$\langle v_x^2\rangle=\langle v_y^2\rangle=\langle v_z^2\rangle$ と考えてよい。ただし，$\langle X\rangle$ は X の平均値を表す。

(ニ) この気体の圧力 p を m, N, $\langle v^2\rangle$ および立方体の体積 V で表せ。

(ホ) この気体の内部エネルギー U は，N 個の分子の運動エネルギーの和とみることができる。U を p, V で表せ。

次に，図 2 のように面 A をゆっくりと速さ u で正の方向に動かしたところ，x 方向の長さが $L+\Delta L$ の直方体となった。u は v の平均値よりも十分小さい。

(ヘ) 面 A が動いている途中に，面 A に x 方向の速さ v_x で衝突した分子の衝突前後での，分子の運動エネルギーの変化量の大きさはいくらか。ただし u^2 は 0 であると近似してよい。

(ト) 面 A が ΔL だけ移動する間，この分子が面 A に衝突する回数を v_x, u, L, ΔL で表せ。ただし，u は非常に小さく，ΔL は L に対して十分小さいため，分子が一往復する距離は $2L$ で，また，v_x も一定であるとしてよい。

(チ) 面 A の移動前後での内部エネルギーの変化量を m, N, $\langle v^2\rangle$, L, ΔL で表せ。

(リ) 前問（チ）の答えを，問（ニ）の圧力 p と気体の体積変化 ΔV で表せ。

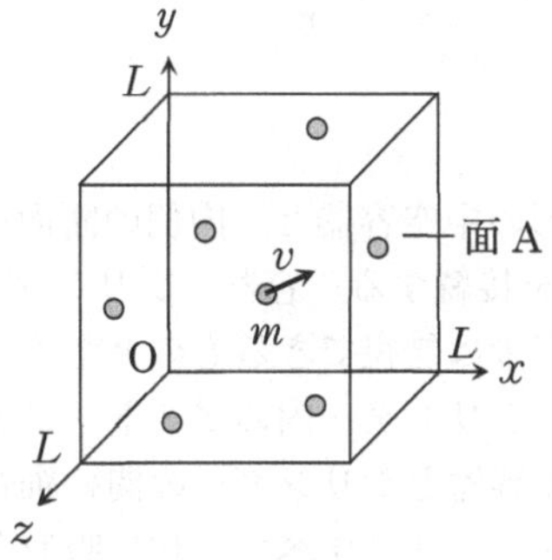

図 1

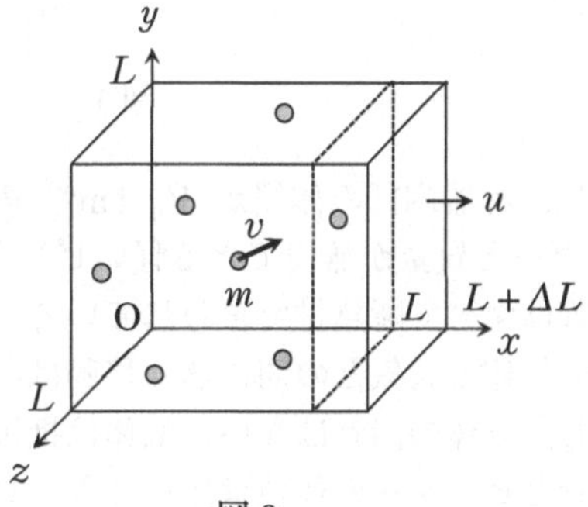

図 2

（工学院大）

176 解答中の数値部分は，整数，既約分数もしくは無理数で記入し，平方根は開かなくてよい。なお，導出過程は示さなくてよい。

(A) 図1(a)のような内側の半径が R〔m〕の球形の中空容器の中に，単原子分子 N 個からなる理想気体を入れる。この単原子分子1個の質量は m〔kg〕である。容器内部の単原子分子は容器の器壁と弾性衝突をし，壁に衝突してから次に壁に衝突するまでの間は等速直線運動をする。気体分子どうしは衝突しないものとする。

図1(a)のように，1個の気体分子が速さ v〔m/s〕で器壁の点 Q に，球の中心 O と点 Q を結ぶ直線と θ の角度をなして衝突した。必要であれば，半径 R〔m〕の球の表面積は $4\pi R^2$〔m^2〕，体積は $\frac{4}{3}\pi R^3$〔m^3〕であることを用いてよい。

(1) 1回の衝突で生じる気体分子の運動量の変化の大きさ Δp は

$$\Delta p = mv \times \boxed{1} \text{〔N·s〕}$$

と表される。$\boxed{1}$ に入る式を求めよ。

(2) 設問(1)の1個の気体分子が1秒間あたりに器壁に衝突する回数を求めよ。

(3) 器壁が設問(1)の1個の分子から受ける力の大きさの平均〔N〕を求めよ。

(4) 容器内気体分子 N 個全体の速さの二乗の平均値を $\overline{v^2}$〔m^2/s^2〕とする。このとき，容器内の圧力 P は

$$P = \boxed{4} \times \overline{v^2}\left(\frac{4}{3}\pi R^3\right)^{-1} \text{〔Pa〕}$$

と表される。$\boxed{4}$ に入る式を求めよ。

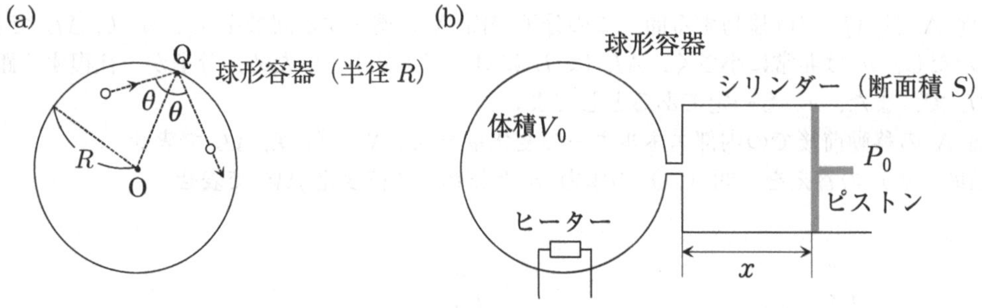

図1

(B) 図1(b)のように，容器内部の体積が V_0〔m^3〕の球形の中空容器と，内側の断面積が S〔m^2〕のシリンダーと質量が無視できる軽いピストンを接続する。容器，シリンダー，ピストン，接続用の細管はすべて断熱材で覆われていて，熱容量は無視できるものとする。容器およびシリンダー内の気体と大気との間に熱の移動はない。シリンダー内のピストンは摩擦なく滑らかに平行移動し，気体の漏れはない。気体は抵抗なく容器とシリンダーの間の細管を通ることができる。細管とヒーターの体積は無視でき，ヒーターの熱はすべて気体に吸収される。シリンダーの底とピストン内面までの距離を x〔m〕とする。大気圧は常に一定で P_0〔Pa〕である。

容器とシリンダーに合計 n〔mol〕の単原子分子理想気体を入れ，$x = L$ の位置にピストンを固定して一様な状態になるまで待ったところ，容器とシリンダー内の圧力は P_1〔Pa〕となり，大気圧に比べて低い圧力 ($P_1 < P_0$) であった。このときの状態を状態1とする。状態1からピストンをゆっくりと $x = \frac{1}{2}L$ の位置まで動かしたところ，釣り合ってピストンは静止した。この状態を状態2とする。状態2から，ヒーターで気体をゆっくりと温めたところピストンはゆっくりと動いて行き，加熱を止めたとき $x = L$ の位置で静止した。この状態を状態3と

する。 $2V_0 = SL$ の関係があることが分かっている。理想気体の気体定数を R〔J/(mol·K)〕とする。

(5) 状態 1→ 状態 2→ 状態 3 の理想気体の状態変化を $p-V$ グラフ(p は圧力，V は体積) で表したとき，最も適切なものを図 2 の(a)〜(f)の中から 1 つ選び記号で答えよ。グラフの矢印は変化の向きを表すものとする。
(6) 状態 1→ 状態 2 の理想気体の状態変化の間に，容器とシリンダー内の気体が外にした仕事〔J〕を P_0, P_1, V_0 を用いて表せ。
(7) 状態 2→ 状態 3 の理想気体の状態変化の間に，容器とシリンダー内の気体が外にした仕事〔J〕を P_0, V_0 を用いて表せ。

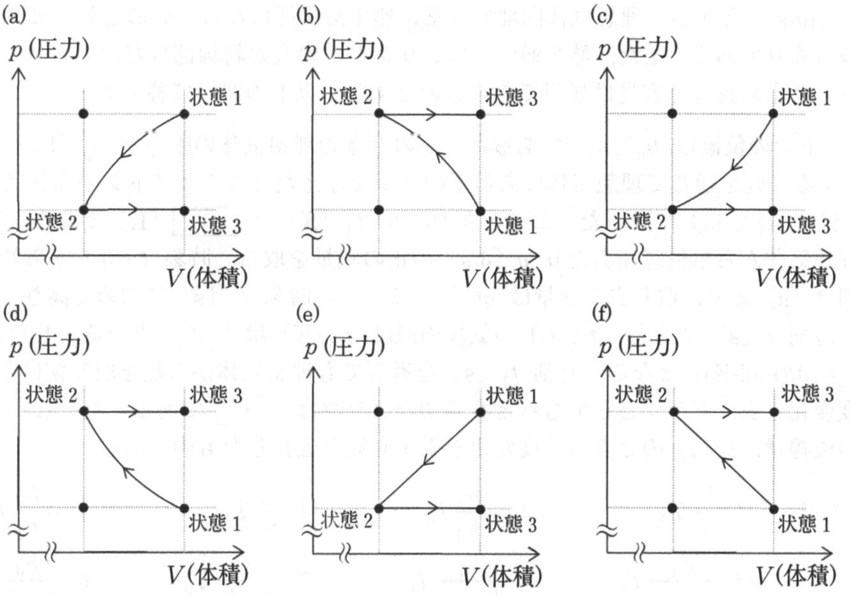

図 2

（芝浦工大）

177 図 (A) のように，シリンダーが垂直に置かれている。上部は質量が無視できるピストンでふさがれており，ピストンが高さ h_0〔m〕以下には下がらないように大きさの無視できる止め具が付けられている。ピストンの断面積は S〔m^2〕である。その中には 1 mol の単原子分子の理想気体が入っている。気体定数，この理想気体の定積モル比熱，定圧モル比熱をそれぞれ R〔J/(mol·K)〕, C_v〔J/(mol·K)〕, C_p〔J/(mol·K)〕とする。周囲には圧力 p_0〔Pa〕，温度 T_0〔K〕の空気が存在し，重力加速度の大きさを g〔m/s^2〕とする。理想気体内部では常に熱平衡状態になっているとし，ピストンの動きは十分ゆっくりである。また，熱を通すのはシリンダーの底の斜線部分だけであり，シリンダーとピストンと止め具の熱容量は無視できるものとする。以下の問いに答えよ。

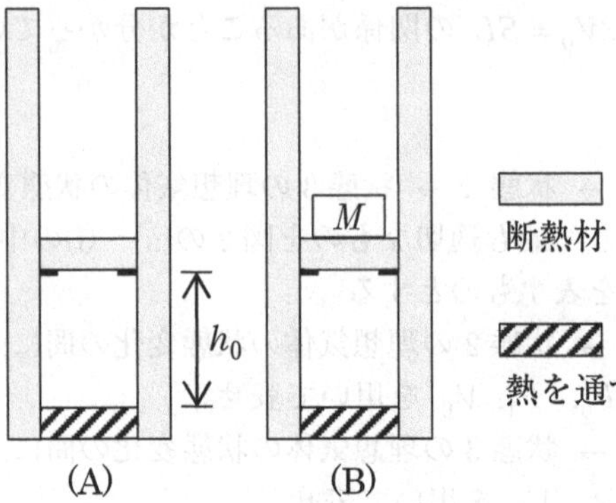

(1) 最初，ピストンの位置は h_0〔m〕であった。そのときの理想気体の圧力を p_0〔Pa〕，温度を T_0〔K〕とする。底を通じて理想気体にある正の熱量を与えたところピストンの高さは h_1〔m〕(ただし，$h_1 > h_0$) になった。このときの温度 T_1〔K〕は [1]〔K〕である。次に，底を通じて理想気体から単位時間あたり q〔J/s〕の正の熱量を取る。時刻 $t = 0$ s から熱を取り始め，時刻 t〔s〕までに取り去る熱量は qt〔J〕である。時刻 t_1〔s〕に初めて高さ h_0〔m〕になった。時刻 t〔s〕(ただし，$t \leqq t_1$) の気体の温度 T〔K〕は [2] となる。したがって，C_p = [3]〔J/(mol·K)〕となる。時刻 t_1〔s〕を過ぎても理想気体から熱を取り続ける。理想気体の温度変化を表すグラフとしてもっとも適切なグラフは [4] である。ただし，解答欄のグラフ中の破線は，$t \leqq t_1$ のときの温度変化を表す直線を延長したものである。

[1] の解答群　① $\dfrac{h_1}{h_0}T_0$　② $-\dfrac{h_1}{h_0}T_0$　③ $\dfrac{h_0}{h_1}T_0$　④ $-\dfrac{h_0}{h_1}T_0$

⑤ $\dfrac{h_1}{h_0-h_1}T_0$　⑥ $\dfrac{h_1}{h_1-h_0}T_0$　⑦ $\dfrac{h_0}{h_0-h_1}T_0$　⑧ $\dfrac{h_0}{h_1-h_0}T_0$

[2] の解答群　① $\dfrac{qt}{C_p}$　② $-\dfrac{qt}{C_p}$　③ $\dfrac{qt}{C_v}$　④ $-\dfrac{qt}{C_v}$

⑤ $T_1+\dfrac{qt}{C_p}$　⑥ $T_1-\dfrac{qt}{C_p}$　⑦ $T_1+\dfrac{qt}{C_v}$　⑧ $T_1-\dfrac{qt}{C_v}$

[3] の解答群　① $\dfrac{h_1qt_1}{h_0T_0}$　② $-\dfrac{h_1qt_1}{h_0T_0}$　③ $\dfrac{h_0qt_1}{h_1T_0}$　④ $-\dfrac{h_0qt_1}{h_1T_0}$

⑤ $\dfrac{h_1qt_1}{(h_0-h_1)T_0}$　⑥ $\dfrac{h_1qt_1}{(h_1-h_0)T_0}$　⑦ $\dfrac{h_0qt_1}{(h_0-h_1)T_0}$　⑧ $\dfrac{h_0qt_1}{(h_1-h_0)T_0}$

[4] の解答群

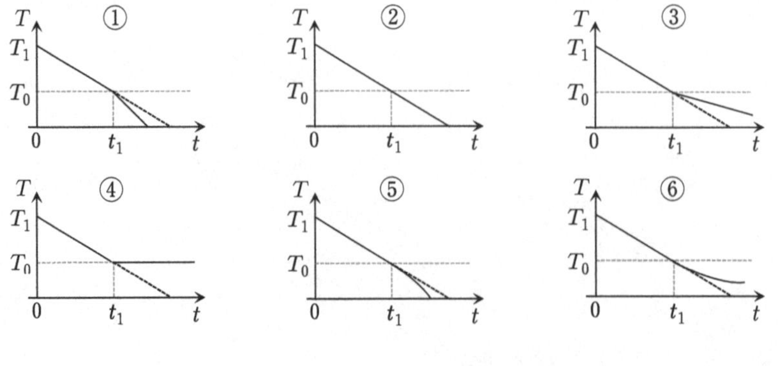

(2) 図（B）のように，ピストンの上に質量 M〔kg〕のおもりを置いた。最初の気体の状態は(1)と同じく圧力を p_0〔Pa〕，温度を T_0〔K〕，高さを h_0〔m〕とする。底を通じて単位時間あたり q〔J/s〕の正の熱量を理想気体に与える。時刻 $t=0\,\mathrm{s}$ から始め，時刻 t〔s〕までに理想気体に与える熱量は qt〔J〕である。

ピストンは内部の圧力が $p_2 = p_0 + \boxed{\ 5\ }$〔Pa〕に達しなければ動かないので，ピストンが動き始めるときの温度は $T_2 = T_0 + \boxed{\ 6\ }$〔K〕である。ピストンが動くまでに $C_v \times \boxed{\ 6\ }$〔J〕だけの熱量を与えなければならないので，ピストンが動き始める時刻 t_2 は $\boxed{\ 7\ }$〔s〕である。

$t \geqq t_2$ のとき，理想気体に入る熱量と比熱を考慮すると理想気体の温度は

$$T = T_2 + \boxed{\ 8\ } \times (t - t_2)\ \text{〔K〕}$$

と表すことができる。時刻 t〔s〕のときのピストンの高さを h〔m〕とすると，$t \geqq t_2$ の場合には理想気体の状態方程式を $p_2hS = RT$ と書くことができる。この式を変形することにより

$$h = h_0 + \boxed{\ 8\ } \times \frac{R(t-t_2)}{p_2S}\ \text{〔m〕}$$

が得られ，h の時間変化の様子を表すグラフとしてもっとも適切なグラフは $\boxed{\ 9\ }$ であることがわかる。ただし，解答欄のグラフ中の破線は，おもりがない場合のピストンの高さの時間変化を表している。

$\boxed{\ 5\ }$ の解答群

① $\dfrac{Mg}{2S}$　② $\dfrac{Mg}{S}$　③ $\dfrac{3Mg}{2S}$　④ $\dfrac{2Mg}{S}$

⑤ $\dfrac{S}{2Mg}$　⑥ $\dfrac{S}{Mg}$　⑦ $\dfrac{3S}{2Mg}$　⑧ $\dfrac{2S}{Mg}$

$\boxed{\ 6\ }$ の解答群

① $\dfrac{R}{Mgh_0}$　② $\dfrac{h_0}{MgR}$　③ $\dfrac{g}{Mh_0R}$　④ $\dfrac{M}{gh_0R}$

⑤ $\dfrac{Mgh_0}{R}$　⑥ $\dfrac{MgR}{h_0}$　⑦ $\dfrac{Mh_0R}{g}$　⑧ $\dfrac{gh_0R}{M}$

$\boxed{\ 7\ }$ の解答群

① $\dfrac{RMgh_0}{C_vq}$　② $\dfrac{RMgh_0}{C_pq}$　③ $\dfrac{RMh_0q}{C_vg}$　④ $\dfrac{RMh_0q}{C_pg}$

⑤ $\dfrac{C_vMgh_0}{Rq}$　⑥ $\dfrac{C_pMgh_0}{Rq}$　⑦ $\dfrac{C_vMh_0q}{Rg}$　⑧ $\dfrac{C_pMh_0q}{Rg}$

$\boxed{\ 8\ }$ の解答群

① $\dfrac{R}{C_v}$　② $\dfrac{R}{C_p}$　③ $\dfrac{C_v}{R}$　④ $\dfrac{C_p}{R}$　⑤ $\dfrac{q}{C_v}$　⑥ $\dfrac{q}{C_p}$　⑦ $\dfrac{C_v}{q}$　⑧ $\dfrac{C_p}{q}$

$\boxed{\ 9\ }$ の解答群

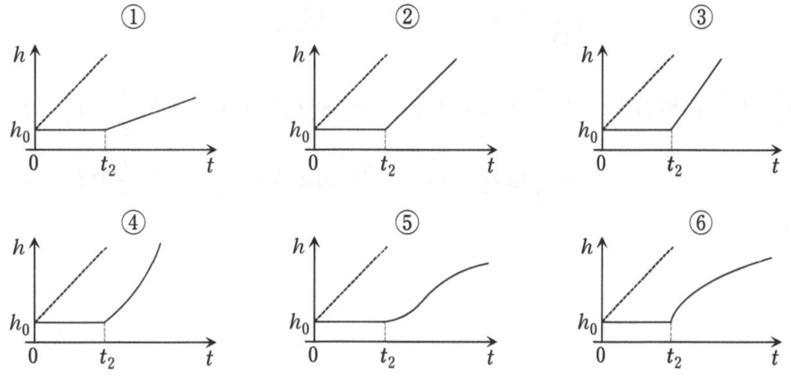

（近畿大）

178 図1のように，なめらかに動くピストンを備えたシリンダーに，1モルの単原子分子理想気体を閉じ込め，圧力 P_0 の大気中に置く。シリンダーの側壁とピストンは断熱材で作られており，シリンダーの底板は，熱を通す材質でできている。底板の外側には，断熱材でできたキャップをかぶせてある。シリンダーの底板と断熱材の熱容量は無視できるほど小さい。図2に示すように，状態 A から A→B→C→D→A と3つの状態を経て元の状態 A にもどる過程について考える。

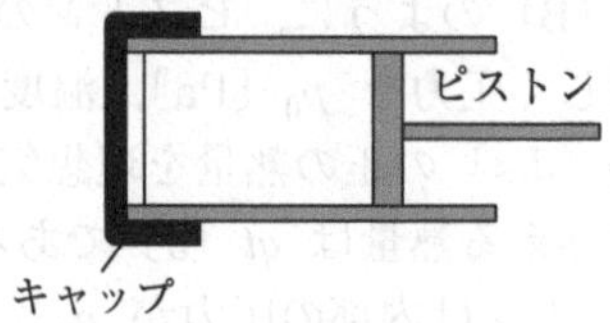

図1

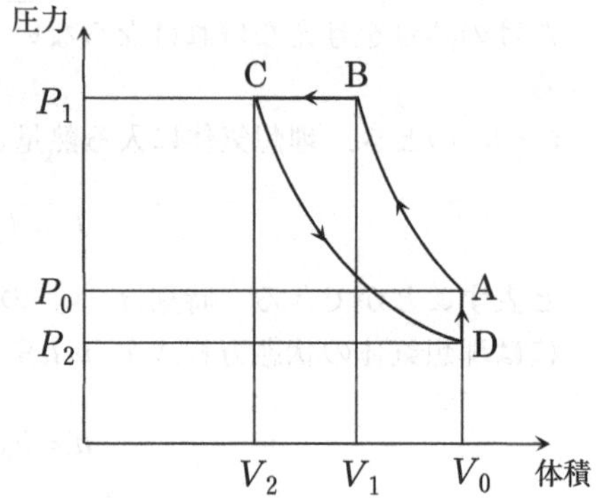

図2

(1) はじめ，気体は圧力 P_0，体積 V_0，温度 T_0 の状態A（図2）にあった。次に，ピストンに力を加えて気体をゆっくり圧縮したところ，体積 $V_1 = \frac{4}{5}V_0$ の状態 B になった。断熱変化においては，理想気体の圧力 P と体積 V の間には，$PV^{\frac{5}{3}} =$（一定）の関係が成立することを利用すると，状態 B における気体の圧力 P_1 と温度 T_1 は次のようになる（ 1 ～ 8 には数字 (0～9) で答えよ)。

$$P_1 = P_0 \times \left(\frac{\boxed{1}}{\boxed{2}}\right)^{\frac{\boxed{3}}{\boxed{4}}} \qquad T_1 = T_0 \times \left(\frac{\boxed{5}}{\boxed{6}}\right)^{\frac{\boxed{7}}{\boxed{8}}}$$

したがって，T_0 と T_1 の間には 9 の関係が成り立つ。

9 の解答群　① $0.5T_0 < T_1 < 0.75T_0$　② $0.75T_0 < T_1 < T_0$　③ $T_0 < T_1 < 1.25T_0$
④ $1.25T_0 < T_1 < 1.5T_0$　⑤ $1.5T_0 < T_1 < 2T_0$

(2) 次に，シリンダーのキャップを取り去り，ピストンに加える力を一定に保って，気体の圧力を P_1 に保ち続けた。気体の体積はゆっくりと変化し，しばらくして体積 $V_2 = \frac{3}{5}V_0$，温度 T_2 の状態 C（図2）になった。このとき，温度 T_2 と，この過程で気体が得た熱 Q は次の関係を満たす (10 と 11 には数字 (0～9) で答えよ)。

$$T_2 = \frac{\boxed{10}}{\boxed{11}} \times T_1 \qquad Q = \boxed{12}$$

12 の解答群　① $\frac{1}{2}R(T_2 - T_1)$　② $R(T_2 - T_1)$　③ $\frac{3}{2}R(T_2 - T_1)$　④ $2R(T_2 - T_1)$
⑤ $\frac{5}{2}R(T_2 - T_1)$　⑥ $3R(T_2 - T_1)$　⑦ $\frac{7}{2}R(T_2 - T_1)$

(3) ここから，同じ温度を保ったままゆっくり気体を膨張させたところ，圧力 P_2，体積 V_0 の状態 D になった。続けて，気体の体積が V_0 のままに保たれるようピストンを固定して熱を加えたところ，圧力は P_0，温度は T_0 となり状態 A にもどった。過程 A → B において気体がされた仕事を W_1，過程 B → C において気体がされた仕事を W_2，過程 C → D において気体がした仕事を W_3，とするとき，過程 B → C で気体が放出した熱 Q_{out} と過程 C → D → A で気体が吸収した熱 Q_{in} の差 $Q_{out} - Q_{in}$ は [13] である。

[13] の解答群 ① $W_1 + W_2$ ② $-W_1 - W_2$ ③ $W_1 + W_2 + W_3$ ④ $-W_1 - W_2 - W_3$
⑤ $W_1 - W_2 - W_3$ ⑥ $-W_1 - W_2 + W_3$ ⑦ $-W_1 + W_2 + W_3$
⑧ $W_1 - W_2 + W_3$ ⑨ $W_1 + W_2 - W_3$

(4) 状態 A, B, C における分子の 2 乗平均速度 $\sqrt{\overline{v^2}}$ を $\sqrt{\overline{v_A^2}}$, $\sqrt{\overline{v_B^2}}$, $\sqrt{\overline{v_C^2}}$ とするとき，その大小関係として正しいものは [14] である。

[14] の解答群 ① $\sqrt{\overline{v_A^2}} < \sqrt{\overline{v_B^2}} < \sqrt{\overline{v_C^2}}$ ② $\sqrt{\overline{v_A^2}} < \sqrt{\overline{v_C^2}} < \sqrt{\overline{v_B^2}}$ ③ $\sqrt{\overline{v_B^2}} < \sqrt{\overline{v_A^2}} < \sqrt{\overline{v_C^2}}$
④ $\sqrt{\overline{v_B^2}} < \sqrt{\overline{v_C^2}} < \sqrt{\overline{v_A^2}}$ ⑤ $\sqrt{\overline{v_C^2}} < \sqrt{\overline{v_A^2}} < \sqrt{\overline{v_B^2}}$ ⑥ $\sqrt{\overline{v_C^2}} < \sqrt{\overline{v_B^2}} < \sqrt{\overline{v_A^2}}$

ピストンの中に閉じ込められた気体分子の 2 乗平均速度 $\sqrt{\overline{v^2}}$ を考えると，A → B → C → D → A の 1 サイクルの間の 2 乗平均速度の最大値は，1 サイクルの間の 2 乗平均速度の最小値の [15] 倍となる。

[15] の解答群 ① $\dfrac{T_1}{T_0}$ ② $\dfrac{T_1}{T_2}$ ③ $\dfrac{T_0}{T_2}$ ④ $\dfrac{T_2}{T_1}$ ⑤ $\dfrac{T_0}{T_1}$
⑥ $\sqrt{\dfrac{T_1}{T_0}}$ ⑦ $\sqrt{\dfrac{T_1}{T_2}}$ ⑧ $\sqrt{\dfrac{T_0}{T_2}}$ ⑨ $\sqrt{\dfrac{T_2}{T_1}}$ ⑩ $\sqrt{\dfrac{T_0}{T_1}}$

（東北医科薬科大・医）

179 単原子分子の理想気体 1 mol を，定圧変化，定積変化，断熱変化の順に変化させる熱機関のサイクルがある。はじめを状態 A とし，定圧変化により状態 B に，定積変化により状態 C に，断熱変化により再び状態 A に戻る。状態 A の圧力は p_A〔Pa〕，体積は V_A〔m^3〕，温度は T_A〔K〕，状態 B の圧力は p_B〔Pa〕，体積は V_B〔m^3〕，温度は T_B〔K〕，状態 C の圧力は p_c〔Pa〕，体積は V_C〔m^3〕，温度は T_C〔K〕で示す。ここで，$\dfrac{V_A}{V_B}=\alpha$，$\dfrac{p_A}{p_B}=\beta$ とし，この熱機関のサイクルでは，$\alpha>1$，$\beta>1$ である。この気体の気体定数は R〔J/(mol·K)〕とする。

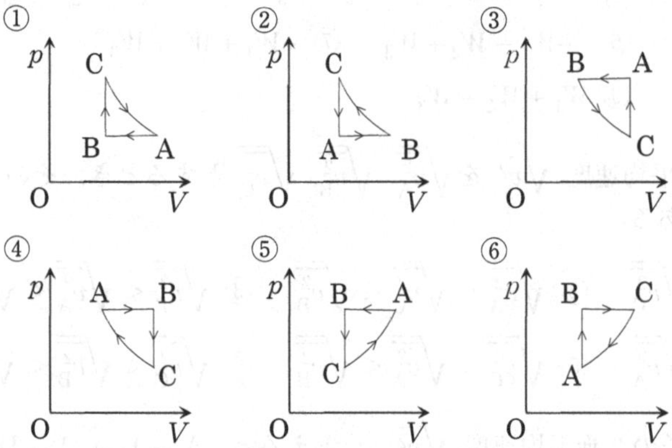

	Q〔J〕	W〔J〕	ΔU〔J〕
A→B		(a)	
B→C	(b)		
C→A	(c)	(d)	(e)

(1) この熱サイクルを，横軸に体積 V，縦軸に圧力 p をとり，その状態変化をグラフに描いた。①～⑥のうち正しいものを選べ。

(2) 右上の表は，このサイクルの状態変化における，熱 Q〔J〕，仕事 W〔J〕，内部エネルギーの変化 ΔU〔J〕を示している。熱は外から気体に与えられる際に正，気体から外に放出される際に負，仕事は外から気体に与えられる際に正，気体から外になされる際に負とする。R, α, β, T_B より必要な記号を用いて，表内の (a), (b), (c), (d), (e) の場所に，正負を考慮した適切な式を記せ。

(3) A → B → C → A のサイクルによる熱機関の効率 e を，α, β だけを用いて表したとき，次の空欄に入る適切な式を記せ。

$$e=1-\boxed{\quad}$$

（芝浦工大）

180 太陽からの放射エネルギーが地表面で吸収され，地表面に近い大気が暖められるため大気に対流が生じる。地表から上空 10〜16 km までの大気層では対流が活発に生じ，対流圏と呼ばれている。対流圏では鉛直方向の気温減少率（気温が低下する割合）が大きく，高度とともに気温が低下する現象がみられる。空気は熱を伝えにくいため断熱変化する理想気体とみなし，この現象を考察してみよう。大気中の高度 h にある体積 V の微小な空気の塊が対流により，上昇する場合を考える。高度 h での大気の圧力を p，温度を T，この微小な空気の塊の物質量を n とすると，気体定数を R として理想気体の状態方程式 $pV = nRT$ が成立する。

この微小な空気の塊の高度が $h + \Delta h$（Δh は h に対して十分小さい）に上昇したとき，圧力，体積，温度がそれぞれ $p + \Delta p$, $V + \Delta V$, $T + \Delta T$ に微小変化した。このとき，微小な空気の塊の物質量は変化しないものとする。なお，$|x|$，$|y|$ が 1 に対して十分小さいとき，x, y の 2 次以上の項を無視する以下の近似式を用いてよい。

$$xy = 0, \quad (1 + x)^n = 1 + nx \quad (n \text{ は実数})$$

問 1 p, Δp, V, ΔV, T, ΔT の間に成り立つ関係式はどれか。

① $\dfrac{\Delta p}{p} + \dfrac{\Delta V}{V} + \dfrac{\Delta T}{T} = 0$　② $\dfrac{\Delta p}{p} + \dfrac{\Delta V}{V} - \dfrac{\Delta T}{T} = 0$　③ $\dfrac{\Delta p}{p} - \dfrac{\Delta V}{V} + \dfrac{\Delta T}{T} = 0$

④ $\dfrac{\Delta p}{p} - \dfrac{\Delta V}{V} - \dfrac{\Delta T}{T} = 0$　⑤ $\dfrac{\Delta p}{p} + \dfrac{\Delta V}{V} - \dfrac{\Delta T}{T} = 1$　⑥ $\dfrac{\Delta p}{p} - \dfrac{\Delta V}{V} + \dfrac{\Delta T}{T} = 1$

断熱変化する理想気体では関係式 $pV^{\gamma} =$（一定）が成立する。ここで，γ は比熱比 $\gamma = \dfrac{C_p}{C_V}$（$C_V$ は定積モル比熱 C_ρ は定圧モル比熱）である。

問 2 上昇する微小な空気の塊は断熱変化する。このとき，p, Δp, V, ΔV, γ の間に成り立つ関係式はどれか。

① $\dfrac{\Delta p}{p} + \gamma\dfrac{\Delta V}{V} = 0$　② $\dfrac{\Delta p}{p} - \gamma\dfrac{\Delta V}{V} = 0$　③ $\dfrac{\Delta p}{p} + \dfrac{1}{\gamma}\dfrac{\Delta V}{V} = 0$

④ $\dfrac{\Delta p}{p} - \dfrac{1}{\gamma}\dfrac{\Delta V}{V} = 0$　⑤ $\dfrac{\Delta p}{p} + \dfrac{\Delta V}{V} = \gamma$　⑥ $\dfrac{\Delta p}{p} + \dfrac{\Delta V}{V} = \dfrac{1}{\gamma}$

問 3 問 1 と問 2 の結果を用いると p, Δp, T, ΔT, γ の間に成り立つ関係式を求めることができる。正しいものを，次のうちから一つ選びなさい。

① $\dfrac{\Delta T}{T} + (\gamma - 1)\dfrac{\Delta p}{p} = 0$　② $\dfrac{\Delta T}{T} + r\dfrac{\Delta p}{p} = 0$　③ $\dfrac{\Delta T}{T} + \dfrac{1}{\gamma - 1}\dfrac{\Delta p}{p} = 0$

④ $\dfrac{\Delta T}{T} + \dfrac{1}{\gamma}\dfrac{\Delta p}{p} = 0$　⑤ $\dfrac{\Delta T}{T} + \left(1 - \dfrac{1}{\gamma}\right)\dfrac{\Delta p}{p} = 0$　⑥ $\dfrac{\Delta T}{T} - \left(1 - \dfrac{1}{\gamma}\right)\dfrac{\Delta p}{p} = 0$

高度 h の空気の密度を ρ とすると，高度が Δh 上昇した場合，重力加速度の大きさを g として，微小な空気の塊の圧力は $-\rho g \Delta h$ だけ変化する。また，1 mol 当たりの空気の質量を M とすると，$\rho = \dfrac{pM}{RT}$ と表される。

問 4 以上から，高度の上昇に対する空気の温度の変化率 $\dfrac{\Delta T}{\Delta h}$ はどのように表されるか。

① $-\gamma\dfrac{Mg}{R}$　② $-(\gamma - 1)\dfrac{Mg}{R}$　③ $-\dfrac{1}{\gamma}\dfrac{Mg}{R}$

④ $-\dfrac{1}{\gamma - 1}\dfrac{Mg}{R}$　⑤ $-\left(1 - \dfrac{1}{\gamma}\right)\dfrac{Mg}{R}$　⑥ $-\left(1 + \dfrac{1}{\gamma}\right)\dfrac{Mg}{R}$

（獨協医大）

181 風船の中に1 mol の単原子分子理想気体 A を密封し，風船内に設置されたヒーターで気体を温めることによって，浮力で風船を浮かせることができる。浮力は，風船の上部と下部のわずかな大気圧の差によって生じるが，風船内の理想気体 A の状態変化や理想気体 A が外部になす仕事を考える際には，このわずかな差は無視でき，風船は常に地表付近にあることから，外部の大気圧は常に P_0〔Pa〕と近似してよい。

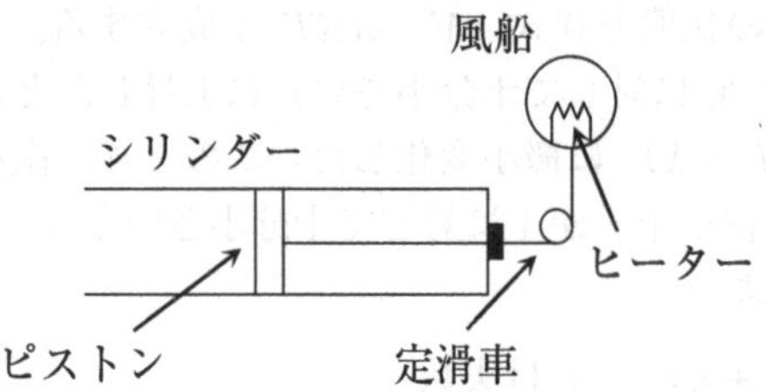

図1

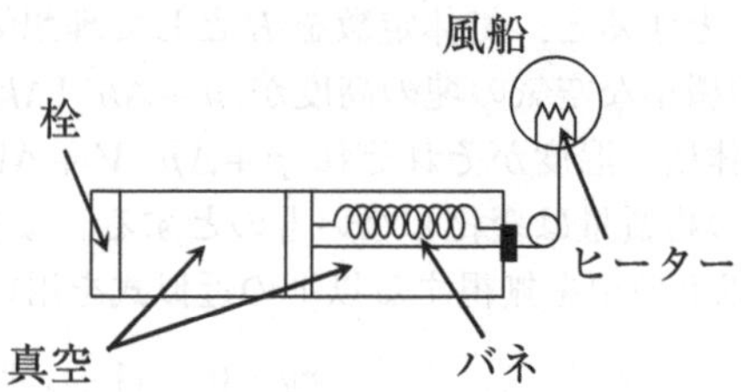

図2

風船には伸び縮みしない質量の無視できる糸が取り付けられている。図1のように，滑らかに動く断面積 S〔m^2〕のピストンを持つシリンダーを水平に設置する。糸を滑らかに回転する軽い定滑車にかけ，シリンダー底面にある無限小の穴を通してピストンに水平につなげてある。シリンダー底面に付けられた装置によって，ピストンと底面の間の空間は常に気密性が保たれており，無限小の穴を通じて気体が外部に漏れることもなく，外部から内部に入ることもない。風船の膜は熱を通さず自由に伸縮できるものとし，外部と内部の圧力は等しいと考えてよい。理想気体 A の質量やヒーターも含めた風船全体の質量を M〔kg〕，大気の質量密度を m〔kg/m^3〕とする。ヒーターやピストンの体積および熱容量，糸と定滑車の間および糸とシリンダー底面の無限小の穴との間で発生する磨擦力等は無視できるものとする。以下の設問の解答を記せ。重力加速度の大きさを g〔m/s^2〕，気体定数を R〔J/(mol·K)〕とし，導出過程は示さなくてよい。ただし，すべての図は模式図であり，必ずしも正しい縮尺を表していない。

(A) 図2のように，シリンダーの左の開口部を栓で閉め，ピストンの両側のシリンダー内の空間を真空にする。質量の無視できるバネ定数 k〔N/m〕のバネの一端をピストンに固定し，他端をシリンダー底面にバネが水平になるようにつなげる。

（イ）はじめ，理想気体 A の温度を下げ，糸をはずした状態で風船を地表に置いた。風船内の温度を T_0〔K〕に上げたところ，風船が浮き上がった。この温度 T_0 を求めよ。

（ロ）風船に糸を取り付け，理想気体 A の温度を $2T_0$ の状態にしたところ，糸が張った状態で図2のように風船は静止した。この状態を状態Ⅰとする。この状態からゆっくりとヒーターで風船内を温めてから加熱をやめたところ，じゅうぶん時間が経過したのち理想気体 A の温度は $3T_0$ になった。このときの状態を状態Ⅱとする。状態Ⅰから状態Ⅱまで理想気体 A が外部の大気にした仕事〔J〕を R および T_0 を用いて表せ。

（ハ）状態Ⅰから状態Ⅱまでヒーターから理想気体 A に加えられた熱量を Q_1〔J〕とするとき，Q_1 を R および T_0 を用いて表せ。

（ニ）状態Ⅰから状態Ⅱまで風船にはたらく浮力がした仕事を W_1〔J〕とするとき，W_1 を，M，k，g を用いて表せ。

(B) 次に，図3のように，栓とバネを外して，ピストンの右側に1 mol の単原子分子理想気体 B を密封した。また，図3のように，ピストンの右側面の位置を x〔m〕で表し，シリンダーに沿って右向きを x 軸の正の向きとする。シリンダーやピストンは断熱材でできており，理想気体 B と外部との熱のやり取りはない。

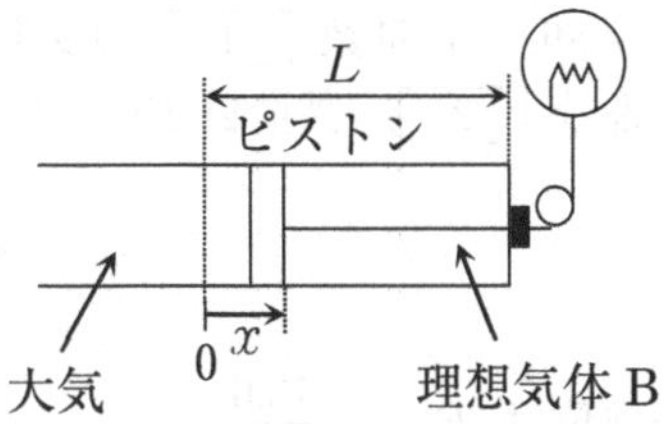

図3

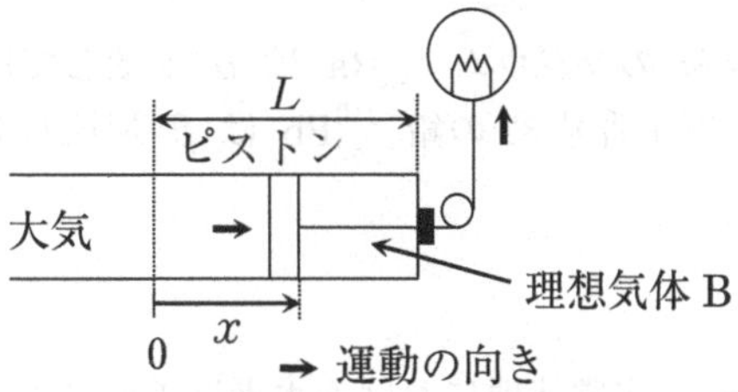

図4

この断熱過程で理想気体 B の状態変化は，理想気体 B の体積を V，圧力を P とすると，

$$PV^{\frac{5}{3}}=C\ (C\text{ は定数})$$

となる。はじめ，理想気体 A の温度を T_0 よりも高い状態に保ったところ，糸が張った状態でピストンの位置は $x=0$ で静止した。

このとき，ピストンの右側面とシリンダー底面の内側との間の長さは L であり，理想気体 B の圧力は $2P_0$ であった。この状態を状態Ⅲとする。状態Ⅲからヒーターで徐々に理想気体 A を温めると，図4のように，ピストンは徐々に右に移動し始めた。ヒーターの加熱をやめてじゅうぶん時間が経過したところ，ピストンは $x=\frac{7}{8}L$ で静止した。この状態を状態Ⅳとする。

(ホ) 状態Ⅲにおける理想気体 A の体積〔m^3〕を，m, M, g, P_0, S を用いて表せ。

(へ) 状態Ⅲから状態Ⅳまでにヒーターから理想気体 A に加えられた熱量 Q_2〔J〕を，P_0, g, S, m を用いて表せ。

(ト) 状態Ⅲから状態Ⅳまでに糸の張力が理想気体 B にした仕事 W_2〔J〕を，P_0, S, L を用いて表せ。

(芝浦工大・改)

5章 原子

182 原子番号88のラジウム $^{226}_{88}$Ra は α 崩壊して原子番号86，質量数 [1] のラドン Rn になる。また，原子番号82の鉛 $^{210}_{82}$Pb は β 崩壊して原子番号 [2]，質量数210のビスマス Bi になる。

（琉球大）

183 量子数 n の定常状態における水素原子のエネルギー準位は $E_n = -\dfrac{13.6}{n^2}$〔eV〕$(n = 1, 2, 3, \cdots)$ で表される。電子が $n = 3$ から $n = 2$ の状態に移るときに，水素原子は光子を放出するか，吸収するか。また，この光子の振動数は何 Hz か。ただし，プランク定数を 6.63×10^{-34} J·s，$1\ \text{eV} = 1.60 \times 10^{-19}$ J とする。

（名城大）

184 X線管の電子の加速電圧を 30.0 kV にしたときに得られるX線の最短波長は [　　] m となる。ただし，電気素量は 1.60×10^{-19} C，プランク定数は 6.63×10^{-34} J·s，真空中の光の速さは 3.00×10^8 m/s とする。

① 2.3×10^{-11}　② 2.9×10^{-11}　③ 3.5×10^{-11}　④ 4.1×10^{-11}
⑤ 4.7×10^{11}　⑥ 5.3×10^{-11}　⑦ 6.0×10^{-11}　⑧ 6.6×10^{-11}

（日大・医）

185 次の文中の空欄を埋めなさい。

・電気素量を e とする。質量数 A，原子番号 Z の原子において，原子核の電荷は [1] となる。
・重陽子($^2_1$H)の質量を M，陽子の質量を m_p，中性子の質量を m_n，光速を c とすると，重陽子の結合エネルギーは [2] と表される。
・金属板表面から電子1個をとり出すのに必要な最小のエネルギーのことを [3] という。
・プランク定数を h とする。運動量の大きさが p で運動する粒子のド・ブロイ波の波長は [4] と書ける。

（工学院大）

186 陽子 $^1_1$p，中性子 $^1_0$n，重水素 $^2_1$H の原子核の質量をそれぞれ 1.6726×10^{-27} kg，1.6749×10^{-27} kg，3.3436×10^{-27} kg とするとき，$^2_1$H の原子核の質量欠損は何 kg か。また，$^2_1$H の原子核の結合エネルギーは何 J か。それぞれ有効数字2桁で答えよ。ただし，真空中の光速を 3.00×10^8 m/s とする。

（名城大）

187 次のような反応で原子核Xが生成された。

$$^{235}_{92}\text{U} + {}^1_0\text{n} \rightarrow {}^{103}_{42}\text{Mo} + \text{X} + 2{}^1_0\text{n}$$

原子核 X の原子番号は [1]，中性子数は [2]，質量数は [3] である。

（杏林大・医）

188 半減期 3 年の放射性原子核の数は，9 年前には現在の何倍あったか。

㋐ 3　　㋑ 8　　㋒ 9　　㋓ 16　　㋔ 81

（自治医大）

189 X 線や中性子を用いた回折実験は物質の構造を調べる上で欠かすことのできない実験手法である。実験に用いる X 線や中性子は，規則的な結晶構造を持つ物質に入射し，回折や干渉を起こすので，その波長はとなりあう原子の間隔と同程度の 10^{-10} m くらいである必要がある。プランク定数を 6.6×10^{-34} J·s，電気素量を 1.6×10^{-19} C，中性子の質量を 1.7×10^{-27} kg とする。波長が 1.0×10^{-10} m となる中性子 1 個の運動エネルギー〔eV〕を有効数字 2 桁で求めよ。

（芝浦工大）

190 図のように，間隔 d の原子面を持つ結晶に，波長 $\frac{d}{2}$ の X 線が θ $(0° < \theta < 90°)$ の角度で入射した。間隔 d の結晶面がブラッグ反射の条件を満たす θ は何個あるか。

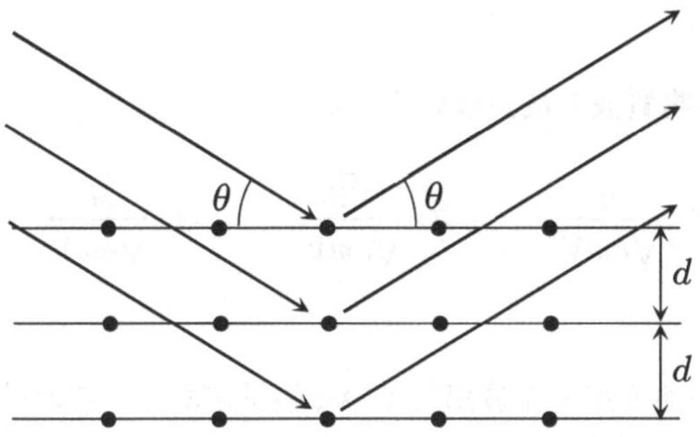

㋐ 0　　㋑ 1　　㋒ 2　　㋓ 3　　㋔ 4

（自治医大）

191 真空中で，ある金属に波長 λ〔nm〕の単色光を当てて，金属から出てくる光電子の速さを調べた。その結果，λ が 500 nm 以上では光電子は出てこないことがわかった。また，500 nm 未満の波長では，様々な速さを持つ光電子が金属表面から飛び出すことがわかった。ある波長 λ〔nm〕の単色光を当てたときの光電子の最大の速さが，波長 400 nm の単色光を当てたときの光電子の最大の速さの 2 倍になるとき，波長 λ〔nm〕を有効数字 3 桁で求めよ。ただし，$1\ \text{nm} = 10^{-9}$ m である。

（芝浦工大）

192 原子番号の大きな原子核には不安定なものがあり，放射線を放出して安定な別の原子核に変わっていく。これを原子核の崩壊という。原子核の崩壊には α 崩壊と β 崩壊があり，α 崩壊は不安定な原子核が α 粒子を放出し，原子番号が [1] 減り，質量数が [2] 減って，別の原子核になる現象である。β 崩壊は不安定な原子核内の中性子が β 線を放出して陽子に変わり，原子番号が [3] 増えて，別の原子核になる現象である。

時刻 $t=0$ に N_0 個あった不安定な原子核が半減期 T で崩壊して安定な原子核へ変わるとき，時刻 t で崩壊せずに残っている原子核の数は [4] と表される。ウラン ${}^{235}_{92}\text{U}$ の半減期が 7.0×10^{8} 年であるとき，この原子核の数が現在の $\frac{1}{8}$ になるのは [5] 年後である。

（琉球大）

193 次の文中の空欄に入る語句として最適なものを選択肢から選べ。

核反応により $^{23}_{11}\mathrm{Na}$ から放射性同位体である $^{24}_{11}\mathrm{Na}$ を生成するには，$^{23}_{11}\mathrm{Na}$ の原子核に [1] を吸収させればよい。また，$^{24}_{11}\mathrm{Na}$ の原子核が崩壊して安定な $^{24}_{12}\mathrm{Mg}$ の原子核に変わるとき，[2] を放出する。

[1] の選択肢　① 陽子　② 電子　③ 中性子

[2] の選択肢　① α 線と γ 線　② β 線と γ 線　③ γ 線だけ

（名城大）

194 X線管では，電圧 V で加速した電子を陽極に衝突させ，電子を減速させることでX線を発生させる。電子の持つ運動エネルギーが全てX線光子のエネルギーに変わるときのX線の振動数はいくらか。電子の電気量の大きさを e，電子の質量を m，プランク定数を h，真空中の光の速さを c とする。

㋐ $\dfrac{eV}{h}$　㋑ $\dfrac{eV}{hc}$　㋒ eV　㋓ $\dfrac{eV}{hm}$　㋔ $\dfrac{hc}{eV}$

（自治医大）

5章

195 前問の電圧 V で加速した電子の物質波の波長はいくらか。

㋐ $\dfrac{h}{2\sqrt{emV}}$　㋑ $\dfrac{h}{\sqrt{2emV}}$　㋒ $\dfrac{h}{\sqrt{emV}}$　㋓ $\dfrac{\sqrt{2}h}{\sqrt{emV}}$　㋔ $\dfrac{2h}{\sqrt{emV}}$

（自治医大）

196 核融合反応で毎秒 9×10^{26} J のエネルギーを放出している恒星がある。この星の質量はどのような時間変化を示すか。ただし，光の速さを 3×10^{8} m/s とする。

㋐ 毎秒 3×10^{18} kg 減少　㋑ 毎秒 1×10^{10} kg 減少　㋒ 毎秒 1×10^{10} kg 増加

㋓ 毎秒 3×10^{18} kg 増加　㋔ 時間変化しない

（自治医大）

197 $^{238}_{92}\mathrm{U}$（ウラン）は，α 崩壊と β 崩壊を繰り返し，最終的に安定な $^{206}_{82}\mathrm{Pb}$（鉛）になる。この過程で β 崩壊は何回起こるか。

㋐ 2　㋑ 4　㋒ 6　㋓ 8　㋔ 10　（自治医大）

198 水素原子のエネルギー準位は $E_n=-\dfrac{13.6}{n^2}$〔eV〕（n は量子数）と表される。$E_\infty-E_1=13.6$ eV であるので，この値（13.6 eV）は水素原子の [1] と一致する。水素原子が量子数 $n=2$ の励起状態から基底状態へ移るとき，放出する光子のエネルギーは [2] eV である。

[1] の解答群

① 静止エネルギー　② イオン化エネルギー　③ 結合エネルギー　④ 仕事関数

[2] の解答群

① 2.2　② 3.4　③ 4.8　④ 6.8　⑤ 7.9　⑥ 9.1　⑦ 10.2　⑧ 11.7

（日大・医・改）

199 胸部エックス線の撮影には 120 kV 程度の電圧により発生させたX線を用いる。はじめは静止している電子に 1.2×10^5 V の電圧をかけて電子を加速させ，金属でできた陽極に衝突させてX線を発生させた。このとき以下の問いに答えなさい。

(a) 1個の電子が陽極に達したときの運動エネルギーを求めなさい。

(b) 陽極で発生するX線の最短波長を求めなさい。ただし，電子の質量と電荷をそれぞれ 9.1×10^{-31} kg，1.6×10^{-19} C，プランク定数を 6.6×10^{-34} J·s，空気中の光の速さを 3.0×10^8 m/s としなさい。

（昭和大・医）

200 ある原子(半減期 T) が β 崩壊して N_1〔mol〕から N〔mol〕になるのにかかる時間を次の中から選択し，記号で答えなさい。

㋐ $\dfrac{\log N-\log N_1}{\log 2}T$　㋑ $\dfrac{\log N_1-\log N}{\log 2}T$　㋒ $\dfrac{\log 2}{\log N-\log N_1}T$　㋓ $\dfrac{\log 2}{\log N_1-\log N}T$

（獣医生命科学大・改）

5章

201 ウラン235 $^{235}_{92}\mathrm{U}$ は中性子に衝突すると二個の原子核に核分裂する。このとき1つの $^{235}_{92}\mathrm{U}$ から 200 MeV のエネルギーが放出される。1.00 g のウラン235がすべて上と同様の核分裂をしたとするとどれだけの大きさのエネルギー〔J〕が放出されるか。ただしアボガドロ数と電子の電荷の大きさをそれぞれ 6.02×10^{23}/mol，1.60×10^{-19} C とする。

（昭和大・医）

202 ある遺跡から発掘された木材中の炭素に含まれる放射性同位体 $^{14}_{6}\mathrm{C}$ の割合は，その木が生存していたときに比べて25%減っていた。この遺跡は約何年前に建造されたものか。ただし，$^{14}_{6}\mathrm{C}$ の半減期は 5.7×10^3 年とし，$\log_{10}2=0.30$, $\log_{10}3=0.48$ とする。

㋐ 1300　㋑ 2300　㋒ 3300　㋓ 4300　㋔ 5300

（自治医大）

203 原子番号88のラジウム $^{226}_{88}\mathrm{Ra}$ は α 崩壊で原子番号86のラドン Rn に変わる。次の問いに答えよ。

(a) ラジウムの半減期は1600年である。ラジウム原子の数は何年後にもとの数の $\dfrac{1}{8}$ になるか。最も近い値を，次の①～⑦のうちから一つ選べ。

① 200年後　② 2100年後　③ 3200年後　④ 4480年後
⑤ 4800年後　⑥ 6400年後　⑦ 12800年後

(b) 静止したラジウムが α 崩壊したとき，放出される α 粒子の運動エネルギーはラドンの運動エネルギーの何倍か。最も近い値を，次の①～⑦のうちから一つ選べ。

① 8.9×10^{-3} 倍　② 1.8×10^{-2} 倍　③ 44.2倍　④ 55.5倍
⑤ 74.3倍　⑥ 112倍　⑦ 225倍

（順天堂・医）

204 電荷 $-e$〔C〕, 質量 m〔kg〕の電子1個と原子番号 Z, 質量数 A の原子核からなるイオンを考えよう。ただし $Z \geqq 2$ として, プランク定数を h〔J·s〕, 真空中のクーロンの法則の比例定数を k_0〔$\mathrm{N{\cdot}m^2/C^2}$〕とする。また, 原子核の質量は電子の質量に比べ十分大きいので, 原子核は静止しているとする。

(1) このイオンの電荷は $\boxed{\ 1\ }$ $\times e$〔C〕である。

$\boxed{\ 1\ }$ の解答群

① $-Z-1$　② $-Z$　③ $-Z+1$　④ $Z-1$　⑤ Z　⑥ $Z+1$

⑦ $-A-1$　⑧ $-A$　⑨ $-A+1$　⓪ $A-1$　ⓐ A　ⓑ $A+1$

(2) 電子が速さ v〔m/s〕で運動しているとき, その電子の物質波の波長は $\boxed{\ 2\ }$〔m〕である。この電子が原子核からの距離が r〔m〕の円軌道に沿って運動しているとする。n は正の整数として, 軌道一周の長さが物質波の波長の n 倍になったとき, この波は定在波として存在する。このとき $v=$ $\boxed{\ 3\ }$〔m/s〕となる。

$\boxed{\ 2\ }$ と $\boxed{\ 3\ }$ の解答群

① $\dfrac{mv}{2h}$　② $\dfrac{mv}{h}$　③ $\dfrac{2mv}{h}$　④ $\dfrac{h}{2mv}$　⑤ $\dfrac{h}{mv}$　⑥ $\dfrac{2h}{mv}$

⑦ $\dfrac{\pi rm}{2hn}$　⑧ $\dfrac{\pi rm}{hn}$　⑨ $\dfrac{2\pi rm}{hn}$　⓪ $\dfrac{hn}{2\pi rm}$　ⓐ $\dfrac{hn}{\pi rm}$　ⓑ $\dfrac{2hn}{\pi rm}$

(3) 電子に作用する静電気力が向心力となるので $\dfrac{mv^2}{r} = \boxed{\ 4\ } \times \dfrac{h_0 e^2}{r^2}$〔N〕が成り立つ。

これから, 電子の速さを求めると $v = \boxed{\ 5\ } \times \sqrt{\dfrac{k_0}{mr}}\,e$〔m/s〕が得られる。

これと(2)で得られた結果を使うと, n を与えたときの電子の軌道半径が

$\boxed{\ 6\ } \times \dfrac{h^2 n^2}{4\pi^2 k_0 m e^2}$〔m〕と求められる。以下では, この半径を r_n と表す。

$\boxed{\ 4\ }$ ～ $\boxed{\ 6\ }$ の解答群

① $\sqrt{Z}$　② $\sqrt{A}$　③ $\sqrt{A+Z}$　④ Z　⑤ A　⑥ $(A+Z)$

⑦ Z^2　⑧ A^2　⑨ $(A+Z)^2$　⓪ $\dfrac{1}{Z}$　ⓐ $\dfrac{1}{A}$　ⓑ $\dfrac{1}{A+Z}$

(4) この電子の静電気力による位置エネルギーは, 無限遠を基準にとると $\boxed{\ 7\ } \times k_0 \dfrac{e^2}{r_n}$〔J〕, 電子の運動エネルギーは $\boxed{\ 8\ } \times k_0 \dfrac{e^2}{r_n}$〔J〕となるので, (3)で求めた r_n の具体的な形を用いると, 電子の運動エネルギーと静電気力による位置エネルギーの和は $\boxed{\ 9\ } \times \dfrac{k_0^2 \pi^2 m e^4}{h^2 n^2}$〔J〕となる。このエネルギーを用いると, 電子が n 番目の軌道から n' 番目の軌道に移ったとき, 放出される電磁波の振動数は $\boxed{\ 10\ } \times k_0^2 \pi^2 m Z^2 e^4 \left(\dfrac{1}{n'^2} - \dfrac{1}{n^2}\right)$〔Hz〕となる。ただし $0 < n' < n$ とする。

[7] ～ [9] の解答群

① $\frac{Z}{2}$　② Z　③ $2Z$　④ $-\frac{Z}{2}$　⑤ $-Z$　⑥ $-2Z$

⑦ $\frac{Z^2}{2}$　⑧ Z^2　⑨ $2Z^2$　⓪ $-\frac{Z^2}{2}$　ⓐ $-Z^2$　ⓑ $-2Z^2$

ⓒ $\frac{A}{2}$　ⓓ A　ⓔ $2A$　ⓕ $-\frac{A}{2}$　ⓖ $-A$　ⓗ $-2A$

[10] の解答群

① $\frac{1}{4h^3}$　② $\frac{1}{2h^3}$　③ $\frac{1}{h^3}$　④ $\frac{2}{h^3}$　⑤ $\frac{1}{4h^2}$　⑥ $\frac{1}{2h^2}$　⑦ $\frac{1}{h^2}$　⑧ $\frac{2}{h^2}$

（近畿大）

205 白熱電球や豆電球からの光のスペクトルは．高温の固体や液体から出る光のスペクトルの特徴を持っており，[1] スペクトルとなる。太陽光も基本的にはこれらの仲間に入る。一方，ナトリウムランプや水銀灯などからの光は，[2] スペクトルとなる。これは，それらに封入された気体原子がそれぞれに特有な波長の光を発することによる。

今，水素入りスペクトル管（放電管の一種）を用いて水素原子を励起して発光させ，回折格子を用いた分光器で観測したところ，可視光の複数の [2] スペクトルが観測された。ここで，水素原子の j 番目 $(j=1,2,3,\cdots)$ の定常状態のエネルギー準位を E_j〔eV〕とすると，$j=1$ の定常状態のエネルギーが最も低く基底状態という。また，$j=2$ の定常状態を第1励起状態，$j=3$ の定常状態を第2励起状態という。観測されたスペクトルのうち，波長が λ_1〔m〕の赤色の強いスペクトルは，水素原子の第2励起状態から第1励起状態に移る（遷移する）ときに放たれた光子である。この状態間のエネルギー差（遷移エネルギー）$E_{32}\,(=E_3-E_2)$ は，[3]〔eV〕である。一方，別の測定から波長が 1.2×10^{-7} m の紫外線が観測され，これは，水素原子の第1励起状態から基底状態に遷移するときに放たれた光子であることから，この状態間のエネルギー差（遷移エネルギー）$E_{21}\,(=E_2-E_1)$〔eV〕がわかる。また，基底状態の水素原子の電離エネルギー（イオン化エネルギー）は $I\,(>0)$〔eV〕であることも別途わかっている。これらのことから，水素原子の第2励起状態のエネルギー準位 E_3 は，[4]〔eV〕と表すことができる。ただし，プランク定数を h〔J·s〕，真空中の光の速さを c〔m/s〕，電気素量を e〔C〕とする。

[1] と [2] の解答群

① 質量　② エネルギー損失　③ 線　④ α 線　⑤ 連続　⑥ β 線

[3] の解答群

① $h\lambda_1$　② $eh\lambda_1$　③ $\dfrac{h\lambda_1}{e}$　④ $\dfrac{h}{\lambda_1}$　⑤ $\dfrac{eh}{\lambda_1}$　⑥ $\dfrac{h}{e\lambda_1}$

⑦ $\dfrac{hc}{\lambda_1}$　⑧ $\dfrac{ehc}{\lambda_1}$　⑨ $\dfrac{hc}{e\lambda_1}$　⓪ $\dfrac{h\lambda_1}{c}$　ⓐ $\dfrac{eh\lambda_1}{c}$　ⓑ $\dfrac{h\lambda_1}{ec}$

[4] の解答群

① $E_{32}+E_{21}-I$　② $E_{32}-E_{21}-I$　③ $E_{21}-E_{32}-I$　④ $I-E_{32}-E_{21}$

⑤ $E_{21}-E_{32}+I$　⑥ $E_{32}-E_{21}+I$　⑦ $E_{32}+E_{21}+I$

（近畿大）

206 次の3つの反応式A，B，Cについて考える。

核反応 A　$^{239}_{92}\mathrm{U} \rightarrow \cdots \rightarrow {}^{235}_{92}\mathrm{U}$

核反応 B　$^{235}_{92}\mathrm{U} + {}^{1}_{0}n \rightarrow {}^{144}_{56}\mathrm{Ba} + {}^{89}_{x}\mathrm{Kr} + y{}^{1}_{0}n$

核反応 C　$^{2}_{1}\mathrm{H} + {}^{2}_{1}\mathrm{H} \rightarrow {}^{3}_{2}\mathrm{He} + {}^{1}_{0}n$

ここで，核反応 A の「→…→」は i 回の α 崩壊と j 回の β 崩壊を，核反応 B の x, y はある整数を表している。また，$^{2}_{1}\mathrm{H}$, $^{3}_{2}\mathrm{He}$, $^{1}_{0}\mathrm{n}$ の質量をそれぞれ 2.0136 u，3.0150 u，1.0087 u とし，$1\mathrm{u} = 1.66 \times 10^{-27}$ kg, 真空中の光の速さを 3.00×10^{8} m/s, $1\,\mathrm{eV} = 1.60 \times 10^{-19}$ J とする。原子核の運動にはニュートンの運動の法則が適用できるとする。次の各問いについて，それぞれの解答群の中から最も適切なものを一つ選びなさい。

(1) 核反応Aにおける，i，j の組み合わせを答えなさい。

(2) 核反応 B における，x, y の組み合わせを答えなさい。

(3) 核反応 C で，放出されるエネルギーを求めなさい。

(4) 核反応 C で，等しい運動エネルギーをもつ2つの $^{2}_{1}\mathrm{H}$ が正面衝突した場合，$^{3}_{2}\mathrm{He}$ の運動エネルギーは $^{1}_{0}\mathrm{n}$ の運動エネルギーの何倍かを数値で求めなさい。

(5) 核反応 C で，等しい運動エネルギー 0.35 MeV をもつ2つの $^{2}_{1}\mathrm{H}$ が正面衝突した場合 $^{3}_{2}\mathrm{He}$ の運動エネルギーを求めなさい。

(1) ア．$i=1$，$j=2$　イ．$i=1$，$j=1$　ウ．$i=1$，$j=3$　エ．$i=2$，$j=1$
オ．$i=2$，$j=2$

(2) ア．$x=36$，$y=1$　イ．$x=32$，$y=1$　ウ．$x=34$，$y=3$　エ．$x=38$，$y=1$
オ．$x=36$，$y=3$

(3) ア．1.2 MeV　イ．2.4 MeV　ウ．2.8 MeV　エ．3.3 MeV　オ．4.2 MeV

(4) ア．$\frac{1}{3}$　イ．$\frac{2}{3}$　ウ．1　エ．$\frac{3}{2}$　オ．3

(5) ア．0.70 MeV　イ．1.0 MeV　ウ．1.4 MeV　エ．0.35 MeV　オ．0.53 MeV

（東海大）

207 次の文中の空欄に入る適切な言葉や式を入れよ。ただし選択肢がある場合はその中から選ぶこと。さらに下の問に答えよ。

X線は電磁波の一種であり，その波長は可視光よりも［ア（長い・短い）］。X線を物質に照射するとさまざまな方向にX線が散乱される。散乱されたX線のなかには入射したX線と波長が異なるものが含まれる。この現象はコンプトンにより解明されたのでコンプトン効果という。この現象はX線を波として扱うと説明できない。代わりにX線を光子とよばれる粒子として考え，その光子が物質中の電子と衝突することで説明できる。以下，この現象を考察してみよう。

波長 λ をもつ電磁波（X線）を光子として考えたとき，光子1個のエネルギー E と運動量の大きさ p は，プランク定数を h，光の速さを c として，それぞれ以下の式で与えられる。

$$E = \boxed{イ\left(\frac{c}{h\lambda},\ \frac{h}{\lambda c},\ \frac{c\lambda}{h},\ \frac{hc}{\lambda}\right)} \qquad p = \boxed{ウ\left(\frac{1}{h\lambda},\ \frac{h}{\lambda},\ \frac{\lambda}{h},\ h\lambda\right)}$$

よって光子の波長 λ が長いほど，その光子のエネルギーは［エ（大きい・小さい）］。

図のように xy 平面の原点Oに静止している質量 m の電子を考え，そこにX線（光子）を波長 λ で x 軸の正の向きに入射させた。光子と電子が弾性衝突し，光子は波長 λ'，角 θ で散乱された。電子は速さ v，角 ϕ ではね飛ばされた。ここで θ の範囲は $0^\circ < \theta \leqq 180^\circ$ とし，光子と電子の運動は xy 平面上で生じているとする。

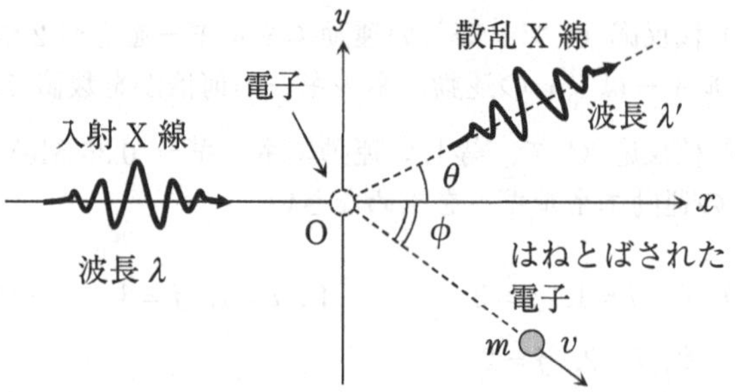

衝突の前後で，光子と電子の間にエネルギーの保存則が成り立つことより，

$$\boxed{イ} = \boxed{オ} + \frac{1}{2}mv^2 \qquad ①$$

となる。さらに x 軸方向と y 軸方向でそれぞれ成り立つ運動量保存の法則により，

$$x軸方向：\boxed{ウ} = \boxed{カ} + mv\cos\phi \qquad ②$$

$$y軸方向：0 = \boxed{キ} - mv\sin\phi \qquad ③$$

となる。これら3つの式を用いて散乱X線の波長 λ' を求める。

まず式②，③について $\sin^2\phi + \cos^2\phi = 1$ を用いて ϕ を消去すると，

$$m^2v^2 = h^2\left(\frac{1}{\lambda^2} + \frac{1}{\lambda'^2} - \frac{2}{\boxed{ク}}\cos\theta\right)$$

となる。この式を式①に代入して v を消去すると，

$$\lambda' - \lambda = \frac{h}{2mc}\left(\frac{\lambda'}{\lambda} + \frac{\lambda}{\lambda'} - 2\cos\theta\right)$$

となる。散乱X線と入射X線の波長の差を $\Delta\lambda = \lambda' - \lambda$ と定義し，この差の大きさ $|\Delta\lambda|$ が λ に比べて十分に小さく $\lambda' \fallingdotseq \lambda$ とすると，$\dfrac{\lambda'}{\lambda} + \dfrac{\lambda}{\lambda'} \fallingdotseq 2$ と近似できるので

$$\Delta\lambda = \frac{h}{mc}(1 - \cos\theta) \qquad ④$$

となる。式④より，X線に生じる波長の差 $\Delta\lambda$ は入射波長 λ に関係せず，散乱角 θ によって決まることがわかる。

問1 X線の散乱角 θ が大きくなると，波長の差 $\Delta\lambda$ はどのように変化するか，理由もつけて簡潔に説明せよ。

問2 はね飛ばされた電子の運動エネルギーが最も大きくなるときのX線の散乱角 θ° を求めよ。

問3 入射 X線の波長が $\lambda = 7.5\times10^{-11}$ m で，X線の散乱角が $\theta = 90°$ のときの散乱 X線の波長 λ'〔m〕を有効数字2桁で求めよ。ここで，$h = 6.6\times10^{-34}$ J·s，$c = 3.0\times10^{8}$ m/s，$m = 9.1\times10^{-31}$ kg とする。

（大阪工大・改）

208 金属板に紫外線のような短波長の光を照射すると，光電効果によって光電子が飛び出す。この光電効果と光電子の電磁場中の運動に関する以下の問いに答えよ。ただし，重力の影響はないものとし，c〔m/s〕，e〔C〕，m〔kg〕，h〔J·s〕はそれぞれ，真空中の光の速さ，電気素量，電子の質量，プランク定数である。

(1) 真空中に電極 A と B を平行に置き，直流電流計，直流電圧計，可変抵抗器 R，および電池を図1のように配線した。単色光を電極 A に照射し，光電効果で飛び出した光電子を電極 B で受け，直流電流計で光電流として測定する。AB 間の電位差は可変抵抗器 R によって変えることができ，電極 A に対する電極 B の電圧が直流電圧計で測定される。今，電極 A に仕事関数 W〔J〕の金属板を用いた場合，光の振動数がある値より小さいと光電子が飛び出さない。この振動数を限界振動数といい，［1］〔Hz〕と表すことができる。また，そのときの光の波長を限界波長という。なお，仕事関数 W〔J〕を電子ボルト〔eV〕の単位で表わすと，［2］〔eV〕となる。

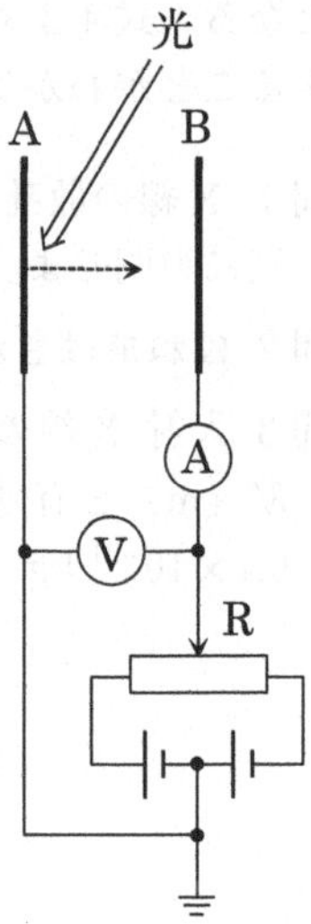

図 1

初め，限界波長より短い波長 λ〔m〕の単色光を一定の強度で電極 A に照射し，可変抵抗器 R を変化させて電極 B の電圧をゼロから上げていくと光電流は次第に増加していき，ある電圧以上で大きさが I_0〔A〕の一定値を示した。電極 A から飛び出した電子が全て電極 B に集められたとすると，このとき 1 秒間当たりに電極 A から飛び出す光電子の数は，［3］〔個/s〕である。単色光の強度を 2 倍に強めると，光電流は［4］$\times I_0$〔A〕となる。この状態でさらに，入射光の波長を $\frac{1}{2}\lambda$〔m〕にすると，光電流は［5］$\times I_0$〔A〕となる。

光の波長と強度を初めの状態に戻し，今度は電極 B の電圧をゼロから下げていくと光電流は次第に減少し，$-V_0$〔V〕で光電流が流れなくなった。この V_0 は「阻止電圧」と呼ばれる。電極 A から飛び出す光電子の最大の速さ v_0 は V_0 を用いて，［6］〔m/s〕と表すことができ，また，電極 A の仕事関数 W〔J〕を，λ と V_0 を用いて表すと［7］〔J〕となる。

［1］の解答群　① hW　② $\frac{1}{hW}$　③ $\frac{W}{h}$　④ $\frac{h}{W}$　⑤ $\frac{W}{hc}$　⑥ $\frac{hc}{W}$
⑦ $\frac{cW}{h}$　⑧ $\frac{h}{cW}$　⑨ $\frac{hW}{c}$　⓪ $\frac{c}{hW}$　ⓐ hcW　ⓑ $\frac{1}{hcW}$

［2］の解答群　① eW　② $\frac{W}{e}$　③ cW　④ $\frac{W}{c}$　⑤ hW　⑥ $\frac{W}{h}$

［3］の解答群　① I_0　② $\frac{1}{I_0}$　③ eI_0　④ $\frac{1}{eI_0}$　⑤ $\frac{I_0}{e}$　⑥ $\frac{e}{I_0}$

［4］と［5］の解答群　① $\frac{1}{4}$　② $\frac{1}{2}$　③ 1　④ 2　⑤ 4

［6］の解答群　① $\sqrt{\frac{eV_0}{2m}}$　② $\sqrt{\frac{eV_0}{m}}$　③ $\sqrt{\frac{2eV_0}{m}}$　④ $\sqrt{\frac{V_0}{2m}}$　⑤ $\sqrt{\frac{V_0}{m}}$　⑥ $\sqrt{\frac{2V_0}{m}}$

［7］の解答群
① $\frac{h\lambda}{c}+eV_0$　② $\frac{h\lambda}{c}+V_0$　③ $\frac{h\lambda}{c}+\frac{V_0}{e}$　④ $\frac{h\lambda}{c}-eV_0$　⑤ $\frac{h\lambda}{c}-V_0$　⑥ $\frac{h\lambda}{c}-\frac{V_0}{e}$
⑦ $\frac{hc}{\lambda}+eV_0$　⑧ $\frac{hc}{\lambda}+V_0$　⑨ $\frac{hc}{\lambda}+\frac{V_0}{e}$　⓪ $\frac{hc}{\lambda}-eV_0$　ⓐ $\frac{hc}{\lambda}-V_0$　ⓑ $\frac{hc}{\lambda}-\frac{V_0}{e}$

(2) 光電子の電場や磁場中での運動を調べるために，真空中に図2のような装置を設置した。この装置は，仕事関数 W〔J〕の金属板を用いた電極 A，中央に小孔のある電極 B と C，極板間隔 d〔m〕の平行板電極PQ，スリット S，円筒電極 D とからなる。電極 A, B, C は互いに平行で，B と C の小孔の中心は，A に垂直な直線を通るように置かれている。またその直線は平行板電極PQの電極に平行で，図2のようにその中央部を通る。電極 A から飛び出した光電子のうち，電極 A に垂直に飛び出してこの直線に沿って運動する光電子について考えることとする。

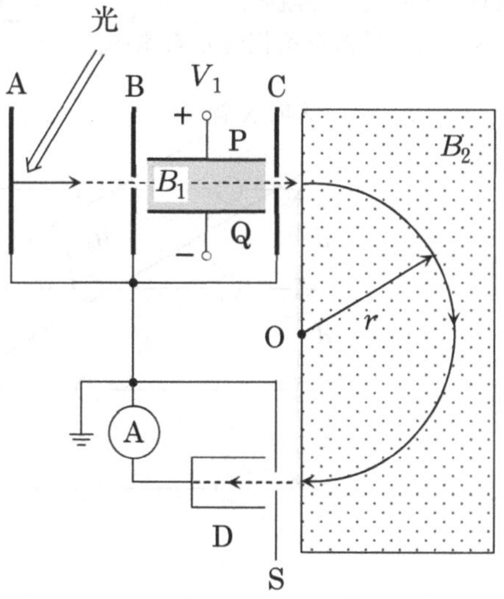

図2

問(1)と同じ波長 λ〔m〕の単色光を電極 A に照射して光電効果を起こし，電極 B を通過した光電子の速さを平行板電極PQの作る電場とそこにかける磁場とで選別する。ただし，この実験では AB 間には電位差を与えない。今，平行板電極 PQ の電極間の空間に磁束密度の大きさが B_1〔T〕の一様磁場をかけ，PQ間の電位差をV_1〔V〕(P が正で Q が負の電位) にしたとき，電極 A から飛び出した光電子のうち，最大の速さ v_0 をもつ光電子がPQ内を直進して C の小孔を通過した。ただし，PQ間には一様電場ができ，極板の端における電場の乱れは無視できるものとする。このとき，PQの電極間の空間にかけられた磁場の向きは [8] であり，最大の速さ v_0 は，d, B_1, V_1 を用いて，[9]〔m/s〕と表すことができる。電子の比電荷 $\dfrac{e}{m}$〔C/kg〕を，d, B_1, V_1 と(1)の実験で定めた阻止電圧 V_0 とを用いて表すと [10] となる。

C の小孔を通過した光電子は，図2に示すように磁束密度の大きさ B_2〔T〕の一様磁場のかけられた領域に入り，紙面の面内で半径 r〔m〕の円周上を半周だけ運動して，スリット S を通過し円筒電極 D に入った。この一様磁場の向きは [11] であり，円周の半径 r は，d, B_1, B_2, V_1 を用いて，[12]〔m〕と表すことができる。

[8] と [11] の解答群

① 紙面に垂直で，表から裏に向かう向き。
② 紙面に垂直で，裏から表に向かう向き。
③ 紙面と平行板電極PQに平行で，B から C に向かう向き。
④ 紙面と平行板電極PQに平行で，C から B に向かう向き。
⑤ 平行板電極に垂直で，P から Q に向かう向き。
⑥ 平行板電極に垂直で，Q から P に向かう向き。

[9] の解答群　① $\dfrac{V_1}{B_1}$　② $\dfrac{B_1}{V_1}$　③ $\dfrac{V_1}{dB_1}$　④ $\dfrac{dB_1}{V_1}$　⑤ $\dfrac{dV_1}{B_1}$　⑥ $\dfrac{B_1}{dV_1}$

[10] の解答群

① $\dfrac{V_1^2}{2V_0B_1^2}$　② $\dfrac{V_1^2}{2d^2V_0B_1^2}$　③ $\dfrac{d^2V_1^2}{2V_0B_1^2}$　④ $\dfrac{B_1^2}{2V_0V_1^2}$　⑤ $\dfrac{B_1^2}{2d^2V_0V_1^2}$　⑥ $\dfrac{d^2B_1^2}{2V_0V_1^2}$

[12] の解答群

① $\dfrac{mB_1}{eV_1B_2}$　② $\dfrac{mdB_1}{eV_1B_2}$　③ $\dfrac{mB_1}{edV_1B_2}$　④ $\dfrac{mV_1}{eB_1B_2}$　⑤ $\dfrac{mdV_1}{eB_1B_2}$　⑥ $\dfrac{mV_1}{edB_1B_2}$

(近畿大・改)

5章

209 次の文章を読み，［あ］～［く］に入る適切な数式を答えよ。また，［A］，［B］に入る適切なものを選択肢から選べ。

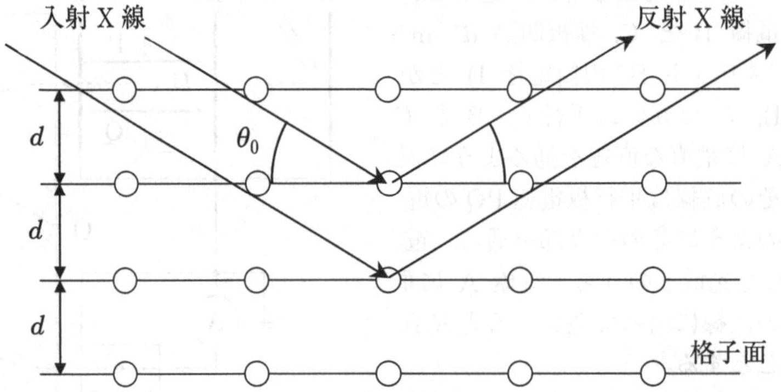

図1

5章

〔1〕図1に示すように，X線が結晶の格子面に角度 θ_0 で入射する場合を考える。X線は多くの格子面内の原子によって散乱され，いろいろな方向に進む。散乱されたX線が干渉して強め合うことが起こるのは，反射の法則を満たす方向であり，図1の反射X線が格子面となす角度は［あ］である。格子面間隔が d の結晶について，ある格子面で反射されたX線の経路と，そのすぐ下の格子面で反射されたX線の経路との差は［い］である。したがって，波長 λ のX線が反射されて強め合う条件は，正の整数 m を用いて，

［い］＝［う］　(1)

となるが，この条件を［A］の条件という。

〔2〕〔1〕では，結晶のX線に対する屈折率 n が1であることを用いているが，〔2〕では，n が1よりも小さい正の数であると仮定し，屈折の法則も成り立つものとする。この仮定のもとで，以下では，結晶の格子面でのX線の反射・屈折がどのようになるかを考えてみよう。真空中でのX線の波長は λ とする。

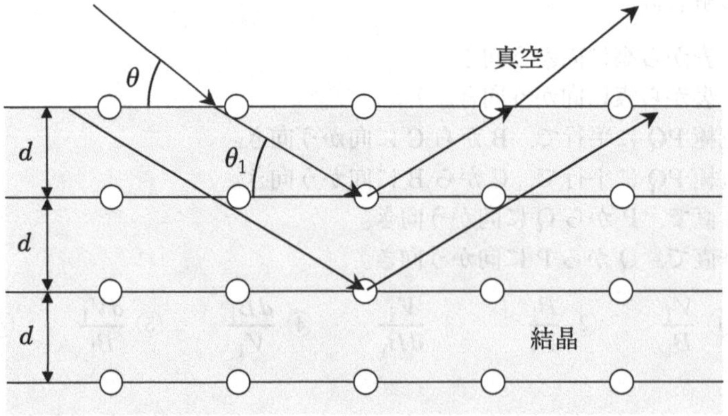

図2

図2に示すように，屈折率が1の真空から格子面間隔が d で屈折率が n の結晶に角度 θ で入射するX線を考える。角度 θ が［B］を満たす場合，このX線は全反射される。また，全反射されないとき，屈折されたX線が結晶内の格子面に入射する角度 θ_1 は，$\cos\theta_1 =$［え］を満たす。ここで，屈折率 n の結晶中においてX線の波長は［お］となる。結晶内にある隣接した一組の格子面で反射されるX線を考えると，結晶内で波長［お］のX線が反射されて強め合う

条件は，

$$\boxed{\text{か}} = \boxed{\text{う}} \qquad (2)$$

である。ただし，$\boxed{\text{か}}$ には文字定数として $n,\ \theta,\ d$ のみを用いること。さらに，真空中での波長 λ のX線に対する結晶の屈折率 n の1からのずれが小さい場合を考えると，(1)と(2)より，Aの条件を満たす角度 θ は，整数 m に対する角度 θ_0 からわずかに変化する。

屈折率を $n = 1 - \Delta n$，結晶に入射する角度を $\theta = \theta_0 + \Delta\theta$ と書くと，$\Delta n,\ \Delta\theta$ が十分に小さい場合，$n^2 \fallingdotseq 1 - 2\Delta n$，$\cos^2\theta \fallingdotseq \cos^2\theta_0 - \Delta\theta\sin 2\theta_0$，$\sin(\theta_0 + \Delta\theta) \fallingdotseq \sin\theta_0$ が成り立ち，さらに

$$\lim_{n\to 1}\boxed{\text{か}} = \boxed{\text{き}}$$

が成り立つので，$n \fallingdotseq 1$ のとき，$\boxed{\text{か}} \fallingdotseq \boxed{\text{き}}$ が成り立つ。
したがって，わずかに変化する角度 $\Delta\theta$ は，Δn と θ_0 を用いて，$\boxed{\text{く}}$ と書ける。

ケイ素(Si)の場合，波長 1×10^{-10} m のX線に対する結晶の屈折率が1よりも小さく，その1からのずれ Δn は 10^{-6} 程度であることが知られている。この場合，ある格子面を考えると，$\dfrac{\Delta\theta}{\theta_0}$ は 10^{-4} 程度となり，屈折の影響はほとんど無視できる。また，X線が真空中から結晶へ入射する場合，角度 θ が 10^{-3} rad 程度以下の十分小さな角度であれば，X線は全反射されることがわかる。

$\boxed{\text{A}}$ に対する選択肢

① ニュートン　② フラウンホーファー
③ ブラッグ　④ ホイヘンス　⑤ ヤング

$\boxed{\text{B}}$ に対する選択肢

① $\cos\theta < \dfrac{1}{n}$　② $\sin\theta < \dfrac{1}{n}$　③ $\cos\theta > \dfrac{1}{n}$　④ $\sin\theta > \dfrac{1}{n}$
⑤ $\cos\theta < n$　⑥ $\sin\theta < n$　⑦ $\cos\theta > n$　⑧ $\sin\theta > n$

（立命館大・改）

210 1つの油滴が空気中を落下している。油滴は正の電荷を帯びている。ここで，鉛直上向きに強さ E の電場を加えてしばらく待ったところ，油滴は一定の速さ v_+ で上昇した。次に，電場の向きを変えて，鉛直下向きに同じ強さ E の電場を加えてしばらく待つと，油滴は一定の速さ v_- で下降した。油滴は常に球形をしているとする。なお，球形物体にはたらく空気の抵抗力の大きさは，物体の速さ v と半径 R の両方に比例し，$6\pi\eta Rv$ と表される。ここで η は空気の粘度とよばれる定数である。次の問1と問2に答えよ。ただし，$A=\frac{4}{3}\pi\rho g$，$B=6\pi\eta$ として，定数 A，B を定義する。ここで，ρ は油滴を形成する油の密度，g は重力加速度の大きさである。なお，油滴にはたらく浮力は無視できるとする。

問1 油滴の半径 R はいくらか。

a. $\sqrt{\frac{B}{4A}(v_-+v_+)}$　b. $\sqrt{\frac{B}{4A}(v_--v_+)}$　c. $\sqrt{\frac{B}{2A}(v_-+v_+)}$　d. $\sqrt{\frac{B}{2A}(v_--v_+)}$
e. $\sqrt{\frac{B}{A}(v_-+v_+)}$　f. $\sqrt{\frac{B}{A}(v_--v_+)}$　g. $\sqrt{\frac{2B}{A}(v_-+v_+)}$　h. $\sqrt{\frac{2B}{A}(v_--v_+)}$
i. $\sqrt{\frac{4B}{A}(v_-+v_+)}$　j. $\sqrt{\frac{4B}{A}(v_--v_+)}$

問2 油滴の帯びている電荷はいくらか。

a. $\frac{v_--v_+}{E}\sqrt{\frac{B^3}{8A}(v_-+v_+)}$　b. $\frac{v_-+v_+}{E}\sqrt{\frac{B^3}{8A}(v_--v_+)}$
c. $\frac{v_--v_+}{E}\sqrt{\frac{B^3}{2A}(v_-+v_+)}$　d. $\frac{v_-+v_+}{E}\sqrt{\frac{B^3}{2A}(v_--v_+)}$
e. $\frac{v_--v_+}{E}\sqrt{\frac{B^3}{A}(v_-+v_+)}$　f. $\frac{v_-+v_+}{E}\sqrt{\frac{B^3}{A}(v_--v_+)}$
g. $\frac{v_--v_+}{E}\sqrt{\frac{2B^3}{A}(v_-+v_+)}$　h. $\frac{v_-+v_+}{E}\sqrt{\frac{2B^3}{A}(v_--v_+)}$
i. $\frac{v_--v_+}{E}\sqrt{\frac{8B^3}{A}(v_-+v_+)}$　j. $\frac{v_-+v_+}{E}\sqrt{\frac{8B^3}{A}(v_--v_+)}$

（東邦大・医）

211 X線管によるX線の発生を考える。X線管の陰極に生じた速さ0 m/sの熱電子がV〔V〕の電圧により加速され，陽極（ターゲット）に衝突することによってX線が発生する。ここで陽極の原子の定常状態は基底状態と2つの励起状態からなるとする。図は発生したX線の強さを，横軸に波長をとって示したものである。このうち波長λ_1〔m〕，λ_2〔m〕における2つの鋭いピークはいずれも，陽極の原子内で，電子が定常状態間の移動により基底状態に移ったことによって生じたものである。電子の電荷を$-e$〔C〕，質量をm〔kg〕，真空中の光速度をc〔m/s〕，プランク定数をh〔J·s〕として，以下の問に答えなさい。

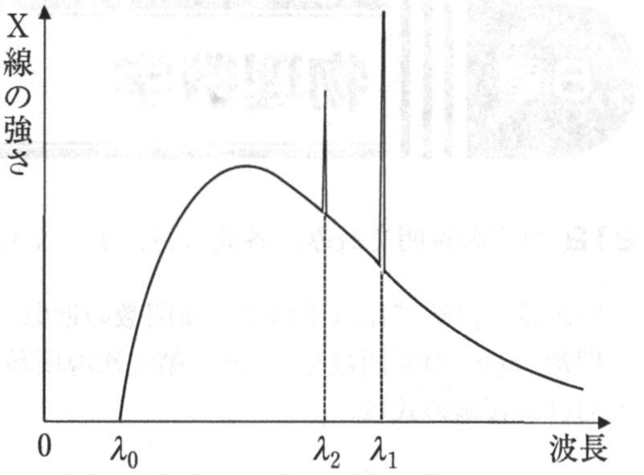

(1) 陽極に衝突する直前の電子の速さを求めなさい。

(2) (1)の速さにおける，電子の波長を求めなさい。

(3) 陰極から陽極へ向かう電子によってつくられる電流がI〔A〕のとき，陽極に衝突する電子の数は毎秒何個かを求めなさい。

(4) 発生するX線の最短波長 λ_0〔m〕を求めなさい。

(5) 波長λ_1，λ_2における2つのピークで特徴づけられるX線を一般に何と呼ぶかを答えなさい。

(6) 陽極の原子における，基底状態（量子数1）とそのすぐ上の励起状態（量子数2）とのエネルギー準位の差を求めなさい。

(7) X線の発生にともなって，陽極の温度が上昇した。陽極の温度上昇と関係するX線はどのような波長λ〔m〕をもつか。(a)～(f)から該当するものをすべて選びなさい。

(a) $\lambda=\lambda_0$　(b) $\lambda_0<\lambda<\lambda_2$　(c) $\lambda=\lambda_2$　(d) $\lambda_2<\lambda<\lambda_1$　(e) $\lambda=\lambda_1$　(f) $\lambda_1<\lambda$

(8) X線管の電圧をVから下げてゆくと，ある電圧のときに陽極の原子の基底状態にある電子を電離させることができなくなった。このときに発生するX線の最短波長を求めなさい。ただし，励起状態（量子数2）のエネルギー準位を E〔J〕($E<0$)とし，静止した自由電子のエネルギーを0 Jとする。

(9) X線管の電圧をVから上げてゆくと，λ_0, λ_1, λ_2はどのように変化するか。㋐～㋔の中から1つ選びなさい。

㋐ λ_0, λ_1, λ_2の全てが小さくなる。

㋑ λ_0, λ_1, λ_2の全てが大きくなる。

㋒ λ_0は大きくなり，λ_1とλ_2は変化しない。

㋓ λ_0は小さくなり，λ_1とλ_2は変化しない。

㋔ λ_0, λ_1, λ_2のいずれも変化しない。

（聖マリアンナ医大＋自治医大）

6章　物理数学

212 以下の説明を読み，各問に答えよ。なお e は自然対数の底である。

物理量の計算では以下のような関数の近似式を用いることがある。
関数 $f(x)$ の導関数を $f'(x)$，第 2 次導関数を $f''(x)$ と記す。$y=f(x)$ のグラフの $x=x_0$ における接線の式は

$$y=f(x_0)+f'(x_0)\cdot(x-x_0)$$

である。これにもとづき，$x \fallingdotseq x_0$ すなわち x が x_0 に非常に近い値のとき．$f(x)$ の値を

$$f(x) \fallingdotseq f(x_0)+f'(x_0)\cdot(x-x_0) \qquad (\mathrm{I})$$

と近似することができる。精度をさらに高くして近似するには

$$f(x) \fallingdotseq f(x_0)+f'(x_0)\cdot(x-x_0)+f''(x_0)\cdot\frac{(x-x_0)^2}{2} \qquad (\mathrm{II})$$

とする。

6章

(1) x が 0 に非常に近い値のとき，式(Ⅰ)を用いて次の式を近似し，$a+bx$ の形で表せ。

① $\sin x$　　② $\sqrt{4+x}$　　③ $\dfrac{e^x-e^{-x}}{2}$　　④ $\log_e(1+x)$

(2) 次の文中の A～G の値を求めなさい。

t が 0 に非常に近い値のとき，式(Ⅱ)を用いると，

$$\frac{1}{1-t} \fallingdotseq A+Bt+Ct^2$$

となる。この式の右辺を t で定積分することにより x が 0 に非常に近い値のとき，

$$\int_0^x \frac{1}{1-t}\mathrm{d}t \fallingdotseq D+Ex+Fx^2+Gx^3$$

である。

（法政大学・改／物理より出題）

213 xy 平面上で円が x 軸上を滑らずに転がって進む。円の半径は a. 1回転に要する時間は T, 回転の速さは常に一定である。このとき，時刻 t における円周上の点 P の座標 P(x,y) は

$$x(t)=a\left\{\frac{2\pi}{T}t-\sin\left(\frac{2\pi}{T}t\right)\right\},\quad y(t)=a\left\{1-\cos\left(\frac{2\pi}{T}t\right)\right\}$$

となることが知られており，図はPの軌跡を示す。$a=1$ m, $T=10$ s として，以下の空欄に入る適切な整数を答えよ。解答の数値が整数と異なる場合は四捨五入して有効数字1桁とする。

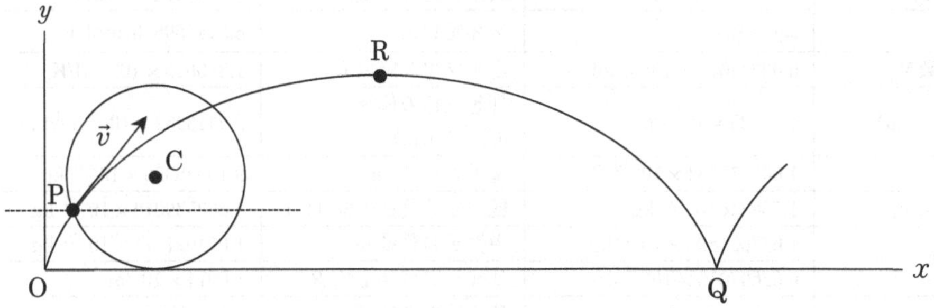

(1) $0\leqq t<T$ の範囲で．Pが x 軸から最も遠く離れた位置Rに来る時刻は

$$t=\boxed{ア}\times10^{\boxed{イ}}\ \mathrm{s}$$

(2) ある時刻 t における Pの速度ベクトル $\vec{v}=\left(\dfrac{\mathrm{d}x}{\mathrm{d}t},\dfrac{\mathrm{d}y}{\mathrm{d}t}\right)$ が x 軸となす角を $\varphi(t)$ するとき

$$\tan\left(\varphi\left(\frac{T}{4}\right)\right)=\boxed{ウ}\times10^{\boxed{エ}}$$

(3) 円の中心Cが移動する速さは　$V_0=\pi\times\boxed{オ}\times10^{\boxed{カ}}$ m/s

(4) 円周上の点Pが x 軸に接した位置QでPの速さは　$V_Q=\pi\times\boxed{キ}\times10^{\boxed{ク}}$ m/s

またPが x 軸から最も離れた点Rを通過するときの速さは　$V_R=\pi\times\boxed{ケ}\times10^{\boxed{コ}}$ m/s

(5) 一周期の間にPが経路にそって動く距離は定積分

$L=\displaystyle\int_0^T\sqrt{\left(\frac{\mathrm{d}x}{\mathrm{d}t}\right)^2+\left(\frac{\mathrm{d}y}{\mathrm{d}t}\right)^2}\,\mathrm{d}t$ で与えられる。この積分の定積分関数は時間 t の関数であり

$$\sqrt{\left(\frac{\mathrm{d}x}{\mathrm{d}t}\right)^2+\left(\frac{\mathrm{d}y}{\mathrm{d}t}\right)^2}$$

$$=\frac{\pi a}{T}\left\{\boxed{サ}+\boxed{シ}\times\sin\left(\frac{\pi}{T}t\right)+\boxed{ス}\times\sin\left(\frac{2\pi}{T}t\right)+\boxed{セ}\times\cos\left(\frac{\pi}{T}t\right)+\boxed{ソ}\times\cos\left(\frac{2\pi}{T}t\right)\right\}$$

(6) (5)の定積分を実行するための準備として，サイン関数の定積分を求めると

$$\int_0^{\frac{\pi}{2}}\sin\theta\,\mathrm{d}\theta=\boxed{タ},\quad\int_0^{\pi}\sin\theta\,\mathrm{d}\theta=\boxed{チ},\quad\int_0^{\frac{3\pi}{2}}\sin\theta\,\mathrm{d}\theta=\boxed{ツ},\quad\int_0^{2\pi}\sin\theta\,\mathrm{d}\theta=\boxed{テ}$$

(7) (6)の結果を利用すると(5)の定積分の値は $L=\displaystyle\int_0^T\sqrt{\left(\frac{\mathrm{d}x}{\mathrm{d}t}\right)^2+\left(\frac{\mathrm{d}y}{\mathrm{d}t}\right)^2}\,\mathrm{d}t=\boxed{ト}\times a$

（法政大学／物理より出題）

6章

●物理定数

物理量	定数	物理量	定数
標準重力加速度 g	$9.80665\ \mathrm{m/s^2} \fallingdotseq 9.8\ \mathrm{m/s^2}$	万有引力定数 G	$6.67408 \times 10^{-11}\ \mathrm{N \cdot m^2/kg^2}$
真空中の光速 c	$2.99792458 \times 10^{8}\ \mathrm{m/s}$	空気中の音速(0°C)	331.5 m/s
静電気力によるクーロンの法則の比例定数 k_0	$8.9876 \times 10^{9}\ \mathrm{N \cdot m^2/C^2}$	磁気力によるクーロンの法則の比例定数 k_m	$6.3326 \times 10^{4}\ \mathrm{N \cdot m^2/Wb^2}$
真空の誘電率 ε_0	$8.8542 \times 10^{-12}\ \mathrm{F/m}$	真空の透磁率 μ_0	$1.2566 \times 10^{-6}\ \mathrm{N/A^2}$
絶対零度	−273.15℃	気体定数 R	8.3144598 J/(mol·K)
アボガドロ定数N_A	$6.02214076 \times 10^{23}/\mathrm{mol}$	ボルツマン定数 k	$1.380649 \times 10^{-23}\ \mathrm{J/K}$
標準大気圧（1 atm）	$1.01325 \times 10^{5}\ \mathrm{Pa}$	理想気体の体積(0℃, 1 atm)	$2.2413962 \times 10^{-2}\ \mathrm{m^3/mol}$
電気素量 e	$1.602176634 \times 10^{-19}\ \mathrm{C}$	電子の質量 m_e	$9.10938356 \times 10^{-31}\ \mathrm{kg}$
電子の比電荷 e/m_e	$1.7588 \times 10^{11}\mathrm{C/kg}$	統一原子質量単位（1 u）	$1.660539040 \times 10^{-27}\ \mathrm{kg}$
陽子の質量 m_p	$1.672621898 \times 10^{-27}\mathrm{kg}$	中性子の質量 m_n	$1.674927471 \times 10^{-27}\ \mathrm{kg}$
プランク定数 h	$6.62607015 \times 10^{-34}\ \mathrm{J \cdot s}$	リュードベリ定数 R	$1.0974 \times 10^{7}/\mathrm{m}$
ボーア半径 a_0	$5.2918 \times 10^{-11}\ \mathrm{m}$	熱の仕事当量 J	4.184 J/cal

●ギリシャ文字

小文字	大文字	読み方	小文字	大文字	読み方	小文字	大文字	読み方
α	A	アルファ	ι	I	イオタ	ρ	P	ロー
β	B	ベータ	κ	K	カッパ	σ	Σ	シグマ
γ	Γ	ガンマ	λ	Λ	ラムダ	τ	T	タウ
δ	⊿	デルタ	μ	M	ミュー	υ	Y	ウプシロン
ε	E	イプシロン	ν	N	ニュー	ϕ	Φ	ファイ
ζ	Z	ゼータ	ξ	Ξ	グザイ	χ	X	カイ
η	H	イータ	o	O	オミクロン	ψ	Ψ	プサイ
θ	Θ	シータ	π	Π	パイ	ω	Ω	オメガ

●10の整数乗倍を表す接頭語

倍数	名称	記号	倍数	名称	記号	倍数	名称	記号
10^{15}	ペタ	P	10^{2}	ヘクト	h	10^{-6}	マイクロ	μ
10^{12}	テラ	T	10	デカ	da	10^{-9}	ナノ	n
10^{9}	ギガ	G	10^{-1}	デシ	d	10^{-12}	ピコ	p
10^{6}	メガ	M	10^{-2}	センチ	c	10^{-15}	フェムト	f
10^{3}	キロ	k	10^{-3}	ミリ	m	10^{-18}	アト	a

●基本単位

物理量	名称	記号	物理量	名称	記号
長さ	メートル	m	電流	アンペア	A
質量	キログラム	kg	温度	ケルビン	K
時間	秒	s	物質量	モル	mol

●組立単位

物理量	名称	記号	基本単位による表現
角度 θ	ラジアン	rad	
速さ v, 速度 v	メートル毎秒	m/s	m/s
加速度 a	メートル毎秒毎秒	m/s^2	m/s^2
力 F	ニュートン	N	$kg \cdot m/s^2$
圧力 P	パスカル	$Pa = N/m^2$	$kg/(m \cdot s^2)$
力のモーメント M	ニュートンメートル	$N \cdot m$	$kg \cdot m^2/s^2$
力積 I, 運動量,P	ニュートン秒	$N \cdot s$	$kg \cdot m/s$
仕事 W, エネルギーU 電力量 W, 熱量 Q	ジュール	$J = N \cdot m$	$kg \cdot m^2/s^2$
仕事率 P, 電力 P	ワット	$W = J/s$	$kg \cdot m^2/s^3$
角速度 ω, 角振動数 ω	ラジアン毎秒	rad/s	
振動数 f, 周波数 f	ヘルツ	Hz	1/s
モル比熱 C	ジュール毎モル 毎ケルビン	$J/(mol \cdot K)$	$kg \cdot m^2/(s^2\ mol \cdot K)$
電荷,電気量 Q	クーロン	C	$A \cdot s$
電場の強さ E	ニュートン毎クーロン	$N/C = V/m$	$kg \cdot m/(A \cdot s^3)$
電位,電圧 V	ボルト	$V = J/C = W/A$	$kg \cdot m^2/(A \cdot s^3)$
電気容量 C	ファラッド	$F = C/V$	$A^2 \cdot s^4/(kg \cdot m^2)$
誘電率 ε	ファラッド毎メートル	$F/m = C^2/(N \cdot m^2)$	$A^2 \cdot s^4/(kg \cdot m^3)$
電気抵抗 R	オーム	$\Omega = V/A$	$kg \cdot m^2/(A^2 \cdot s^3)$
抵抗率 ρ	オームメートル	$\Omega \cdot m$	$kg \cdot m^3/(A^2 \cdot s^3)$
磁気量 m, 磁束 Φ	ウェーバ	$Wb = V \cdot s$	$kg \cdot m^2/(A \cdot s^2)$
磁場の強さ H	ニュートン毎ウェーバ	N/Wb	A/m
透磁率 μ	ニュートン毎アンペア 毎アンペア	$N/A^2 = Wb/(A \cdot m)$	$kg \cdot m/(A^2 \cdot s^2)$
磁束密度 B	テスラ	$T = Wb/m^2$	$kg/(A \cdot s^2)$
インダクタンス L,M	ヘンリー	$H = Wb/A$	$kg \cdot m^2/(A^2 \cdot s^2)$

●三角関数表

角	sin	cos	tan	角	sin	cos	tan	角	sin	cos	tan
1°	0.0175	0.9998	0.0175	31°	0.5150	0.8572	0.6009	61°	0.8746	0.4848	1.8040
2°	0.0349	0.9994	0.0349	32°	0.5299	0.8480	0.6249	62°	0.8829	0.4695	1.8807
3°	0.0523	0.9986	0.0524	33°	0.5446	0.8387	0.6494	63°	0.8910	0.4540	1.9626
4°	0.0698	0.9976	0.0699	34°	0.5592	0.8290	0.6745	64°	0.8988	0.4384	2.0503
5°	0.0872	0.9962	0.0875	35°	0.5736	0.8192	0.7002	65°	0.9063	0.4226	2.1445
6°	0.1045	0.9945	0.1051	36°	0.5878	0.8090	0.7265	66°	0.9135	0.4067	2.2460
7°	0.1219	0.9925	0.1228	37°	0.6018	0.7986	0.7536	67°	0.9205	0.3907	2.3559
8°	0.1392	0.9903	0.1405	38°	0.6157	0.7880	0.7813	68°	0.9272	0.3746	2.4751
9°	0.1564	0.9877	0.1584	39°	0.6293	0.7771	0.8098	69°	0.9336	0.3584	2.6051
10°	0.1736	0.9848	0.1763	40°	0.6428	0.7660	0.8391	70°	0.9397	0.3420	2.7475
11°	0.1908	0.9816	0.1944	41°	0.6561	0.7547	0.8693	71°	0.9455	0.3256	2.9042
12°	0.2079	0.9781	0.2126	42°	0.6691	0.7431	0.9004	72°	0.9511	0.3090	3.0777
13°	0.2250	0.9744	0.2309	43°	0.6820	0.7314	0.9325	73°	0.9563	0.2924	3.2709
14°	0.2419	0.9703	0.2493	44°	0.6947	0.7193	0.9657	74°	0.9613	0.2756	3.4874
15°	0.2588	0.9659	0.2679	45°	0.7071	0.7071	1.0000	75°	0.9659	0.2588	3.7321
16°	0.2756	0.9613	0.2867	46°	0.7193	0.6947	1.0355	76°	0.9703	0.2419	4.0108
17°	0.2924	0.9563	0.3057	47°	0.7314	0.6820	1.0724	77°	0.9744	0.2250	4.3315
18°	0.3090	0.9511	0.3249	48°	0.7431	0.6691	1.1106	78°	0.9781	0.2079	4.7046
19°	0.3256	0.9455	0.3443	49°	0.7547	0.6561	1.1504	79°	0.9816	0.1908	5.1446
20°	0.3420	0.9397	0.3640	50°	0.7660	0.6428	1.1918	80°	0.9848	0.1736	5.6713
21°	0.3584	0.9336	0.3839	51°	0.7771	0.6293	1.2349	81°	0.9877	0.1564	6.3138
22°	0.3746	0.9272	0.4040	52°	0.7880	0.6157	1.2799	82°	0.9903	0.1392	7.1154
23°	0.3907	0.9205	0.4245	53°	0.7986	0.6018	1.3270	83°	0.9925	0.1219	8.1443
24°	0.4067	0.9135	0.4452	54°	0.8090	0.5878	1.3764	84°	0.9945	0.1045	9.5144
25°	0.4226	0.9063	0.4663	55°	0.8192	0.5736	1.4281	85°	0.9962	0.0872	11.4301
26°	0.4384	0.8988	0.4877	56°	0.8290	0.5592	1.4826	86°	0.9976	0.0698	14.3007
27°	0.4540	0.8910	0.5095	57°	0.8387	0.5446	1.5399	87°	0.9986	0.0523	19.0811
28°	0.4695	0.8829	0.5317	58°	0.8480	0.5299	1.6003	88°	0.9994	0.0349	28.6363
29°	0.4848	0.8746	0.5543	59°	0.8572	0.5150	1.6643	89°	0.9998	0.0175	57.2900
30°	0.5000	0.8660	0.5774	60°	0.8660	0.5000	1.7321	90°	1.0000	0.0000	–

※内容に関するお問い合わせ，誤植のご連絡は微風出版ウェブサイトからお願い致します。
※最新情報，訂正情報も微風出版ウェブサイトでご確認下さい。
※ご注文・在庫に関するお問い合わせは（株）星雲社へお願い致します。

導出物理 基礎演習編 第２版

2020年 4月3日　第1刷発行
●乱丁・落丁はお取り替えします

著者　児保(こやす)祐介／田中洋平

印刷・製本　株式会社 マツモト

発行所 合同会社 微風(そよかぜ)出版
〒283－0038 千葉県東金市関下 348
tel：050－5359－4325
mail：rep@soyo-kaze.biz

発売元 (株)星雲社（共同出版社・流通責任出版社）
〒112－0005 東京都文京区水道 1－3－30
tel：03－3868－3275
fax：03－3868－6588

大学受験対策・ランダム演習で実践力が身につく

私大過去問で実践訓練

導出 物理 第2版

基礎演習編

児保祐介・田中洋平　共著

実践演習
厳選過去問
213題

★収録問題のレベル★

定期テスト	中堅私大	国公立難関私大

★難関大突破にはまずこの問題集をクリアしよう
★私大医学部からも採用

1

ア. 1　　イ. 1　　ウ. −2　　エ. 1　　オ. 2

カ. −2　　キ. 1　　ク. 2　　ケ. −3

【解説】

$F = mg$ などから $[\mathrm{kg}]\cdot[\mathrm{m/s^2}]$ なので,

$1\ \mathrm{N} = 1\ \mathbf{kg^1m^1s^{-2}}$

$W = Fx$ などから $[\mathrm{kg\cdot m\cdot s^{-2}}]\cdot[\mathrm{m}]$ なので,

$1\ \mathrm{J} = 1\ \mathbf{kg^1m^2s^{-2}}$

1 s あたりの仕事なので, $[\mathrm{kg\cdot m^2\cdot s^{-2}}]\cdot[\mathrm{s^{-1}}]$

$1\ \mathrm{W} = 1\ \mathbf{kg^1m^2s^{-3}}$

2

（エ）

【解説】 x–t グラフの接線の傾きは速度 $v(t) = \frac{\mathrm{d}x}{\mathrm{d}t}$ で, 加速度は $a(t) = v'(t) = \frac{\mathrm{d}v}{\mathrm{d}t}$ である。

x–t グラフが∪（下に凸）のとき, 接線の傾き $v(t)$ は時間とともに増加するので, $a(t) > 0$

x–t グラフが∩（上に凸）のとき, 接線の傾き $v(t)$ は時間とともに減少するので, $a(t) < 0$

x–t グラフが直線であるとき, 接線の傾き $v(t)$ は時間によらず一定であるので, $a(t) = 0$

以上のことから各領域について次のようにまとめることができる。

	①	②	③	④
$v = \frac{\mathrm{d}x}{\mathrm{d}t}$	増加	減少	減少	一定
$a = \frac{\mathrm{d}v}{\mathrm{d}t}$	正	負	負	0
$F = ma$	正	負	負	0

3

1. $\boldsymbol{R\sqrt{\frac{g}{r}}}$　　　2. $\boldsymbol{\frac{2\pi}{R}\sqrt{\frac{r^3}{g}}}$

【解説】

1. $\begin{cases} mg = G\frac{Mm}{R^2} \cdots ① \\ m\frac{v^2}{r} = G\frac{Mm}{r^2} \cdots ② \end{cases}$

①,②より, $v = \boldsymbol{R\sqrt{\frac{g}{r}}}$

2. $T = \frac{2\pi r}{v} = 2\pi r\cdot\frac{1}{R}\sqrt{\frac{r}{g}} = \boldsymbol{\frac{2\pi}{R}\sqrt{\frac{r^3}{g}}}$

4

46000 g

【解説】 求める氷の質量を m, 水面から出た部分の体積を v_1, 沈んでいる部分の体積を v_2, 水の密度, 氷の密度をそれぞれ ρ_w, ρ_i とすると,

$m = \rho_i(v_1 + v_2) \cdots ①$

また, 力のつり合いより, $mg = \rho_w v_2 g \cdots ②$

①,②より, v_2 を消去して m について解くと,

$m = \frac{\rho_i\rho_w}{\rho_w - \rho_i}v_1 = \frac{0.92}{1-0.92}\times 4000 = 46000\ \mathrm{g}$

5

1.6×10^4 Pa

【解説】

底面が $1\ \mathrm{m^2}$ の水銀柱の質量は,

$1.4\times10^4\ \mathrm{kg/m^3}\times 1\ \mathrm{m^2}\times 120\times10^{-3}\ \mathrm{m} = 1680\ \mathrm{kg}$

であるので, この底面にはたらく圧力は,

$\frac{1680\times9.8\ \mathrm{N}}{1\ \mathrm{m^2}} = 16464 \fallingdotseq 1.6\times10^4\ \mathrm{Pa}$

6

$\frac{1}{2}$

【解説】

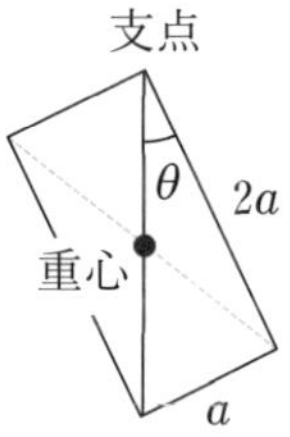

支点を通る鉛直線は剛体の重心を通るので,

$\tan\theta = \frac{a}{2a} = \frac{1}{2}$

7

㋑

【解説】

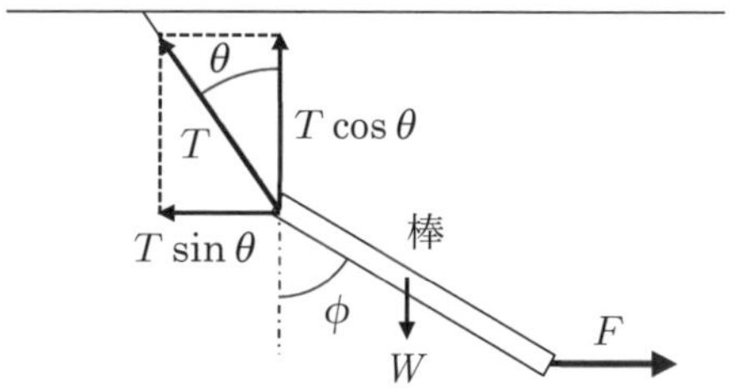

棒の重さを W, 長さを ℓ とする。

力のつり合いより,

$\begin{cases} F = T\sin\theta \\ W = T\cos\theta \end{cases}$

よって, $\tan\theta = \frac{F}{W} \cdots ①$

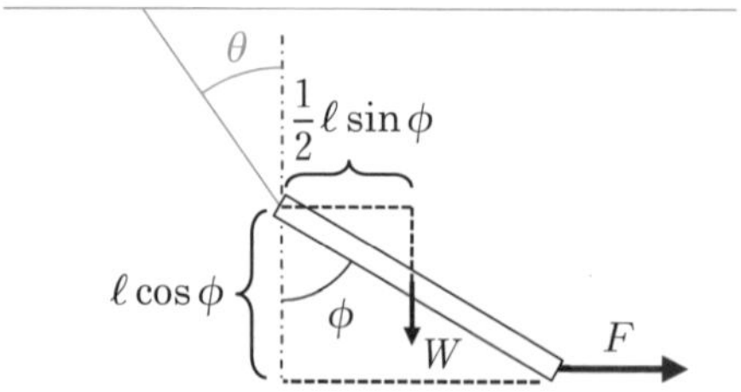

次に棒と糸の接続点まわりの力のモーメントのつり合いより,

$F\cdot\ell\cos\phi = W\cdot\frac{1}{2}\ell\sin\phi$

$\tan\phi = \frac{2F}{W} \cdots ②$

①,②より, $\frac{\tan\theta}{\tan\phi} = \boldsymbol{\frac{1}{2}}$

8

0.31 m

【解説】

$\frac{2.0\times0+3.0\times0.20+5.0\times(0.20+0.30)}{2.0+3.0+5.0}=\mathbf{0.31\ m}$

9

11 m/s²

【解説】

$T=2\pi\sqrt{\frac{\ell}{g}}$ であるので，これを g について解くと，

$g=\ell\left(\frac{2\pi}{T}\right)^2=0.90\times\left(\frac{2\times3.14}{1.8}\right)^2\fallingdotseq\mathbf{11\ m/s^2}$

10

㋔

【解説】

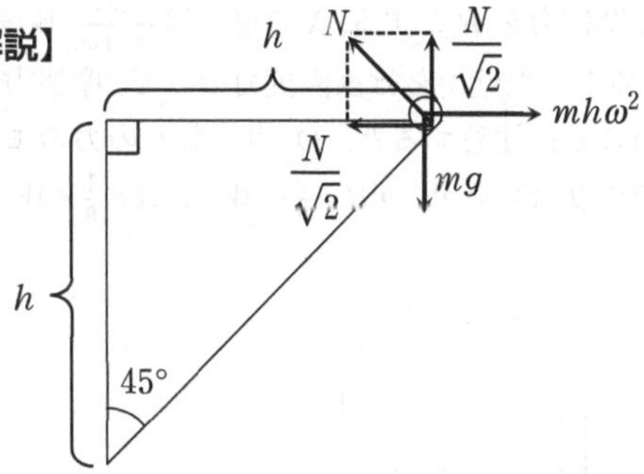

力のつり合いより，

$$\begin{cases}\frac{N}{\sqrt{2}}=mh\omega^2\cdots① \\ \frac{N}{\sqrt{2}}=mg\cdots②\end{cases}$$

①,②より，$\omega=\sqrt{\frac{g}{h}}$　$T=\frac{2\pi}{\omega}=\mathbf{2\pi\sqrt{\frac{h}{g}}}$

11

②

【解説】

水中にある容器の長さを h，求める密度を ρ とおく。

重力と浮力がつり合うことに注意すると，

水のときの力のつり合いは，

120 g 重 $=1$ g 重/cm³ · 20 cm · h〔cm〕

液体 A のときの力のつり合いは，

120 g 重 $=\rho$〔g 重/cm³〕· 20 cm · $(h-1)$ cm

2 式より，$\rho=\mathbf{1.2}$ g/cm³

12

2.1 N

【解説】

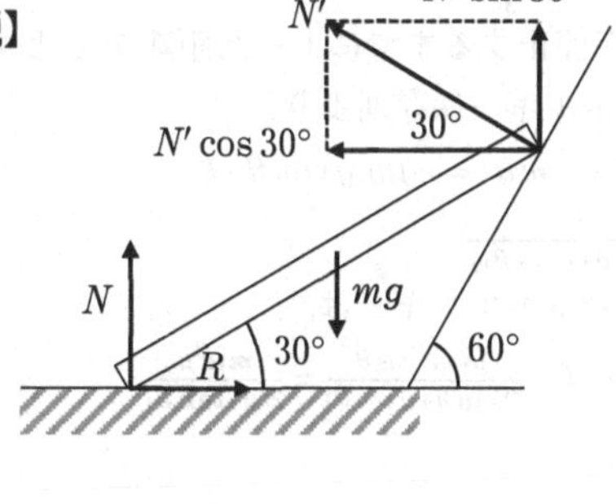

力のつり合いより，

$$\begin{cases}R=N'\cos30^\circ\cdots① \\ N'\sin30^\circ+N=mg\cdots②\end{cases}$$

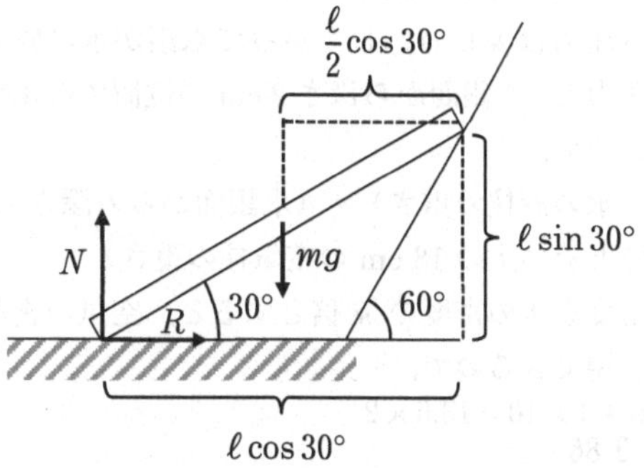

斜面と棒の接触点まわりのモーメントのつり合いより，

$\ell\sin30^\circ\times R+\frac{\ell}{2}\cos30^\circ\times mg=\ell\cos30^\circ\times N\cdots③$

①,②,③より，$R=\frac{\sqrt{3}}{4}mg=\mathbf{2.1\ N}$

(注) $R=\mu N=0.80N$ とするのは誤り。これは最大静止摩擦力を表し，床面をすべる直前の力を表す。

13

P から左に距離 0.48 m

【解説】

30 N の力の作用点を R とする。求める点を S とすると，S は RQ を 20 N : 30 N = 2 : 3 に外分する点である。

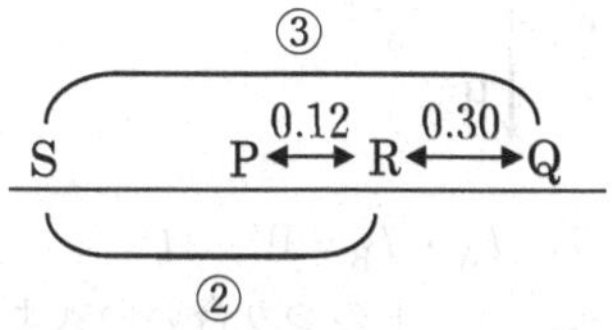

図より，RQ = 0.30 なので，RS = 0.30 × 2 = 0.60

よって PS = 0.60 − 0.12 = 0.48

つまり **P から左に距離 0.48 m**

【別解】

合力の作用点が P から右に x〔m〕の位置にあるとする。この点に力 f を棒と垂直な向き（上向きを正とする）に加えて棒が静止したとする。

力のつり合いより，$20-30+f=0$

$f=10$ となり，これは上向き 10 N の力である。

このとき棒は回転しないので，P まわりのモーメントのつり合いより，

$0.42\times20+10x-0.12\times30=0$

よって，$x=-0.48$

つまり **P から左に距離 0.48 m**

14

㊀

【解説】

一般に密度が等しい流体中では，等しい高さでの流体による圧力は等しい。したがって水銀が水の底面に及ぼす圧力と，水銀面から深さ 2 cm の位置での水銀圧は等しいので，

（油と水の液柱の重さ）＝（水銀面からの深さ 2 cm の水銀柱とその上の 18 cm の空気柱の重さ）

油の密度を水の密度の k 倍とすると，空気の密度は小さく無視できるので，

$k \times 20 + 1 \times 10 = 13.6 \times 2$

$\therefore k = \mathbf{0.86}$

15

㊀

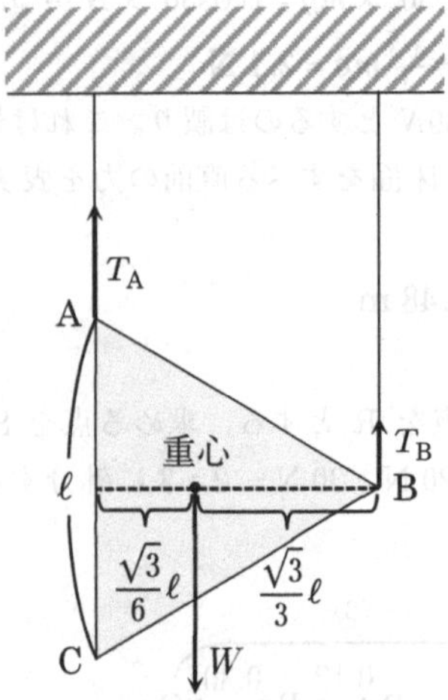

力のつり合いより，$T_A + T_B = W \cdots$①

重心のまわりのモーメントのつり合いの式より，

$\frac{\sqrt{3}}{6}\ell \cdot T_A = \frac{\sqrt{3}}{3}\ell \cdot T_B \cdots$②

①,②より，$T_A = \frac{2}{3}W$　よって，$\mathbf{\frac{2}{3}}$ 倍

16

1. ⑦　　2. ⑤

【解説】

1. 一様な板の質量は面積に比例するので，

　Aの質量：$m_A = \left\{r^2\pi - \left(\frac{1}{2}r\right)^2\pi\right\}k = \frac{3}{4}\pi k r^2$

　くりぬいた物体の質量：$m_B = \left(\frac{1}{2}r\right)^2\pi k = \frac{1}{4}\pi k r^2$

　とする。点 O を原点として重心の公式を用いると，

$$0 = \frac{m_A \cdot x_A + m_B \cdot \left(-\frac{r}{2}\right)}{m_A + m_B} = \frac{\frac{3}{4}\pi k r^2 \cdot x_A + \frac{1}{4}\pi k r^2 \cdot \left(-\frac{r}{2}\right)}{\frac{3}{4}\pi k r^2 + \frac{1}{4}\pi k r^2}$$

　$x_A = \mathbf{\frac{1}{6}} \times r$〔m〕

2.

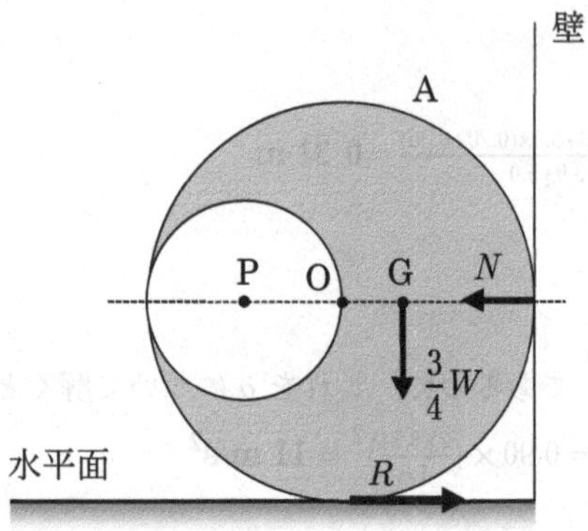

求める摩擦力を R とする。A の重さは $\frac{m_A}{m_A + m_B}W = \frac{3}{4}W$ で，なめらかな壁からは垂直抗力のみで，摩擦力を受けないことに注意すると，O 点まわりの力のモーメントのつり合いより，$rR = \frac{r}{6} \cdot \frac{3}{4}W$　$\therefore R = \mathbf{\frac{1}{8}} \times W$〔N〕

17

c

【解説】

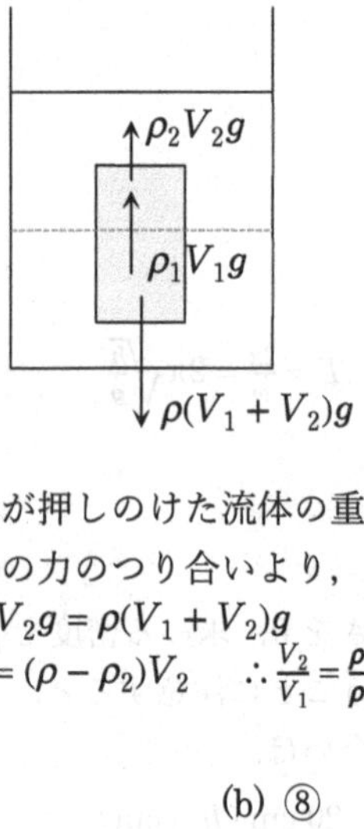

浮力は物体が押しのけた流体の重さに等しい。

浮力と重力の力のつり合いより，

$\rho_1 V_1 g + \rho_2 V_2 g = \rho(V_1 + V_2)g$

$(\rho_1 - \rho)V_1 = (\rho - \rho_2)V_2$　　$\therefore \frac{V_2}{V_1} = \mathbf{\frac{\rho_1 - \rho}{\rho - \rho_2}}$

18

(a) ⑤　　(b) ⑧

【解説】

(a) 衝突後の $2m$ の小物体の速度を v' とすると，運動量保存則とはね返りの式より，

$2mv' + mu = 2mu$

$v' - u = -1 \cdot (v - 0)$

2 式より，$u = \mathbf{\frac{4v}{3}}$

(b) 小物体が停止するまでに上った距離を ℓ とすると，力学的エネルギー保存則より，

$mg\ell \sin\theta - \frac{1}{2}mu^2 = -\mu mg \cos\theta \cdot \ell$

$\therefore \ell = \frac{u^2}{2(\sin\theta + \mu\cos\theta)g}$

よって求めるエネルギーは，

$\mu mg \cos\theta \cdot \ell = \frac{\mu m u^2 \cos\theta}{2(\sin\theta + \mu\cos\theta)} = \mathbf{\frac{mu^2\mu}{2(\mu + \tan\theta)}}$

19

④

【解説】

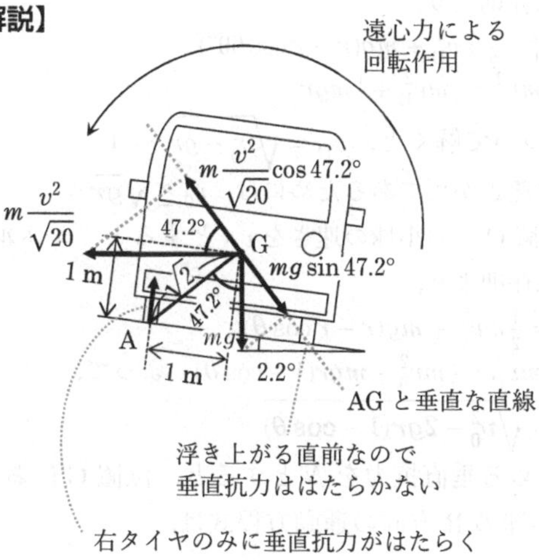

求める限界の速さを v とすると，
点 A まわりでの力のモーメントのつり合いより，

$m\cdot\frac{v^2}{120}\cos 47.2°\times\sqrt{2} = mg\sin 47.2°\times\sqrt{2}$

$v = \sqrt{1200\cdot\frac{\sin 47.2°}{\cos 47.2°}} = \mathbf{36\ m/s}$

20

②

【解説】

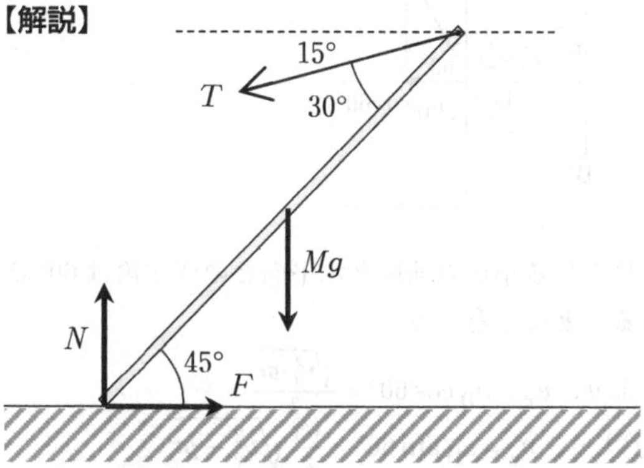

床からの垂直抗力の大きさを N，摩擦力の大きさを F とする。力のつり合いより，

$F = T\cos 15° \cdots$ ①

$N = T\sin 15° + Mg \cdots$ ②

床との接点まわりのモーメントのつり合いより，

$\frac{1}{2}Mg\cos 45° = 1\cdot T\sin 30° \cdots$ ③

①〜③より，$F = \frac{1+\sqrt{3}}{4}Mg$，$N = \frac{3+\sqrt{3}}{4}Mg$

すべらない条件は $\mu N \geqq F$ であるので，

$\mu \geqq \frac{F}{N} = \frac{1+\sqrt{3}}{3+\sqrt{3}} = \frac{\sqrt{3}}{3}$

21

③

【解説】

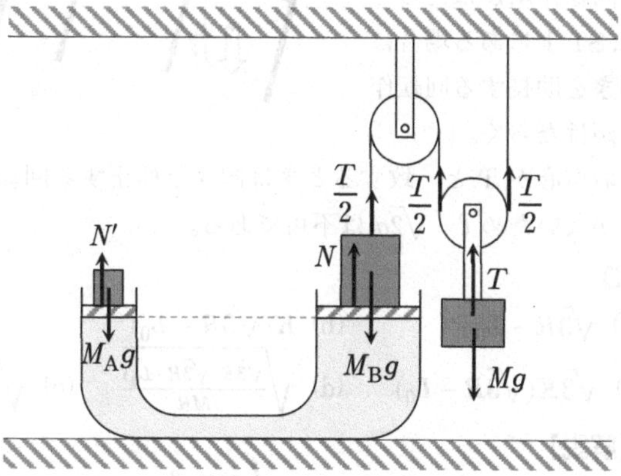

図のように文字を設定すると，力のつり合いにより，

$$\begin{cases} T = Mg \\ \frac{T}{2} + N = M_Bg \\ N' = M_Ag \end{cases}$$

3 式より，$N = M_Bg - \frac{1}{2}Mg$，$N' = M_Ag$

ピストンの高さでの水圧を P，気圧を P' とおくと，

左のピストン：$PS_A = N' + P'S_A \leftrightarrow (P - P')S_A = N'$

右のピストン：$PS_B = N + P'S_B \leftrightarrow (P - P')S_B = N$

2 式から $P - P'$ を消去すると，

$\frac{S_A}{S_B} = \frac{N'}{N} = \frac{M_Ag}{M_Bg - \frac{1}{2}Mg} = \frac{M_A}{M_B - \frac{1}{2}M}$

$M_A = \left(\boldsymbol{M_B - \frac{M}{2}}\right)\boldsymbol{\frac{S_A}{S_B}}$

22

$\sqrt{2}a$ 未満

【解説】

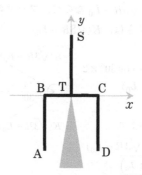

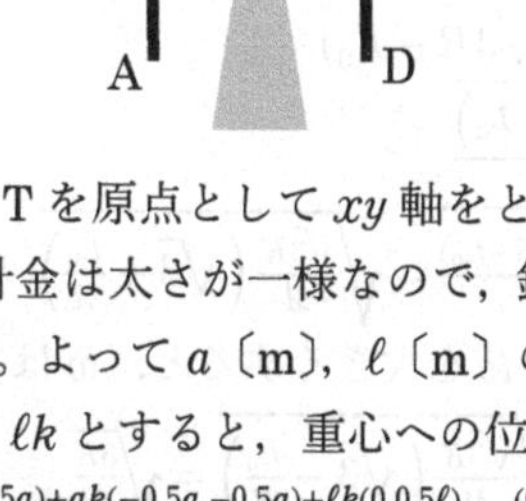

図のように T を原点として xy 軸をとし，ST の長さを ℓ とする。針金は太さが一様なので，針金の長さと質量は比例する。よって a〔m〕，ℓ〔m〕の針金の質量をそれぞれ ak，ℓk とすると，重心への位置ベクトルは，

$\vec{r} = \frac{ak(0.5a,-0.5a)+ak(-0.5a,-0.5a)+\ell k(0,0.5\ell)}{3ak+\ell k} = \frac{(0,-a^2+0.5\ell)}{3a+\ell}$

$= \left(0, \frac{-a^2+0.5\ell^2}{3a+\ell}\right)$

安定して支えるためにはこの y 成分が 0 未満であればよいので，$\frac{-a^2+0.5\ell^2}{3a+\ell} < 0$　よって，$\ell < \sqrt{2}a$

【考察】

重心がTより下側にある場合は傾きを補正する回転作用がはたらくが，ST上にある場合は傾きを助長する回転作用がはたらく。

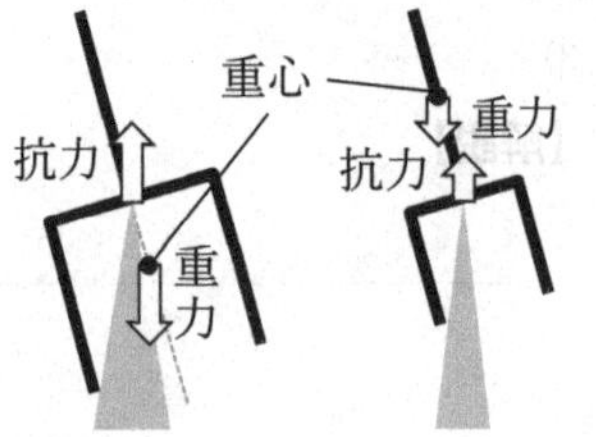

なお重心がTと一致するときは傾きを補正する回転作用がないため $\ell=\sqrt{2}a$ は不可である。

23

(a) $\boldsymbol{\sqrt{3}R-L_0}$　　(b) $\boldsymbol{K(\sqrt{3}R-L_0)}$

(c) $\boldsymbol{\sqrt{3}K(\sqrt{3}R-L_0)}$　　(d) $\boldsymbol{\sqrt{\frac{\sqrt{3}K(\sqrt{3}R-L_0)}{MR}}}$　　(e) $\boldsymbol{\sqrt{\frac{3K}{M}}}$

【解説】

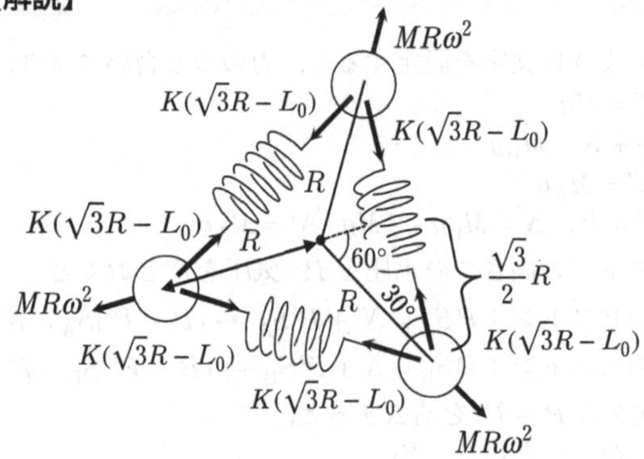

(a) ばねの長さは $(R\cos 30°)\times 2=\sqrt{3}R$ なので，ばねののびは $\boldsymbol{\sqrt{3}R-L_0}$

(b) ばねののびは $\sqrt{3}R-L_0$ なので，フックの法則から，求める力の大きさは，$\boldsymbol{K(\sqrt{3}R-L_0)}$

(c) 図より合力は，

$K(\sqrt{3}R-L_0)\times\cos 30°\times 2$
$=\boldsymbol{\sqrt{3}K(\sqrt{3}R-L_0)}$

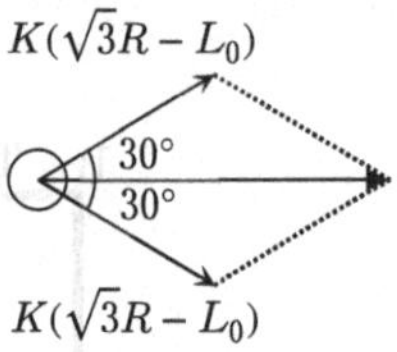

(d) 力のつり合いより

$MR\omega^2=\sqrt{3}K(\sqrt{3}R-L_0)$

$\omega=\boldsymbol{\sqrt{\frac{\sqrt{3}K\left(\sqrt{3}R-L_0\right)}{MR}}}$

(e) $\omega=\sqrt{\frac{\sqrt{3}K(\sqrt{3}R-L_0)}{MR}}=\sqrt{\frac{\sqrt{3}K}{M}\left(\sqrt{3}-\frac{L_0}{R}\right)}$

と変形できる。R を大きくすると，ω は

$\lim_{R\to\infty}\omega=\lim_{R\to\infty}\sqrt{\frac{\sqrt{3}K}{M}\left(\sqrt{3}-\frac{L_0}{R}\right)}=\sqrt{\frac{3K}{M}}$

となり，$\boldsymbol{\sqrt{\frac{3K}{M}}}$ より大きくなることはない。

24

ア．②　　イ．⑧　　ウ．①　　エ．②　　オ．④
カ．①　　キ．①　　ク．③　　a. $\boldsymbol{\frac{eM-m}{m+M}}$

【解説】

ア．位置Dでの小球の速さを v_D とすると，エネルギー保存則より，

$\frac{1}{2}mv_0^2=\frac{1}{2}mv_D^2+mg(r-r\cos 60°)$
$\leftrightarrow \frac{1}{2}mv_0^2=\frac{1}{2}mv_D^2+\frac{1}{2}mgr$

v_D ついて解くと，$v_D=\sqrt{v_0^2-gr}$ …①

この速さが正であるためには，$v_0\geqq\boldsymbol{\sqrt{gr}}$

イ．位置Cでの小球の速さを v_C とすると，エネルギー保存則より，

$\frac{1}{2}v_0^2=\frac{1}{2}mv_C^2+mg(r-r\cos\theta)$
$\leftrightarrow \frac{1}{2}mv_C^2=\frac{1}{2}mv_0^2-mgr(1-\cos\theta)$　よって，

$v_C=\boldsymbol{\sqrt{v_0^2-2gr(1-\cos\theta)}}$

ウ．求める垂直抗力を N とすると，位置Cにおける小球のR方向の運動方程式は，

$m\frac{v_C^2}{r}=N-mg\cos\theta$　よって，

$N=mg\cos\theta+m\frac{v_C^2}{r}$
$=mg\cos\theta+m\frac{v_0^2-2gr(1-\cos\theta)}{r}$
$=\boldsymbol{\frac{mv_0^2}{r}+mg(3\cos\theta-2)}$

エ．

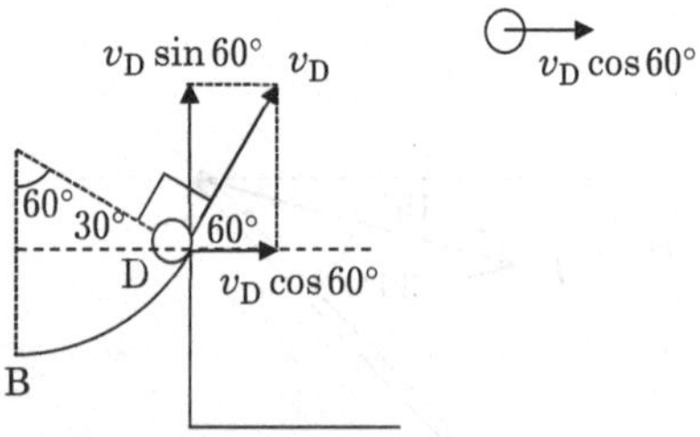

Dにおける小球の速度と水平面との成す角は60°であることに注意する。

①より，$v_x=v_D\cos 60°=\boldsymbol{\frac{\sqrt{v_0^2-gr}}{2}}$

オ．①より，$v_y=v_D\sin 60°=\frac{\sqrt{3}}{2}\sqrt{v_0^2-gr}$

よって $v_y'=-v_y=-\frac{\sqrt{3}}{2}\sqrt{v_0^2-gr}$ …②

小球がDに達し，Fに到達するまでの時間を t とすると，平板に衝突する直前の速度の y 成分は $-v_y$ であるので，

$-v_y=v_y-gt$　よって，

$t=\frac{2v_y}{g}=\frac{2}{g}\cdot\frac{\sqrt{3}}{2}\sqrt{v_0^2-gr}=\frac{\sqrt{3}}{g}\sqrt{v_0^2-gr}$

問題文の条件から $v_xt=\sqrt{3}r$ より，

$\frac{\sqrt{v_0^2-gr}}{2}\cdot\frac{\sqrt{3}}{g}\sqrt{v_0^2-gr}=\sqrt{3}r$

$\leftrightarrow \frac{\sqrt{3}}{2g}|v_0^2-gr|=\sqrt{3}r$

アより $v_0\geqq\sqrt{gr}$ であるので，$\frac{\sqrt{3}}{2g}\left(v_0^2-gr\right)=\sqrt{3}r$

よって，$v_0=\boldsymbol{\sqrt{3gr}}$ …③

カ. ②,③より，

$$v_y{}' = -\frac{\sqrt{3}}{2}\sqrt{3gr - gr} = -\frac{\sqrt{3}}{2}\sqrt{2gr} = -\sqrt{\frac{3gr}{2}}$$

キ. 衝突直後の平板の速度の y 成分を V とすると，y 成分の運動量保存則より，

$mv_y{}' = mv_y{}'' + MV$ よって，

$mv_y{}'' = mv_y{}' - MV$ …④

また，はね返り係数と速度の関係より，

$e = -\frac{v_y{}''-V}{v_y{}'-0}$ より，$v_y{}'' = -ev_y{}' + V$ …⑤

両辺を M 倍すると，

$Mv_y{}'' = -eMv_y{}' + MV$ …⑥

④+⑤より，$(m+M)v_y{}'' = (m-eM)v_y{}'$

よって，$v_y{}'' = \frac{m-eM}{m+M}v_y{}' = \frac{eM-m}{m+M}(-v_y{}')$

キ. ⑤より，

$V = ev_y{}' + v_y{}'' = ev_y{}' + \frac{m-eM}{m+M}v_y{}' = \frac{m(1+e)}{m+M}v_y{}'$

求める振幅を A とすると，鉛直ばね振り子のエネルギー保存則（導出物理上１４章参照）より，

$\frac{1}{2}MV^2 = \frac{1}{2}kA^2$ であるので，

$A = \sqrt{\frac{M}{k}}|V| = \sqrt{\frac{M}{k}} \cdot \left|\frac{m(1+e)}{m+M}v_y{}'\right|$

カより $v_y{}' = -\sqrt{\frac{3gr}{2}}$ であるので，

$A = \sqrt{\frac{M}{k}} \cdot \frac{m(1+e)}{m+M} \cdot \sqrt{\frac{3gr}{2}} = \frac{m(1+e)}{m+M}\sqrt{\frac{3Mgr}{2k}}$

ク. ばね振り子の周期の公式より，$T = 2\pi\sqrt{\frac{M}{k}}$

25

1. ④　　2. ①　　3. ⑧　　4. ②

【解説】

(1) 並列につなぐとばね定数は和なので，$k_1 + k_2$

(2)

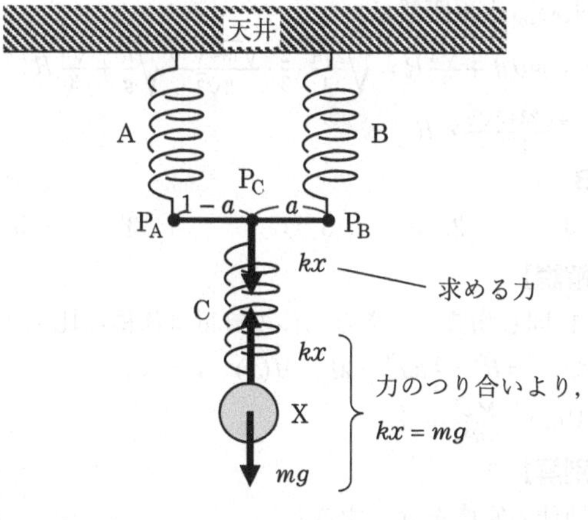

ばねＣが棒を下向きに引く力の大きさはおもりＸの重さと等しいので，mg

(3) (1)より，ＡとＢを１本のばねとみなしたとき，ばね定数は $k_1 + k_2$

(ＡとＢ)とＣのばねを１本のばねとみなしたとき，直列につなぐと，$\frac{1}{k_1+k_2} + \frac{1}{k_3} = \frac{k_3(k_1+k_2)}{k_1+k_2+k_3}$

(4)

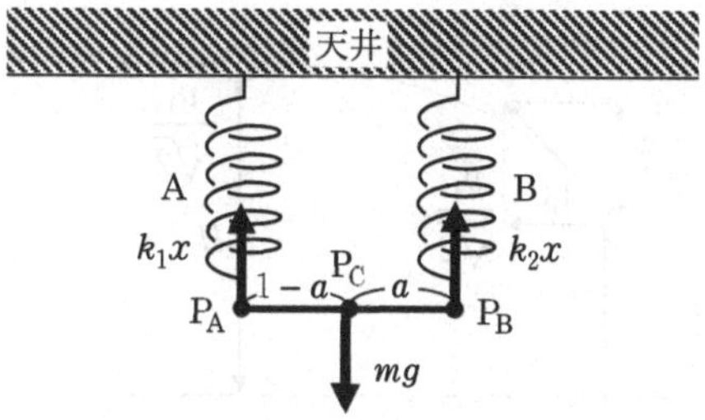

点P_A，P_B のまわりの力のモーメントのつり合いの式は，それぞれ

$$\begin{cases}(1-a)mg = 1 \cdot k_2x \\ amg = 1 \cdot k_1x\end{cases}$$

２式より，$\frac{1-a}{a} = \frac{k_2}{k_1}$　　$a = \frac{k_1}{k_1+k_2}$

26

(a) 水平方向：$\frac{\sqrt{2}}{2}v_0$　鉛直方向：$\frac{\sqrt{2}}{2}v_0$　　(b) $\frac{\sqrt{2}}{2g}v_0$

(c) $H_0 = \frac{v_0^2}{4g}$　　(d) $D_0 = \frac{v_0^2}{g}$

(e) 条件：$v_0 > \sqrt{2gL}$　　速さ：$v_1 = \sqrt{v_0^2 - 2gL}$

(f) $H = \frac{1}{4}\left(\frac{v_0^2}{g} + 2L\right)$　　$H > H_0$

(g) $D = \frac{v_0^2 + \sqrt{v_0^4 - 4g^2L^2}}{2g}$　　$D_0 > D$

【解説】

(a)

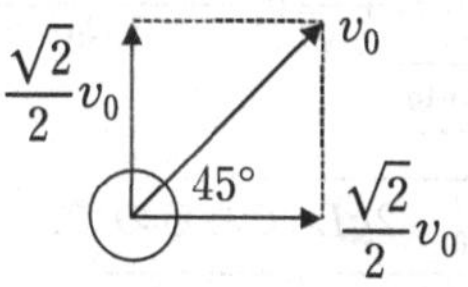

上図より，

水平方向：$\frac{\sqrt{2}}{2}v_0$　　鉛直方向：$\frac{\sqrt{2}}{2}v_0$

(b) 求める時間を t_1 とすると，鉛直面への射影は等加速度運動をするので，

$0 = \frac{\sqrt{2}}{2}v_0 - gt_1$　　$t_1 = \frac{\sqrt{2}}{2g}v_0$

(c) 鉛直方向に等加速度運動するので，

$$H_0 = \frac{\sqrt{2}}{2}v_0t_1 - gt_1^2 = \frac{\sqrt{2}}{2}v_0\left(\frac{\sqrt{2}}{2g}v_0\right) - g\left(\frac{\sqrt{2}}{2g}v_0\right)^2 = \frac{v_0^2}{4g}$$

(d) 小球を打ち出してから地面に落下するまでの時間 t_2 は

$t_2 = 2t_1 = 2\left(\frac{\sqrt{2}}{2g}v_0\right) = \frac{\sqrt{2}}{g}v_0$

$D_0 = \frac{\sqrt{2}}{2}v_0t_2 = \frac{\sqrt{2}}{2}v_0\left(\frac{\sqrt{2}}{g}v_0\right) = \frac{v_0^2}{g}$

(e) 小球の運動エネルギーが斜面の下端を基準とした上端での位置エネルギーを上回る必要があるので，

$\frac{1}{2}mv_0^2 > mgL$　　$v_0 > \sqrt{2gL}$

斜面から飛び出すときの速度は力学的エネルギー保存則から，

$\frac{1}{2}mv_1^2 = \frac{1}{2}mv_0^2 - mgL$　　$\boldsymbol{v_1 = \sqrt{v_0^2 - 2gL}}$

(f)

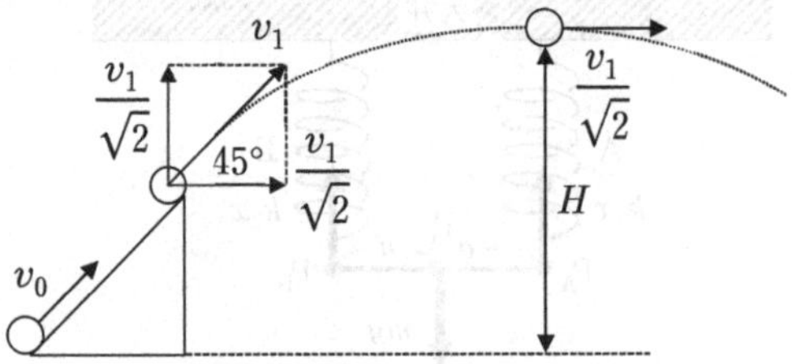

力学的エネルギー保存則より，

$\frac{1}{2}mv_0^2 = \frac{1}{2}m\left(\frac{v_1}{\sqrt{2}}\right)^2 + mgH$　　$\boldsymbol{H = \frac{1}{4}\left(\frac{v_0^2}{g} + 2L\right)}$

$H_0 = \frac{v_0^2}{4g}$，$H = \frac{v_0^2}{4g} + \frac{L}{2}$ より，$\boldsymbol{H > H_0}$

(g) 小球が斜面から飛び出してから落下するまでの時間を t_3 とすると，鉛直面への射影は等加速度運動するので，

$-L = \frac{1}{\sqrt{2}}v_1t_3 - gt_3^2$

$\leftrightarrow gt_3^2 - \sqrt{2}v_1t_3 - 2L = 0$

$t_3 > 0$ であるので，二次方程式の解の公式より，

$t_3 = \frac{\sqrt{2}v_1 + \sqrt{2v_1^2 + 8gL}}{2g}$

水平面への射影は等速直線運動であることに注意すると，

$D = L + \frac{1}{\sqrt{2}}v_1t_3 = L + \frac{1}{\sqrt{2}}v_1 \cdot \frac{\sqrt{2}v_1 + \sqrt{2v_1^2 + 8gL}}{2g}$

$= \frac{2gL + v_1^2 + v_1\sqrt{v_1^2 + 4gL}}{2g}$

(e)より $v_1 = \sqrt{v_0^2 - 2gL}$ であるので，

$\boldsymbol{D} = \frac{2gL + v_0^2 - 2gL + \sqrt{v_0^2 - 2gL}\sqrt{v_0^2 - 2gL + 4gL}}{2g}$

$= \frac{v_0^2 + \sqrt{(v_0^2 - 2gL)(v_0^2 + 2gL)}}{2g} = \boldsymbol{\frac{v_0^2 + \sqrt{v_0^4 - 4g^2L^2}}{2g}}$

$D_0 - D = \frac{v_0^2}{g} - \frac{v_0^2 + \sqrt{v_0^4 - 4g^2L^2}}{2g} = \frac{v_0^2 - \sqrt{v_0^4 - 4g^2L^2}}{2g}$

$(v_0^2)^2 - \left(\sqrt{v_0^4 - 4g^2L^2}\right)^2 = 4g^2L^2 > 0$

であるので，$D_0 - D > 0$

つまり，$\boldsymbol{D_0 > D}$

27

1. ⑤　　2. ③　　3. ⑨　　4. ⓪

【解説】

(1)

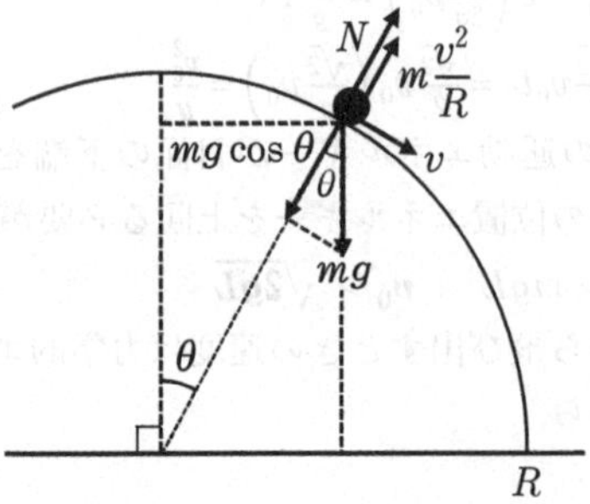

速さを v〔m/s〕とすると，力のつり合いより，

$N = mg\cos\theta - m\frac{v^2}{R} \cdots$①

エネルギー保存則より，

$\frac{1}{2}mv^2 = mgR(1 - \cos\theta)$

$v = \sqrt{2gR(1 - \cos\theta)} \cdots$②

①,②より，

$N = mg(3\cos\theta - 2)$

小球が離れるのは $N = 0$ のときなので，

$mg(3\cos\theta - 2) = 0$　　$\cos\theta = \frac{2}{3}$

よって，求める高さは $\boldsymbol{\frac{2}{3} \times R}$

速さは $v = \sqrt{\frac{2gR}{3}} = \boldsymbol{\sqrt{\frac{2}{3}} \times \sqrt{gR}}$

(2)

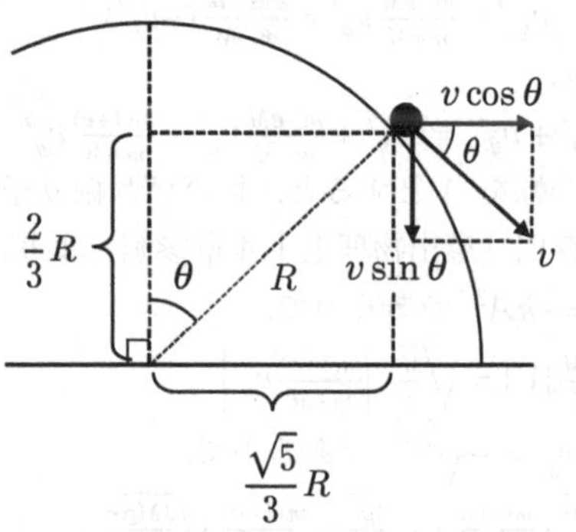

求める時間を t〔s〕とすると，

$\frac{2}{3}R = (v\sin\theta)t + \frac{1}{2}gt^2$

$\frac{2}{3}R = \sqrt{\frac{2gR}{3}} \cdot \frac{\sqrt{5}}{3} \cdot t + \frac{1}{2}gt^2$

$t^2 + \frac{2}{3}\sqrt{\frac{10R}{3g}}t - \frac{4R}{3g} = 0$

$\therefore t = \boldsymbol{\frac{\sqrt{46} - \sqrt{10}}{3\sqrt{3}} \times \sqrt{\frac{R}{g}}}$

求める水平距離は，

$(v\cos\theta)t + \frac{\sqrt{5}}{3}R = \sqrt{\frac{2gR}{3}} \cdot \frac{2}{3} \cdot \frac{\sqrt{46} - \sqrt{10}}{3\sqrt{3}}\sqrt{\frac{R}{g}} + \frac{\sqrt{5}}{3}R$

$= \boldsymbol{\frac{4\sqrt{23} + 5\sqrt{5}}{27}} \times R$

28

1. ③　　2. ⑤　　3. ①　　4. ③　　5. ④

【解説】

問 1 同じ物質でできた物体の質量は体積に比例するので，$\frac{4}{3}\pi R^3 : \frac{4}{3}\pi x^3 = M : M(x)$ よって，

$M(x) = \boldsymbol{\frac{Mx^3}{R^3}} \cdots$①

【別解】

地球の密度を ρ とすると，

半径 R の球の質量は，$\frac{4}{3}\pi R^3 \times \rho = M$

半径 x の球の質量は，$\frac{4}{3}\pi x^3 \times \rho = M(x)$

ρ を消去すると，$M(x) = \boldsymbol{\frac{Mx^3}{R^3}}$

問 2

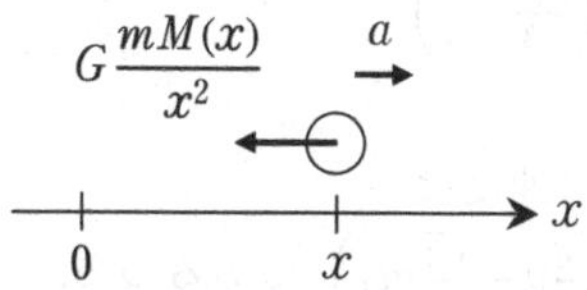

$x>0$ のとき万有引力は x 軸の負の向きであることに注意すると，

$\boldsymbol{ma=-\dfrac{GmM(x)}{x^2}}\cdots$②

問 3 ①,②より，

$a=-\dfrac{G}{x^2}\times\dfrac{x^2}{R^2}M=-\dfrac{GM}{R^3}x=-\dfrac{g}{R}x=-\omega^2x$

$\omega=\sqrt{\dfrac{g}{R}}$ より，$T=\dfrac{2\pi}{\omega}=\boldsymbol{2\pi\sqrt{\dfrac{R}{g}}}$

問 4 問 3 の結果は x を含まないため，どの位置で P を放っても周期は一定。よって，$T_1=\dfrac{T}{2}=\boldsymbol{0.5T}$

問 5 $T_1=0.5T=\pi\sqrt{\dfrac{R}{g}}$

$=\pi\sqrt{\dfrac{6.4\times10^6}{9.8}}=\dfrac{4}{7}\pi\cdot\sqrt{2}\times10^3$ s

≒ 42 分 ≒ **40 分**

29

1. ⑥　　2. ⑦　　3. ⑥　　4. ⑨

【解説】

(1) 支柱 A,B のまわりのそれぞれの力のモーメントのつり合いより，

$\begin{cases}2L\cdot3Mg=3L\cdot N_2\\ L\cdot3Mg=3L\cdot N_1\end{cases}$

上式より，$N_1=\boldsymbol{Mg}$，$N_2=\boldsymbol{2Mg}$

(2) 支柱 A のまわりの力のモーメントのつり合いと，鉛直方向の力のつり合いより，

$\begin{cases}(x-L)\cdot2mg+2L\cdot3Mg=3L\cdot N\\ N+N=2Mg+3Mg\end{cases}$

2 式より，$x=\boldsymbol{\dfrac{7}{4}L}$，$N=\dfrac{5}{2}Mg$

(3) 支柱 A のまわりのモーメントのつり合いより，

$L\cdot T\cos\theta=2L\cdot3Mg\cos\theta$

求める質量を m とすると，おもりに関しての力のつり合いより，$T+kx=mg$

上式より，$m=\boldsymbol{6M+\dfrac{kx}{g}}$

30

(a) $\boldsymbol{mg}$　　(b) $\boldsymbol{0.4g}$　　(c) $\boldsymbol{0.6mg}$　　(d) $\sqrt{\dfrac{5h}{g}}$

(e) $\boldsymbol{0.1g}$　　(f) $\boldsymbol{0.9mg}$　　(g) 2 倍

(h) $(\boldsymbol{1.3m+0.6M})\boldsymbol{g}$

【解説】

(a) C についての力のつり合いより，$T=\boldsymbol{mg}$

(b)(c)

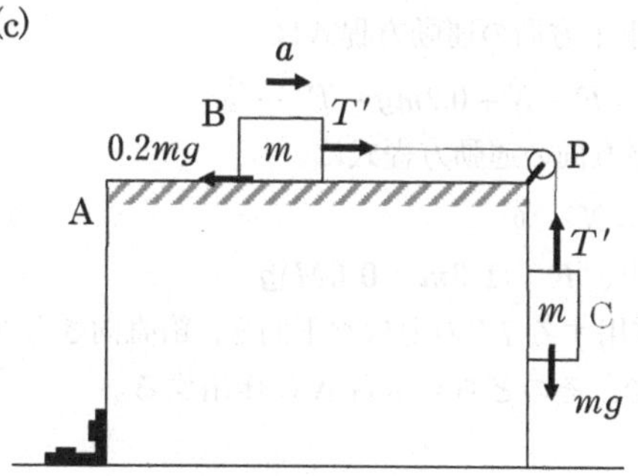

B についての運動方程式は

$ma=T'-0.2mg\cdots$①

C についての運動方程式は

$ma=mg-T'\cdots$②

①,②より，$\begin{cases}a=\boldsymbol{0.4g}\\ T'=\boldsymbol{0.6mg}\end{cases}$

(d) $h=\dfrac{1}{2}at^2$　$\therefore t=\sqrt{\dfrac{5h}{g}}$

(e)(f)

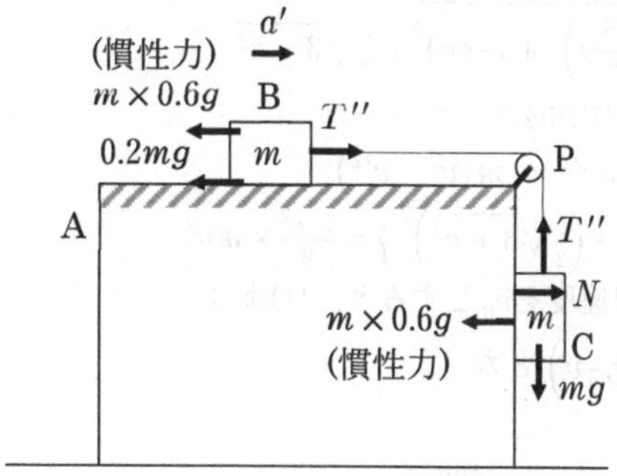

A に対する B についての運動方程式は

$ma'=T''-0.2mg-0.6mg\cdots$③

A に対する C についての運動方程式は

$ma'=mg-T''\cdots$④

③,④より，$\begin{cases}a'=\boldsymbol{0.1g}\\ T''=\boldsymbol{0.9mg}\end{cases}$

(g) C が床面に達するまでにかかった時間を t' とすると，

$h=\dfrac{1}{2}a't'^2$

よって，$\dfrac{t'}{t}=\sqrt{\dfrac{a}{a'}}=\sqrt{\dfrac{0.4g}{0.1g}}=2$ 倍

(h)

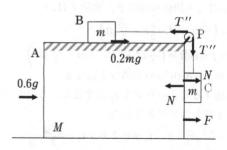

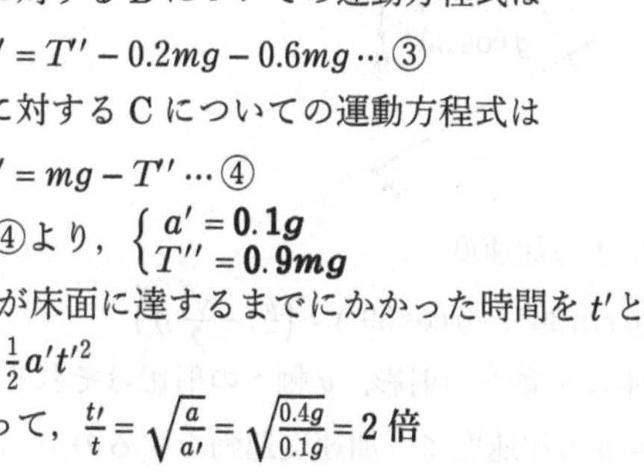

A に加える力を F, C が A に及ぼす抗力を N とする。

台Aの水平方向の運動方程式は,

$M(0.6g) = F - N + 0.2mg - T'' \cdots$ ⑤

Cの水平方向の運動方程式は

$m(0.6g) = N \cdots$ ⑥

⑤,⑥より, $F = \mathbf{(1.3m + 0.6M)g}$

(注) Pに作用する T'' の力は水平向き, 鉛直向きと2つあるので, そのどちらも台Aに作用する。

31

1. ③　2. ②　3. ⓐ　4. ⑦　5. ⑧
6. ②　7. ⓪　8. ⑦　9. ②

【解説】

(1) x 成分の速さは衝突前後で変化しないので,

$v\sin 60° = \boldsymbol{\frac{\sqrt{3}}{2}} \times v$

y 成分の速さは衝突によって e 倍になるので,

$ev\sin 60° = \boldsymbol{\frac{1}{2}e} \times v$

衝突後の速さを v' とすると,

$v' = \sqrt{\left(\frac{\sqrt{3}}{2}v\right)^2 + \left(\frac{1}{2}ev\right)^2} = \frac{v}{2}\sqrt{3 + e^2}$

失われた力学的エネルギーは,

$\frac{1}{2}mv^2 - \frac{1}{2}mv'^2 = \frac{1}{2}m(v^2 - v'^2)$

$= \frac{1}{2}m\left\{v^2 - \left(\frac{v}{2}\sqrt{3+e^2}\right)^2\right\} = \boldsymbol{\frac{1-e^2}{8}} \times mv^2$

(2) Pでの初速度を $\vec{v}_0$ とすると, (1)より,

$\vec{v}_0 = \left(\frac{\sqrt{3}}{2}v, \frac{e}{2}v\right)$ となる。

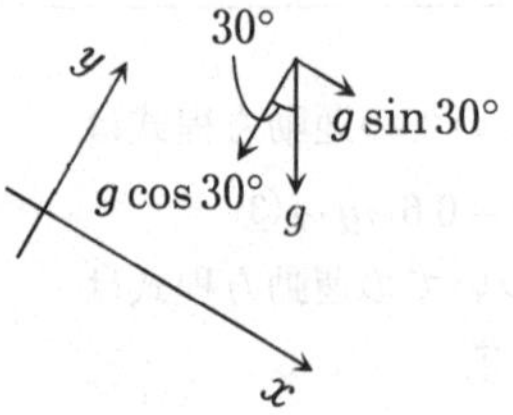

ここで重力加速度は,

$\vec{g} = (g\sin 30°, -g\cos 30°) = \left(\frac{g}{2}, -\frac{\sqrt{3}}{2}g\right)$

小物体の x 軸への射影, y 軸への射影はそれぞれ, $\frac{g}{2}, -\frac{\sqrt{3}}{2}g$ の加速度で等加速度運動をするので, 時刻 t における小物体の速度 $\vec{v}$, 変位 $\vec{r}$ は,

$\vec{v}(t) = \left(\frac{\sqrt{3}}{2}v + \frac{g}{2}t,\ \frac{e}{2}v - \frac{\sqrt{3}}{2}gt\right)$

$\vec{r}(t) = \int \vec{v}(t)\mathrm{d}t = \left(\frac{\sqrt{3}}{2}vt + \frac{g}{4}t^2,\ \frac{e}{2}vt - \frac{\sqrt{3}}{4}gt^2\right)$

(注) $\vec{r}(0) = (0,0)$ なので積分定数は0

Qに達するときの時刻を t_1 とすると, このときの変位の y 成分は0であるので,

$\frac{e}{2}vt_1 - \frac{\sqrt{3}}{4}gt_1^2 = 0$　$t_1 \neq 0$ より, $t_1 = \boldsymbol{\frac{2\sqrt{3}e}{3}} \cdot \frac{v}{g}$

$\mathrm{PQ} = \frac{\sqrt{3}}{2}vt_1 + \frac{g}{4}t_1^2$

$= \frac{\sqrt{3}}{2}v\left(\frac{2\sqrt{3}e}{3}\cdot\frac{v}{g}\right) + \frac{g}{4}\left(\frac{2\sqrt{3}e}{3}\cdot\frac{v}{g}\right)^2$

$= \boldsymbol{e\left(1 + \frac{e}{3}\right)} \times \frac{v^2}{g}$

(3) Qで衝突する直前の速度は

$\vec{v}(t_1) = \left(\frac{\sqrt{3}}{2}v + \frac{g}{2}t_1,\ \frac{e}{2}v - \frac{\sqrt{3}}{2}gt_1\right)$ であるので,

衝突直後では, $\left(\frac{\sqrt{3}}{2}v + \frac{g}{2}t_1,\ -e\left(\frac{e}{2}v - \frac{\sqrt{3}}{2}gt_1\right)\right)$

よって x 成分の速度は,

$\frac{\sqrt{3}}{2}v + \frac{g}{2}t_1 = \frac{\sqrt{3}}{2}v + \frac{g}{2}\cdot\frac{2\sqrt{3}e}{3}\cdot\frac{v}{g} = \boldsymbol{\left(\frac{\sqrt{3}}{2} + \frac{\sqrt{3}e}{3}\right)} \times v$

y 成分の速度は,

$-e\left(\frac{e}{2}v - \frac{\sqrt{3}}{2}gt_1\right) = -e\left(\frac{e}{2}v - \frac{\sqrt{3}}{2}g\cdot\frac{2\sqrt{3}e}{3}\cdot\frac{v}{g}\right) = \boldsymbol{\frac{e^2}{2}}v$

32

1. ④　2. ⑨　3. ⑥　4. ①　5. ③

【解説】

(1)

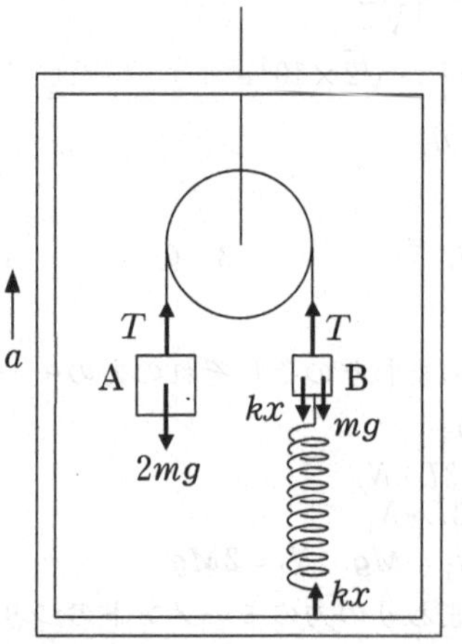

エレベーターが静止しているとき, 張力を T とすると, つり合いの式はそれぞれ,

$\begin{cases} \mathrm{A}: 2mg = T \\ \mathrm{B}: kx + mg = T \end{cases}$

2式より $x = \frac{mg}{k} \cdots$ ①

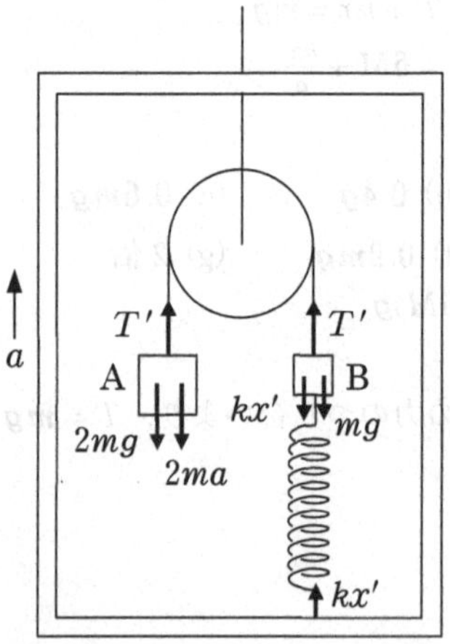

次に動きだしたとき，張力をT'とすると，

つり合いの式はそれぞれ，

$$\begin{cases} A : 2mg + 2ma = T' \\ B : mg + ma + kx' = T' \end{cases}$$

2 式より$x' = \frac{mg+ma}{k} \cdots$②

①,②より，

$x' - x = \frac{mg+ma}{k} - \frac{mg}{k} = \frac{ma}{k}$

よってAは$\boldsymbol{\frac{ma}{k}}$**だけ下がる**ことが分かる。

(2) エレベーター内の観測者から見て，A，Bの加速度は大きさが等しく，向きが逆である。その加速度の大きさをa'，張力をT''とすると，運動方程式は，

$$\begin{cases} A : 2m(-a') = T' - 2mg - 2ma \\ B : ma' = T' - mg - ma \end{cases}$$

2 式より，$T' = \boldsymbol{\frac{4}{3}m(g+a)}$，$a' = \frac{1}{3}(g+a)$

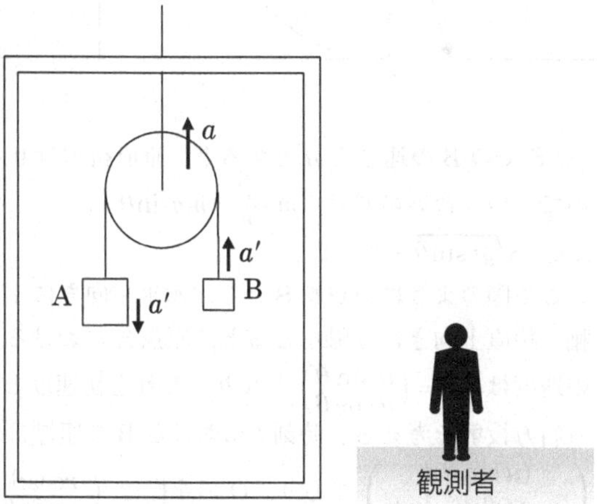

静止している観測者から見たA，Bの加速度をa_A，a_Bとすると，

$$\begin{cases} a_A = a - a' \\ a_B = a + a' \end{cases}$$

が成り立つ。よって，

$$\begin{cases} a_A = \boldsymbol{\frac{1}{3}(2a - g)} \\ a_B = \boldsymbol{\frac{1}{3}(g + 4a)} \end{cases}$$

(3) 重力のみがかかるので$\boldsymbol{-g}$

33

イ．①　　ロ．⑩　　あ．$\boldsymbol{\sqrt{2g\ell}}$　　い．**3**

う．$\boldsymbol{\sqrt{g\ell}}$　　え．$\boldsymbol{\frac{4}{9}\ell}$　　お．$\boldsymbol{\frac{2}{3}mg\ell}$

【解説】

(1) イ．同質量の2つの小球の弾性衝突は，衝突前後で速度が交換される。衝突直前はBの方が遅いので衝突直後はAの方が遅くなる。よって，　①

(2)

あ．エネルギー保存則より，

$mg\ell = \frac{1}{2}mv^2 \quad \therefore v = \boldsymbol{\sqrt{2g\ell}}$

い．運動量保存則と反発係数の式より，衝突直後のAの速度をv'とすると，

$$\begin{cases} Mv + m(-v) = 0 + mv' \\ 1 = -\frac{0-v'}{v-(-v)} \end{cases}$$

上式より，$\frac{M}{m} = \boldsymbol{3}$

(3)

う．

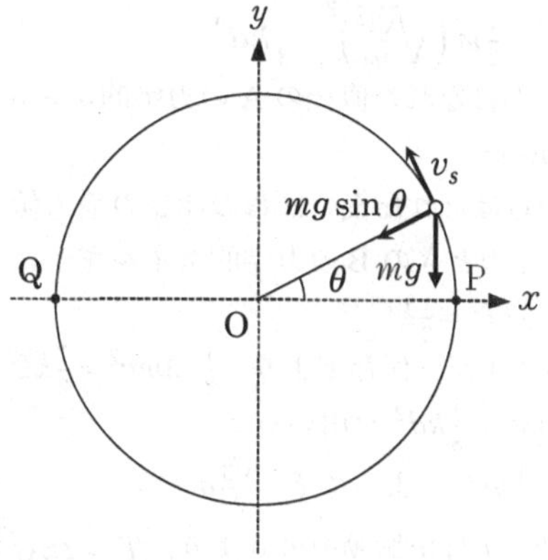

求める速さをv_sとすると，円運動の方程式より，

$m \cdot \frac{v_s^2}{\ell} = mg\sin\theta$

$\sin\theta = \frac{h}{\ell}$なので，$v_s = \boldsymbol{\sqrt{g\ell}}$

ロ．衝突直後のDの速度をv''，Aの速度をv_0とすると，運動量保存則と反発係数の式より，

$$\begin{cases} M'v + 0 = M'v'' + mv_0 \\ 1 = -\frac{v''-v_0}{v-0} \end{cases}$$

2 式より，$v_0 = \frac{2M'}{M'+m}v = \frac{2M'}{M'+m}\sqrt{2g\ell} \cdots$①

次に，AについてR点とS点でのエネルギー保存則より，

$\frac{1}{2}mv_0^2 = mg(\ell + h) + \frac{1}{2}mv_s^2$

$v_0^2 = g(2\ell + 3h) \cdots$②

①,②より，$\frac{M'}{M} = \boldsymbol{\frac{\sqrt{2\ell+3h}}{\sqrt{8\ell}-\sqrt{2\ell+3h}}}$

(4)

え．衝突直後の速度をVとすると，運動量保存則より

$2mv + 0 = 3mV$　よって，$V = \frac{2}{3}v$

求める高さをHとすると，力学的エネルギー保存則より，$\frac{1}{2}(3m)V^2 = 3mgH$　よって，

$H = \frac{V^2}{2g} = \frac{\left(\frac{2}{3}v\right)^2}{2g} = \boldsymbol{\frac{4}{9}\ell}$

お．求めるエネルギーの減少ΔEは

$\Delta E = 2mg\ell - 3mg \times \frac{4}{9}\ell = \boldsymbol{\frac{2}{3}mg\ell}$

34

(イ) $\boldsymbol{\frac{kd}{4m}}$　(ロ) $\boldsymbol{\frac{1}{8}kd^2}$　(ハ) $\boldsymbol{\frac{\sqrt{3}}{2}}$倍　(ニ) $\boldsymbol{\frac{\sqrt{3}}{2}\pi}$倍

(ホ) $\boldsymbol{\sqrt{2gr}}$　(ヘ) $\boldsymbol{\sqrt{5gr}}$　(ト) $\boldsymbol{2r}$　(チ) $\boldsymbol{\frac{\sqrt{3}}{3}}$

【解説】

(イ) AとBは一体となって運動するので，加速度の大きさをaとすると，運動方程式より，

$(3m + m)a = kd \quad a = \boldsymbol{\frac{kd}{4m}}$

(ロ) A からはなれた直後の A と B の速さを v とすると，力学的エネルギー保存則より，

$\frac{1}{2}kd^2 = \frac{1}{2}\cdot 4mv^2 \quad v = \sqrt{\frac{kd^2}{4m}}$

よって，A からはなれた直後の B の運動エネルギーは，$\frac{1}{2}mv^2 = \frac{1}{2}m\left(\sqrt{\frac{kd^2}{4m}}\right)^2 = \boldsymbol{\frac{1}{8}kd^2}$

(ハ) A と B がはなれた直後の A の力学的エネルギーは，$\frac{1}{2}\cdot 3m\cdot v^2$

B が A からはなれた後のばねの伸びの最大値を ℓ とすると，そのときの B の力学的エネルギーは，

$\frac{1}{2}m\cdot 0^2 + \frac{1}{2}k\ell^2 = \frac{1}{2}k\ell^2$

力学的エネルギー保存則より，$\frac{1}{2}\cdot 3mv^2 = \frac{1}{2}k\ell^2$

(ロ)の $\frac{1}{2}mv^2 = \frac{1}{8}kd^2$ を用いると，

$3\cdot\frac{1}{8}kd^2 = \frac{1}{2}k\ell^2 \quad$ よって $\ell = \boldsymbol{\frac{\sqrt{3}}{2}d}$

(ニ) A の周期 T は単振動の公式より，$T = 2\pi\sqrt{\frac{3m}{k}}$

B からはなれた後，等速直線運動するので，直進する距離は，(ロ)の $v = \sqrt{\frac{kd^2}{4m}}$ を用いると，

$v\cdot\frac{T}{2} = \sqrt{\frac{kd^2}{4m}}\cdot\pi\sqrt{\frac{3m}{k}} = \boldsymbol{\frac{\sqrt{3}}{2}\pi d}$

(ホ) 点 P から点 R までは，B が円軌道からはなれることはない。よって力学的エネルギー保存則より，

$\frac{1}{2}mv_0^2 = mgr \quad v_0 = \boldsymbol{\sqrt{2gr}}$

(ヘ) B が Q に達するときの速さを v' とすると，力学的エネルギー保存則より，

$\frac{1}{2}mv_0^2 = mg\cdot 2r + \frac{1}{2}mv'^2 \cdots$①

点 Q で運動エネルギーを持たなければならないので，①より，

$\frac{1}{2}mv'^2 = \frac{1}{2}mv_0^2 - 2mgr \geqq 0$

$v_0 \geqq 2\sqrt{gr}\cdots$②

さらに，点 Q において円筒面から B が受ける垂直抗力の大きさを N とすると，B が点 Q まで円筒面からはなれない条件は，$N \geqq 0$

Q におけるつり合いの式は，

$m\frac{v'^2}{r} = N + mg$

$N = m\frac{v'^2}{r} - mg \geqq 0\cdots$③

ここで①より，$v'^2 = v_0^2 - 4gr\cdots$⑤

であるので，これを③に代入して整理すると，

$v_0 \geqq \sqrt{5gr}\cdots$④

②，④を満たせばよいので，$v_0 = \boldsymbol{\sqrt{5gr}}$

(ト) 床に対して平行に飛び出すので，垂直方向には重力のみがはたらく。点 Q を飛び出して床に衝突するまでの時間を t とすると，

$\frac{1}{2}gt^2 = 2r \quad t = 2\sqrt{\frac{r}{g}}$

一方 B の床への射影は速さ v' で等速直線運動する。⑤より，$v' = \sqrt{v_0^2 - 4gr} = \sqrt{5gr - 4gr} = \sqrt{gr}$

であるので，P から落下地点までの距離は，

$v'\cdot t = \sqrt{gr}\cdot 2\sqrt{\frac{r}{g}} = \boldsymbol{2r}$

(チ)

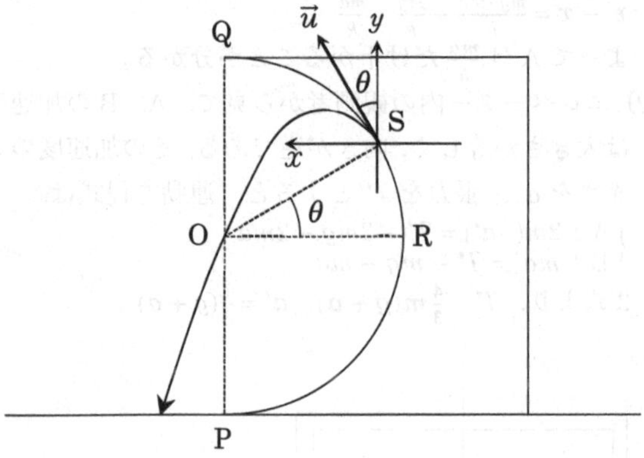

点 S での B の速さを u とすると，垂直抗力は 0 なので，つり合いの式は，$m\cdot\frac{u^2}{r} = mg\sin\theta$

$\therefore u = \sqrt{gr\sin\theta}\cdots$⑥

ここで図のように原点を S とし，水平左向きに x 軸，鉛直上向きに y 軸をとると，原点 S における B の速度は，$\vec{u} = \begin{pmatrix} u\sin\theta \\ u\cos\theta \end{pmatrix}$ となり，これを初速度とする斜方投射を考える。時刻 t における B の座標は

$\begin{pmatrix} (u\sin\theta)t \\ (u\cos\theta)t - \frac{1}{2}gt^2 \end{pmatrix}$ であり，O の座標は $\begin{pmatrix} r\cos\theta \\ -r\sin\theta \end{pmatrix}$

であるので，B が O を通過するとき，

$\begin{pmatrix} (u\sin\theta)t \\ (u\cos\theta)t - \frac{1}{2}gt^2 \end{pmatrix} = \begin{pmatrix} r\cos\theta \\ -r\sin\theta \end{pmatrix}$

x 成分が等しいため，$t = \frac{r\cos\theta}{u\sin\theta}$

これを y 成分の等式に代入すると，

$(u\cos\theta)\frac{r\cos\theta}{u\sin\theta} - \frac{1}{2}g\left(\frac{r\cos\theta}{u\sin\theta}\right)^2 = -r\sin\theta$

$\frac{r\cos^2\theta}{\sin\theta} - \frac{gr^2\cos^2\theta}{2u^2\sin^2\theta} = -r\sin\theta$

両辺を r で割り，⑥から u を消去すると，

$\frac{\cos^2\theta}{\sin\theta} - \frac{gr\cos^2\theta}{2gr\sin\theta\sin^2\theta} = -\sin\theta$

$\Leftrightarrow \frac{\cos^2\theta}{\sin\theta} - \frac{\cos^2\theta}{2\sin^3\theta} = -\sin\theta\cdots$※

$\Leftrightarrow \frac{2\cos^2\theta\sin^2\theta - \cos^2\theta}{2\sin^3\theta} = -\sin\theta$

$\Leftrightarrow \frac{\cos^2\theta(2\sin^2\theta - 1)}{2\sin^3\theta} = -\sin\theta$

$\Leftrightarrow (1 - \sin^2\theta)(2\sin^2\theta - 1) = -2\sin^4\theta$

$\Leftrightarrow 2\sin^2\theta - 1 - 2\sin^4\theta + \sin^2\theta = -2\sin^4\theta$

$\Leftrightarrow 3\sin^2\theta - 1 = 0$

$\Leftrightarrow \sin\theta = \boldsymbol{\frac{\sqrt{3}}{3}}$

35

(1) $\boldsymbol{\mu' mg}$　(2) $\boldsymbol{\frac{u' mg}{k}}$　(3) $\boldsymbol{\mu mg}$　(4) $\boldsymbol{\frac{\mu mg}{kv}}$

(5) $\boldsymbol{ma = -kx + \mu' mg}$　(6) $\boldsymbol{\frac{\mu\prime mg}{k},\ 2\pi\sqrt{\frac{m}{k}}}$

(7) $\boldsymbol{\sqrt{v^2 + \frac{mg^2}{k}(\mu - \mu')^2}}$　(8) $\boldsymbol{\sqrt{\frac{m}{k}\left\{v^2 + \frac{mg^2}{k}(\mu - \mu')^2\right\}}}$

【解説】

(1) 小物体はベルト上ですべって動かないので $\boldsymbol{\mu' mg}$

(2) 求める x 座標を x_0 とすると，つり合いの式より
$kx_0 = \mu' mg$　よって，$x_0 = \boldsymbol{\frac{u' mg}{k}}$

(3) 滑りだす瞬間は弾性力と最大摩擦力がつり合うので $\boldsymbol{\mu mg}$

(4) 滑り出す直前の x 座標を x_1とすると $kx_1 = \mu mg$
よって，$x_1 = \frac{\mu mg}{k}$
物体の速度はベルトコンベアーの速度と同じなので
$\frac{x_1}{v} = \boldsymbol{\frac{\mu mg}{kv}}$

(5)

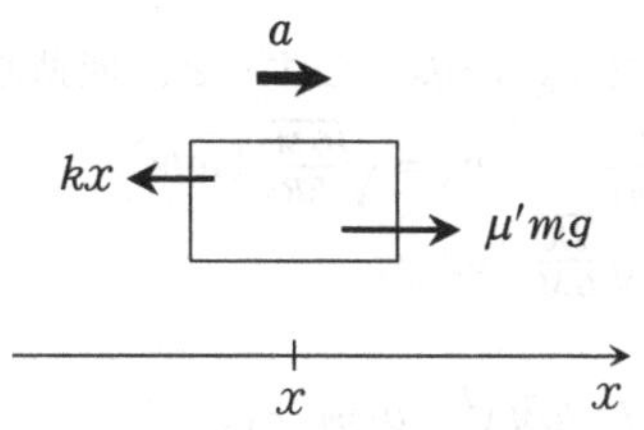

運動方程式は $\boldsymbol{ma = -kx + \mu' mg}$

(6) (5)より，$a = -\frac{k}{m}\left(x - \frac{u\prime mg}{k}\right)$
よって，求める座標を x_0とすると，$x_0 = \boldsymbol{\frac{\mu\prime mg}{k}}$
$a = -\frac{k}{m}\left(x - \frac{u\prime mg}{k}\right) = -\omega^2\left(x - \frac{u\prime mg}{k}\right)$ より，$\omega = \sqrt{\frac{k}{m}}$
よって，周期は $T = \frac{2\pi}{\omega}$ より，$\boldsymbol{2\pi\sqrt{\frac{m}{k}}}$

(7) 鉛直ばね振り子は振動体に重力がはたらくが，今回はその重力が動摩擦力に置き換わっているとみなすことができる。よって小物体のすべり初めからベルトに対する相対速度がゼロになるまでの間は，鉛直ばね振り子のエネルギー保存則を用いることができる。(詳細は導出物理（上）14 章「鉛直ばね振り子のエネルギー保存則」を参照)
振動の中心($x = x_0$)で速さは最大値になり，この値を v_{max} とする。すべり出す直前の位置($x = x_1$)での小物体の速度は右向きで大きさが v であるので，このとき $\frac{1}{2}mv^2$ の運動エネルギーを持っている。よって，鉛直ばね振り子のエネルギー保存則より，
$\frac{1}{2}mv^2 + \frac{1}{2}k(x_1 - x_0)^2 = \frac{1}{2}mv_{max}^2$
$\frac{1}{2}mv^2 + \frac{1}{2}k\left(\frac{\mu mg}{k} - \frac{u' mg}{k}\right)^2 = \frac{1}{2}mv_{max}^2$
$v_{max} = \boldsymbol{\sqrt{v^2 + \frac{mg^2}{k}(\mu - \mu')^2}}$

(8) 振幅を A とすると $v_{max} = A\omega$
より，$A = \boldsymbol{\sqrt{\frac{m}{k}\left\{v^2 + \frac{mg^2}{k}(\mu - \mu')^2\right\}}}$

【別解】
鉛直ばね振り子のエネルギー保存則より，
$\frac{1}{2}mv_{max}^2 = \frac{1}{2}kA^2$
この式から求めることもできる。

36

(1) f　(2) d　(3) g　(4) g

【解説】

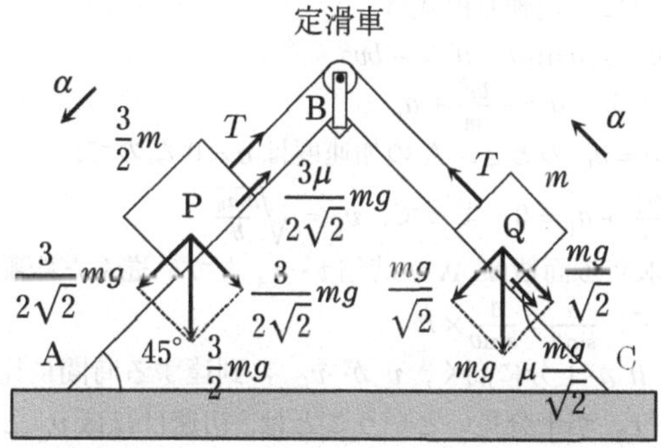

(1) 加速度を α，張力を Tとすると，P，Q それぞれの運動方程式は，
P：$\frac{3}{2}m\alpha = \frac{3}{2\sqrt{2}}mg - T - \frac{3\mu}{2\sqrt{2}}mg$
Q：$m\alpha = T - \frac{1}{\sqrt{2}}mg - \mu\frac{mg}{\sqrt{2}}$
2 式より，$\alpha = \boldsymbol{\frac{g}{5\sqrt{2}}(1 - 5\mu)}$

(2) 速さを v，経過時間を t とする。
$L = \frac{1}{2}\alpha t^2$ より $t = \sqrt{\frac{2L}{\alpha}}$
次に速度は,
$v = \alpha t = \alpha\sqrt{\frac{2L}{\alpha}} = \sqrt{2L\alpha}$
よって,
$K = \frac{1}{2}\left(\frac{3}{2}mg + mg\right)v^2 = \boldsymbol{\frac{mgL}{2\sqrt{2}}(1 - 5\mu)}$

(3) P は $\frac{L}{\sqrt{2}}$下がり Q は $\frac{L}{\sqrt{2}}$上るので,
$U = \frac{3}{2}mg\left(-\frac{L}{\sqrt{2}}\right) + mg\frac{L}{\sqrt{2}} = \boldsymbol{-\frac{mgL}{2\sqrt{2}}}$

(4) 摩擦力の仕事を Wとすると,
(非保存力がする仕事)=(後の力学的エネルギー) − (初めの力学的エネルギー) であるので,
$W = (K + U) - 0 = \boldsymbol{K + U}$

37

1. ③	2. ①	3. ③	4. ②	5. ⑤	6. ③
7. ⑤	8. ①	9. ②	10. ④	11. ⑤	12. ②

【解説】

(1)
1. 物体 A が斜面から受ける垂直抗力を Nとする。
力のつり合いより，$N = mg\cos\theta$
物体 A が滑り出す条件は,

$mg\sin\theta > \mu N$　よって，$\boldsymbol{\mu < \tan\theta}$

2. 1.より，$N = mg \times \boldsymbol{\cos\theta}$

3. 運動方程式より，$ma_0 = mg\sin\theta - \mu' N$

$a_0 = (\boldsymbol{\sin\theta - \mu'\cos\theta}) \times g$

4. 求める時間を t_0 とすると，A は x 軸方向に $\frac{h}{\sin\theta}$ 進むので，等加速度運動の式より，$\frac{1}{2}a_0 t_0^2 = \frac{h}{\sin\theta}$

よって，$t_0 = \sqrt{\frac{2h}{a_0\sin\theta}} = \sqrt{\boldsymbol{\frac{2}{\sin\theta}}} \times \sqrt{\frac{h}{a_0}}$

(2)

5. A が速度 v で進むとき，A は $\boldsymbol{-bv^2}$ の抵抗力を受けるので，運動方程式は，

$ma = mg\sin\theta - \mu' N - bv^2$

よって，$a = -\boldsymbol{\frac{bv^2}{m}} + a_0$

6. $v = v_C$ のとき，A の加速度は $\boldsymbol{a = 0}$ なので，

$-\frac{bv_C^2}{m} + a_0 = 0$　よって，$v_C = \sqrt{\boldsymbol{\frac{ma_0}{b}}}$

7. 求める面積は，A が時刻 $t = t_A$ までに進んだ距離なので，$\frac{h}{\sin\theta} = \boldsymbol{\frac{1}{\sin\theta}} \times h$

8.9. h が十分に高く，v が v_C に到達する時間に比べて t_A が十分長いということは，初速はほぼ v_C とみなすことができる。また，これによって v_C が大きいほど H に達するまでの時間 t_A は小さいことに注意する。A は初速から $v = v_C$ で等速直線運動したとすると，

$t_A = \frac{\frac{h}{\sin\theta}}{v_C} = \frac{h}{\sin\theta}\sqrt{\frac{b}{ma_0}}$

よって，t_Aは $\boldsymbol{m}$ **が大きいほど短く，$\boldsymbol{b}$ が小さいほど短い。**

(3)

10. 問題文より，空気の抵抗力は x 軸の正の方向から見た物体の断面積に比例するので，

$b' : b = 2c^2 : c^2$　よって，$\boldsymbol{b' = 2 \times b}$

11. 8.9.で用いた近似を用いると，

$t_A : t_B : t_C = \frac{h}{\sin\theta}\sqrt{\frac{b}{ma_0}} : \frac{h}{\sin\theta}\sqrt{\frac{b}{2ma_0}} : \frac{h}{\sin\theta}\sqrt{\frac{2b}{2ma_0}}$

$= \sqrt{2} : 1 : \sqrt{2}$

よって，$t_B < t_A = t_C$

12. 倒れた C と倒れる前の C とでは斜面との接触面積が異なるが，摩擦力は物体にはたらく垂直抗力に依存し，接地面積に依存しないことが知られている。これをアモントンの法則という。また，倒れた C は，倒れる前の C と断面積は同じなので，空気の抵抗力は変わらない。よって H に達するまでの時間も $\boldsymbol{t_C}$ **とほぼ同じである。**

(注) 接地面に潤滑油を塗った場合はアモントンの法則は破れることが知られている。

38

1. ⑬　　2. ⑤　　3. ⑥　　4. ③　　5. ⑦

6. ⑪　　7. ⑰　　8. ⑦　　9. ⑬

【解説】

問 1

1. 万有引力の法則より，$\boldsymbol{G\frac{Mm}{R^2}}$

2. $\boldsymbol{mg} = G\frac{Mm}{R^2}$ より，重力加速度の大きさは，

$g = \boldsymbol{G\frac{M}{R^2}}$〔m/s²〕

問 2

3.4. ロケットの初速を v_0〔m/s〕とすると，面積速度一定の法則(ケプラーの第 2 法則)より，

$\frac{1}{2}Rv_0 = \frac{1}{2}\cdot 2Rv_0$　$\therefore v = \boldsymbol{\frac{1}{2}}v_0$〔m/s〕

問 3

5. 円軌道の運動の周期を T_1〔s〕, 楕円軌道の運動の周期を T_0〔s〕とする。ケプラーの第 3 法則より，

$\frac{T_1^2}{(2R)^3} = \frac{T_0^2}{\left(\frac{3}{2}R\right)^3}$　$\therefore \frac{T_1}{T_0} = \boldsymbol{\frac{8}{3\sqrt{3}}}$

問 4

6. 求める速さを v_A〔m/s〕とすると，運動方程式は，

$m\cdot\frac{v_A^2}{2R} = G\frac{Mm}{(2R)^2}$　$\therefore v_A = \sqrt{\boldsymbol{\frac{GM}{2R}}}$〔m/s〕

7. $\frac{2\pi\cdot 2R}{v_A} = \boldsymbol{4\pi R\sqrt{\frac{2R}{GM}}}$〔s〕

問 5

8. $\frac{1}{2}mv_A^2 = \frac{1}{2}m\left(\sqrt{\frac{GM}{2R}}\right)^2 = \boldsymbol{\frac{GMm}{4R}}$〔J〕

9. 万有引力による位置エネルギーの公式より，$\boldsymbol{-\frac{GMm}{2R}}$

39

(あ) $\boldsymbol{mg}$　(い) $\boldsymbol{\sqrt{2}mg}$　(う) $\boldsymbol{mg\ell(\cos\theta - \sin\theta)}$

(え) $\boldsymbol{\frac{mg}{\tan\theta}}$　(お) $\boldsymbol{\frac{mg}{\sin\theta}}$　(か) $\boldsymbol{0}$　(き) $\boldsymbol{\frac{a}{2\ell\cos\theta}M}$

(く) $\boldsymbol{\frac{a}{2b}}$　(け) $\boldsymbol{\frac{a}{2b}Mg}$

【解説】

[1]

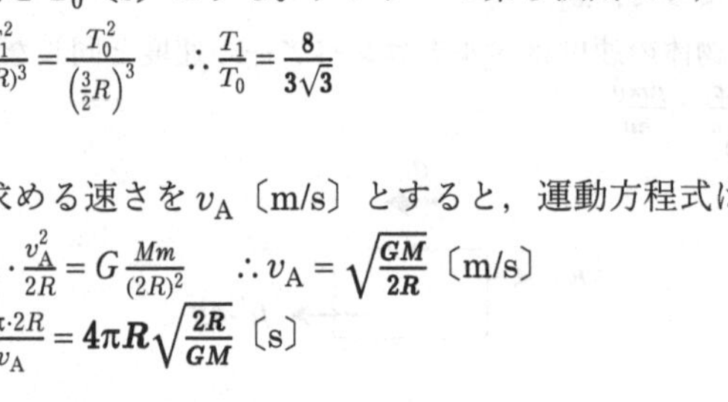

糸は滑車を通しているため，糸と棒の間に摩擦はなく，BC 間の糸の張力と B とおもりの間の糸の張力は等しいことに注意して上図のように文字をおく。

(あ) 力のつり合いより，$T_1 = \boldsymbol{mg}$

(い) P における壁からの接触力を $\vec{R}_1$ とすると，棒についての力のつり合いにより．

$\vec{R}_1 + \begin{pmatrix} -T_1 \\ 0 \end{pmatrix} + \begin{pmatrix} 0 \\ -T_1 \end{pmatrix} = \vec{0}$

$\vec{R}_1 = \begin{pmatrix} T_1 \\ T_1 \end{pmatrix}$ より，$R_1 = \sqrt{T_1^2 + T_1^2} = \sqrt{2}T_1 = \boldsymbol{\sqrt{2}mg}$

(注) この場合の抗力は摩擦力＋垂直抗力である。

$\vec{R}_1 = \begin{pmatrix} T_1 \\ T_1 \end{pmatrix}$ であるので，垂直抗力は右向き，摩擦力は上向きであることになる。

(う)

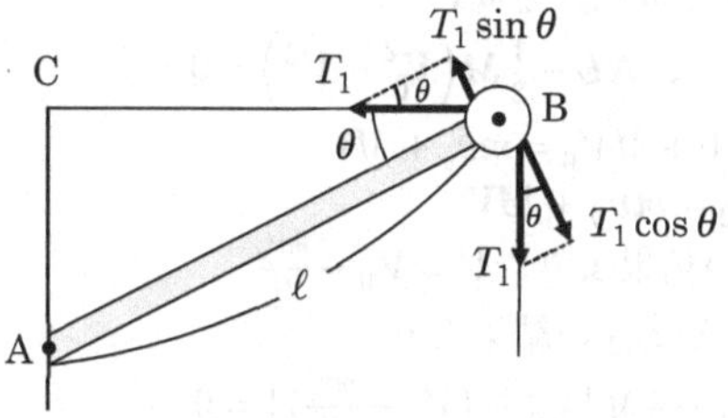

A：$|\,\ell \cdot T_1\cos\theta - \ell \cdot T_1\sin\theta| = mg\ell|\cos\theta - \sin\theta|$

問題文より $0° < \theta < 45°$ であるので，$\cos\theta > \sin\theta$

よって求める大きさは $\boldsymbol{mg\ell(\cos\theta - \sin\theta)}$

[2]

(え)

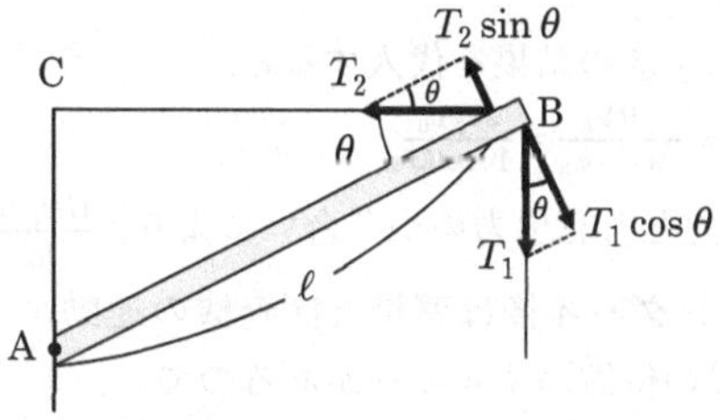

B に滑車がないため，棒と糸の間に摩擦が生じる。よって，BC 間の糸の張力と B とおもりの間の糸の張力は等しくないことに注意する。求める張力を T_2 とおくと，A 端のまわりの力のモーメントは，

A：$\ell T_1\cos\theta - \ell T_2\sin\theta = 0 \cdots$①

おもりについての力のつり合いより，$T_1 = mg \cdots$②

①,②より，$T_2 = \boldsymbol{\frac{mg}{\tan\theta}}$

(お) P における壁からの接触力を $\vec{R}_2$ とすると，棒についての力のつり合いにより，

$\vec{R}_2 + \begin{pmatrix} -T_2 \\ 0 \end{pmatrix} + \begin{pmatrix} 0 \\ -T_1 \end{pmatrix} = \vec{0}$　$\vec{R}_2 = \begin{pmatrix} T_2 \\ T_1 \end{pmatrix}$ より，

$R_2 = \sqrt{T_2^2 + T_1^2} = \sqrt{\left(\frac{mg}{\tan\theta}\right)^2 + (mg)^2}$

$= mg\sqrt{\left(\frac{\cos\theta}{\sin\theta}\right)^2 + 1} = mg\sqrt{\frac{\cos^2\theta + \sin^2\theta}{\sin^2\theta}} = \boldsymbol{\frac{mg}{\sin\theta}}$

(か) ①が A 端のまわりの力のモーメントを表しているので，**0**

[3]

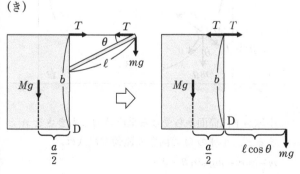

(き)

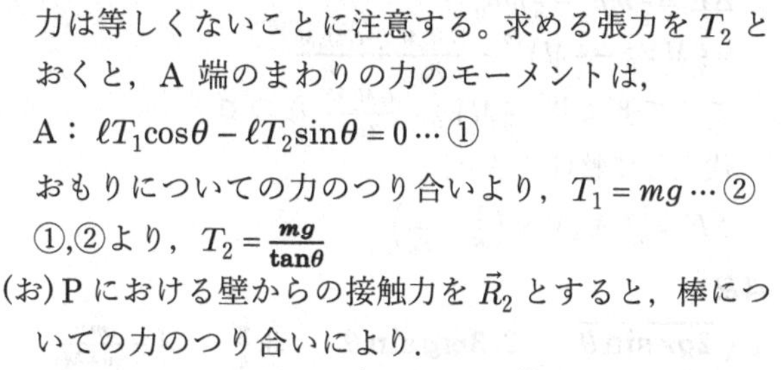

作用線の定理によって，直方体にはたらく回転作用は右上図のようにはたらくとみなすことができる。

※導出物理（上）11 章「作用線の定理」を参照

D 点のまわりのモーメントの右回りの作用が左回りの作用以上になると直方体は回転する。この条件を式で表すと，

$mg\ell\cos\theta + Tb \geqq Mg \times \frac{a}{2} + Tb$

$\therefore m \geqq \boldsymbol{\frac{a}{2\ell\cos\theta}M}$

[4]

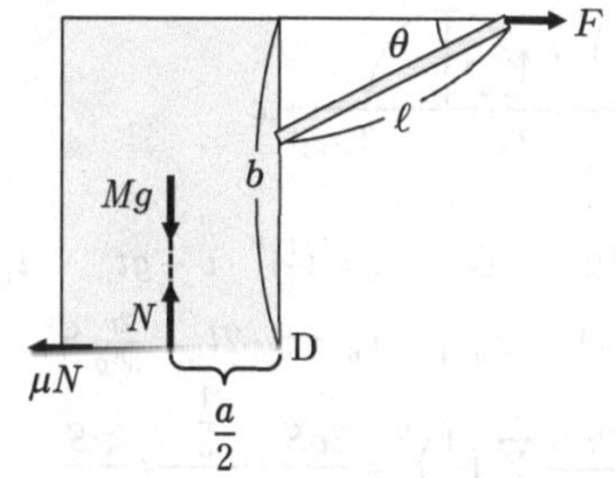

直方体にはたらく垂直抗力の大きさを N とする。

(く) 直方体と水平面の間の静止摩擦係数を μ，ひもを引く力の大きさをFとする。

すべらない条件は，$\mu N = \mu Mg \geqq F \cdots$③

D まわりのモーメントを考えると，傾きはじめる条件は，$Fb \geqq Mg \cdot \frac{a}{2} \cdots$④

③,④より，$\frac{a}{2b}Mg \leqq F \leqq \mu Mg$

直方体がすべらず回転するための Fが存在するためには $\frac{a}{2b}Mg \leqq \mu Mg$　$\therefore \mu \geqq \boldsymbol{\frac{a}{2b}}$

(け)(く)より，$\mu = \frac{a}{2b}$ のとき $F = \boldsymbol{\frac{a}{2b}Mg}$

40

(イ) $\boldsymbol{H + \frac{S^2}{2g}}$　(ロ) $\boldsymbol{\sqrt{2gH}}$　(ハ) $\boldsymbol{\frac{2v}{3g}S}$

(ニ) $\boldsymbol{\frac{vS}{g}}$　(ホ) $\boldsymbol{\frac{2}{3}S}$　(ヘ) $\boldsymbol{\frac{2S^2}{9(1+\mu)g}}$

【解説】

(イ) エネルギー保存の法則より，

$mg(L - H) = \frac{1}{2}mS^2$　$L = \boldsymbol{H + \frac{S^2}{2g}}$

(ロ)

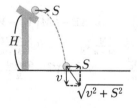

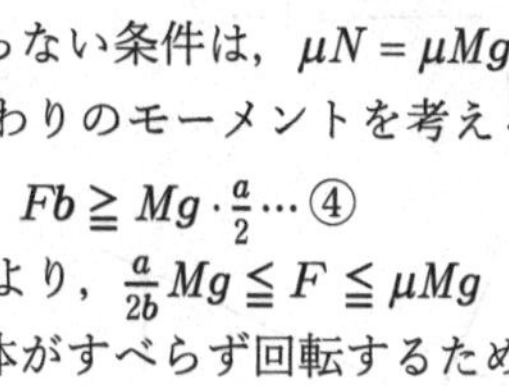

エネルギー保存の法則より，

$\frac{1}{2}mS^2 + mgH = \frac{1}{2}m(S^2 + v^2)$　$v = \boldsymbol{\sqrt{2gH}}$

(ハ)

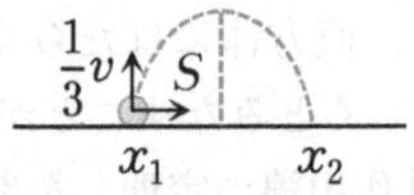

最高点での速度は0なので，それまでかかる時間を t とすると，$0=\frac{1}{3}v-g\cdot t$　$t=\frac{v}{3g}$

ここで，小物体Aが x_1 から x_2 に到達する時間は $2t$ なので，$D_1=x_2-x_1=S\cdot 2t=\mathbf{\frac{2v}{3g}S}$

(ニ)

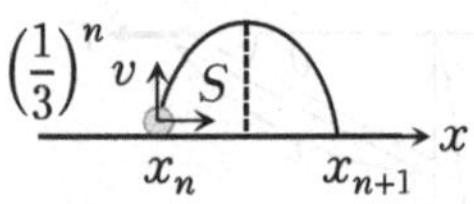

(ハ)と同様にすると，$0=\left(\frac{1}{3}\right)^n\cdot v-gt_n$　$t_n=\frac{v}{3^n g}$

よって，$D_n=x_{n+1}-x_n=S\cdot 2t_n=\frac{2v}{3^n g}S$

$$\sum_{n=1}^{\infty}D_n=\frac{2vS}{g}\sum_{n=1}^{\infty}\left(\frac{1}{3}\right)^n=\frac{2vS}{g}\cdot\frac{\frac{1}{3}}{1-\frac{1}{3}}=\boldsymbol{\frac{vS}{g}}$$

(ホ) 衝突後のA，Bの速度をそれぞれ v_A，v_B とする。

運動量保存則より，$mS=mv_A+2mv_B\cdots$①

はね返りの式より，$-\frac{v_A-v_B}{S-0}=1\cdots$②

①,②より，$v_B=\boldsymbol{\frac{2}{3}S}$

(ヘ)

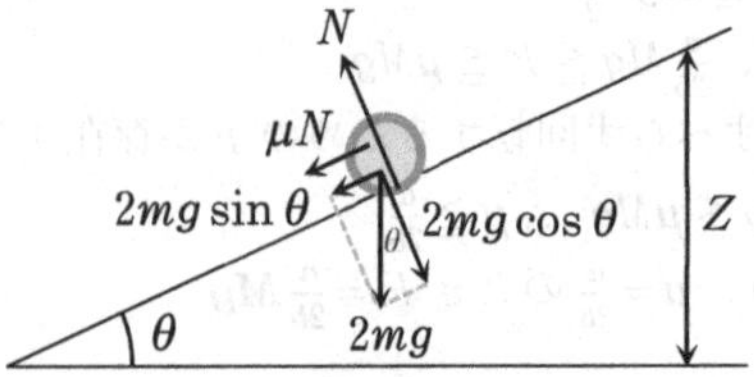

Bが斜面を距離 $\frac{Z}{\sin\theta}$ だけ上って高さ Z の位置に到達する間の摩擦力がする仕事を考えると，エネルギー保存則より，

$\frac{1}{2}\cdot 2m\cdot\left(\frac{2}{3}S\right)^2-2\mu mg\cos\theta\cdot\frac{Z}{\sin\theta}=2mgZ$

$\theta=45°$ なので，$Z=\boldsymbol{\frac{2S^2}{9(1+\mu)g}}$

41

① $\boldsymbol{mv_x}$　② $\boldsymbol{\frac{1}{2}mv_y^2}$　③ $\boldsymbol{\Delta E-\frac{1}{2}M\left(V_0^2-V^2\right)}$

④ $\boldsymbol{mv_y+MV}$　⑤ $\boldsymbol{\frac{2M}{M+m}V_0}$　⑥ $\boldsymbol{\frac{2mM^2}{(M+m)^2}V_0^2}$

⑦ $\boldsymbol{\frac{2V_0/v_0}{1+m/M}}$　⑧ $\boldsymbol{M\frac{V_0^2}{R_0}}$　⑨ $\boldsymbol{\frac{1}{2}MV^2-\frac{GM_SM}{R}+\frac{1}{2}mv^2}$

⑩ $\boldsymbol{\frac{1}{R}-\frac{1}{R_0}}$

【解説】

① $mv_0=\boldsymbol{mv_x}$

② $\Delta E=\frac{1}{2}m(v_x^2+v_y^2)-\frac{1}{2}mv_0^2$

①の結果を代入して，$\Delta E=\boldsymbol{\frac{1}{2}mv_y^2}$

③ 天体 M のエネルギーの減少分が探査機のエネルギーの増加分 ΔE であるので，

$\Delta E=\frac{1}{2}MV_0^2-\frac{1}{2}MV^2$

よって，$\boldsymbol{\Delta E-\frac{1}{2}M\left(V_0^2-V^2\right)}=0$

④ $m\cdot 0+MV_0=mv_y+MV$

$MV_0=\boldsymbol{mv_y+MV}$

⑤ ④の結果より，$V=V_0-\frac{mv_y}{M}$

これと②③の結果より

$\frac{1}{2}mv_y^2-\frac{1}{2}M\left\{V_0^2-\left(V_0-\frac{mv_y}{M}\right)\right\}=0$

$\leftrightarrow\frac{1}{2}\cdot\frac{m(M+m)}{M}v_y^2-mV_0v_y=0$

$v_y=\boldsymbol{\frac{2M}{M+m}V_0}$

⑥ ②⑤の結果より，$\Delta E=\frac{1}{2}mv_y^2=\boldsymbol{\frac{2mM^2}{(M+m)^2}V_0^2}$

⑦ $\tan\theta=\frac{v_y}{v_x}$

これに①⑤の結果を代入すると，

$\tan\theta=\frac{2MV_0}{(M+m)v_0}=\boldsymbol{\frac{2V_0/v_0}{1+m/M}}$

⑧ 遠心力と万有引力のつり合いにより，$\frac{GM_SM}{R_0^2}=\boldsymbol{M\frac{V_0^2}{R_0}}$

⑨ スイングバイ後は惑星と探査機の運動エネルギーと惑星の位置エネルギーがあるので，

$\frac{1}{2}MV_0^2-\frac{GM_sM}{R_0}+\frac{1}{2}mv_0^2=\boldsymbol{\frac{1}{2}MV^2-\frac{GM_sM}{R}+\frac{1}{2}mv^2}$

⑩ ⑨の結果より，

$\Delta E=\frac{1}{2}mv^2-\frac{1}{2}mv_0^2$

$=\frac{1}{2}MV_0^2-\frac{1}{2}MV^2-\frac{GM_sM}{R_0}+\frac{GM_sM}{R}$

ここで⑧より，$\frac{1}{2}MV_0^2=\frac{GM_sM}{2R_0}$ なので，

代入して整理すると，

$\Delta E=\frac{1}{2}GM_sM\times\left(\boldsymbol{\frac{1}{R}-\frac{1}{R_0}}\right)$

42

1.$\boldsymbol{\sqrt{2gr\sin\theta}}$　2.$\boldsymbol{3mg\sin\theta}$　3.$\boldsymbol{\frac{\pi}{4}}$　4.$\boldsymbol{-\frac{mr}{m+M}}$

A.[c]　B.[e]　C.[b]　D.[c]　E.[a]

【解説】

1. Pの高さを重力による位置エネルギーの基準とすると，力学的エネルギー保存則より，

$mgr\sin\theta=\frac{1}{2}mv^2$　よって，$v=\boldsymbol{\sqrt{2gr\sin\theta}}$

2.

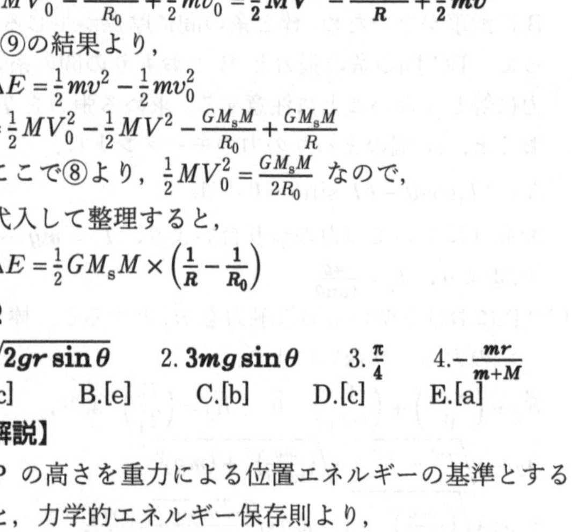

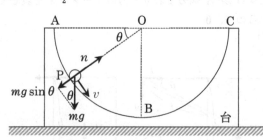

小球が半円筒面から受ける垂直抗力の大きさを n とすると，小球のOの向きの運動方程式は，

$m\frac{v^2}{r}=n-mg\sin\theta$　よって，

$n = m\frac{v^2}{r} + mg\sin\theta = \frac{m}{r}\cdot 2gr\sin\theta + mg\sin\theta$
$= \mathbf{3mg\sin\theta}$

A.

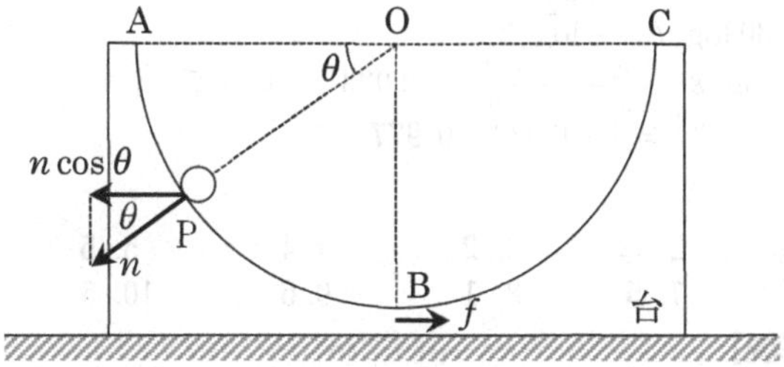

台についての水平方向の力のつり合いから,

$f - n\cos\theta = 0$ よって,

$f = n\cos\theta = \mathbf{3mg\sin\theta\cos\theta}$ …①

B. 台についての鉛直方向の力のつり合いにより,

$N - Mg - n\sin\theta = 0$ よって,
$N = Mg + n\sin\theta$
$= Mg + 3mg\sin^2\theta$
$= \mathbf{(M + 3m\sin^2\theta)g}$ …②

3.C. 三角関数の公式より, $\sin\theta\cos\theta = \frac{1}{2}\sin 2\theta$ であり, これを①に適用すると,

$f = 3mg\sin\theta\cos\theta = 3mg\cdot\frac{1}{2}\sin 2\theta$
$= \frac{3mg}{2}\sin 2\theta \leqq \frac{3mg}{2}$

よって $2\theta = \frac{\pi}{2}$, つまり, $\theta = \mathbf{\frac{\pi}{4}}$ のとき fの最大値は

$f_0 = \mathbf{\frac{3mg}{2}}$

D. 静止摩擦力 f が最大静止摩擦力 $\frac{1}{\sqrt{3}}N$ 以下であれば台は動かない。

よって, $\mathbf{f \leqq \frac{1}{\sqrt{3}}N}$ …③

E. ③に①, ②を代入すると,

$3mg\sin\theta\cos\theta \leqq \frac{1}{\sqrt{3}}(M + 3m\sin^2\theta)g$

両辺を g で割ると,

$3m\sin\theta\cos\theta \leqq \frac{1}{\sqrt{3}}(M + 3m\sin^2\theta)$

三角関数の公式から,

$\sin\theta\cos\theta = \frac{1}{2}\sin 2\theta$, $\sin^2\theta = \frac{1-\cos 2\theta}{2}$ であるので,

$3m\cdot\frac{1}{2}\sin 2\theta \leqq \frac{1}{\sqrt{3}}\left(M + 3m\cdot\frac{1-\cos 2\theta}{2}\right)$

両辺を$\sqrt{3}$倍すると,

$\frac{3m}{2}\sqrt{3}\sin 2\theta \leqq M + 3m\cdot\frac{1-\cos 2\theta}{2}$ よって,

$\frac{3m}{2}\left(\sqrt{3}\sin 2\theta + \cos 2\theta - 1\right) \leqq M$

三角関数の合成の公式 (3番目の式) を用いると,

$\frac{3m}{2}\left\{2\sin\left(\mathbf{2\theta + \frac{\pi}{6}}\right) - 1\right\} \leqq M$

(注) 三角関数の合成の詳細は導出物理下 11 章を参照するとこ。

4.

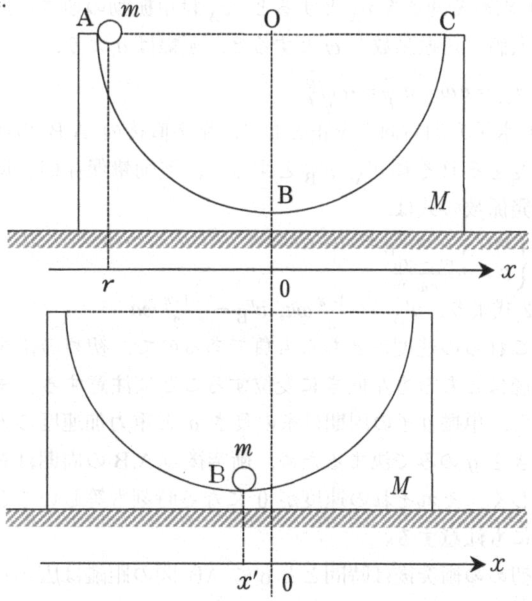

小球の重心の x 座標を x_m, 台の重心 (Bの位置) の x 座標を x_M とすると, 全体の重心の x 座標は $\frac{mx_m+Mx_M}{m+M}$ であり, これを時間微分すると $\frac{mv_m+Mv_M}{m+M}$ で, 運動量保存則により, これは時間によらず0である。

(2物体の運動量の和は x 成分のみ保存され, y 成分は重力が外力としてはたらくため保存されない)

よって全体の重心の位置 $\frac{mx_m+Mx_M}{m+M}$ は時間によらず一定である。

小球がAで静止しているときの全体の重心の x 座標は, $\frac{-rm+0\cdot M}{m+M} = -\frac{rm}{m+M}$

小球がBに達したときの小球の重心と台の重心の x 座標は対称性を考えると等しい。その x 座標を x' とすると, 全体の重心の位置は前後で変わらないので,

$x' = -\mathbf{\frac{rm}{m+M}}$

43

〔A〕

(1) $\mathbf{\sqrt{2gh}}$	(2) $\mathbf{\frac{\pi}{2}\sqrt{\frac{\ell}{g}}}$	(3) $\mathbf{a\sqrt{\frac{g}{\ell}}}$
(4) $\mathbf{\varepsilon a}$	(5) $\mathbf{-\frac{1-\varepsilon^2}{2}\cdot\frac{1}{2}ma^2\frac{g}{\ell}}$	

〔B〕

(1) $\mathbf{\varepsilon b\sqrt{\frac{g}{\ell}}}$	(2) 解説参照	(3) **0.977**

【解説】

〔A〕

(1) 求める速さを v とすると, 力学的エネルギー保存則より, $\frac{1}{2}mv^2 = mgh$ $\therefore v = \mathbf{\sqrt{2gh}}$

(2) この単振動の周期を T とすると, $T = 2\pi\sqrt{\frac{\ell}{g}}$

求める時間は $\frac{T}{4}$ より, $\mathbf{\frac{\pi}{2}\sqrt{\frac{\ell}{g}}}$

(3) 求める速さを v_A とすると，v_A は単振動の速さの最大値。角振動数を ω とすると，振幅は a より，

$v_A = a\omega = a\frac{2\pi}{T} = \boldsymbol{a\sqrt{\frac{g}{\ell}}}$

(4) 水平方向右向きを正として，衝突直後の A,B の速度をそれぞれ v'_A, v'_B とすると，運動量保存則と反発係数の式は，

$$\begin{cases} mv'_A + mv'_B = m(-a\omega) \\ \varepsilon = -\frac{v'_A - v'_B}{-a\omega - 0} \end{cases}$$

2 式より，$v'_A = -\frac{1-\varepsilon}{2}\omega a$, $v'_B = -\frac{1+\varepsilon}{2}\omega a$

これらの速度はどちらも負であるので，初めの衝突後はどちらも左向きに変位することに注意する。また，単振り子の周期は糸の長さ a と重力加速度の大きさ g のみで決まるため，衝突後の A,B の周期は等しく，それぞれの速度が 0 になる時刻も等しいことにも注意する。

初めの衝突後は時間とともに AB 間の距離は広がっていき，それぞれの速度が 0 になった後，A と B は右向きに変位し，互いの距離は小さくなっていく。よって，A，B の速度が 0 のとき，AB 間の水平距離は最大となる。

A と B の振幅をそれぞれ d_A, d_B とすると，v'_A, v'_B は振動の速さが最大のときの速度であるので，

$$\begin{cases} |v'_A| = |v'_{A\max}| = d_A\omega \\ |v'_B| = |v'_{B\max}| = d_B\omega \end{cases}$$

求める距離を S とすると，

$S = d_B - d_A = \frac{|v'_B|}{\omega} - \frac{|v'_A|}{\omega} = \boldsymbol{\varepsilon a}$

(5) 求める変化を ΔK とすると，

$\Delta K = \left(\frac{1}{2}mv'^2_A + \frac{1}{2}mv'^2_B\right) - \frac{1}{2}mv_A^2 = \boldsymbol{-\frac{1-\varepsilon^2}{2}\cdot\frac{1}{2}ma^2\frac{g}{\ell}}$

〔B〕

(1) 水平方向右向きを正として，衝突直後の A,B の速度をそれぞれ v''_A, v''_B とすると，運動量保存則と反発係数の式は，

$$\begin{cases} mv''_A + mv''_B = m(-\omega b) + m\omega b \\ \varepsilon = -\frac{v''_A - v''_B}{(-\omega b) - \omega b} \end{cases}$$

2 式より，

$v''_A = \varepsilon\omega b = \varepsilon b\sqrt{\frac{g}{\ell}}$, $v''_B = -\varepsilon\omega b = -\varepsilon b\sqrt{\frac{g}{\ell}}$

よって，求める速さ $|v''_A|$ は $|v''_A| = \boldsymbol{\varepsilon b\sqrt{\frac{g}{\ell}}}$

(2) 速さは衝突ごとに ε 倍になり，振幅も ε 倍になる。

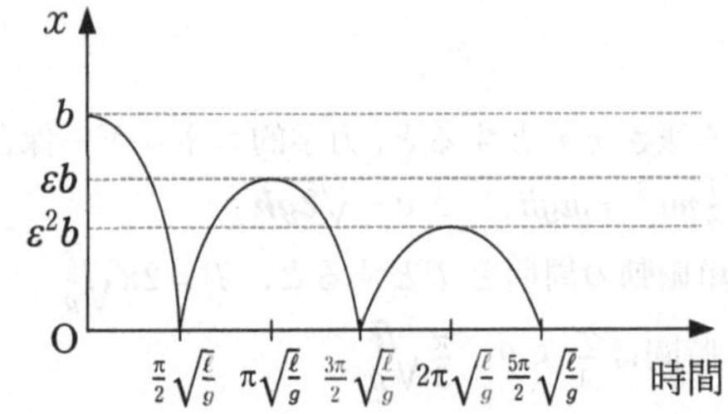

(3) $\varepsilon^{30}\cdot b = \frac{1}{2}b$

$\leftrightarrow \varepsilon^{30} = \frac{1}{2}$

$\leftrightarrow \log_e \varepsilon^{30} = \log_e \frac{1}{2}$

$\leftrightarrow 30\log_e \varepsilon = -\log_e 2$

$\leftrightarrow \log_e \varepsilon = \frac{\log_e 2}{30} = -\frac{0.69}{30} = -0.023$　よって，

$\varepsilon = e^{-0.023} \fallingdotseq 1 - 0.023 = \boldsymbol{0.977}$

44

1. ②	2. ②	3. **2**	4. **4**	5. **5**
6. **1**	7. **5**	8. **1**	9. **6**	10. **5**

【解説】

問 1

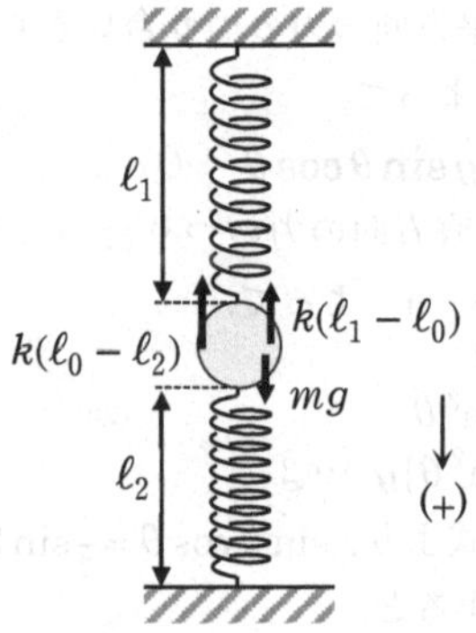

力のつり合いより，

$mg - k(\ell_1 - \ell_0) - k(\ell_0 - \ell_2) = 0$

$\therefore \boldsymbol{k(\ell_1 - \ell_2) = mg}$

問 2

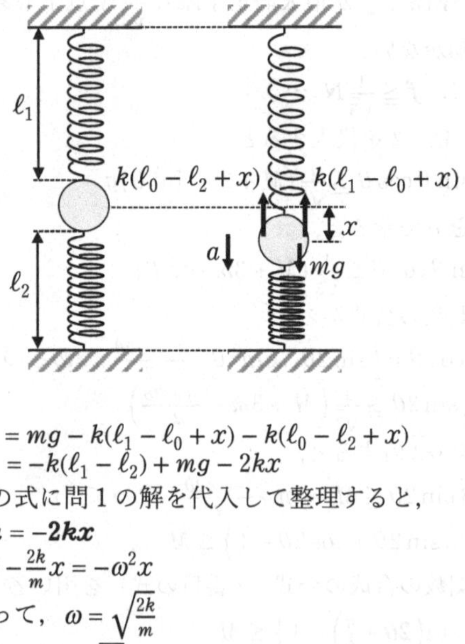

$ma = mg - k(\ell_1 - \ell_0 + x) - k(\ell_0 - \ell_2 + x)$

$\quad = -k(\ell_1 - \ell_2) + mg - 2kx$

この式に問 1 の解を代入して整理すると，

$\boldsymbol{ma = -2kx}$

$a = -\frac{2k}{m}x = -\omega^2 x$

よって，$\omega = \sqrt{\frac{2k}{m}}$

$T = \frac{2\pi}{\omega} = \pi\sqrt{\frac{2m}{k}}$

問 3

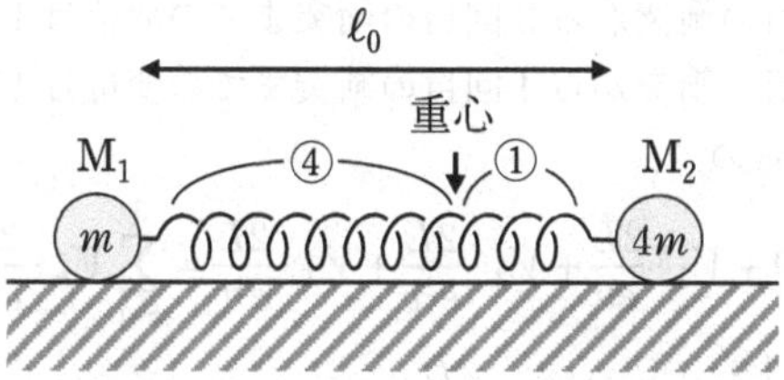

重心の位置はおもりの重さの逆比になる。よって，

M_1の x 座標は，$-\frac{4}{5}\ell_0$

M_2の x 座標は，$\frac{1}{5}\ell_0$

問 4

M_1はばね定数 $\frac{5}{4}k$ の単振動になる。よって，

$T = 2\pi\sqrt{\frac{m}{\frac{5}{4}k}} = \pi\sqrt{\frac{16m}{5k}}$

M_2 はばね定数 $5k$ の単振動になる。よって，

$T = 2\pi\sqrt{\frac{4m}{5k}} = \pi\sqrt{\frac{16m}{5k}}$

45

問 1. b　　問 2. f　　問 3. g　　問 4. c

【解説】

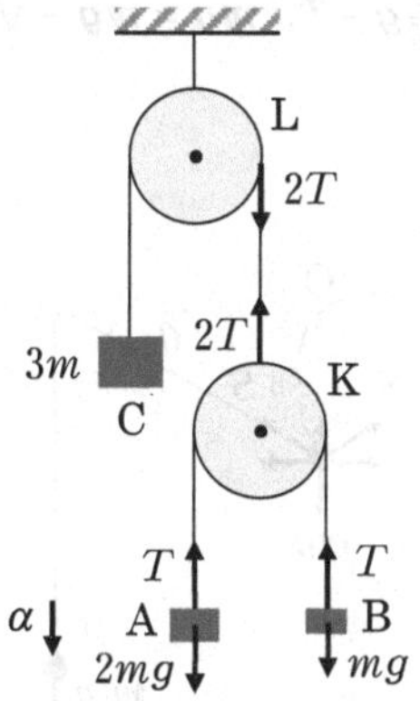

問 1. A と B に取りつけられた糸の張力を T, A と B の加速度をそれぞれ $\alpha, -\alpha$ とすると，A, B それぞれの運動方程式は,

A：$2m\alpha = 2mg - T$

B：$m(-\alpha) = mg - T$

2 式より，$\alpha = \frac{g}{3}$，$T = \frac{4}{3}mg$

問 2. 滑車 K についての力のつり合いにより,

$2T = \frac{8}{3}\boldsymbol{mg}$

問 3.

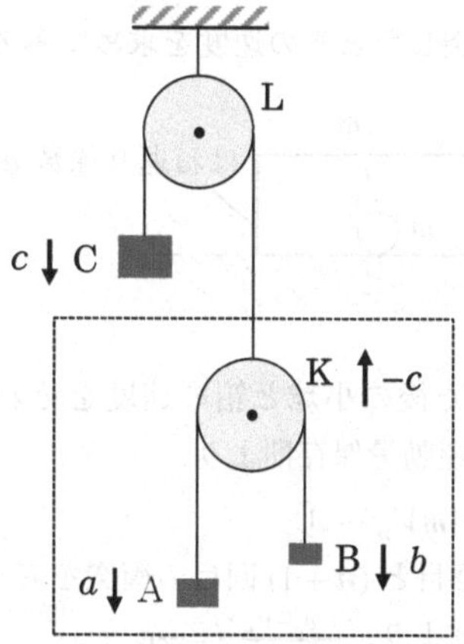

C の加速度が c なので K の加速度は $-c$ となる。

K に対する A の相対速度：$\vec{v}_{KA} = \vec{v}_A - \vec{v}_K$

この両辺を時刻 t で微分すると,

K に対する A の相対加速度：$\vec{a}_{KA} = \vec{a}_A - \vec{a}_K$

同様に考えると,

K に対する B の相対加速度：$\vec{a}_{KB} = \vec{a}_B - \vec{a}_K$

上記のことに注意すると,

$\vec{a}_{KA} = a - (-c) = a + c$
$\vec{a}_{KB} = b - (-c) = b + c$
$\vec{a}_{KB} = -\vec{a}_{KA}$

この 3 式より，$b + c = -(a + c)$　よって，$\boldsymbol{a + b = -2c}$

問 4.

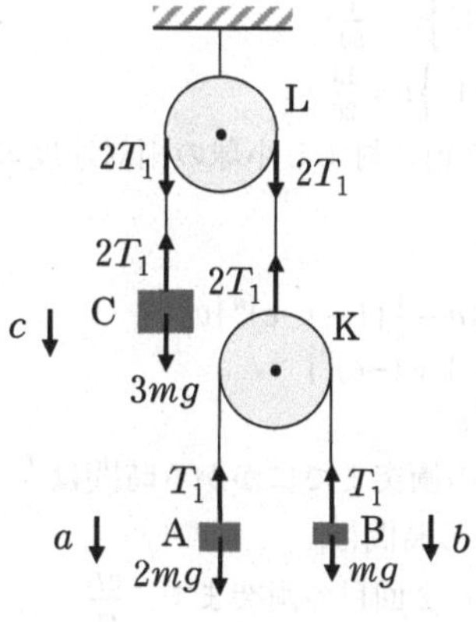

A,B,C についての運動方程式は,

A：$2ma = 2mg - T_1$

B：$mb = mg - T_1$

C：$3mc = 3mg - 2T_1$

3 式と $a + b = -2c$ より，$T_1 = \frac{24}{17}\boldsymbol{mg}$, $c = \frac{1}{17}g$

46

1. **7**	2. **8**	3. **0**	4. **1**	5. **3**	6. **2**
7. **0**	8. **3**	9. **2**	10. **3**	11. **2**	12. **7**
13. **7**	14. **0**	15. **2**	16. **7**	17. **1**	18. **5**

【解説】

最初に n 回衝突したときの速度を求めてみる。

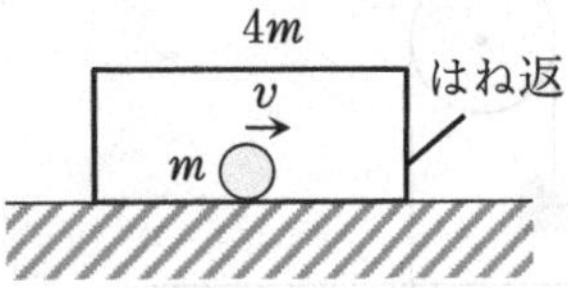

n 回衝突した後の小球と箱の速度をそれぞれ v_n, V_nとする。運動量保存則より，

$mv = mv_n + 4mV_n \cdots ①$

ここで，n 回目と $(n+1)$ 回目の衝突を考えて，

はね返りの式より，$\frac{v_n - V_n}{v_{n-1} - V_{n-1}} = -e$

$v_n - V_n = a_n$ とおくと，

$a_n = -ea_{n-1}$ と表される。

数列$\{a_n\}$は，初項 $a_0 = v_0 - V_0 = v - 0 = v$

公比 $-e$ の等比数列であるので，

$a_n = v(-e)^n$

$v_n - V_n = v(-e)^n \cdots ②$

①,②より，

$$\begin{cases} v_n = \frac{1}{5}\{1 + 4(-e)^n\}v \cdots ③ \\ V_n = \frac{1}{5}\{1 - (-e)^n\}v \cdots ④ \end{cases}$$

上記方法を利用する。

問 1　$n = 2$, $e = \frac{3}{4}$ を③,④に代入。

$V_2 = \frac{1}{5}\left\{1 - \left(-\frac{3}{4}\right)^2\right\}v = \frac{7}{80}v$

$v_2 = \frac{1}{5}\left\{1 + 4\left(-\frac{3}{4}\right)^2\right\}v = \frac{13}{20}v$

問 2　n 回衝突後の箱に対する小球の相対速度の大きさは，

$|v_n - V_n|$

$= \left|\frac{1}{5}\{1 + 4(-e)^n\}v - \frac{1}{5}\{1 - (-e)^n\}v\right|$

$= \frac{v}{5}|1 + 4(-e)^n - 1 + (-e)^n|$

$= \frac{v}{5}|5(-e)^n| = e^n v$

ここで，1 回目の衝突までにかかる時間は $\frac{L}{v}$

それ以降のかかる時間は，

1 回目の衝突から 2 回目の衝突まで：$\frac{2L}{ev}$

2 回目の衝突から 3 回目の衝突まで：$\frac{2L}{e^2 v}$

3 回目の衝突から 4 回目の衝突まで：$\frac{2L}{e^3 v}$

よって，

$$T_4 = \frac{L}{v} + \frac{2L}{ev} + \frac{2L}{e^2 v} + \frac{2L}{e^3 v}$$

$$= \frac{L}{v} + \sum_{k=1}^{3} \frac{2L}{e^k v} = \frac{L}{v} + \frac{2L}{v}\sum_{k=1}^{3}\left(\frac{1}{e}\right)^k$$

$$= \frac{L}{v} + \frac{2L}{v} \cdot \frac{\frac{4}{3}\left\{1 - \left(\frac{4}{3}\right)^3\right\}}{1 - \frac{4}{3}} = \frac{323}{27} \cdot \frac{L}{v}$$

問 3　初期状態から 1 回目の衝突までの箱の変位は 0

1 回目の衝突から 2 回目の衝突までの変位は $V_1 \cdot \frac{2L}{ev}$

2 回目の衝突から 3 回目の衝突までの変位は $V_2 \cdot \frac{2L}{e^2 v}$

3 回目の衝突から 4 回目の衝突までの変位は $V_3 \cdot \frac{2L}{e^3 v}$

であるので，

$$\ell_4 = 0 + V_1 \cdot \frac{2L}{ev} + V_2 \cdot \frac{2L}{e^2 v} + V_3 \cdot \frac{2L}{e^3 v} = \sum_{k=1}^{3} V_k \cdot \frac{2L}{e^k v}$$

$$= \sum_{k=1}^{3} \frac{1}{5}\{1 - (-e)^k\}v \cdot \frac{2L}{e^k v}$$

$$= \sum_{k=1}^{3} \frac{2L}{5}\left\{\frac{1}{e^k} - (-1)^k\right\}$$

$$= \frac{2L}{5}\left(\frac{1}{e} + \frac{1}{e^2} + \frac{1}{e^3} + 1 - 1 + 1\right)$$

$$= \frac{2L}{5}\left(\frac{\frac{4}{3}\left\{1 - \left(\frac{4}{3}\right)^3\right\}}{1 - \frac{4}{3}} + 1\right) = \frac{70}{27}L$$

問 4　$V_n = \frac{1}{5}\left\{1 - \left(-\frac{3}{4}\right)^n\right\}v$

$n \to \infty$ とすると $\frac{1}{5}v$

47

問 1　$\frac{m}{\sqrt{4m'^2 - m^2}}L$　　　問 2　$\frac{4m'm}{4m'^2 - m^2}L$

問 3　(a) $\frac{1}{\sqrt{2}}$倍，$-\frac{1}{\sqrt{2}}a$

(b) $\frac{m}{\sqrt{2}} \cdot \left(-\frac{1}{\sqrt{2}}a\right) = \frac{m}{\sqrt{2}}g - T$，$ma = mg - \sqrt{2}T\left(1 + \frac{\Delta x}{2L}\right)$

(c) $2\sqrt{\frac{(2+\sqrt{2})L}{g}}$

【解説】

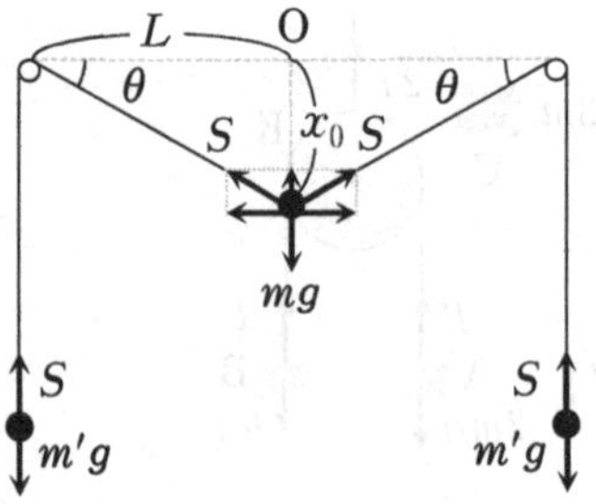

問 1　上図のように θ をおき，糸の張力を S とすると，力のつり合いにより，

$2S\sin\theta = mg$　　$S = m'g$

$\sin\theta = \frac{x_0}{\sqrt{L^2 + x_0^2}}$ なので，$2m'g\frac{x_0}{\sqrt{L^2 + x_0^2}} = mg$　よって，

$x_0 = \frac{m}{\sqrt{4m'^2 - m^2}}L$

問 2

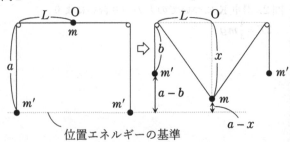

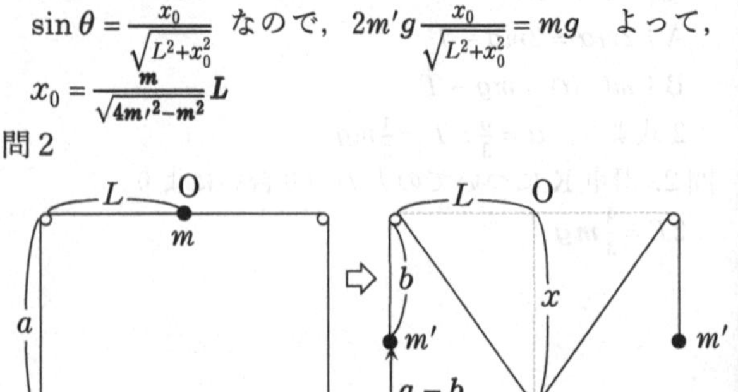

図のように a と b を設定すると，

$a + L = b + \sqrt{L^2 + x^2}$ よって,

$a - b = \sqrt{L^2 + x^2} - L \cdots$①

糸でつながれた3つのおもりを1つの物体とみなしたとき，おもりを放す前後で非保存力ははたらかないので，この物体の力学的エネルギーは保存される。初めの質量m'のおもりの高さを重力による位置エネルギーの基準とすると,

$mga = 2m'g(a - b) + mg(a - x)$

$0 = 2m'g(a - b) - mgx$ ①より,

$0 = 2m'g\left(\sqrt{L^2 + x^2} - L\right) - mgx$

これをxについて解くと, $x = \frac{4m'm}{4m'^2 - m^2}L$

問3

(a)

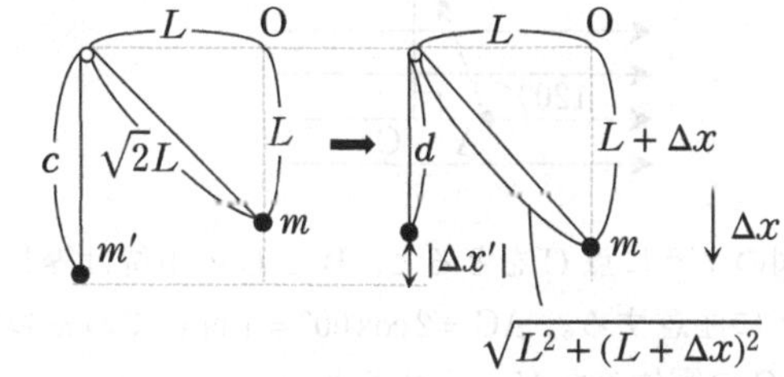

図のようにcとdを設定し, m'のおもりの変位を$\Delta x'$とすると,

$c + \sqrt{2}L = d + \sqrt{L^2 + (L + \Delta x)^2}$ よって,

$c - d = |\Delta x'| = \sqrt{L^2 + (L + \Delta x)^2} - \sqrt{2}L$

$= \sqrt{2}\left(L + \frac{\Delta x}{2}\right) - \sqrt{2}L = \frac{1}{\sqrt{2}}\Delta x$

Δxが正の向きに変位すると, $\Delta x'$は負の向き変位するので,

$-\Delta x' = \frac{1}{\sqrt{2}}\Delta x$ この両辺を時間微分すると

$-v' = \frac{1}{\sqrt{2}}v$ さらに両辺を時間微分すると

$-a' = \frac{1}{\sqrt{2}}a$

よって質量m'のおもりの加速度は, $a' = -\frac{1}{\sqrt{2}}a$

(b) 質量$m'\left(= \frac{m}{\sqrt{2}}\right)$のおもりの運動方程式は

$\frac{m}{\sqrt{2}} \cdot \left(-\frac{1}{\sqrt{2}}a\right) = \frac{m}{\sqrt{2}}g - T$

質量mのおもりの運動方程式は,

$ma = mg - T \cdot \frac{L + \Delta x}{\sqrt{L^2 + (L + \Delta x)^2}} \cdot 2$ ここで,

$\frac{L + \Delta x}{\sqrt{L^2 + (L + \Delta x)^2}} \fallingdotseq \frac{L + \Delta x}{\sqrt{2}L^2}\left(L - \frac{\Delta x}{2}\right)$

$= \frac{1}{\sqrt{2}L^2}\left(L^2 + \frac{\Delta x L}{2} - \frac{\Delta x^2}{4}\right) \fallingdotseq \frac{1}{\sqrt{2}}\left(1 + \frac{\Delta x}{2L}\right)$ よって,

$\boldsymbol{ma = mg - \sqrt{2}T\left(1 + \frac{\Delta x}{2L}\right)}$

(c) Tを消去すると,

$\left\{1 + \frac{\sqrt{2}}{2}\left(1 + \frac{\Delta x}{2L}\right)\right\} ma = -\frac{mg}{2L}\Delta x$

$\therefore a = -\frac{g}{\left(2 + \sqrt{2}\right)L}\Delta x = -\omega^2 \Delta x$

$\omega = \sqrt{\frac{g}{\left(2 + \sqrt{2}\right)L}}$ であるので,

周期は $\frac{2\pi}{\omega} = 2\sqrt{\frac{\left(2 + \sqrt{2}\right)L}{g}}$

48

4.2×10^{-3}

【解説】

$R = \rho\frac{\ell}{S}$とρ_0を0℃での抵抗値, αを温度係数としたt℃での抵抗率$\rho = \rho_0(1 + \alpha t)$の公式を用いる。

$R = \rho_0(1 + \alpha t)\frac{\ell}{S} = \alpha\rho_0\frac{\ell}{S}t + \rho_0\frac{\ell}{S}$

これを$R = 0.068t + 16.2$と比較して,

$\begin{cases} \alpha\rho_0\frac{\ell}{S} = 0.068 \\ \rho_0\frac{\ell}{S} = 16.2 \end{cases}$ 2式より, $\alpha = \frac{0.068}{16.2} \fallingdotseq \boldsymbol{4.2 \times 10^{-3}}$

49

8(倍)

【解説】

$R_A = \rho\frac{\ell}{S}$とすると, $R_B = \rho\frac{2\ell}{\frac{1}{4}S} = 8\rho\frac{\ell}{S} = 8R_A$

50

2×10^4 m

【解説】

極板間距離dで，一辺の長さをLとすると，コンデンサーの電気容量Cは, $C = \varepsilon_0\frac{L^2}{d}$

$L = \sqrt{\frac{Cd}{\varepsilon_0}} = \sqrt{\frac{4.7 \times 1 \times 10^{-3}}{8.85 \times 10^{-12}}} \fallingdotseq \sqrt{5} \times 10^4 \fallingdotseq \boldsymbol{2 \times 10^4\ \mathrm{m}}$

51

(ハ)

【解説】

電圧をV, 電場の強さをEとすると,

$Q = CV$, $E = \frac{V}{d}$が成り立つので,

2式より, $E = \boldsymbol{\frac{Q}{Cd}}$

52

4倍

【解説】

$C_0 = \varepsilon_0\frac{S}{d}$と表すことができることに注意する。誘電体挿入後の合成コンデンサーは，容量が$\frac{1}{2}C_0$, $\frac{7}{2}C_0$の2つのコンデンサーを並列接続したコンデンサーとみなすことができるので，合成容量は, $\frac{1}{2}C_0 + \frac{7}{2}C_0 = 4C_0$

よって4倍。

53

1.0×10^2 A/m

【解説】

$H = N\frac{I}{2r} = \frac{10 \times 10}{2 \times 0.50} = \boldsymbol{1.0 \times 10^2\ \mathrm{A/m}}$

54

(ニ)

【解説】

電圧比は巻き数の比に等しいので，二次コイルに生じ

る電圧の実効値を V とすると，
$100 : 200 = 200 : V$
$V = 400$ V
よって求める電流の実効値は，$\frac{V}{R} = \frac{400}{500} = $ **0.80 A**

55

500 A/m

【解説】

$H = nI = \frac{2000}{0.8} \times 0.2 = $ **500 A/m**

56

$\boldsymbol{\frac{Q}{4\pi\varepsilon_0 R^2}}$

【解説】

半径 R の導体球の表面積は $4\pi R^2$

よって，$E = \frac{\frac{Q}{\varepsilon_0}}{4\pi R^2} = \boldsymbol{\frac{Q}{4\pi\varepsilon_0 R^2}}$

57

1.（ア）　　　　　2.（イ）

【解説】

1. 静電誘導によって，はく検電器の金属板には正電荷が引き寄せられ，はくに負電荷が蓄えられる。よってはくどうしが反発し合いはくは開く。
2. 金網上部には正電荷が引き寄せられるが，静電遮蔽（シールド）によって金網内部には電気力線はできない。これは金網内部で向きの異なる電気力線が互いに相殺し合うためである。

58

（へ）

【解説】

レンツの法則より，磁束の増加を妨げる向きに誘導電流が流れるので，b の向き。

$|V| = \left|-\frac{\Delta\Phi}{\Delta t}\right| = \left|-\frac{\Delta(B \cdot \pi R^2)}{\Delta t}\right| = \frac{\pi R^2 \Delta B}{\Delta t}$

59

(a) **0**　　　　　(b) $\boldsymbol{k_0 \frac{Q}{x^2}}$

【解説】

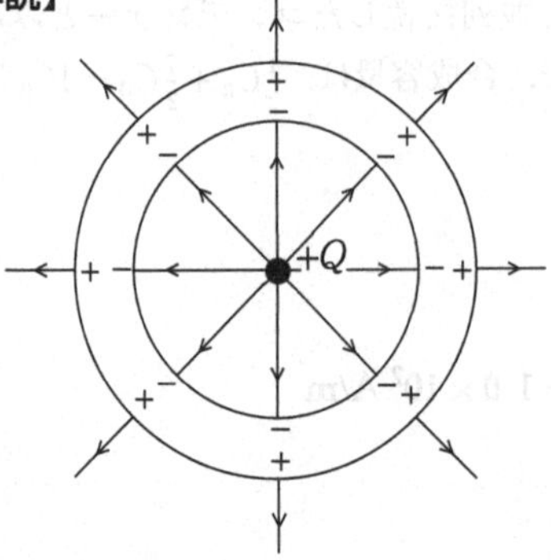

(a) 導体球の内側表面に $-Q$ の電荷が引き付けられ，外側表面に $+Q$ の電荷が表れる。そのため，点電荷による電気力線と導体内部の電荷の移動によってできる電気力線が打ち消し合い，内部の電気力線の本数は 0 となる。

(b) 単位面積を通過する電気力線の本数で電界 E の強さが表されるので，

$E = \frac{4\pi k_0 Q}{4\pi x^2} = \boldsymbol{k_0 \frac{Q}{x^2}}$〔N/C〕

60

$\boldsymbol{W = 1.6 \times 10^{-2}}$ **J**　　$\boldsymbol{V = 5.0 \times 10}$ **V**

【解説】

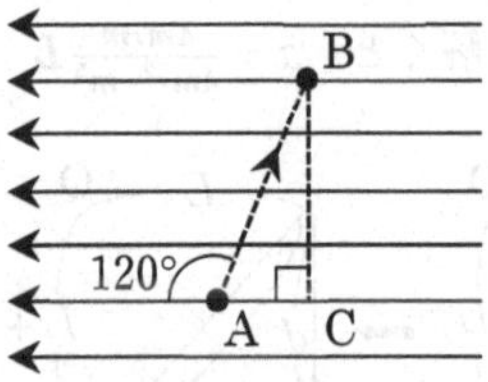

図のように点 C をとると，B と C の電位は等しいことに注意する。AC = $2\cos 60° = 1$ cm であるので，AC の電位差を V_{AC} とすると，

$5.0 \times 10^3 = \frac{V_{AC}}{AC} = \frac{V_{AC}}{1 \times 10^{-2}}$ より，$V_{AC} = 5.0 \times 10$ V

よって AB の電位差も $V = 5.0 \times 10$ V である。

$W = qV = 3.2 \times 10^{-4} \times 5.0 \times 10 = 1.6 \times 10^{-2}$ J

61

㋑

【解説】

最大目盛りが 15 mA(= 0.015 A) から 0.15 A になるとき，最大目盛りは 10 倍になる。最大目盛りを 10 倍にするには，内部抵抗に流れ込む電流を 10 分の 1 にすればよいことに注意する。

電流計に 15 mA(0.015 A)の電流が流れるとき，内部抵抗には 1.5 mA の電流が流れればいいので，分流器 R には15 − 1.5 = 13.5 mA の電流が流れればよい。内部抵抗と R の両端の電圧は等しいので，

$3.6 \times 1.5 \times 10^{-3} = R \times 13.5 \times 10^{-3}$
$R = 0.40\ \Omega$

【別解 1】

電流計に 0.15 A の電流が流れるとき，内部抵抗には 0.015 A の電流が流れればいいので，分流器 R には 0.15 − 0.015 = 0.135 A の電流が流れればよい。内部抵抗と R の両端の電圧は等しいので，

$3.6 \times 0.015 = R \times 0.135 \times 10^{-3}$
$R = 0.40\ \Omega$

(注) 電流計に流れ込む電流をどのように決めても解くことができる。その電流を I，内部抵抗に流れる電流を $\frac{I}{10}$ として考えてもよい。

【別解2】

公式を用いると，$\frac{r}{n-1}=\frac{3.6}{10-1}=0.40\ \Omega$

62

1. $\frac{4}{5}$　　2. $\frac{8}{15}$

【解説】

1. a に蓄えられている電荷を $-Q$ とすると，電荷量保存則により，B の上側に蓄えられる電荷は $+Q$ となる。
$Q=4C(V_0-V_1)=C(V_1-0)$
よって，$V_1=\frac{4}{5}V_0$

【別解】

a を含む孤立分部の電荷は保存されるので，
$4C(V_1-V_0)+C(V_1-0)=0$
$V_1=\frac{4}{5}V_0$

2. B の極板間を半分にすると，電気容量は $2C$ になる。
状態(ⅰ)での極板 a の電位を V_2 とすると，a を含む孤立分部の電荷は保存されるので，
$4C(V_2-V_0)+2C(V_2-0)=0$
$V_2=\frac{2}{3}V_0$
状態(ⅰ)での A の両端の電圧は $V_0-V_1=\frac{1}{5}V_0$
状態(ⅱ)での A の両端の電圧は $V_0-V_2=\frac{1}{3}V_0$
よって，状態(ⅰ)→状態(ⅱ)でのコンデンサーA に蓄えられる正電荷の増加量は，
$\left(+4C\cdot\frac{1}{3}V_0\right)-\left(+4C\cdot\frac{1}{5}V_0\right)=+\frac{8}{15}CV_0$
（電池のする仕事）＝（電池を流れる電荷）×（起電力）で求められるので，
$E=+\frac{8}{15}CV_0\times V_0=\frac{8}{15}CV_0^2$

63

㋒

【解説】

$|V|=\left|-M\frac{dI}{dt}\right|$ の公式より，$4.0\times10^{-2}\times\frac{3.0}{0.20}=0.60\ \text{V}$

64

㋓

【解説】

誘電体を挿入した後の C_1, C_2 の電気容量をそれぞれ C, $\varepsilon_r C$，両端の電圧をそれぞれ V_1, V_2 とおくと，
C_1, C_2 にたまる電荷は等しいので，$CV_1=\varepsilon_r CV_2$
キルヒホッフ第2法則より，$V_1+V_2=V$
2式より V_2 を消去して V_1 について解くと，
$V_1=\frac{\varepsilon_r}{\varepsilon_r+1}V$

65

問1　b　　問2　e

【解説】

問1 電源の角振動数は $\omega=2\pi f=2\pi\times\frac{200}{\pi}=400\ \text{rad/s}$
RLC 直列回路のインピーダンスを $\dot{Z}$ とすると，
$\dot{Z}=R+j\omega L+\frac{1}{j\omega C}=R+j\left(\omega L-\frac{1}{\omega C}\right)$ であるので，
$Z=\sqrt{R^2+\left(\omega L-\frac{1}{\omega C}\right)^2}$
$=\sqrt{10^2+\left(400L-\frac{1}{400C}\right)^2}$
オームの法則 $V=IZ$ より，
$50=\sqrt{10^2+\left(400L-\frac{1}{400C}\right)^2}\times5.0$
$C=\frac{1}{160000L}=\frac{1}{160000\times2.5\times10^{-2}}=\mathbf{2.5\times10^{-4}\ F}$

問2 AB 間のインピーダンスを $\dot{Z}'$ とすると，
$\dot{Z}'=R+j\omega L$ であるので，
$Z'=\sqrt{R^2+(\omega L)^2}$
$=\sqrt{10^2+\left(400\times2.5\times10^{-4}\right)^2}=\sqrt{200}\fallingdotseq14.1\ \Omega$
オームの法則より求める電圧は，
$14.1\times5.0\fallingdotseq\mathbf{70\ V}$

66

1. $\mathbf{4.2\times10^{-4}\ Wb}$　　2. $\mathbf{1.4\times10^{2}\ V}$
3. $\mathbf{2.8\times10^{3}\ H}$

【解説】

1. 単位長さ当たりの巻き数を n とすると，
$H=nI$ であるので，鉄心内部の磁束は，
$\Phi=\mu HS=\mu nIS$
$=3.5\times10^{-3}\times\frac{2000}{1.5\times10^{-1}}\times3.0\times10^{-2}\times3.0\times10^{-4}$
$=\mathbf{4.2\times10^{-4}\ Wb}$

2. $\Phi=\mu nIS$ の両辺を時間微分すると，
$\frac{d\Phi}{dt}=\mu n\frac{dI}{dt}S$ であるので，
$|V|=\left|-N\frac{d\Phi}{dt}\right|=N\cdot\mu nS\frac{dI}{dt}$
$=2000\times3.5\times10^{-3}\times\frac{2000}{1.5\times10^{-1}}\times3.0\times10^{-4}\times\frac{5.0\times10^{-2}}{1.0\times10^{-2}}$
$=\mathbf{1.4\times10^{2}\ V}$

3. $|V|=N\mu nS\frac{dI}{dt}=L\frac{dI}{dt}$ なので，
$L=N\mu nS$
$=2000\times3.5\times10^{-3}\times\frac{2000}{1.5\times10^{-1}}\times3.0\times10^{-4}$
$=\mathbf{2.8\times10\ H}$

67

問1　a　　問2　b

【解説】

問1 自己インダクタンスを L とすると，
$L\cdot\frac{2.0}{0.04}=500$
$\therefore L=\frac{500\times0.04}{2.0}=\mathbf{10\ H}$

問2 $\frac{1}{2}\times10\times(2.0)^2=\mathbf{20\ J}$

68

$\mathbf{T_0=2.5\times10^{-3}\ s}$　　$\mathbf{V_m=15\ V}$

【解説】

S を閉じて十分時間がたったとき，コイル L の両端の電位差は 0 であるので，コンデンサーC の両端の電位差も 0 である。したがって S を閉じているとき C に電荷は蓄えられないことに注意する。S を閉じて十分時間がたったときのコイルを流れる電流の強さを I とす

ると，$I=\frac{E}{r}=\frac{1.8}{0.60}=3.0\ \mathrm{A}$

エネルギー保存則より，$\frac{1}{2}LI^2=\frac{1}{2}CV_m^2$ なので，

$\frac{1}{2}\times 2.0\times 10^{-3}\times 3.0^2=\frac{1}{2}\times 80\times 10^{-6}\times V_m^2$

よって，$\boldsymbol{V_m=15\ \mathrm{V}}$

$T_0=2\pi\sqrt{LC}$

$=2\times 3.14\times\sqrt{2.0\times 10^{-3}\times 80\times 10^{-6}}$

$=25.12\times 10^{-4}\fallingdotseq \boldsymbol{2.5\times 10^{-3}\ \mathrm{s}}$

69

㋒

【解説】

電場は誘電分極によって弱くなるが0にはならない。

70

1. $\boldsymbol{\frac{C_1}{C_1+C_2}V}$　　2. $\boldsymbol{\frac{C_1C_2}{2(C_1+C_2)}V^2}$

【解説】

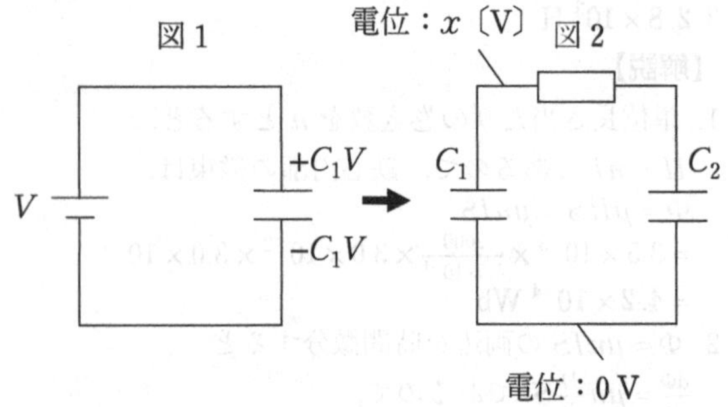

1. 図のように電位を設定すると，
電荷量保存則より，
$C_1V=C_1(x-0)+C_2(x-0)$　$x=\frac{C_1}{C_1+C_2}V$
よって，C_1 の電圧は，$\boldsymbol{\frac{C_1}{C_1+C_2}V}$
初めに $\mathrm{C_1}$ に蓄えられた静電エネルギー（図1）と，スイッチをBに切り替えた後の $\mathrm{C_1}$，$\mathrm{C_2}$ に蓄えられた静電エネルギー(図2)の合計の差がジュール熱である。よって，
$\frac{1}{2}C_1V^2-\left\{\frac{1}{2}C_1\left(\frac{C_1}{C_1+C_2}V\right)^2+\frac{1}{2}C_2\left(\frac{C_1}{C_1+C_2}V\right)^2\right\}$
$=\boldsymbol{\frac{C_1C_2}{2(C_1+C_2)}V^2}$

71

1. $\boldsymbol{\frac{C_1(C_2+C_3)}{C_1+C_2+C_3}}$　　2. $\boldsymbol{\frac{R_1R_2+R_2R_3+R_3R_1}{R_2+R_3}}$　　3. （ア）

【解説】

1. C_2, C_3 のコンデンサーの合成容量を C' とすると，
$C'=C_2+C_3$
3つのコンデンサーの合成容量を C とすると，
$\frac{1}{C}=\frac{1}{C_1}+\frac{1}{C'}=\frac{1}{C_1}+\frac{1}{C_2+C_3}=\frac{C_1+C_2+C_3}{C_1(C_2+C_3)}$
よって，$C=\boldsymbol{\frac{C_1(C_2+C_3)}{C_1+C_2+C_3}}$
2. R_2, R_3 の抵抗の合成抵抗を R' とすると，
$\frac{1}{R'}=\frac{1}{R_1}+\frac{1}{R_2}=\frac{R_2+R_3}{R_2R_3}$
3つの抵抗の合成抵抗を R とすると，
$R=R_1+R'=R_1+\frac{R_2R_3}{R_2+R_3}=\boldsymbol{\frac{R_1R_2+R_2R_3+R_3R_1}{R_2+R_3}}$
3. 起電力と抵抗値が一定なら，一般にコンデンサーに電荷が蓄えられるにつれて，流れる電流は小さくなり，漸近的に0に近づく。よって，（ア）

【考察】

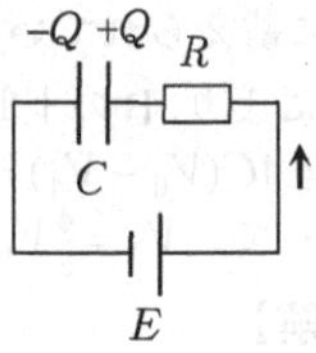

右のような回路を考えると，
キルヒホッフ第2法則より，

$E-IR-\frac{Q}{C}=0$

よって，$I=\frac{E}{R}-\frac{Q}{C}$

$I=\frac{\mathrm{d}Q}{\mathrm{d}t}$ に注意して両辺を t で微分すると，

$\frac{\mathrm{d}I}{\mathrm{d}t}=-\frac{1}{C}\cdot\frac{\mathrm{d}Q}{\mathrm{d}t}=-\frac{1}{C}\cdot I<0\cdots$①

$\frac{\mathrm{d}^2I}{\mathrm{d}t^2}=-\frac{1}{C}\cdot\frac{\mathrm{d}I}{\mathrm{d}t}$　　①より $\frac{\mathrm{d}^2I}{\mathrm{d}t^2}>0\cdots$②

関数 $I(t)$ は①より減少関数で②より下に凸とわかる。

72

1. **2**　　2. **1.4**　　3. オ　　4. **1**

【解説】

1.2.

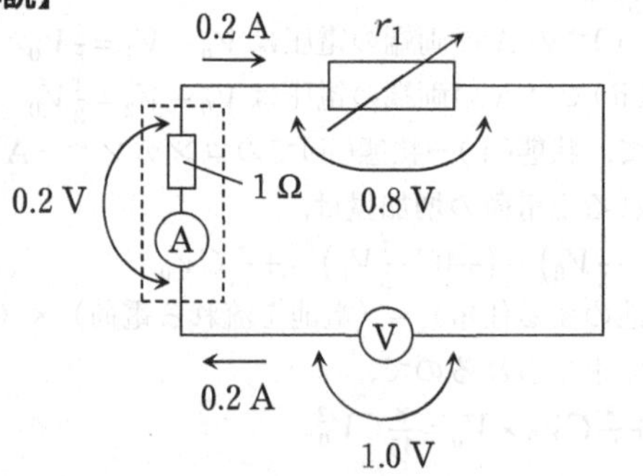

可変抵抗器の抵抗を r_1 する。電圧計の値が1.0 Vのとき，電流計の両端の電圧は $0.2\times 1=0.2$ V であるので，可変抵抗器の両端の電圧は

$1.0-0.2=0.8$ V　　よって，$r_1=\frac{0.8}{0.2}=4.0\ \Omega$

次に，今回，電圧計の内部抵抗が非常に大きいことから，電圧計に流れる電流は無視できる。

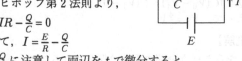

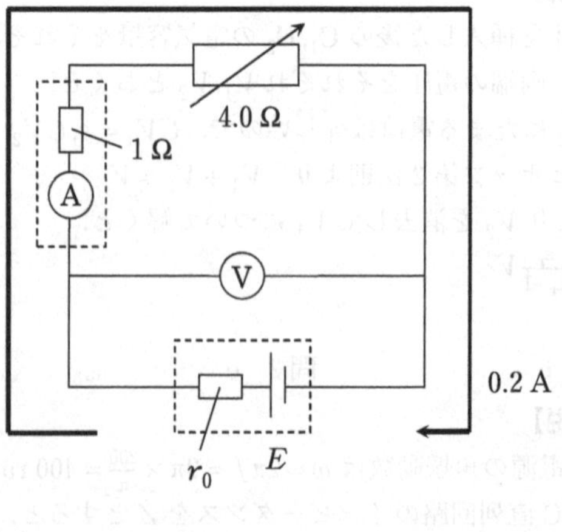

よって，電池の起電力 E は，

$E=(r_0+1+4)\times 0.2\cdots$①

同様にして，電圧計の値が 0.6 V のときも考える。このときの可変抵抗器の抵抗値を r_2 とすると，電流計の両端の電圧は $0.4\times 1=0.4$ V であるので，可変抵抗器の両端の電圧は $0.6-0.4=0.2$ V

よって，$r_2=\frac{0.2}{0.4}=0.5\ \Omega$ であるので，

$E=(r_0+1+0.5)\times 0.4\cdots$②

①,②より，

$r_0=\mathbf{2}\ \Omega$，$E=\mathbf{1.4}$ V

3. 電流計に流れる電流を小さくすればよいので，ad 間に並列に配置すればよい。

4.

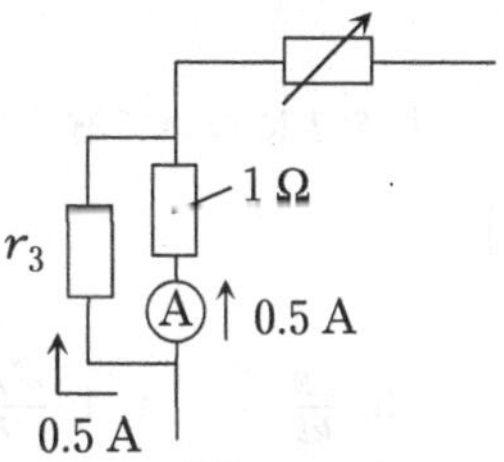

求める抵抗（分流器）の抵抗値を r_3 とする。最大測定値は 0.5 A から 1 A と 2 倍にするため，電流計に流れ込む電流が 1 A だとすると，電流計の内部抵抗に流れ込む電流は $\frac{1}{2}\times 1\ \mathrm{A}=0.5$ A にする必要がある。よってこのとき分流器には $1-0.5=0.5$ A の電流を流す必要があるので，

$1\times 0.5=r_3\times 0.5\quad \therefore r_3=\mathbf{1}\ \Omega$

73

1. $\left|\frac{\Delta\Phi}{\Delta t}\right|$　2. $\boldsymbol{\mu_0\frac{N}{\ell}IS}$　3. $\boldsymbol{\mu_0\frac{N^2}{\ell}S}$　4. $\boldsymbol{\mu_0\frac{N^2}{\ell}S}$

【解説】

1. 電磁誘導の法則より，$V_1=\left|\frac{\Delta\Phi}{\Delta t}\right|$
2. $\Phi=BS=\mu_0HS$ より，$\Phi=\boldsymbol{\mu_0\frac{N}{\ell}IS}$
3. 図より，$\frac{\Delta I}{\Delta t}=1.0$ A/s
   次に，$V_N=N\cdot\left|\frac{\Delta\Phi}{\Delta t}\right|=\mu_0\frac{N^2}{\ell}S\left|\frac{\Delta I}{\Delta t}\right|=\boldsymbol{\mu_0\frac{N^2}{\ell}S}$
4. 公式より，$V_N=L\frac{\Delta I}{\Delta t}$ なので，3.より，
   $L=\boldsymbol{\mu_0\frac{N^2}{\ell}S}$

74

1. $\boldsymbol{\frac{4\rho\ell}{\pi d^2}}$　2. (ア)

【解説】

1. 断面積を S とすると，$S=\left(\frac{d}{2}\right)^2\pi=\frac{\pi d^2}{4}$
   求める抵抗値を R とすると，$R=\rho\frac{\ell}{S}=\boldsymbol{\frac{4\rho\ell}{\pi d^2}}$
2. $t=t_0$ でスイッチを閉じたあと，電流は急激に上昇するが，時間が十分経過すると一定となる。コイルに蓄えられるエネルギーは $U=\frac{1}{2}LI^2$ であり，同様に時間が十分経過すると一定になる。以上のことから(ア)が適する。

【考察】

導線の抵抗値を R とすると，キルヒホッフ第1法則より，$V-L\frac{\mathrm{d}I}{\mathrm{d}t}-IR=0$　よって，$\frac{\mathrm{d}I}{\mathrm{d}t}=\frac{1}{L}(V-IR)\cdots$①

$t\to\infty$ のとき $V=IR$ つまり $\frac{\mathrm{d}I}{\mathrm{d}t}=0$ であるので，t が大きくなるほど接線の傾きは 0 に近づく。また，コイルでは誘導起電力が電流の増加を妨げる向きにはたらくため，IR が起電力の V を超えることは考えられない。

よって，$\frac{\mathrm{d}I}{\mathrm{d}t}>0\cdots$② で，関数 $I(t)$ は単調増加である。

①の両辺を t で微分し，②を考慮すると，

$\frac{\mathrm{d}^2I}{\mathrm{d}t^2}=-\frac{R}{L}\cdot\frac{\mathrm{d}I}{\mathrm{d}t}<0$

よって，関数 $I(t)$ は上に凸のグラフになり，

$U=\frac{1}{2}L\{I(t)\}^2$ も単調増加で上に凸のグラフになる。

75

1. 電磁誘導
2. 磁石が管内を落下するとき，レンツの法則により上から見て反時計回りの誘導電流が管に流れる。その誘導電流により管内には上向きの磁場が生じ，その磁場により磁石に上向きの力がはたらくから。
3. (ア)

【解説】

3. 銅の場合、磁石の落下速度が最も遅いということは，銅に最も強い誘導電流が流れたということである。よって抵抗値が最も小さいのは銅である。

76

1. $\boldsymbol{\omega L}$　2. $\boldsymbol{\frac{1}{\omega C}}$　3. (オ)

【解説】

1. それぞれの素子に流れる等しい電流の最大値を I_0 とすると，$V_0=I_0R$　$V_0=\omega LI_0$
   2 式より，$R=\boldsymbol{\omega L}$
2. $V_0=I_0R$　$V_0=\frac{1}{\omega C}I_0$
   2 式より，$R=\boldsymbol{\frac{1}{\omega C}}$
3. I_R は V と同位相なので，I_2
   I_L は V より位相が $\frac{\pi}{2}$ 減少するので，I_3
   I_C は V より位相が $\frac{\pi}{2}$ 増加するので，I_1

【考察】

$\dot{V}=I_RR$ より，$I_R=\frac{1}{R}\dot{V}$

$\dot{V}=I_L(\mathrm{j}\omega L)$ より，$I_L=\frac{1}{\mathrm{j}\omega L}\dot{V}$

$\dot{V}=I_C\left(\frac{1}{\mathrm{j}\omega C}\right)$ より，$I_C=\mathrm{j}\omega C\dot{V}$

虚数 j を掛けると偏角は $\frac{\pi}{2}$ 増加，j で割ると偏角は $\frac{\pi}{2}$ 減少することから位相のずれを求められる。

77

1. **4.5×10^2 Ω**　　　2. **2.2×10^4 Ω**

【解説】

1. Sの開閉によらずAに流れる電流の強さが変わらないということは，全体の合成抵抗が開閉によらず変わらないことを意味する。仮にスイッチSが閉じているとき，Sの部分に電流が流れなければ，Sが開いた状態のときと電流の強さはどこも変わらない。つまりその場合全体の合成抵抗は変わらないことになる。Sが閉じているとき，Sの部分に電流が流れないためには，ホイートストンブリッジの公式より，$\frac{R_3}{R_4}=\frac{R_1}{R_2}$
これを R_1 について解くと，
$R_1=\frac{R_3}{R_4}\times R_3=\frac{6.0\times10^3}{9.6\times10^4}\times7.2\times10^3=\mathbf{4.5\times10^2\ \Omega}$

2.

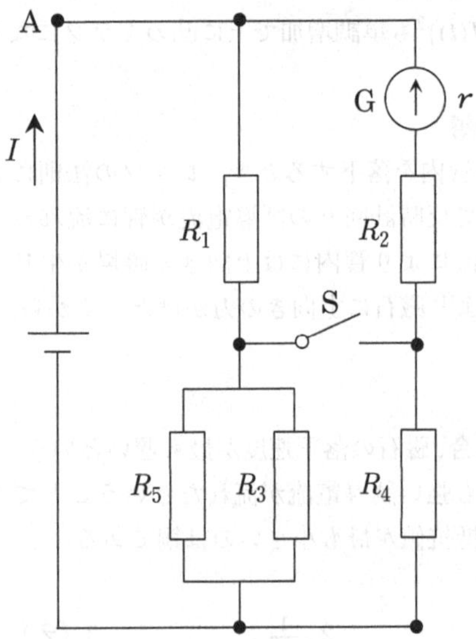

図2は上図のような回路に書き換えることができる。同様にSを閉じたときのSの部分に電流が流れなければ，開いているときと同様の電流がGに流れる。
R_3とR_5 の合成抵抗をR_{35}とすると，
$\frac{1}{R_{35}}=\frac{1}{R_3}+\frac{1}{R_5}=\frac{R_3+R_5}{R_3R_5}$ より，
$R_{35}=\frac{R_3R_5}{R_3+R_5}=\frac{6.0\times10^3\times2.0\times10^3}{6.0\times10^3+2.0\times10^3}=1.5\times10^3\ \Omega$
ホイートストンブリッジの公式より，G の内部抵抗を r とすると，
$\frac{R_1}{R_2+r}=\frac{R_{35}}{R_4}$ であり，これを r について解くと，
$r=\frac{R_1R_4}{R_{35}}-R_2=\frac{4.5\times10^2\times9.6\times10^4}{1.5\times10^3}\fallingdotseq\mathbf{2.2\times10^4\ \Omega}$

78

(1)　⑤　　　　(2)　①

【解説】

(1) 図では極板2の電位が0Vになっているので，極板1の電位は $-V$ である。
求める速さを v とすると，エネルギー保存則より，
$\frac{1}{2}mv_0^2-qV=\frac{1}{2}mv^2$ よって，$v=\sqrt{\boldsymbol{v_0^2-\frac{2qV}{m}}}$

(2) 極板間の電場の強さを E とすると，$E=\frac{V}{d}$ で，電位は極板1よりも極板2の方が高いので，電場の向きは極板2から極板1の向きである。
点電荷が極板間にあるときの加速度を a とすると，右向きを正とした運動方程式は，
$ma=-qE=-q\frac{V}{d}$ よって，$a=-\frac{qV}{dm}$
極板1を通過してから時間が t だけ経過したときの点電荷の速度は，右向きを正として，
$v=v_0-\frac{qV}{dm}t$ …①
$v=\sqrt{v_0^2-\frac{2qV}{m}}$ のとき，極板2に達するので，これを①に代入すると，
$\sqrt{v_0^2-\frac{2qV}{m}}=v_0-\frac{qV}{dm}t$ 　これを t について解くと，
$t=\boldsymbol{\frac{dm}{qV}\left(v_0-\sqrt{v_0^2-\frac{2qV}{m}}\right)}$

79

1. $\boldsymbol{\frac{E}{\ell}}$　2. $\boldsymbol{\frac{eE}{\ell}}$　3. $\boldsymbol{\frac{eE}{k\ell}}$　4. $\boldsymbol{\frac{e^2nES}{k\ell}}$
5. $\boldsymbol{\frac{k\ell}{e^2nS}}$　6. $\boldsymbol{\frac{eEv}{\ell}}$　7. $\boldsymbol{envES}$

【解説】

1. 電場の強さは単位長さ当たりの電圧なので，$\boldsymbol{\frac{E}{\ell}}$
2. クーロン力を F とすると，$F=\boldsymbol{\frac{eE}{\ell}}$
3. $kv=e\frac{E}{\ell}$ $\therefore v=\boldsymbol{\frac{eE}{k\ell}}$
4. $I=enSv=\boldsymbol{\frac{e^2nES}{k\ell}}$
5. 4.より $E=\frac{k\ell}{e^2nS}I$
オームの法則は抵抗を R とすると，$E=RI$ であるので，$R=\boldsymbol{\frac{k\ell}{e^2nS}}$
6. 単位時間にされる仕事は仕事率であるので，求める仕事を P とすると，$P=Fv=\boldsymbol{\frac{eEv}{\ell}}$
7. $nS\ell\times P=\boldsymbol{envES}$

80

(イ) **20 V**　(ロ) **2.0×10^{-7} J**　(ハ) **60 mA**
(ニ) **0.50 kΩ**　(ホ) **32 mJ**

【解説】

(1)
(イ) スイッチ S を開いた状態で十分時間が経過しているため，コイルは導線とみなせる。よって回路に流れる電流を i とすると，$i=\frac{V}{R_1+R_2}$
$V_2=R_2\cdot i=\frac{R_2}{R_1+R_2}\cdot V=\frac{2}{8+2}\times100=\mathbf{20\ V}$
(ロ) コイルに蓄えられるエネルギーは，
$\frac{1}{2}Li^2=\frac{1}{2}\times4.0\times10^{-2}\times\left(\frac{100}{10}\right)^2=\mathbf{2.0\times10^{-7}\ J}$
(2)
(ハ) コイルは直前の状態を保とうとするので，スイッチを閉じた直後のコイルを通る電流は i A のままで

ある。コンデンサーはスイッチを閉じた直後は導線とみなせ，R_3 に電流は流れない。このことに注意し，コンデンサーに流れる電流を i' とすると，$i' = \frac{V}{R_4}$

よって電流計の読みは，$i + i' = \frac{100}{10} + \frac{100}{2} = \mathbf{60\ mA}$

(ニ) 可変抵抗 R_4 を変え，十分時間が経過したとき，コンデンサーに電流は流れない。また，電流が一定になるとコイルに発生する自己誘導起電力はなくなるので，コイルは導線とみなすことができる。よって回路は下図のようにみなすことができる。

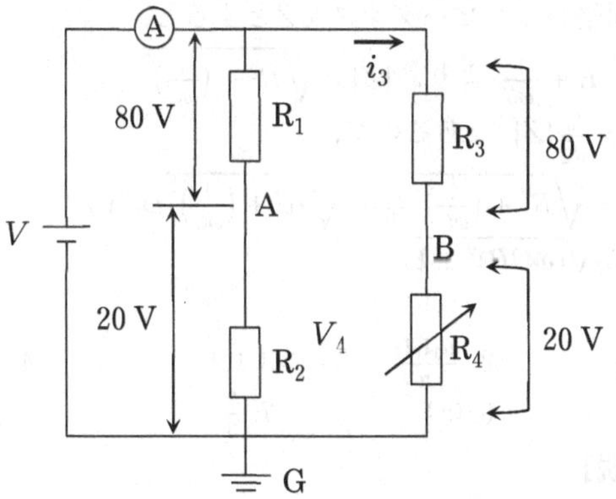

R_3 を流れる電流を i_3 とすると，

$i_3 = \frac{80}{R_3} = \frac{80}{2.0\times10^3} = 4.0\times10^{-2}$ A

R_3 と R_4 を流れる電流は等しいので，

$R_4 = \frac{20}{i_3} = \frac{20}{4.0\times10^{-2}} = 500\ \Omega = \mathbf{0.50\ k\Omega}$

(3)

(ホ) コンデンサーに蓄えられたエネルギーが R_3 でジュール熱として消費される。コンデンサーにかかる電圧は(ニ)より 80 V であるので，求めるエネルギーは，公式 $\frac{1}{2}CV^2$ により，

$\frac{1}{2}\times10\times10^{-6}\times80^2 = 0.032$ J $= \mathbf{32\ mJ}$

81

(1) $\boldsymbol{\frac{3\sqrt{2}kQ}{2a^2}}$　　(2) $\boldsymbol{12\left(1-\frac{1}{\sqrt{5}}\right)\frac{kqQ}{ma}}$

【解説】

(1)

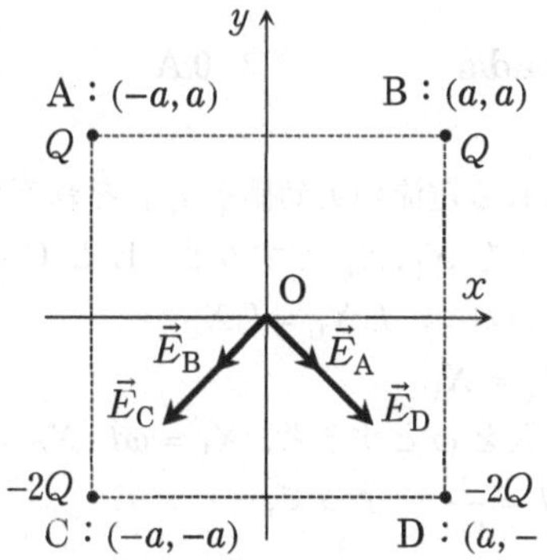

A,B,C,D にある電荷が O につくる電界をそれぞれ $\vec{E}_A$，$\vec{E}_B$，$\vec{E}_C$，$\vec{E}_D$ とおくと，

$|\vec{E}_A| = |\vec{E}_B| = k\frac{Q}{(\sqrt{2}a)^2} = \frac{kQ}{2a^2}$

$|\vec{E}_C| = |\vec{E}_D| = k\frac{2Q}{(\sqrt{2}a)^2} = \frac{kQ}{a^2}$

$\vec{E}_A = \frac{kQ}{2a^2}(\cos 45°, -\sin 45°)$

$= \frac{kQ}{2a^2}\left(\frac{1}{\sqrt{2}}, -\frac{1}{\sqrt{2}}\right) = \frac{kQ}{2\sqrt{2}a^2}(1,-1)$

以下同様にして求めると，

$\vec{E}_B = \frac{kQ}{2\sqrt{2}a^2}(-1,-1)$

$\vec{E}_C = \frac{kQ}{2\sqrt{2}a^2}(-2,-2)$

$\vec{E}_D = \frac{kQ}{2\sqrt{2}a^2}(2,-2)$

$\vec{E}_A + \vec{E}_B + \vec{E}_C + \vec{E}_D = \frac{kQ}{2\sqrt{2}a^2}(0,-6) = \frac{3\sqrt{2}kQ}{2a^2}(0,-1)$

$|\vec{E}_A + \vec{E}_B + \vec{E}_C + \vec{E}_D| = \boldsymbol{\frac{3\sqrt{2}kQ}{2a^2}}$

(2) 点 $(0, a)$ での電位を V とすると，

$V = k\frac{Q}{a} + k\frac{Q}{a} - k\frac{2Q}{\sqrt{5}a} - k\frac{2Q}{\sqrt{5}a} = \left(1-\frac{2}{\sqrt{5}}\right)k\frac{2Q}{a}$

点 $(0, -a)$ での電位を V' とすると，

$V' = k\frac{Q}{\sqrt{5}a} + k\frac{Q}{\sqrt{5}a} - k\frac{2Q}{a} - k\frac{2Q}{a} = \left(\frac{1}{\sqrt{5}}-2\right)k\frac{2Q}{a}$

力学的エネルギー保存則より，

$qV = \frac{1}{2}mv^2 + qV'$

$\frac{1}{2}mv^2 = q(V - V')$

$\frac{1}{2}mv^2 = q\left\{\left(1-\frac{2}{\sqrt{5}}\right) - \left(\frac{1}{\sqrt{5}}-2\right)\right\}k\frac{2Q}{a}$

$= \left(3-\frac{3}{\sqrt{5}}\right)k\frac{2qQ}{a} = \left(1-\frac{1}{\sqrt{5}}\right)k\frac{6qQ}{a}$

$\boldsymbol{v^2 = 12\left(1-\frac{1}{\sqrt{5}}\right)\frac{kqQ}{am}}$

82

1. ア　　2. エ　　3. オ　　4. ウ　　5. イ

【解説】

1. 粒子 A の初速度は

$\vec{v}_0 = (v_0\cos 30°, 0, v_0\sin 30°) = \left(\frac{\sqrt{3}}{2}v_0, 0, \frac{1}{2}v_0\right)$ と表すことができる。

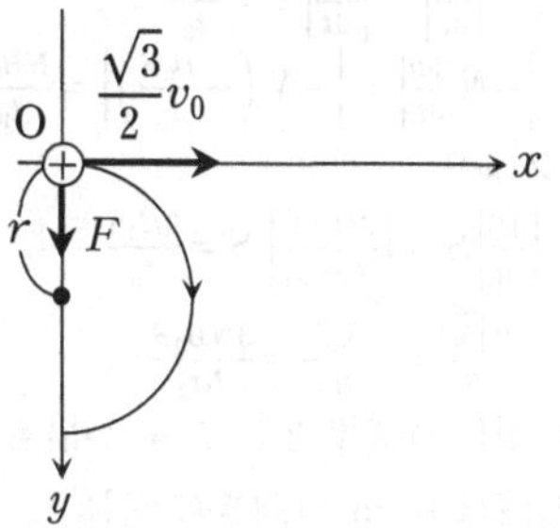

図より**時計回り**

2. 粒子 A の xy 平面への射影は速さ $v_0\cos 30° = \frac{\sqrt{3}}{2}v_0$ の等速円運動をする。粒子 A にはたらくローレンツ力を F とすると，

$F = q\left(\frac{\sqrt{3}}{2}v_0\right)B = \frac{\sqrt{3}}{2}v_0Bq$

粒子Aの軌跡の xy 平面への射影の半径を r とすると，ローレンツ力と遠心力がつり合うので，

$\frac{\sqrt{3}}{2}v_0Bq = m\cdot\frac{\left(\frac{\sqrt{3}}{2}v_0\right)^2}{r}$ よって，$r = \boldsymbol{\frac{\sqrt{3}mv_0}{2qB}}$

3. 粒子AがPを通過するのは，Oから打ち出され一周して戻ってくるときなので，

$T = \frac{2\pi r}{\frac{\sqrt{3}}{2}v_0} = \boldsymbol{\frac{2\pi m}{qB}}$

4. 速度の z 成分は $\frac{1}{2}v_0$ で，粒子Aの z 軸への射影は等速直線運動なので，

$\frac{1}{2}v_0\cdot T = \boldsymbol{\frac{\pi mv_0}{qB}}$

5. 角度を変えた場合の粒子Aの初速度は，

$\vec{v}'_0 = (v_0\cos 60°, 0, v_0\sin 60°) = \left(\frac{1}{2}v_0, 0, \frac{\sqrt{3}}{2}v_0\right)$ と表すことができる。粒子Aの軌跡の xy 平面への射影の半径を r' とすると，ローレンツ力と遠心力がつり合うので，

$\frac{1}{2}v_0Bq = m\cdot\frac{\left(\frac{1}{2}v_0\right)^2}{r'}$

$r' = \frac{\pi m}{2qB}$ よって，$\frac{r'}{r} = \boldsymbol{\frac{\sqrt{3}}{3}}$

83

1. $\boldsymbol{3B_0S}$　2. $\boldsymbol{0}$　3. $\boldsymbol{\frac{B_0S}{t_0}}$　4. $\boldsymbol{\frac{NB_0S}{t_0}}$

5. $\boldsymbol{\frac{3NB_0S}{Rt_0}}$　6. $\boldsymbol{2t_0}$　7. $\boldsymbol{3t_0}$　8. $\boldsymbol{-\frac{2NB_0S}{t_0}}$

【解説】

$\Phi = BS$ で S が一定のため，

$\frac{\mathrm{d}\Phi}{\mathrm{d}t} = \frac{\mathrm{d}B}{\mathrm{d}t}S$ が成り立つことに注意する。

1. $\Phi = BS$ より，$\boldsymbol{3B_0S}$

2. 誘導起電力の公式 $V = -N\frac{\mathrm{d}\Phi}{\mathrm{d}t} = -NS\frac{\mathrm{d}B}{\mathrm{d}t}$ を用いる。グラフより，$\frac{\mathrm{d}B}{\mathrm{d}t} = 0$ なので $V = 0$

よって，$I = \boldsymbol{0}$

3. グラフより，$\left|\frac{\mathrm{d}B}{\mathrm{d}t}\right| = \left|\frac{2B_0-3B_0}{2t_0-t_0}\right| = \left|\frac{-B_0}{t_0}\right| = \frac{B_0}{t_0}$

よって，$\left|\frac{\mathrm{d}\Phi}{\mathrm{d}t}\right| = \left|\frac{\mathrm{d}B}{\mathrm{d}t}\right|S = \boldsymbol{\frac{B_0S}{t_0}}$

4. $|V| = \left|-N\frac{\mathrm{d}\Phi}{\mathrm{d}t}\right| = \left|-N\left(-\frac{B_0S}{t_0}\right)\right| = \boldsymbol{\frac{NB_0S}{t_0}}$

5. グラフより，

$\left|\frac{\mathrm{d}\Phi}{\mathrm{d}t}\right| = \left|\frac{\mathrm{d}B}{\mathrm{d}t}\right|S = \left|\frac{3B_0-0}{5t_0-4t_0}\right|S = \frac{3B_0S}{t_0}$ よって，

$I = \frac{V}{R} = \frac{N\left|\frac{\mathrm{d}\Phi}{\mathrm{d}t}\right|}{R} = \frac{\frac{3NB_0S}{t_0}}{R} = \boldsymbol{\frac{3NB_0S}{Rt_0}}$

6.7. b を電位の基準として a が最も低い電位であるとき，電流はb→aの向きに流れる。この向きに流れるのはレンツの法則よりコイルを貫く磁束が減少するときである。$V = -NS\frac{\mathrm{d}B}{\mathrm{d}t}$ より，ab間の電位差が最大になるのは $\left|\frac{\mathrm{d}B}{\mathrm{d}t}\right|$ が最大のときであるので，求める範囲はグラフの傾きが負で最も急な $\boldsymbol{2t_0 < t < 3t_0}$

8. $|V| = \left|-NS\frac{0-2B_0}{3t_0-2t_0}\right| = \frac{2NB_0S}{t_0}$

b を電位の基準としたとき a 点の電位が低くなるので，$\boldsymbol{-\frac{2NB_0S}{t_0}}$

84

(1) $\boldsymbol{I_0 = \omega CV_C}$，$\boldsymbol{\delta_1 = \frac{\pi}{2}}$　(2) $\boldsymbol{V_C\sqrt{(\omega CR)^2+1}}$

【解説】

(1) $\frac{V_C}{\sqrt{2}} = \frac{1}{\omega C}\cdot\frac{I_0}{\sqrt{2}}$ より，$\boldsymbol{I_0 = \omega CV_C}$

$\dot{v}_C = \frac{1}{\mathrm{j}\omega C}i$ より，$i = \mathrm{j}\omega C\dot{v}_C$ であるので，コンデンサーに流れる電流の位相は電圧より $\frac{\pi}{2}$ 増加する。よって，$\boldsymbol{\delta_1 = \frac{\pi}{2}}$

(2) 回路のインピーダンスを $\dot{Z}$ とすると，

$\dot{Z} = R + \frac{1}{\mathrm{j}\omega C}$ より，$|\dot{Z}| = \sqrt{R^2+\left(\frac{1}{\omega C}\right)^2}$

$\frac{V_0}{\sqrt{2}} = \frac{I_0}{\sqrt{2}}|\dot{Z}|$ であるので，

$V_0 = \sqrt{R^2+\left(\frac{1}{\omega C}\right)^2}I_0 = \sqrt{R^2+\left(\frac{1}{\omega C}\right)^2}\omega CV_C$

$= \boldsymbol{V_C\sqrt{(\omega CR)^2+1}}$

85

1. $\boldsymbol{\frac{I_1}{2\pi r}}$　2. $\boldsymbol{\frac{\mu_0I_1I_2}{\pi}}$　3. (c)　4. $\boldsymbol{\frac{2}{3}}$

5. $\boldsymbol{\frac{\Delta x}{2x}}$　6. (a)　7. $\boldsymbol{\frac{2}{3}}$

【解説】

1. 求める磁場の強さを H_{AB} とすると，$H_{\mathrm{AB}} = \boldsymbol{\frac{I_1}{2\pi r}}$

2. $F_{\mathrm{AB}} = 2r\cdot I_2\cdot\mu_0H_{\mathrm{AB}} = \boldsymbol{\frac{\mu_0I_1I_2}{\pi}}$

3. I_2 の向きを H_{AB} の向きに回して右ねじの進む向きなので，右向き

4. $F_{\mathrm{CD}} = 2r\cdot I_2\cdot\mu_0\frac{I_1}{2\pi\cdot 3r} = \frac{1}{3}F_{\mathrm{AB}}$ で左向き

合力の大きさ F は

$F = F_{\mathrm{AB}} - F_{\mathrm{CD}} = \frac{2}{3}F_{\mathrm{AB}}$ よって，$\frac{F}{F_{\mathrm{AB}}} = \boldsymbol{\frac{2}{3}}$ (倍)

5. $\Delta F_{\mathrm{BC}} = \Delta x\cdot I_2\cdot\mu_0\frac{I_1}{2\pi x} = \frac{\mu_0I_1I_2}{\pi}\cdot\frac{\Delta x}{2x} = F_{\mathrm{AB}}\cdot\frac{\Delta x}{2x}$

よって，$\frac{\Delta F_{\mathrm{BC}}}{F_{\mathrm{AB}}} = \boldsymbol{\frac{\Delta x}{2x}}$

6. I_2 の向きを磁場の向きに回して右ねじの進む向きなので，上向き

7. 導線BCと導線DAが受ける力は大きさが同じで向きが逆なので，(4)の解と同じになる。よって，$\boldsymbol{\frac{2}{3}}$ 倍

86

① $\boldsymbol{7.1\times 10^3}$ **rad/s**　② **0 A**

【解説】

LとCを流れる電流の実効値を I_e，それぞれの容量リアクタンスを $X_{\mathrm{L}}, X_{\mathrm{C}}$ とすると，LとCの両端の電圧は等しいので，$I_eX_{\mathrm{L}} = I_eX_{\mathrm{C}}$

よって，$X_{\mathrm{L}} = X_{\mathrm{C}}$

また角周波数を ω とすると，$X_{\mathrm{L}} = \omega L, X_{\mathrm{C}} = \frac{1}{\omega C}$ であるので，$\omega L = \frac{1}{\omega C}$ よって，

$\omega = \frac{1}{\sqrt{LC}} = \frac{1}{\sqrt{20\times 10^{-3}\times 1.0\times 10^{-6}}}$

$= \boldsymbol{7.1\times 10^3\ \mathrm{rad/s}}$

L, C を右向きに流れる電流を正とし，電源の両端の電圧を $5.0\sqrt{2}\sin\omega t$ とすると，

L を流れる電流は $I_e\sin\left(\omega t+\frac{\pi}{2}\right)$

C を流れる電流は $I_e\sin\left(\omega t-\frac{\pi}{2}\right)$

よって R を流れる電流は，

$I_e\sin\left(\omega t+\frac{\pi}{2}\right)+I_e\sin\left(\omega t-\frac{\pi}{2}\right)$

$=I_e\cos\omega t-I_e\cos\omega t=\mathbf{0\,A}$

【注意】 $\omega=\frac{1}{\sqrt{LC}}$ となる ω を**共振角周波数**という。

【別解】

L と C の合成インピーダンス $\dot{Z}$ を計算すると，並列回路であるので，

$\frac{1}{\dot{Z}}=\frac{1}{\mathrm{j}\omega L}+\frac{1}{1/\mathrm{j}\omega C}=-\frac{\mathrm{j}}{\omega L}+\mathrm{j}\omega C=\left(\omega C-\frac{1}{\omega L}\right)\mathrm{j}=0$

で，$|\dot{Z}|=\infty$ であるので R を流れる電流は 0 である。

87

1. ⑨　　2. ⑦　　3. ①

【解説】

1. 磁場の強さが最大になるのは流れる電流が最大の $\sqrt{2}I$ のときなので，$H_{\max}=\frac{N}{\ell}\left(\sqrt{2}I\right)=\boldsymbol{\frac{\sqrt{2}NI}{\ell}}$

2.3. 相互インダクタンスが与えられていないことから，一次コイルと二次コイルの両端の電圧の比がコイルの巻き数の比に等しいことを利用する。

ソレノイドに接続された電源の起電力を $V(t)$ とおくと，キルヒホッフ第 2 法則より，$V(t)=-L\frac{\mathrm{d}I}{\mathrm{d}t}$

ソレノイドに流れる電流を

$I(t)=\sqrt{2}I\sin\left(2\pi ft+\phi\right)$ とおくと，

$\frac{\mathrm{d}I}{\mathrm{d}t}=-2\sqrt{2}\pi fI\cos\left(2\pi ft+\phi\right)$ であるので，

$V(t)=-L\frac{\mathrm{d}I}{\mathrm{d}t}=2\sqrt{2}\pi fLI\cos\left(2\pi ft+\phi\right)$

一巻きコイルで発生する起電力の振幅を x とすると，

$2\sqrt{2}\pi fLI : x=N:1$

$x=\frac{2\sqrt{2}\pi fLI}{N}=\boldsymbol{2\sqrt{2}\pi f\times\left(\frac{1}{N}\right)LI}$

88

問 1 ③　　問 2 ⑥　　問 3 ⑥　　問 4 ⑦
問 5 ②　　問 6 $\frac{R}{2}$

【解説】

問 1

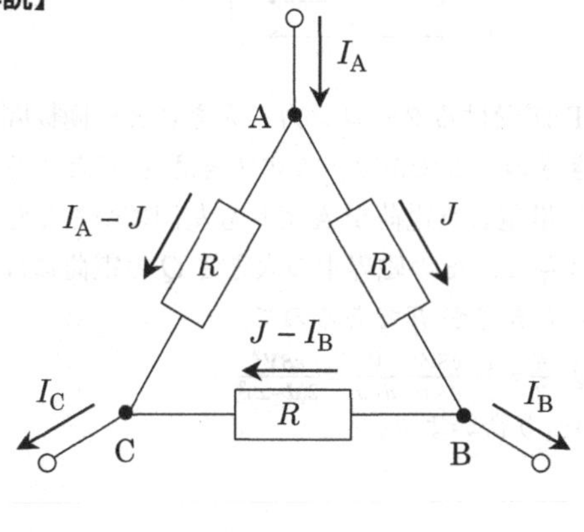

$I_C=I_A-I_B$ と定義していることに注意すると，図に示すように電流が流れていると決めることができる。

よってキルヒホッフ第 2 法則より，

$RJ+R(J-I_B)-R(I_A-J)=0$

よって，$J=\boldsymbol{\frac{1}{3}(I_A+I_B)}$

問 2 $RJ^2+R(I_A-J)^2+R(J-I_B)^2$

$=R\left(\frac{I_A+I_B}{3}\right)^2+R\left(\frac{2I_A-I_B}{3}\right)^2+R\left(\frac{I_A-2I_B}{3}\right)^2$

$=\boldsymbol{\frac{2R}{3}\left(I_A^2-I_AI_B+I_B^2\right)}$

問 3 AB 間の電圧は，$RJ=rI_A+rI_B$

$J=\frac{1}{3}(I_A+I_B)$ を代入すると，

$R\cdot\frac{1}{3}(I_A+I_B)=r(I_A+I_B)\quad\therefore r=\boldsymbol{\frac{R}{3}}$

(注) AC 間の電圧を確かめると，Y 接続回路では

$\frac{R}{3}I_A+\frac{R}{3}I_C=\frac{R}{3}(I_A+I_C)=\frac{R}{3}(I_A+I_A-I_B)$

$=\frac{R}{3}(2I_A-I_B)$

Δ接続回路では，

$(I_A-J)R=\left(I_A-\frac{I_A+I_B}{3}\right)R=\frac{R}{3}(2I_A-I_B)$

BC 間の電圧を確かめると，Y 接続回路では

$-\frac{R}{3}I_B+\frac{R}{3}I_C=\frac{R}{3}(I_C-I_B)=\frac{R}{3}(I_A-I_B-I_B)$

$=\frac{R}{3}(I_A-2I_B)$

Δ接続回路では，

$(J-I_B)R=\left(\frac{I_A+I_B}{3}-I_B\right)R=\frac{R}{3}(I_A-2I_B)$

よって等価回路になっている。

問 4 問 3 より，図 3 は下図のように書き換えられる。

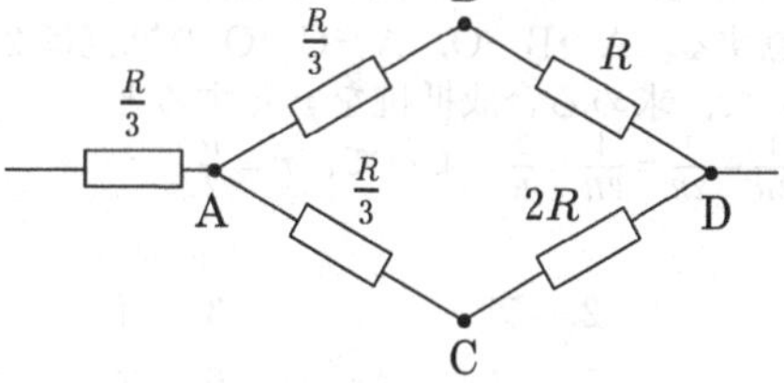

よって，AD 間の合成抵抗は $\frac{R}{3}+\frac{1}{\frac{1}{\frac{7R}{3}}+\frac{1}{\frac{4R}{3}}}=\boldsymbol{\frac{13R}{11}}$

【注意】

このような変換を ΔY 変換（デルタスター変換）といい一般に次のように行うことができる。

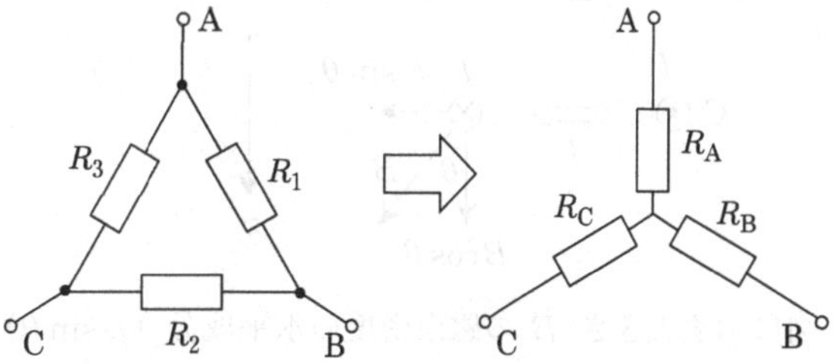

$R_A=\frac{R_3R_1}{R_1+R_2+R_3}$，$R_B=\frac{R_1R_2}{R_1+R_2+R_3}$，$R_C=\frac{R_2R_3}{R_1+R_2+R_3}$

問 5 ホイートストンブリッジの公式を考えると，

$\frac{10}{10}=\frac{30}{30}$ となっているので, AB に電圧を加えても 20 Ω の抵抗に電流は流れない。よってこの抵抗は無視できるので，求める合成抵抗を R とすると，

$\frac{1}{R}=\frac{1}{10+30}+\frac{1}{10+30}$　より，$R=20\,\Omega$

【注意】

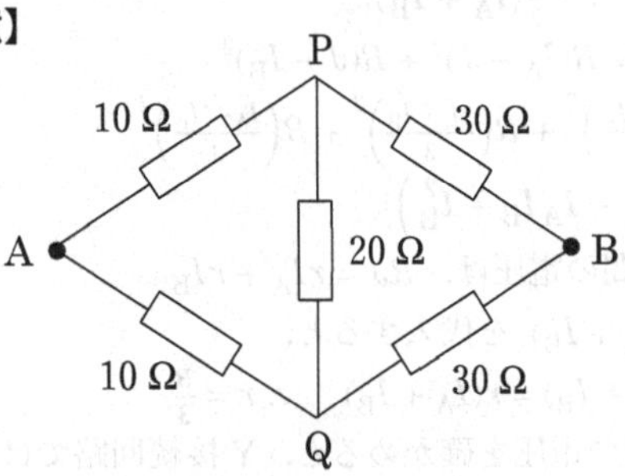

回路の対称性を考えると，P と Q を流れる電流は等しいので，AP 間と AQ 間の電位差は等しく，PB 間と QB 間の電位差も等しい。よって P と Q の電位は常に等しいため，20 Ω の抵抗には電流は流れない。

問 6

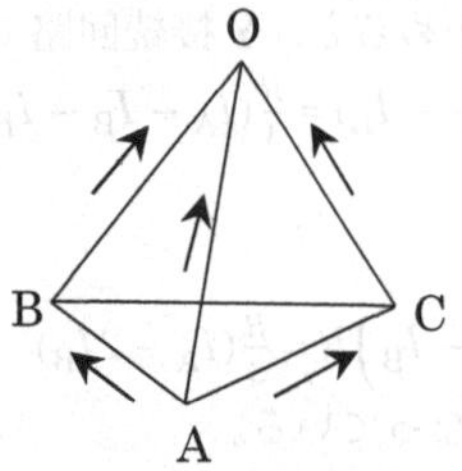

図の AO 間に電圧をかける場合を考える。対称性から B,C は等電位のため BC 間には電流が流れないことに注意する。A→B→O，A→C→O の抵抗は $2R$ であるので，求める合成抵抗を r とすると，

$\frac{1}{r}=\frac{1}{R}+\frac{1}{2R}+\frac{1}{2R}=\frac{4}{2R}=\frac{2}{R}$　よって，$r=\frac{R}{2}$

89

1.　イ	2.　ア	3.　イ
4.　ア	5.　ウ	6.　エ

【解説】

1. コイル C を貫く磁束は下向きに増加しているので，その増加を妨げる向きに誘導電流が流れる。つまりコイル C は上向きの磁束を発生させようとするので，反時計回りに電流が流れる。

2.3.

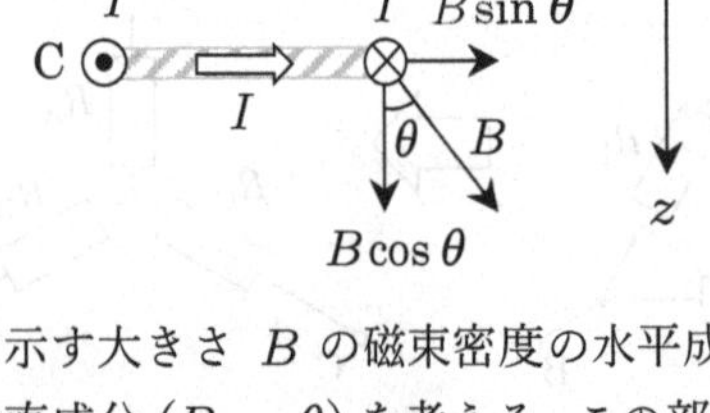

図に示す大きさ B の磁束密度の水平成分 ($B\sin\theta$) と鉛直成分 ($B\cos\theta$) を考える。この部分では紙面表から裏向きに電流が流れており，水平成分 ($B\sin\theta$) による電磁力の向きは，右ねじの法則より，z 軸の正の向きで，鉛直成分 ($B\cos\theta$) による電磁力の向きはコイル C の中心向きである。このことからコイル C には z 軸の正の向きに $f=IB\sin\theta\cdot 2\pi r$ の電磁力がはたらく。

4.

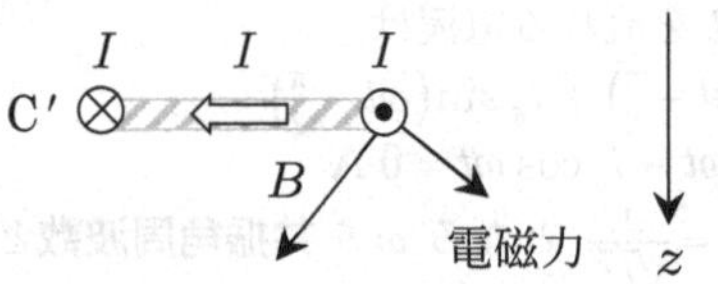

同様に A の上側のコイルを考えると，下向きに貫く磁束が減少しているので，それを補う向き，つまり下向きの磁束を発生させる向きに誘導電流が流れる。これは管の上から見て時計回りである。はたらく電磁力は図の I（紙面裏から表）の向きを B の向きに回して右ねじの進む向きであるので，図に示す向きになる。この z 成分は正であるので，電磁力は z 軸の正の向きにはたらく。

5. A には z 軸の正の向きに重力，負の向きに大きさ F の力がはたらくので，$Ma=Mg-F$

(注) A の上下にできるコイルは電磁石となり，下側のコイル（上側が N 極，下側が S 極）とは斥力，上側のコイル（下側が S 極，下側が N 極）とは引力がはたらく。

6. $a=0$ のとき，$F=F_0$ となるので，$F_0=Mg$

90

(a) $\varepsilon\frac{S}{d}$	(b) kx	(c) $\varepsilon\frac{S}{d-x}$	(d) $\frac{\varepsilon SV}{d-x}$
(e) $\frac{V}{d-x}$	(f) $\frac{\varepsilon SV^2}{2(d-x)^2}$	(g) $(d-x)\sqrt{\frac{2kx}{\varepsilon S}}$	

【解説】

(d) 求める電気量の大きさを Q とすると，

$Q=\varepsilon\frac{S}{d-x}\cdot V=\frac{\varepsilon SV}{d-x}$

(e) 求める電界の強さを E とすると，$E=\frac{V}{d-x}$

(f)

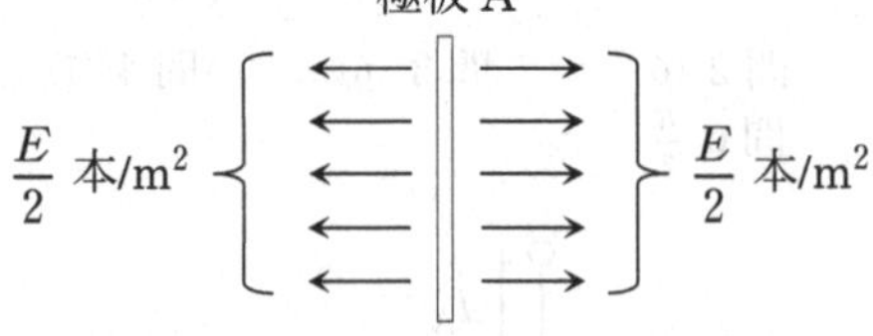

極板 P が受けるクーロン力の大きさとは極板間引力の大きさのことであり，この大きさを F とする。極板 A に帯電した電荷が A よりも左側につくる磁界の強さは $\frac{E}{2}$ で，その磁界中の大きさ Q の電荷にはたらく力の大きさが F であるので，

$F=Q\cdot\frac{E}{2}=\frac{1}{2}\cdot\frac{\varepsilon SV}{d-x}\cdot\frac{V}{d-x}=\frac{\varepsilon SV^2}{2(d-x)^2}$

(g) 力のつり合いより，

$\frac{\varepsilon SV^2}{2(d-x)^2} = kx \quad \therefore V = (\boldsymbol{d-x})\sqrt{\frac{\boldsymbol{2kx}}{\boldsymbol{\varepsilon S}}}$

91

(1) $\frac{\boldsymbol{aBE\cos\theta}}{\boldsymbol{r}}$　(2) $+\boldsymbol{z}$ の向き
(3) $\frac{\boldsymbol{abBE\sin\theta}}{\boldsymbol{r}}$　(4) $\boldsymbol{\omega t}$
(5) $\boldsymbol{abB\cos\omega t}$　(6) $\boldsymbol{\omega abB|\sin\omega t|}$
(7) $\frac{\boldsymbol{\omega abB}}{\boldsymbol{r}}$　(8) $\frac{\boldsymbol{\pi}}{\boldsymbol{\omega}}$

【解説】

(1) コイルに流れる電流を I とすると，$I = \frac{E}{r}$

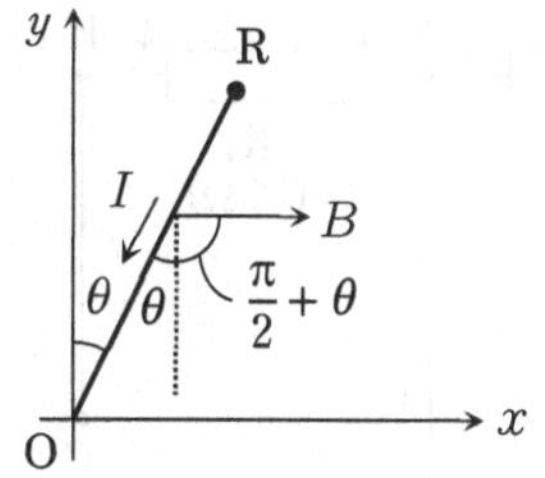

$F_{OR} = aIB\sin\left(\frac{\pi}{2} + \theta\right) = \frac{\boldsymbol{aBE\cos\theta}}{\boldsymbol{r}}$

(注) $\sin\left(\frac{\pi}{2} + \theta\right) = \cos\theta$

(2) $\vec{F}_{OR} = a\vec{I} \times \vec{B}$ であるので，$\vec{I}$ を $\vec{B}$ の向きに回したとき，右ねじの進む向きが $\vec{F}_{OR}$ の向き。よって，$+\boldsymbol{z}$ の向き

(3)

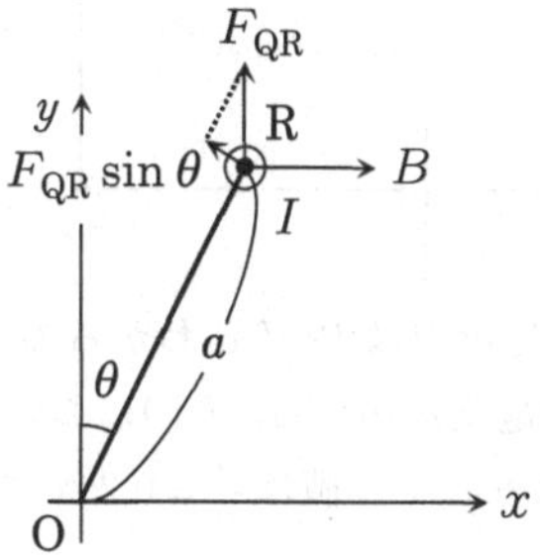

求めるモーメントの大きさを N とすると，

$F_{QR} = bIB = \frac{bBE}{r}$ であるので，上の図より，

$N = (F_{QR}\sin\theta)a = \left(\frac{bBE}{r}\sin\theta\right)a = \frac{\boldsymbol{abBE\sin\theta}}{\boldsymbol{r}}$

【別解】

求めるモーメントを $\vec{N}$ とすると，$\vec{N} = \overrightarrow{OR} \times \vec{F}_{QR}$ より，

$|\vec{N}| = |\overrightarrow{OR}||\vec{F}_{QR}|\sin(\pi - \theta) = a\frac{bBE}{r}\sin\theta = \frac{\boldsymbol{abBE\sin\theta}}{\boldsymbol{r}}$

(4) ω rad/s $\times\, t$ s $= \boldsymbol{\omega t}$

(5)

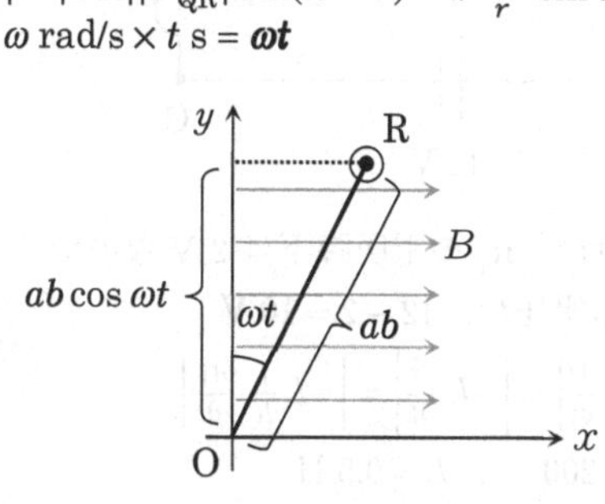

上図のようにコイル OPQR の yz 平面への射影の面積は面積は $ab\cos\omega t$ となるので，

$\Phi = BS = \boldsymbol{abB\cos\omega t}$

(6) 求める誘導起電力の大きさを $|V|$ とすると，

$|V| = \left|-\frac{d\Phi}{dt}\right| = \boldsymbol{\omega abB|\sin\omega t|}$

(7) (6)の解より，$|V|$ の最大値は $V_{max} = \omega abB$ であるので，$I_{max} = \frac{\boldsymbol{\omega abB}}{\boldsymbol{r}}$

(8) 抵抗で消費される電力を P とすると，

$P = rI^2 = r\cdot\left(\frac{Bab\omega\sin\omega t}{r}\right)^2 = \frac{(Bab\omega)^2}{r}\cdot\sin^2\omega t$

周期にかかわるのは $\sin^2\omega t$ の部分なので，抜き出して考えると，$\sin^2\omega t = \frac{1-\cos 2\omega t}{2}$

三角関数は $\sin\left(2\pi\frac{t}{T} + \alpha\right)$，$\cos\left(2\pi\frac{t}{T} + \alpha\right)$，$\tan\left(\pi\frac{t}{T} + \alpha\right)$ と変形したとき，T が周期であるので，

$\cos 2\omega t = \cos 2\pi\frac{t}{\pi/\omega}$　　よって，周期は $\frac{\boldsymbol{\pi}}{\boldsymbol{\omega}}$

※導出物理（上）17章「三角関数の周期」を参照

92

ア．③　イ．②　ウ．⑥　エ．①
オ．③　カ．①

【解説】

ア．$\frac{1}{C} = \frac{1}{C_1} + \frac{1}{C_2}$　　$\frac{1}{C} = \frac{1}{2.0\times10^{-6}} + \frac{1}{1.0\times10^{-6}}$

$C = \frac{2.0\times10^{-6}}{3.0} \fallingdotseq \boldsymbol{6.7\times10^{-7}}$ F

イ．コンデンサー C_1 にかかる電圧を V_1〔V〕とおくと，

$V_1 = 1.0$ V

コンデンサー C_2 にかかる電圧を V_2〔V〕とおくと，

$V_2 = 2.0$ V

よって，$\frac{1}{2}C_1V_1^2 = \frac{1}{2}\cdot 2,0\times10^{-6}\cdot(1)^2 = \boldsymbol{1.0\times10^{-6}}$ J

ウ．イ.より，**2.0** V

エ．コイルの自己インダクタンスを L〔H〕，周波数を f〔Hz〕，周期を T〔s〕とする。

$f = \frac{1}{2\pi\sqrt{LC_1}} = \frac{1}{2\pi\sqrt{2.0\times2.0\times10^{-6}}} = \frac{1}{4\times10^{-3}} = 79.61 \fallingdotseq \boldsymbol{80}$ Hz

オ．$\frac{1}{4}T$〔s〕のとき最大となる。

よって，$\frac{1}{4}T = \frac{4\times10^{-3}\pi}{4} = \boldsymbol{3.1\times10^{-3}}$ s

カ．コイルに流れる電流の最大値を I_0〔A〕とおくと，

エネルギー保存則より，

$\frac{1}{2}LT_0^2 = \frac{1}{2}C_1V_1^2$

$I_0 = V_1\sqrt{\frac{C_1}{L}} = 1.0\cdot\sqrt{\frac{2.0\times10^{-6}}{2}} = \boldsymbol{1.0\times10^{-3}}$ A

93

(a) $\boldsymbol{r} = \frac{\boldsymbol{mv}}{\boldsymbol{eB}}$，$\boldsymbol{T} = \frac{\boldsymbol{2\pi m}}{\boldsymbol{eB}}$

(b) $t = \frac{1}{4}T$ ：$\left(r,\ r,\ \frac{1}{4}v_zT\right)$

$t = \frac{1}{2}T$ ：$\left(0,\ 2r,\ \frac{1}{2}v_zT\right)$

$t = \frac{3}{4}T$ ：$\left(-r,\ r,\ \frac{3}{4}v_zT\right)$

$t = T$ ：$(0,\ 0,\ v_xT)$

(c) $\sqrt{\frac{\boldsymbol{2e}}{\boldsymbol{m}}}$　(d) $\boldsymbol{r_1} = \frac{\boldsymbol{1}}{\boldsymbol{B}}\sqrt{\frac{\boldsymbol{2m}}{\boldsymbol{e}}}$，$\boldsymbol{T_1} = \frac{\boldsymbol{2\pi m}}{\boldsymbol{eB}}$

(e) 解説参照

【解説】

(a) ローレンツ力と遠心力がつり合うので，

$evB = m\frac{v^2}{r}$

$\boldsymbol{r = \frac{mv}{eB}}$ ，$\boldsymbol{T} = \frac{2\pi r}{v} = \boldsymbol{\frac{2\pi m}{eB}}$

(b) xy グラフは下図のようになる。

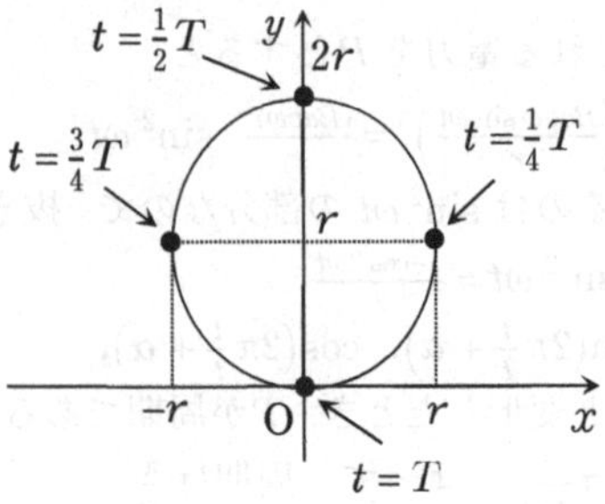

z 軸方向には力はかからないので，速度 v_z で等速運動する。

$t=\frac{1}{4}T$ のとき，$(x,y,z)=\left(r,\ r,\ \frac{1}{4}v_zT\right)$

$t=\frac{1}{2}T$ のとき，$(x,y,z)=\left(0,\ 2r,\ \frac{1}{2}v_zT\right)$

$t=\frac{3}{4}T$ のとき，$(x,y,z)=\left(-r,\ r,\ \frac{3}{4}v_zT\right)$

$t=T$ のとき，$(x,y,z)=(0,\ 0,\ v_zT)$

(c) エネルギー保存則より，

$e\times 1=\frac{1}{2}mv_1^2 \qquad v_1=\sqrt{\frac{2e}{m}}$

(d) (a)の結果より，

$r_1=\frac{mv_1}{eB}=\frac{m}{eB}\sqrt{\frac{2e}{m}}=\boldsymbol{\frac{1}{B}\sqrt{\frac{2m}{e}}}$

$T_1=\frac{2\pi r_1}{v_1}=\boldsymbol{\frac{2\pi m}{eB}}$

(e) xy 平面では 2 点 (0 ,0),(0 ,$2r_1$) を直径とする円運動をし，z 軸方向には速度 v_1 で等速運動する。よって電子はこれを合わせたらせん運動をする。

$t=T_1$ のとき $z=\frac{1}{10}v_1\times T_1=\frac{1}{10}\sqrt{\frac{2e}{m}}\times\frac{2\pi m}{eB}=\frac{\pi}{5B}\sqrt{\frac{2m}{e}}$

$t=2T_1$ のとき $z=\frac{1}{10}v_1\times 2T_1=\frac{2\pi}{5B}\sqrt{\frac{2m}{e}}$

$2r_1=\frac{2}{B}\sqrt{\frac{2m}{e}}$

となることに注意すると，軌道は次のようになる。

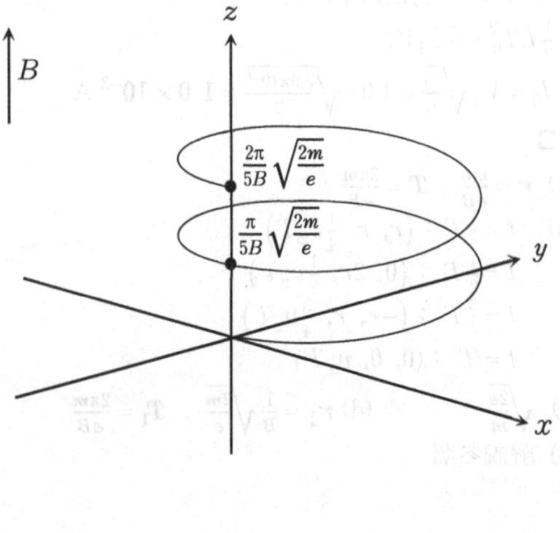

軌道の xy 平面への射影は 2 点 (0 ,0 ,0),$(0\ ,\frac{2}{B}\sqrt{\frac{2m}{e}},0)$ を直径とする円になる。

94

問 1　f　　　問 2　c　　　問 3　b　　　問 4　g

【解説】

問 1　コイルは十分時間がたつと導線とみなせる。

（i）S が開いているとき

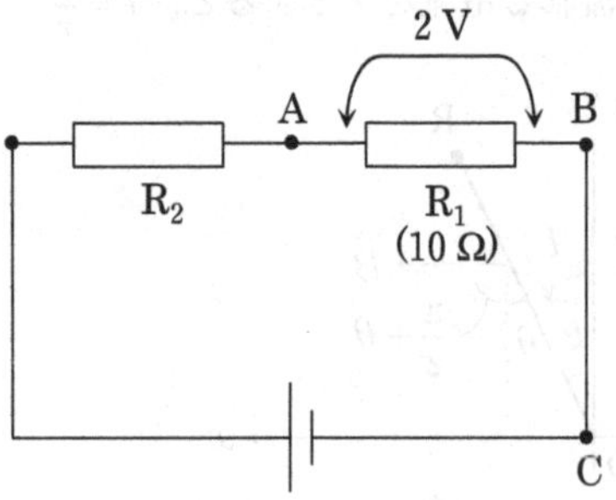

（ii）S が閉じているとき

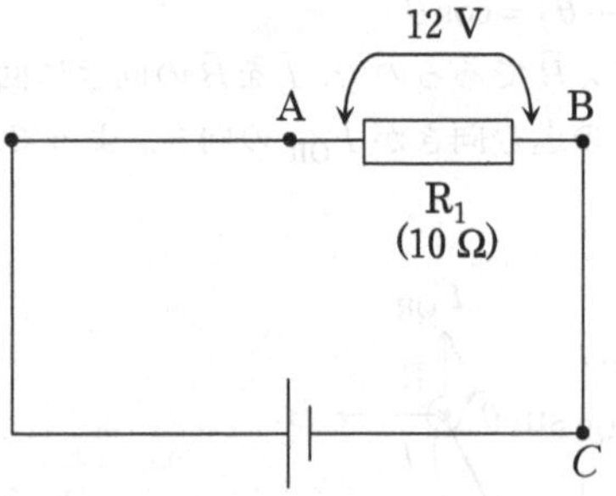

（ii）より電源の起電力は 12 V とわかるので，（i）の R_2 には 10 V の電圧がかかる。（i）において，R_1,R_2 に流れる電流は等しく，値は $\frac{2}{10}=0.2$ A であるので，

$R_2=\frac{10}{0.2}=\boldsymbol{50\,\Omega}$

問 2

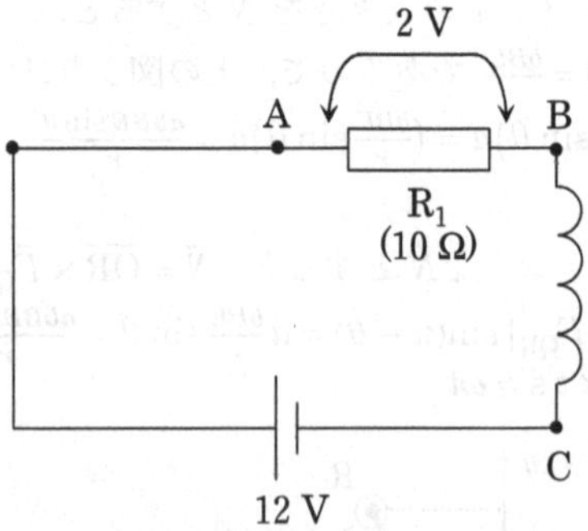

S を閉じた直後，R_1 の電圧降下は 2 V なので，上図より，求める電圧は，$12-2=\boldsymbol{10\,V}$

問 3　$|V|=\left|-L\frac{dI}{dt}\right|=\left|-L\frac{d\frac{V}{R}}{dt}\right|=\left|-L\frac{1}{R}\cdot\frac{dV}{dt}\right|$

$10=L\times\frac{1}{10}\times 200 \qquad \therefore L=0.5$ H

問4

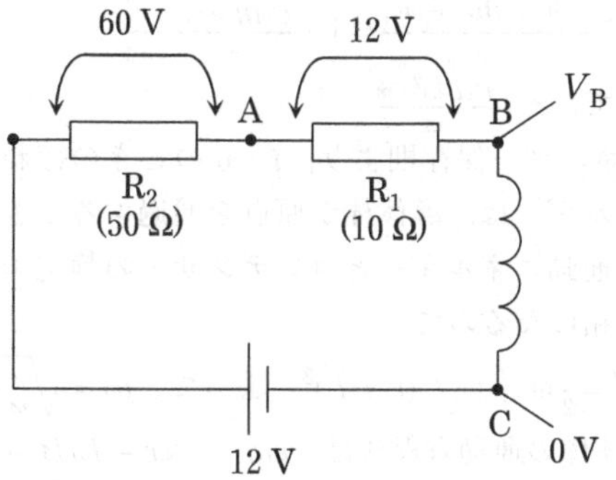

Sを開いた直後のR_1での電圧降下は12 Vなので，
R_1を流れる電流は，$\frac{12}{10}=1.2$ A
R_1とR_2を流れる電流は等しいので，R_1の電圧降下は$50\times 1.2=60$ V
したがって，Cの電位を0 V，Bの電位をV_Bとすると，$V_B=12-60-12=-60$ V

95

ア. $\boldsymbol{\frac{1}{2}ea\omega B}$	(A) 解説参照	イ. $\boldsymbol{\frac{1}{2}a^2\omega B}$
ウ. $\boldsymbol{\frac{a^4\omega^2B^2}{4R}}$	エ. $\boldsymbol{\frac{a^3\omega B^2}{2R}}$	オ. $\boldsymbol{\frac{a^4\omega^2B^2}{4R}}$
a. 1	b. 2	c. 5

【解説】

ア, a.

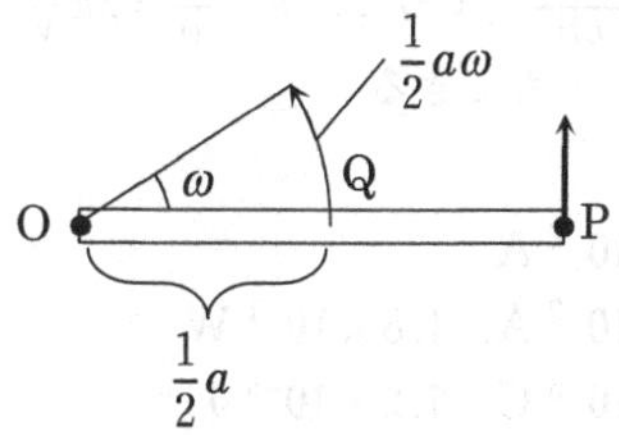

図のように，Qは単位時間に$\frac{1}{2}a\omega$だけ移動するため，Qの速さは$v=\frac{1}{2}a\omega$
Qにある電子はローレンツ力を受けるので，求める力の大きさは$evB=\boldsymbol{\frac{1}{2}ea\omega B}$
この力の向きは，$-e\vec{v}\times\vec{B}\ (e>0)$の向きであるので，**P→Oの向きである。**

(A) 点Oからの距離をxとすると，速さは$x\omega$となるので，ローレンツ力は$ex\omega B$
電場の強さをEとすると，力のつり合いにより，
$ex\omega B=eE$　よって，$E=\omega Bx$

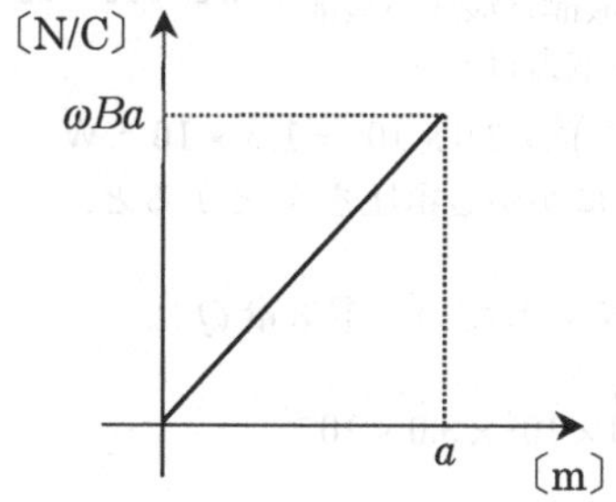

イ, b.

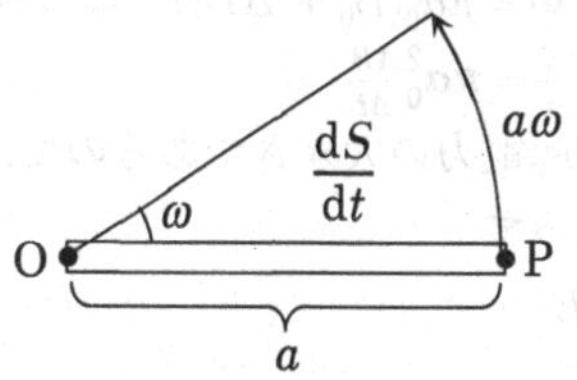

単位時間に導体棒が描く面積は$\frac{dS}{dt}=\frac{1}{2}a\cdot a\omega=\boldsymbol{\frac{1}{2}a^2\omega}$であるので，求める誘導起電力の大きさは，
$V=\left|-\frac{d\Phi}{dt}\right|=B\left|\frac{dS}{dt}\right|=B\cdot\frac{1}{2}a\cdot a\omega=\boldsymbol{\frac{1}{2}a^2\omega B}$
流れる電流の向きはこの誘導起電力の向きであり，$\vec{v}\times\vec{B}a$の向き，つまり**O→Pの向きである。**

ウ. 流れる電流をIとすると，抵抗Rで消費される電力は，$IV=\frac{V^2}{R}=\frac{\left(\frac{1}{2}a^2\omega B\right)^2}{R}=\boldsymbol{\frac{a^4\omega^2B^2}{4R}}$〔W〕

エ, c. 求める力（電磁力）の大きさをFとすると，
$F=aIB=\frac{a^2\omega B}{2R}\cdot Ba=\boldsymbol{\frac{a^3\omega B^2}{2R}}$
この力は$a\vec{I}\times\vec{B}$であるので，**導体棒の回転を妨げる向きである。**

オ. 導体棒の各点を角速度ωで等速円運動させるためには，大きさFの電磁力とつり合う外力を加える必要がある。この外力の作用点もQとすると，Qは単位時間に$v=\frac{1}{2}a\omega$だけ移動するので，求める仕事率は，$Fv=\frac{a^3\omega B^2}{2R}\cdot\frac{1}{2}a\omega=\boldsymbol{\frac{a^4\omega^2B^2}{4R}}$〔W〕

(注) この結果は抵抗Rでの消費電力と一致している。つまりエネルギー保存則が成り立っているので，問題文の「磁場から受けるこの力のすべてが導体棒の中点Qにはたらくと考えると…」という仮定は確からしいと考えられ，導体棒の各点にはたらく電磁力の合力の作用点はQであると考えられる。

96

(a) $\boldsymbol{\frac{qa_0B_0}{m}}$	(b) $\boldsymbol{\frac{2\pi m}{qB_0}}$	(c) $\boldsymbol{\frac{q^2B_0}{2\pi m}}$
(d) $\boldsymbol{\pi a_0^2\frac{\Delta B}{\Delta t}}$	(e) $\boldsymbol{\frac{a_0\Delta B}{2\Delta t}}$	(f) $\boldsymbol{\frac{qa_0}{m}\left(B_0+\frac{\Delta B}{2}\right)}$

【解説】

(a) ローレンツ力と遠心力がつり合うので，
$qv_0B_0=m\cdot\frac{v_0^2}{a_0}$
$v_0=\boldsymbol{\frac{qa_0B_0}{m}}$

(b) 1周は，$2\pi a_0$なので，求める時間をTとすると，
$T=\frac{2\pi a_0}{v_0}=\boldsymbol{\frac{2\pi m}{qB_0}}$

(c) $\frac{1}{T}$〔1/s〕は回転数を表し，1秒で回転する回数を表す。これは輪上の一点を単位時間に通過する回数なので，
$I=q\cdot\frac{1}{T}=\boldsymbol{\frac{q^2B_0}{2\pi m}}$

(d) 時刻0で磁束を増加させたとすると，時刻tでの輪

を貫く磁束は，$\Phi=\pi a_0^2(B_0+\Delta Bt)$　この両辺を時間微分すると，　$\frac{\Delta\Phi}{\Delta t}=\boldsymbol{\pi a_0^2\frac{\Delta B}{\Delta t}}$

(e) (d)の解が誘導起電力の大きさであるので，

$V=\pi a_0^2\frac{\Delta B}{\Delta t}$　よって，

$2\pi a_0^2\frac{\Delta B}{\Delta t}=2\pi a_0E$

$E=\boldsymbol{\frac{a_0\Delta B}{2\Delta t}}$

(f) 粒子が受けた力をとすると，$F=qE$

(力積)=(運動量の変化)なので，

$F\Delta t=mv-mv_0$

2 式より，$qE\Delta t=mv-mv_0$

$\leftrightarrow v=v_0+\frac{qE\Delta t}{m}$

(a)より $v_0=\frac{qa_0B_0}{m}$，(e)より $E=\frac{a_0\Delta B}{2\Delta t}$ であるので，

$v=\frac{qa_0B_0}{m}+\frac{q\Delta t}{m}\cdot\frac{a_0\Delta B}{2\Delta t}=\boldsymbol{\frac{qa_0}{m}\left(B_0+\frac{\Delta B}{2}\right)}$

【別解】

円軌道の接線方向の運動方程式は，$ma=qE$

これより $a=\frac{qE}{m}$ であるので，

$v=v_0+a\Delta t=v_0+\frac{qE}{m}\Delta t$

となり，(a)(e)の結果を用いれば同じ結果が得られる。

97

(1) $\boldsymbol{C(vBL-iR)}$　　(2) $\boldsymbol{\frac{C(BL)^2+m}{m}}$

(3) $\boldsymbol{\sqrt{\frac{kh^2}{m+a(BL)^2}}}$　　(4) $\boldsymbol{2\pi\sqrt{\frac{m+C(LB)^2}{k}}}$

【解説】

(1) コンデンサーに蓄えられる電気量を Q とする。

キルヒホッフ第 1 法則より，$vBL-iR-\frac{Q}{C}=0$

よって，$Q=\boldsymbol{C(vBL-iR)}$

(2) 十分時間が経過するとコンデンサーの充電が完了し，電流が流れなくなる。そのときのコンデンサーの電位は，導体棒の起電力と一致する。さらに $t=0$ のエネルギーと十分時間が経過した後のエネルギー差が消費されるジュール熱であるので，

$E_0-\left(\frac{1}{2}C(v_1BL)^2+\frac{1}{2}mv_1^2\right)=Q$

$\frac{Q}{E_0}=1-\frac{\frac{1}{2}C(v_1BL)^2+\frac{1}{2}mv_1^2}{E_0}$

$E_0=\frac{1}{2}mv_0^2$ であるので，

$\frac{Q}{E_0}=1-\frac{\frac{1}{2}C(v_1BL)^2+\frac{1}{2}mv_1^2}{\frac{1}{2}mv_0^2}=1-\frac{C(BL)^2+m}{m}\cdot\frac{v_1^2}{v_0^2}$

よって，$r=\boldsymbol{\frac{C(BL)^2+m}{m}}$

(3) エネルギー保存則より，$t=0$ のときのばねの弾性エネルギーは，導体棒が原点を通過するときの導体棒の運動エネルギーとコンデンサーの静電エネルギーの和になるので，

$\frac{1}{2}kh^2=\frac{1}{2}mv_1^2+\frac{1}{2}C(v_2BL)^2$　よって，$v_2=\boldsymbol{\sqrt{\frac{kh^2}{m+a(BL)^2}}}$

(4) 導体棒の運動方程式は，$ma=-kx-LiB$ …①

コンデンサーに蓄えられた電気量を q とすると，コンデンサーと導体棒の両端の電圧が等しいので，

$\frac{Q}{C}=vBL$　両辺を t で微分すると，

$\frac{\mathrm{d}Q}{\mathrm{d}t}\cdot\frac{1}{C}=\frac{\mathrm{d}v}{\mathrm{d}t}BL$　　$\frac{\mathrm{d}Q}{\mathrm{d}t}=i$，$\frac{\mathrm{d}v}{\mathrm{d}t}=a$ であるので，

$\frac{i}{C}=aBL$　よって，$i=aBCL$ …②

①,②より，i を消去すると，

$ma=-kx-LB\cdot aBCL$

$\leftrightarrow\{m+C(LB)^2\}a=-kx$

$M=m+C(LB)^2$ であるので，

$T=2\pi\sqrt{\frac{M}{k}}=\boldsymbol{2\pi\sqrt{\frac{m+C(LB)^2}{k}}}$

(注) $a=-\frac{k}{m+C(LB)^2}x=-\omega^2x$ であるので，

$\omega=\sqrt{\frac{k}{m+C(LB)^2}}$　よって，$T=\frac{2\pi}{\omega}=\boldsymbol{2\pi\sqrt{\frac{m+C(LB)^2}{k}}}$

と求めることもできる。

98

問 1　$\boldsymbol{6.0\times10^{-2}}$ **A**

問 2　$\boldsymbol{3.0\times10^{-2}}$ **A**，$\boldsymbol{1.8\times10^{-1}}$ **W**

問 3　$\boldsymbol{2.4\times10^{-5}}$ **C**，$\boldsymbol{7.2\times10^{-5}}$ **J**

問 4　$\boldsymbol{3.0\times10^{-2}}$ **A**，$\boldsymbol{9.0\times10^{-2}}$ **W**

問 5　$\boldsymbol{4.0\times10^{-2}}$ **A**

問 6　$\boldsymbol{2.0\times10^{2}}$ **Ω**

問 7　$\boldsymbol{2.4\times10^{2}}$ **J**

【解説】

問 1 S を閉じた直後のコンデンサーは導線とみなせるので，求める電流を I_1 とすると，

$I_1=\frac{E}{R_1+R_2}=\frac{12}{1.0\times10^2+1.0\times10^2}=\boldsymbol{6.0\times10^{-2}\ \mathrm{A}}$

問 2 S を閉じて時間が十分経過すると，コンデンサーは電流を流さないので，求める電流を I_2 とすると，

$I_2=\frac{E}{R_1+R_2+R_3}=\frac{12}{1.0\times10^2+1.0\times10^2+2.0\times10^2}=\boldsymbol{3.0\times10^{-2}\ \mathrm{A}}$

R_3 で消費される電力は，

$I_2^2R_3=(3.0\times10^{-2})^2\times2.0\times10^2=\boldsymbol{1.8\times10^{-1}\ \mathrm{W}}$

問 3 コンデンサーにかかる電圧を V とすると，

$V=I_2R_3$

よって，C に蓄えられている電気量 Q は

$Q=CV=CI_2R_3$

$=4.0\times10^{-6}\times2.0\times10^2\times3.0\times10^{-2}$

$=\boldsymbol{2.4\times10^{-5}\ \mathrm{C}}$

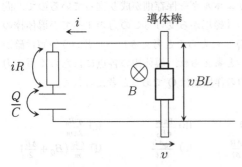

また，蓄えられている静電エネルギーは，

$\frac{1}{2}QV = \frac{1}{2}QI_2R_3$

$= \frac{1}{2} \times 2.4 \times 10^{-5} \times 2.0 \times 10^2 \times 3.0 \times 10^{-2}$

$= \mathbf{7.2 \times 10^{-5}\ J}$

問 4 P_1 に流れる電流を I_P，P_1 にかかる電圧を V_P とする。

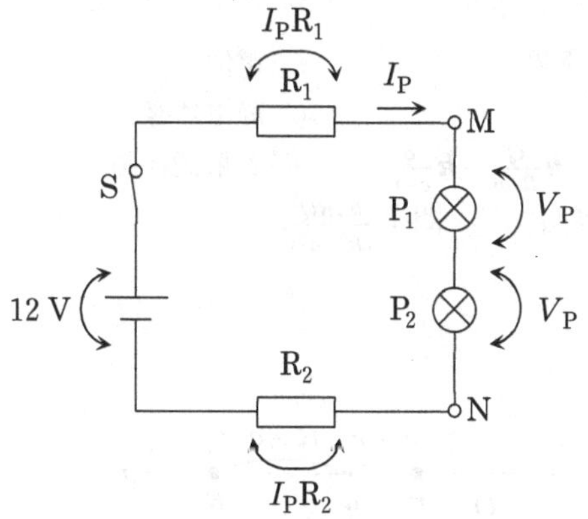

上図より，$12 - I_PR_1 - 2V_P - I_PR_2 = 0$

よって $V_P = 6 - 100I_P \cdots$①

$V_P = 0$ のとき①より $I_P = 6.0 \times 10^{-2}$

$I_P = 0$ のとき①より $V_P = 6.0$

よって①は，

$(V_P, I_P) = (0, 6.0 \times 10^{-2}), (6, 0)$ の 2 点を通る直線より，①と特定曲線の交点が求める電流なので，

$I_P = \mathbf{3.0 \times 10^{-2}\ A}$

$V_P = 3.0\ V$ なので，P_1 で消費する電力は

$I_PV_P = 3.0 \times 10^{-2} \times 3.0 = \mathbf{9.0 \times 10^{-2}\ W}$

問 5 Q_1 に流れる電流を I_Q，Q にかかる電圧を V_Q とする。

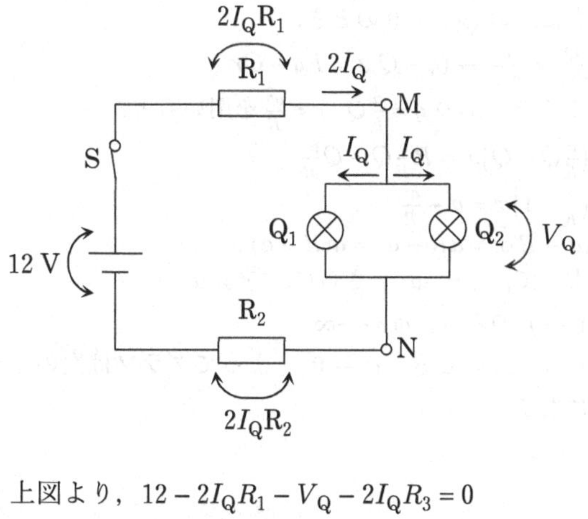

上図より，$12 - 2I_QR_1 - V_Q - 2I_QR_3 = 0$

よって，$V_Q = 12 - 400I_Q \cdots$②

$I_Q = 0$ のとき②より $V_Q = 12$

よって②は $(V_Q, I_Q) = (0, 3.0 \times 10^{-2}), (12, 0)$ の 2 点を通る直線より，②と特性曲線の交点を求めると，

$V_Q = 4.0\ V$，$I_Q = 2.0 \times 10^{-2}\ A$

よって求める電流は，$2I_Q = \mathbf{4.0 \times 10^{-2}\ A}$

問 6 $R_Q = \frac{V_Q}{I_Q} = \frac{4.0}{2.0 \times 10^{-2}} = \mathbf{2.0 \times 10^2\ \Omega}$

問 7 Q_1 と Q_2 において発生するジュール熱の和に等しい。よって，

$2 \times I_QV_Q \times 1.5 \times 10^3$

$= 2 \times 2.0 \times 10^{-2} \times 4.0 \times 1.5 \times 10^3$

$= \mathbf{2.4 \times 10^2\ J}$

99

1. ①　2. ⑧　3. ④　4. ⑦　5. ⑦
6. ②　7. ②　8. ⑥　9. ④

【解説】

(1)

1. $E = \left|\frac{dV}{dx}\right| = \boldsymbol{\frac{V}{d}}$〔V/m〕

2. A の加速度を a〔m/s^2〕とおくと，

運動方程式より，$ma = q\frac{V}{d}$

よって，$\boldsymbol{a = \frac{qV}{md}}$

求める時間を t〔s〕とすると，等加速度運動の公式より，

$d = \frac{1}{2}at^2$　よって，$t = \boldsymbol{\sqrt{\frac{2m}{qV}}d}$〔s〕

3. 等加速度運動の公式より，$v = at$

よって，$v = \boldsymbol{\sqrt{\frac{2qV}{m}}}$〔m/s〕

(2)

4. 軌道 I の半径を r_1〔m〕とおくと，力のつり合いより，$m \cdot \frac{v^2}{r_1} = qvB$ よって，$r_1 = \boldsymbol{\frac{mv}{qB}}$〔m〕

5. 円の周期を T〔s〕とすると，$T = \frac{2\pi r_1}{v} = \frac{2\pi m}{qB}$

求める時間は半周期なので，$\boldsymbol{\frac{\pi m}{qB}}$

6. 等速円運動なので，$\boldsymbol{v}$〔m/s〕

(3)

7. 軌道 II は速さ ev〔m/s〕の等速円運動になる。

半径を r_2〔m〕とおくと，$m \cdot \frac{(ev)^2}{r_2} = q(ev)B$

よって，$r_2 = \boldsymbol{\frac{emv}{qB}}$

8. 周期は速度にかかわらず一定なので，5.と同様である。よって，$\boldsymbol{\frac{\pi m}{qB}}$〔s〕

9. i 番目の半円軌道を r_i〔m〕とすると，求める距離は，

$\sum_{i=1}^{\infty} 2r_i$ と表される。

$r_i = \frac{e^{i-1}mv}{qB}$ なので，

$\sum_{i=1}^{\infty} 2r_i = \sum_{i=1}^{\infty} \frac{2mv}{qB} \cdot e^{i-1}$

$= \frac{2mv}{qB} \cdot \frac{1}{1-e} = \boldsymbol{\frac{2mv}{(1-e)qB}}$

100

(1) $\frac{\varepsilon_0 L^2}{d}$

(2) PQ の電位差：**0**　　QR の電位差：$\frac{2qd}{5\varepsilon_0 L^2}$

RP の電位差：$\frac{2qd}{5\varepsilon_0 L^2}$

(3) $\frac{dq}{\varepsilon_0 L^2+(\varepsilon_1-\varepsilon_0)aL}$　　(4) $\frac{dq^2}{2\{\varepsilon_0 L^2+(\varepsilon_1-\varepsilon_0)aL\}}$

(5) $-\frac{(\varepsilon_1-\varepsilon_0)adq^2}{2\varepsilon_0 L\{\varepsilon_0 L^2+(\varepsilon_1-\varepsilon_0)aL\}}$　　(6) **引き込まれる向き**

(7) $\frac{4dq}{\varepsilon_0 L(4L+a)}$　　(8) $\frac{2dq^2}{\varepsilon_0 L(4L+a)}$

【解説】

(1) 求める電気容量を C_0 とすると，$C_0=\frac{\varepsilon_0 L^2}{d}$

(2) 電場の向きは y 軸の負の向き

極板間の電位差は，$V_0=\frac{q}{C_0}=\frac{dq}{\varepsilon_0 L^2}$

電場の強さを E とすると，$E=\frac{V_0}{d}=\frac{q}{\varepsilon_0 L^2}$

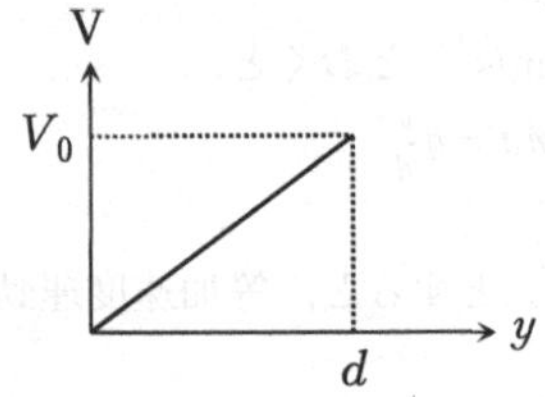

xz 平面を電位の基準とすると，極板間における電位 V と y の関係は，$V=Ey\ (0\leqq y\leqq d)$ であるので，

点 P の電位は，$V_P=E\cdot\frac{d}{5}$

点 Q の電位は，$V_Q=E\cdot\frac{d}{5}$

点 R の電位は，$V_R=E\cdot\frac{3}{5}d$　よって，

$V_{PQ}=|V_P-V_Q|=\mathbf{0}$

$V_{RQ}=|V_R-V_Q|=E\cdot\frac{2}{5}d=\frac{q}{\varepsilon_0 L^2}\cdot\frac{2}{5}d=\frac{2qd}{5\varepsilon_0 L^2}$

$V_{RP}=|V_R-V_P|=E\cdot\frac{2}{5}d=\frac{q}{\varepsilon_0 L^2}\cdot\frac{2}{5}d=\frac{2qd}{5\varepsilon_0 L^2}$

(3) コンデンサーの合成容量を C_1 とすると，

$C_1=\frac{\varepsilon_0 L(L-a)}{d}+\frac{\varepsilon_1 La}{d}=\frac{\varepsilon_0 L^2+(\varepsilon_1-\varepsilon_0)aL}{d}$

求める電圧を V_1 とすると，$q=C_1V_1$ より，

$V_1=\frac{q}{C_1}=\frac{dq}{\varepsilon_0 L^2+(\varepsilon_1-\varepsilon_0)aL}$

(4) 求める静電エネルギーを U_1 とすると，

$U_1=\frac{1}{2}qV_1=\frac{dq^2}{2\{\varepsilon_0 L^2+(\varepsilon_1-\varepsilon_0)aL\}}$

(5) 誘電体を差し込む前の静電エネルギーを U_0 とすると，$U_0=\frac{1}{2}qV_0=\frac{dq^2}{2\varepsilon_0 L^2}$

外力がする仕事を W とすると，

$W=U_1-U_0=-\frac{(\varepsilon_1-\varepsilon_0)adq^2}{2\varepsilon_0 L\{\varepsilon_0 L^2+(\varepsilon_1-\varepsilon_0)aL\}}$

(6) (5)の解が $W<0$ であるので，外力は誘電体を差し込む向きとは逆向きである。よってこれに逆らう力（誘電体がコンデンサーから受ける力）は**引き込まれる向き**である。

(7) コンデンサーの合成容量を C_2 とすると，

$C_2=\frac{\varepsilon_0 L(L-a)}{d}+\frac{\varepsilon_0 La}{d-\frac{d}{5}}=\frac{\varepsilon_0 L(4L+a)}{4d}$

求める電圧を V_2 とすると，$q=C_2V_2$ より，

$V_2=\frac{q}{C_2}=\frac{4dq}{\varepsilon_0 L(4L+a)}$

(8) 求める静電エネルギーを U_2 とすると，

$U_2=\frac{1}{2}qV_2=\frac{2dq^2}{\varepsilon_0 L(4L+a)}$

101

ア．電場（電界）　　イ．電位

ウ．等電位　　エ．静電誘導

問 1 $\boldsymbol{\phi(a)=k\frac{Q}{R-a}-k\frac{q}{a-r}}$　　問 2 解説参照

問 3 解説参照　　問 4 $\boldsymbol{\frac{kaRQ^2}{(R^2-a^2)^2}}$

問 5 $\boldsymbol{\frac{a}{R}Q}$

【解説】

問 1

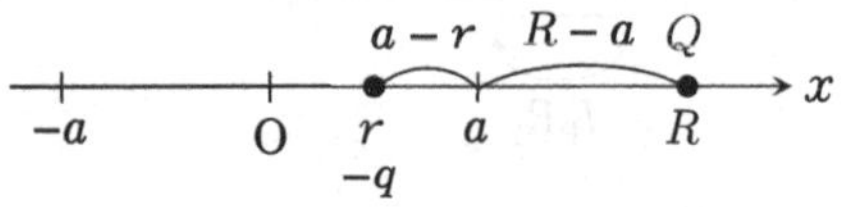

$\boldsymbol{\phi(a)=k\frac{Q}{R-a}-k\frac{q}{a-r}}$

問 2

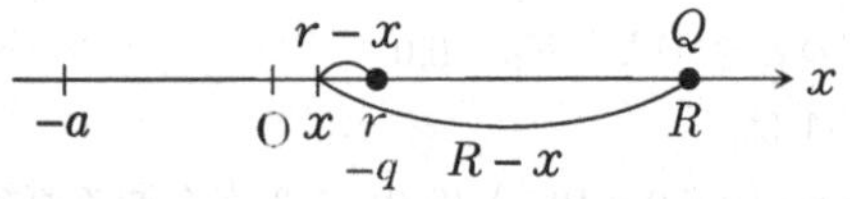

$x<r$ のとき，

$\phi(x)=k\frac{Q}{R-x}-k\frac{q}{r-x}\cdots⑤$

⑤において，

$\phi(0)=k\frac{Q}{R}-k\frac{q}{r}=k\frac{Qr-qR}{Rr}$

ここで①より，$q=\frac{a}{R}Q\leftrightarrow qR=aQ$ を用いると，

$\phi(0)=k\frac{Qr-qR}{Rr}=k\frac{Qr-aQ}{Rr}=k\frac{Q(r-a)}{Rr}<0\quad(\because r<a)$

次に⑤の $\phi(x)=0$ のとき，

$\frac{Q}{R-x}=\frac{q}{r-x}\leftrightarrow(q-Q)x=Rq-Qr$

ここで，①の $q=\frac{a}{R}Q$，$r=\frac{a^2}{R}$ を用いると，

$\left(\frac{a}{R}Q-Q\right)x=R\frac{a}{R}Q-Q\frac{a^2}{R}$

$\left(\frac{a}{R}-1\right)x=a-\frac{a^2}{R}$

$(a-R)x=aR-a^2=a(R-a)$

よって，$x=-a$　さらに，⑤より

$x\to r$ のとき，$\phi\to-\infty$

$x\to-\infty$ のとき，$\phi\to0$　よってグラフは次のようになる。

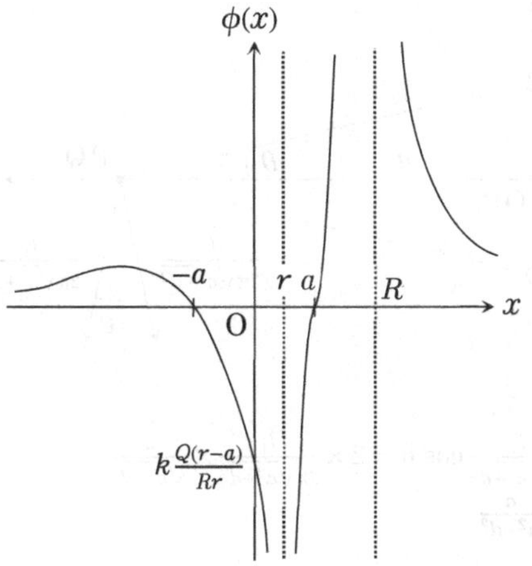

問 3

余弦定理より,

$\ell^2 - a^2 + r^2 - 2aR\cos\theta$

$= \frac{a^2}{R^2}\left(R^2 + a^2 - 2aR\cos\theta\right)$ (∵①)

$= \frac{a^2}{R^2}L^2$ (∵③)

よって $\ell = \frac{a}{R}L$

問 4

$F = k\frac{Qq}{(R-r)^2}$ ①より,

$F = k\frac{Q\cdot\frac{a}{R}Q}{\left(R-\frac{a^2}{k}\right)^2} = \boldsymbol{\frac{kaRQ^2}{(R^2-a^2)^2}}$

問 5

金属球の表面に$-q$ の電荷が分布しているので, 地球へ移動した電荷は, $q = \boldsymbol{\frac{a}{R}Q}$

102

(1) (ア)	(2) (キ)	(3) (ア)
(4) (コ)	(5) (サ)	(6) (シ)
(7) (タ)	(8) (ト)	(9) (ヌ)

【解説】

(1) $R = \rho\frac{\ell}{S} = \boldsymbol{\rho\frac{\ell}{wh}}$

(2) $B = \frac{\Phi}{S} = \boldsymbol{\frac{\Phi}{wh}}$

(3)

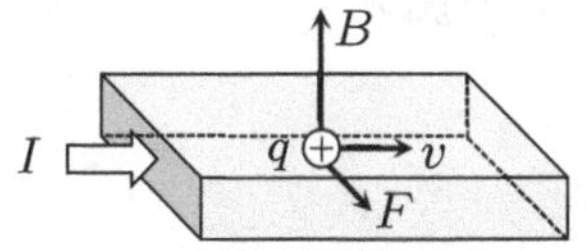

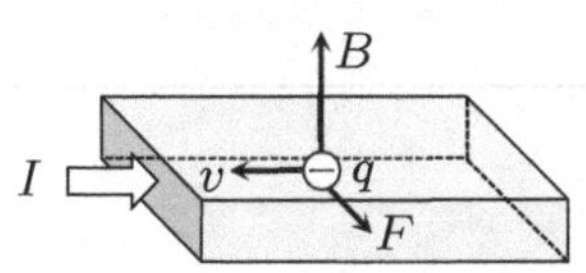

ローレンツ力は $\vec{F} = q\vec{v}\times\vec{B}$ である。図からもわかるように電荷の正負によらず, 電荷は**面 X⁺**に引き寄せられる。

(4) 面 X⁺側の電位が面 X⁻側の電位よりも高いので, 面 X⁺側には正電荷が集まっていることがわかる。よってキャリアは**ホール**である。

(注) ホールが移動すると, あたかも正の電荷が電流の向きに移動しているように見える。

(5) p 型半導体のキャリアはホール, n 型半導体のキャリアは電子である。

(6) $F = qvB = evB = \boldsymbol{\frac{ev\Phi}{w\ell}}$

(7) $I = enSv = en(wh)v = \boldsymbol{envwh}$

(8) $F = eE = e\frac{V_H}{w} = \boldsymbol{\frac{eV_H}{w}}$

(9) ②より, $\frac{eV_H}{w} = \frac{ev\Phi}{w\ell}$ であるので, $v = \frac{V_H\ell}{\Phi}$ …②′

②′を①に代入すると, $I = en\frac{V_H\ell}{\Phi}wh$ よって,

$n = \boldsymbol{\frac{I\Phi}{eV_Hwh\ell}}$

103

1. ⑥	2. ④	3. ④	4. ⑧
5. ①	6. ⑨	7. ②	8. ①

【解説】

1. $BD = \sqrt{3}a$ であることに注意すると, $y \leqq 0$ の領域にあるコイル面の面積は毎秒$\sqrt{3}av_1$〔m^2〕だけ増加するので, $\frac{\Delta\Phi}{\Delta t} = B_0\times\sqrt{3}av_1 = \boldsymbol{\sqrt{3}av_1B_0}$

2. $V = \left|-\frac{\Delta\Phi}{\Delta t}\right| = \sqrt{3}av_1B_0$ よって, $I = \frac{V}{R} = \boldsymbol{\frac{\sqrt{3}av_1B_0}{R}}$

3. 求める力を F とすると,

$|F| = aIB_0 = a\frac{\sqrt{3}av_1B_0}{R}B_0 = \boldsymbol{\frac{\sqrt{3}a^2v_1B_0^2}{R}}$

4.

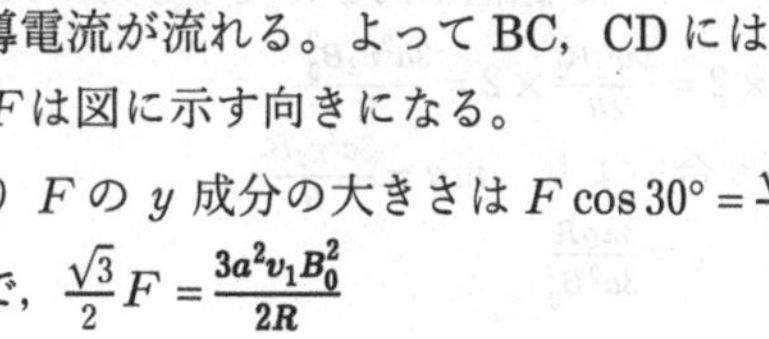

コイルを貫く磁束はz軸の正の向きに増加するため, レンツの法則により, それを妨げる D→C→B の向きに誘導電流が流れる。よって BC, CD にはたらく電磁力 F は図に示す向きになる。

図より F の y 成分の大きさは $F\cos 30° = \frac{\sqrt{3}}{2}F$ であるので, $\frac{\sqrt{3}}{2}F = \boldsymbol{\frac{3a^2v_1B_0^2}{2R}}$

5.

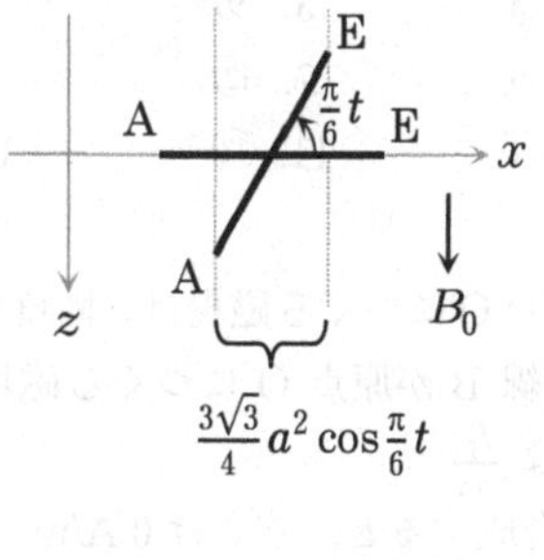

1 辺が a の正三角形の面積は，$\frac{1}{2}a^2\sin 60° = \frac{\sqrt{3}}{4}a^2$ であることに注意すると，M が x 軸上に達したとき，$y \leqq 0$ の領域にあるコイル面の面積は，正六角形 ABCDEF の半分の面積で，$\frac{\sqrt{3}}{4}a^2 \times 3 = \frac{3\sqrt{3}}{4}a^2$ である。
直線 FC を軸に回転を始めてから t 秒後のコイルの下半分の面の xy 平面への射影の面積は，
$S = \frac{3\sqrt{3}}{4}a^2\cos\frac{\pi}{6}t$ であるので，このときのコイル内を貫く磁束は，$\Phi(t) = \frac{3\sqrt{3}}{4}a^2B_0\cos\frac{\pi}{6}t$
$t=2$ のとき，$\Phi = \frac{3\sqrt{3}}{4}a^2B_0\cos\frac{\pi}{3} = \boldsymbol{\frac{3\sqrt{3}a^2B_0}{8}}$

6. $\Delta\Phi = \Phi(t+\Delta t) - \Phi(t)$
$= \frac{3\sqrt{3}a^2B_0}{4}\left\{\cos\frac{\pi}{6}(t+\Delta t) - \cos\frac{\pi}{6}t\right\}$
$\fallingdotseq \frac{3\sqrt{3}a^2B_0}{4}\left(-\frac{\pi}{6}\Delta t\sin\frac{\pi}{6}t\right)$
$= -\frac{\sqrt{3}\pi a^2B_0}{8}\Delta t\sin\frac{\pi}{6}t$
$\frac{\Delta\Phi}{\Delta t} = -\frac{\sqrt{3}\pi a^2B_0}{8}\sin\frac{\pi}{6}t$ であるので，
発生する誘導起電力の大きさは，
$V = \left|-\frac{\Delta\Phi}{\Delta t}\right| = \frac{\sqrt{3}\pi a^2B_0}{8}\left|\sin\frac{\pi}{6}t\right|$
$t=9$ のとき，$V = \frac{\sqrt{3}\pi a^2B_0}{8}\left|\sin\frac{3\pi}{2}\right| = \boldsymbol{\frac{\sqrt{3}\pi a^2B_0}{8}}$

【考察】
与えられた近似式の両辺を Δx で割ると，
$\frac{\cos p(x+\Delta x) - \cos px}{\Delta x} \fallingdotseq -p\sin px$
$\Delta x \to 0$ のとき，上式左辺は $\cos px$ の導関数の定義式である。結局微分して求めても同じことなので，
$\Phi(t) = \frac{3\sqrt{3}}{4}a^2B_0\cos\frac{\pi}{6}t$　より，
$\frac{\mathrm{d}\Phi}{\mathrm{d}t} = \frac{3\sqrt{3}}{4}a^2B_0\left(-\frac{\pi}{6}\right)\sin\frac{\pi}{6}t = -\frac{\sqrt{3}\pi a^2B_0}{8}\sin\frac{\pi}{6}t$　よって，
$V = \left|-\frac{\mathrm{d}\Phi}{\mathrm{d}t}\right| = \frac{\sqrt{3}\pi a^2B_0}{8}\left|\sin\frac{\pi}{6}t\right|$
となり，結果は同じになる。

7. BC,CD の各部分が受ける力の大きさは 4.と同様に考えると，$|F'| = \boldsymbol{\frac{\sqrt{3}a^2v_2B_0^2}{R}}$
よって，コイルが鉛直上向きに受ける力の大きさは，
$\frac{\sqrt{3}}{2}|F'| \times 2 = \frac{3av_2B_0^2}{2R} \times 2 = \boldsymbol{\frac{3a^2v_2B_0^2}{R}}$

8. 力のつり合いより，$mg = \frac{3a^2v_2B_0^2}{R}$
よって，$v_2 = \boldsymbol{\frac{mgR}{3a^2B_0^2}}$

104

1. ①	2. ③	3. ⑨	4. ①
5. ⑦	6. ⑨	7. ⑫	8. ⑨
9. ⑦	10. ④	11. ⑬	12. ⑪

【解説】
問 1　導線Aが原点Oにつくる磁場は y 軸負の向きで，強さは $\frac{I_1}{2\pi d}$，導線 B が原点 O につくる磁場は y 軸正の向きで強さは $\frac{I_1}{2\pi d}$
よって 2 つを合成すると，強さは **0 A/m**

問 2
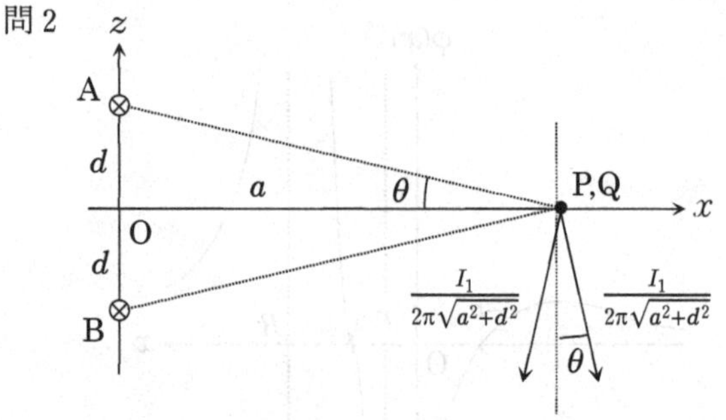

上図より，
$2 \times \frac{I_1}{2\pi\sqrt{a^2+d^2}}\cos\theta = 2 \times \frac{I_1}{2\pi\sqrt{a^2+d^2}} \times \frac{a}{\sqrt{a^2+d^2}}$
$= \boldsymbol{\frac{I_1}{\pi} \times \frac{a}{a^2+d^2}}$

問 3
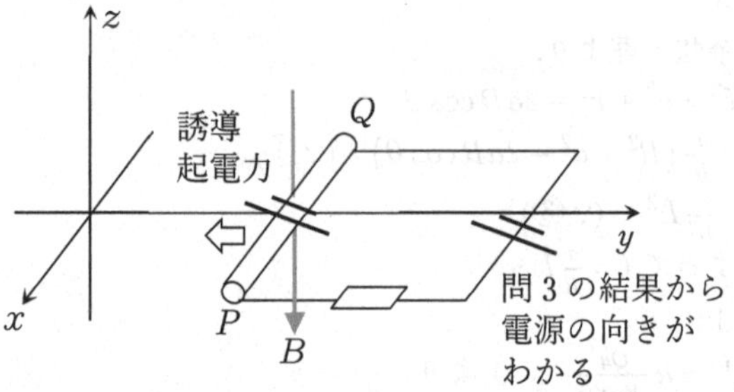

導体棒 C が y 軸負の向きに動いているため，C には y 軸負の向きの電磁力がはたらいていることがわかる。よって電流は P→Q の向きに流れる。

問 4　求める C が受ける電磁力は，
$L \times I \times \mu_0\frac{I_1}{\pi}\cdot\frac{a}{a^2+d^2} = \boldsymbol{\mu_0\frac{II_1L}{\pi} \times \frac{a}{a^2+d^2}}$
C に生じる誘導起電力の大きさは，
$v \times \mu_0\frac{I_1}{\pi}\cdot\frac{a}{a^2+d^2} \times L = \boldsymbol{\mu_0\frac{vI_1L}{\pi} \times \frac{a}{a^2+d^2}}$
(注) この誘導起電力の向きは $V = \vec{v} \times \vec{B}L$ より，Q→P の向きである。これは C, レール及び電源を通る導線で作られるコイルを貫く磁束の増加を妨げる向きである。

問 5　問 4 の解の a を b に置き換えると，求める力の大きさは，$f = \mu_0\frac{II_1L}{\pi} \times \frac{b}{b^2+d^2}$

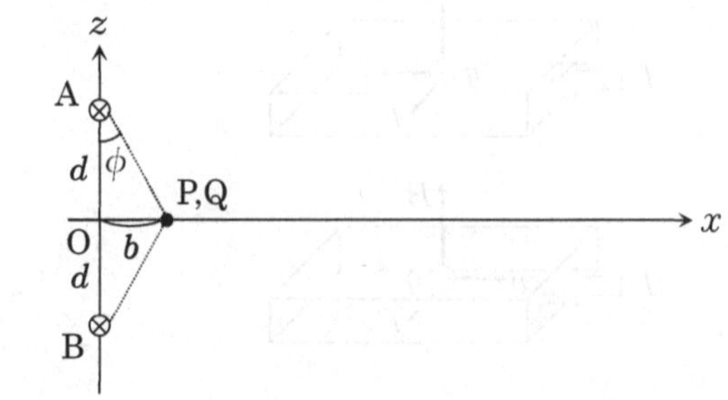

図の ϕ は小さいため次の近似が成り立つ。
$\frac{b}{\sqrt{b^2+d^2}} = \sin\phi \fallingdotseq \tan\phi = \frac{b}{d}$

上式を2乗すると，$\frac{b^2}{b^2+d^2} \fallingdotseq \frac{b^2}{d^2}$ より，$\frac{b}{b^2+d^2} \fallingdotseq \frac{b}{d^2}$

よって，$f = \mu_0 \frac{II_1L}{\pi} \times \frac{b}{b^2+d^2} \fallingdotseq \boldsymbol{\mu_0 \frac{II_1L}{\pi} \times \frac{b}{d^2}}$

問6 導体棒Cの y 座標が y であるときのCにかかる力の大きさは問5より，$\mu_0 \frac{II_1L}{\pi} \times \frac{y}{d^2}$

Cの加速度を α とすると，Cの運動方程式は，

$m\alpha = -\mu_0 \frac{II_1L}{\pi d^2} \cdot y$

この式からばね定数が $k = \mu_0 \frac{II_1L}{\pi d^2}$，振動の中心が $y = 0$，さらにCは $y = b$ で静かに放たれているので，振幅が b の単振動になる。求める速さを $v_{\max}$ とすると，力学的エネルギー保存則より，

$\frac{1}{2} m v_{\max}^2 = \frac{1}{2} \mu_0 \frac{II_1L}{\pi d^2} b^2$

$\therefore v_{\max} = \boldsymbol{\sqrt{\mu_0 \frac{II_1L}{\pi m}} \times \frac{b}{d}}$

【別解】

振動の周期は $T = 2\pi\sqrt{\frac{m}{k}} = \frac{2\pi}{\omega}$ より，$\omega = \sqrt{\frac{k}{m}}$

よって，$v_{\max} = b\omega = b\sqrt{\frac{k}{m}} = \boldsymbol{\sqrt{\mu_0 \frac{II_1L}{\pi m}} \times \frac{b}{d}}$

105

1. ⑦　2. ⑤　3. ⑫　4. ③　5. ⑯
6. ⑤　7. ⑤　8. ⑨

問1 求める合成抵抗を r とすると，

$\frac{1}{r} = \frac{1}{R} + \frac{1}{2R}$　よって，$r = \boldsymbol{\frac{2}{3}}R$

R_1, R_2 に流れる電流の実効値をそれぞれ i_1, i_2 とすると，各抵抗の両端の電圧は等しいので，

$i_1 R = i_2 \cdot 2R$　よって $i_1 = 2i_2$ …①

キルヒホッフ第1法則より，$i_1 + i_2 = \frac{I_0}{\sqrt{2}}$ …②

①,②より i_2 を消去して i_1 について解くと，$i_1 = \boldsymbol{\frac{\sqrt{2}}{3}} I_0$

問2 $i_1^2 R_1 = \left(\frac{\sqrt{2}}{3} I_0\right)^2 R = \boldsymbol{\frac{2}{9}} R I_0^2$

問3 aを流れる電流を $\dot{I}$，bc間の電圧を $\dot{V}_{\mathrm{bc}}$ とすると，

$\dot{V}_{\mathrm{bc}} = \dot{I} \times \mathrm{j}\omega L = \mathrm{j}\omega L \dot{I}$

つまりbc間の電圧は $\frac{\pi}{2}$ 位相が大きくなるため，

$V_{\mathrm{bc}} = \omega L I_0 \sin\left(\omega t + \frac{\pi}{2}\right) = \boldsymbol{\omega L I_0 \cos \omega t}$

問4 aを流れる電流を $\dot{I}$，cd間の電圧を $\dot{V}_{\mathrm{cd}}$ とすると，

$\dot{V}_{\mathrm{cd}} = \dot{I} \times \frac{1}{\mathrm{j}\omega C} = \frac{\dot{I}}{\mathrm{j}\omega C}$

つまりcd間の電圧は $\frac{\pi}{2}$ 位相が小さくなるため，

$V_{\mathrm{bc}} = \frac{I_0}{\omega C} \sin\left(\omega t - \frac{\pi}{2}\right) = \boldsymbol{-\frac{I_0}{\omega C} \cos \omega t}$

問5 $\dot{Z} = \frac{2}{3}R + \mathrm{j}\omega L + \frac{1}{\mathrm{j}\omega C} = \frac{2}{3}R + \mathrm{j}\left(\omega L - \frac{1}{\omega C}\right)$

よって，$|\dot{Z}| = \boldsymbol{\sqrt{\left(\frac{2}{3}R\right)^2 + \left(\omega L - \frac{1}{\omega C}\right)^2}}$ …①

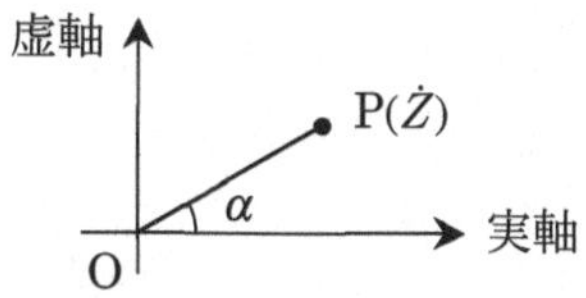

複素平面上の $\dot{Z}$ で表される点をP，原点をO，OPと実軸との成す角を α とするとき，力率は $\cos\alpha$ であるので，$\cos\alpha = \frac{\frac{2}{3}R}{|\dot{Z}|} = \boldsymbol{\frac{2R}{3Z}}$

(注) 実軸はレジスタンス，虚軸はリアクタンスに対応する。

問6 オームの法則 $V = IZ$ より，回路を流れる電流 I を最大にするには，インピーダンスの大きさ Z を最小にすればよい。$|\dot{Z}|$ が最小となるのは①より $\omega L = \frac{1}{\omega C}$ のときである。これを ω について解くと，$\omega = \boldsymbol{\frac{1}{\sqrt{LC}}}$

106

1. ⑥　2. ⓪　3. ①　4. ③　5. ⑨
6. ④　7. ③　8. ⓔ

【解説】

●電位を未知数に設定する場合は，次のことを覚えておくとよい

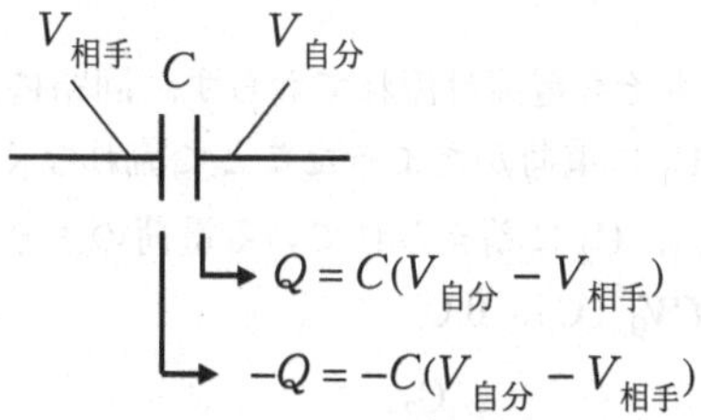

図のように容量 C のコンデンサーの両端の電位を $V_{自分}$，$V_{相手}$ とするとき，$V_{自分}$ 側の極板に蓄えられる電荷は $V_{自分}$，$V_{相手}$ の大小にかかわらず，

$Q = C(V_{自分} - V_{相手})$ となる。

大小にかかわらないことは次のように確認できる。

$V_{相手} < V_{自分}$ なら $Q > 0$ のはずであり，

$C(V_{自分} - V_{相手}) > 0$ となるので矛盾しない。

$V_{相手} > V_{自分}$ なら $Q < 0$ のはずであり，

$C(V_{自分} - V_{相手}) < 0$ となるので矛盾しない。

(1)

1.

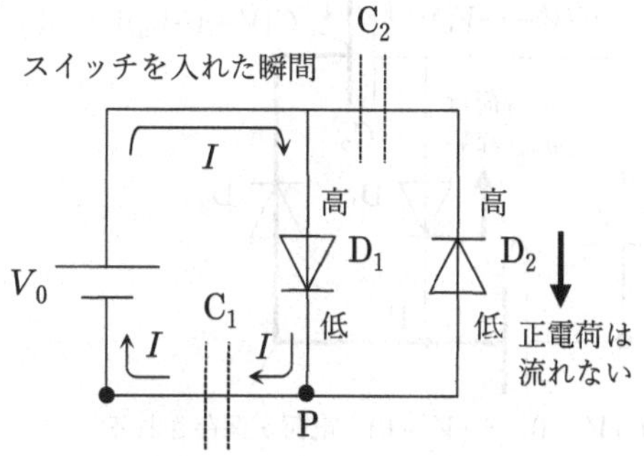

一般にコンデンサーに電荷が蓄えられていないとき，スイッチを入れた瞬間のコンデンサーでの電圧

降下は起こらず，導線でつながっているものとみなせる。したがって上図のように D_2 の上側の電位は下側よりも高くなるため，D_2 には電流は流れない。このことに注意し，求める電流を I〔A〕とすると，$I = \boldsymbol{\frac{V_0}{R}}$〔A〕

2.3.

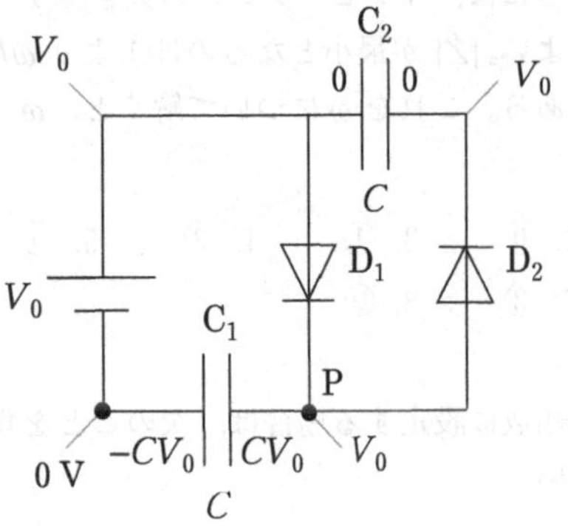

C_2 にはそもそも電流は流れておらず，回路に流れる電流は C_1 に電荷がたまったことで流れなくなったので，C_1，C_2 に蓄えられている電荷の大きさはそれぞれ $\boldsymbol{CV_0}$〔C〕，$\mathbf{0}$ C

(2)

4.

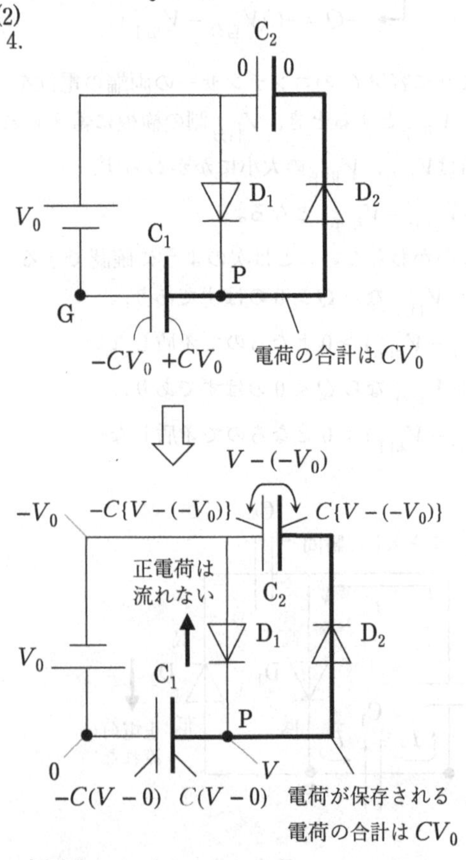

上図より，

$C\{V-(-V_0)\} = \boldsymbol{C(V+V_0)}$

5.

正電荷は D_1 を下から上へ移動できず，D_2 を下から上へ移動できることを考慮すると，電池がつながっていない孤立部分は上図の太線部分。電池を切り替えたことで，C_1の左側の負電荷，右側の正電荷はともに減少する作用が生じ，正電荷は D_2 を下から上に流れることができるので，電流が流れなくなった時点で D_2 の両端の電位差は 0 になる。

よって，電荷量保存則より，

$CV_0 = C(V-0) + C\{V-(-V_0)\}$

$CV_0 = CV + C(V+V_0)$ $\therefore V = \mathbf{0}$

（よって，すべての電位は下図のようになる）

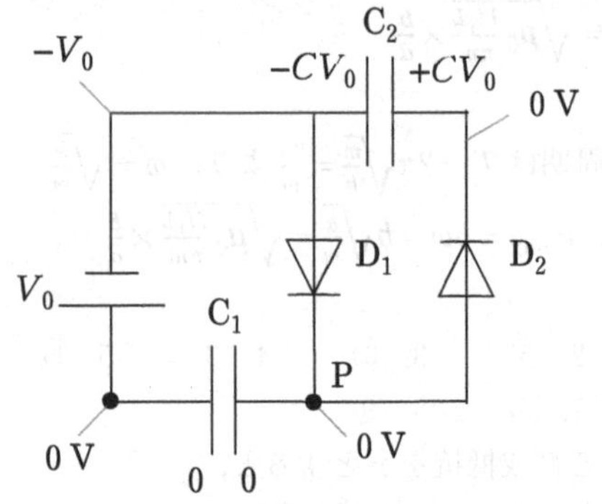

(3)

6.

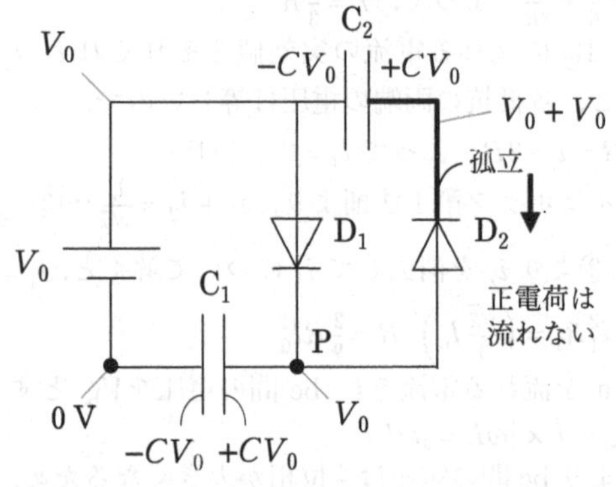

ダイオードの性質により正電荷は D_2 を上から下へ移動できない。よって図の太線は孤立分部とみなすことができ，C_2 の極板にたまった正電荷は移動できない。よって負電荷も移動できない。結局 C_1 の両端の電圧はV_0であるので C_1の電荷の大きさは，$\boldsymbol{CV_0}$

7.

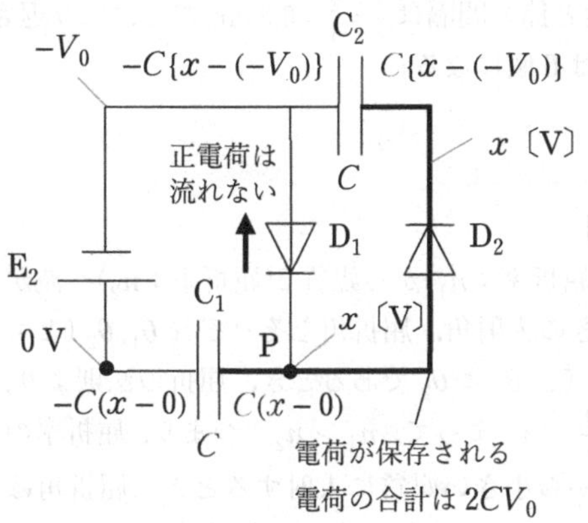

電池を切り替え，電流が流れなくなったあとのPの電位をxとおくと，C_1の左右に蓄えられる電荷はそれぞれ$-C(x-0), C(x-0)$となる。正電荷はD_1を下から上へ移動できず，D_2を下から上へ移動できることを考慮すると，電池がつながっていない孤立部分は上図の太線部分。電池を切り替えたことで，C_1の左側の負電荷，右側の正電荷はともに減少する作用が生じ，正電荷はD_2を下から上に流れることができるので，電流が流れなくなった時点でD_2の両端の電位差は0になる。よって，D_2の上側の電位もxとなり，C_2の左右に蓄えられる電荷はそれぞれ$-C\{x-(-V_0)\}, C\{x-(-V_0)\}$となる。

電荷量保存則より，

$2CV_0 = C(x-0) + C\{x-(-V_0)\}$

$x = \frac{1}{2}V_0$

よって，すべての電位は下図のようになる。

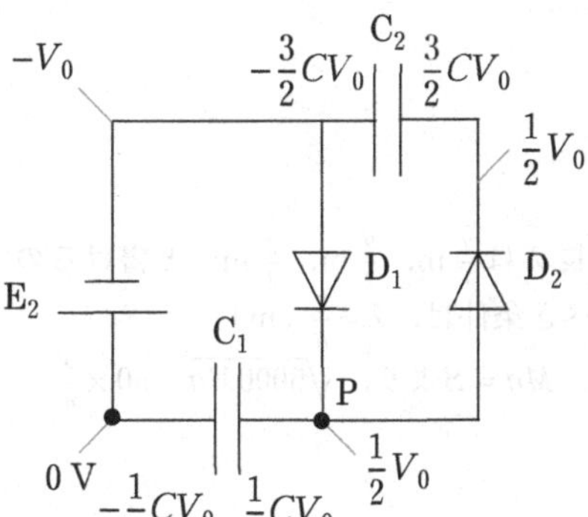

図に示す通り，C_1に蓄えられている電荷の大きさは$\boldsymbol{\frac{1}{2}CV_0}$

8.

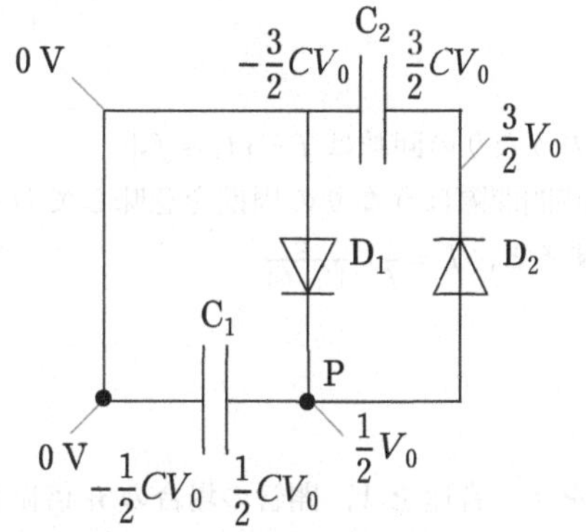

スイッチSをGに接続したとき，C_2の右側の正電荷はD_2によって動くことができない。また，C_2の右側の正電荷はC_1の右側の正電荷よりも大きいため，C_1の右側の正電荷がC_2に流れ込むこともない。このことから，各電位は図に示すようになると考えられ，Pの電位は変化せず$\boldsymbol{\frac{V_0}{2}}$である。

107

(d)

【解説】

波長が長い順に並べると，(b)(a)(d)(g)(f)(e)(c)

108

1001

109

0010

110

ア

【解説】

導出物理（上）１９章「光の散乱」参照

111

(へ)

【解説】

真空中の波長をλ，媒質中の波長をλ'とすると，屈折の法則より，$1 \cdot \lambda = n\lambda'$ よって，

$\lambda' = \frac{\lambda}{n} = \frac{\frac{c}{f}}{n} = \frac{c}{nf}$

112

(ホ)

【解説】

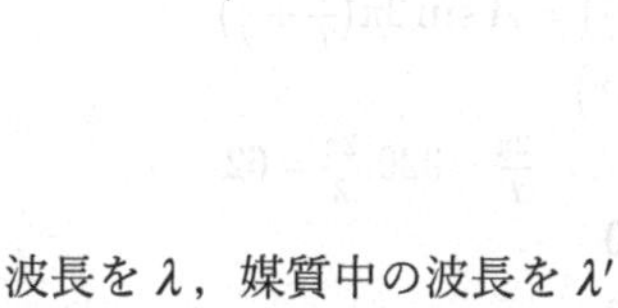

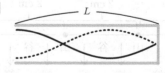

3倍振動の図より $L = \frac{3}{4}\lambda$　$\therefore \lambda = \frac{4}{3}L$

113

(ロ)

【解説】

単位時間のうなりの回数は $f = |f_1 - f_2|$

うなりの時間間隔はうなりの周期を意味しており，これをTとすると，$T = \frac{1}{f} = \frac{1}{|f_1 - f_2|}$

114

③

【解説】

管の長さを L，音速を V，開管の場合の n 倍振動の波長をλ_n，閉管の場合の n 倍振動の波長をλ'_nとする。

開管の場合，

基本振動では，

$V = f_1\lambda_1 = f_1 \cdot 2L$

2 倍振動では，

$V = f_2\lambda_2 = f_2 \cdot L$

$f_1 \cdot 2L = f_2 \cdot L$ より

$\boldsymbol{f_2 = 2f_1}$

閉管の場合，

基本振動では，

$V = F_1\lambda'_1 = F_1 \cdot 4L$

3 倍振動では，

$V = F_2\lambda'_3 = F_2 \cdot \frac{4L}{3}$

$F_1 \cdot 4L = F_2 \cdot \frac{4L}{3}$ より

$\boldsymbol{F_2 = 3F_1}$

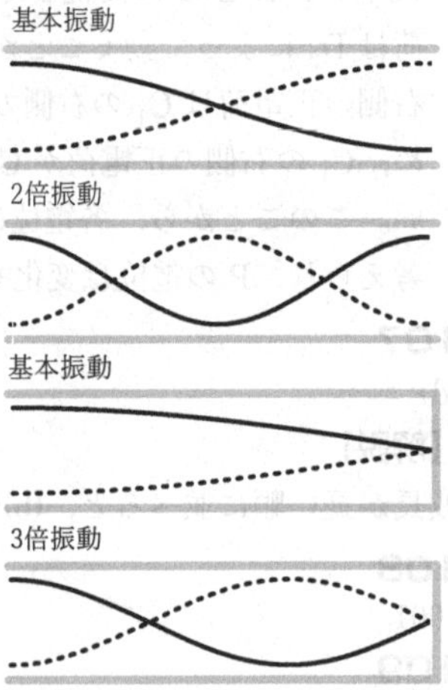

115

$\boldsymbol{\lambda = 0.10\ \mathrm{m}}$,　$\boldsymbol{v = 5.2\ \mathrm{m/s}}$

【解説】

位相の x の係数が正であることから x 軸の負の向きに伝わる正弦波であることに注意する。

$y = A\sin\frac{2\pi}{T}\left(t + \frac{x}{v}\right) = A\sin 2\pi\left(\frac{t}{T} + \frac{x}{\lambda}\right)$

$= A\sin\left(\frac{2\pi}{T}t + \frac{2\pi}{\lambda}x\right)$

係数を比較すると，$\frac{2\pi}{T} = 320, \frac{2\pi}{\lambda} = 62$

$\boldsymbol{\lambda = \frac{2\pi}{62} = \frac{\pi}{31} \fallingdotseq 0.10}$

$T = \frac{2\pi}{320} = \frac{\pi}{160}$ より，

$v = f\lambda = \frac{\lambda}{T} = \frac{160}{\pi} \cdot \frac{\pi}{31} \fallingdotseq \boldsymbol{5.2\ \mathrm{m/s}}$

116

6 (個)

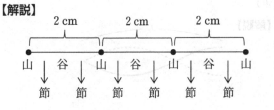

【解説】

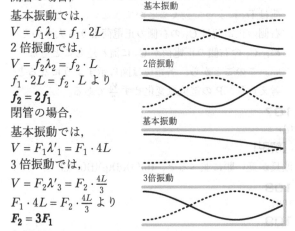

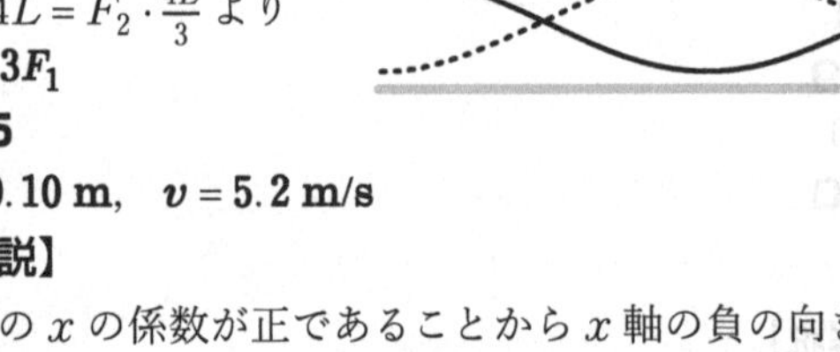

図のように波源の振幅が最大になっているとき，山と山，谷と谷が重なるところが合成されて定常波の腹になる。腹と節の間隔は $\frac{\lambda}{4} = \frac{2}{4} = 0.5\ \mathrm{cm}$ ごとに繰り返され，節の数は **6** 個になる。

117

ウ

【解説】

媒質 1(屈折率：n_1)から媒質 2(屈折率：n_2)へ波が入射するときの入射角，屈折角をそれぞれ θ_1, θ_2 (ともに鋭角)とする。$\theta_1 < \theta_2$ であるとき，屈折の法則より，

$\frac{n_2}{n_1} = \frac{\sin\theta_1}{\sin\theta_2} < 1$　よって，$n_1 > n_2$　つまり，屈折率の**大きい**媒質から**小さい**媒質に入射するとき，屈折角は入射角より大きい。入射角を徐々に大きくし，ちょうど全反射を起こすときの入射角を**臨界角**という。臨界角が存在する条件は $\theta_1 < \theta_2$ つまり，$n_1 > n_2$ のときである。

118

⑥

【解説】

A，B から各点までの経路差は

点アのとき，$5 - 3 = 2\ \mathrm{cm}$

点イのとき，$5 - 5 = 0\ \mathrm{cm}$

点ウのとき，$10 - 6 = 4\ \mathrm{cm}$

強め合う点は経路差が波長(4.0 cm)の整数倍になる点であるので，イとウが該当する。

119

$\boldsymbol{2\ell}$

【解説】

λ ずれるごとに音は強め合う。ついたてを距離 ℓ 動かすと反射音は 2ℓ ずれるので，$\lambda = \boldsymbol{2\ell}$

120

$\boldsymbol{M = \frac{2}{gn^2}}$

【解説】

定常波の波長 λ は $\frac{2}{1}$ m，$\frac{2}{2}$ m，$\frac{2}{3}$ m…と書けるので，

λ の満たすべき条件は，$\lambda = \frac{2}{n}$〔m〕

次に $v = f\lambda$，$Mg = S$ より，$\sqrt{5000Mg} = 50 \times \frac{2}{n}$

$\boldsymbol{M = \frac{2}{gn^2}}$ kg

121

オ

【解説】

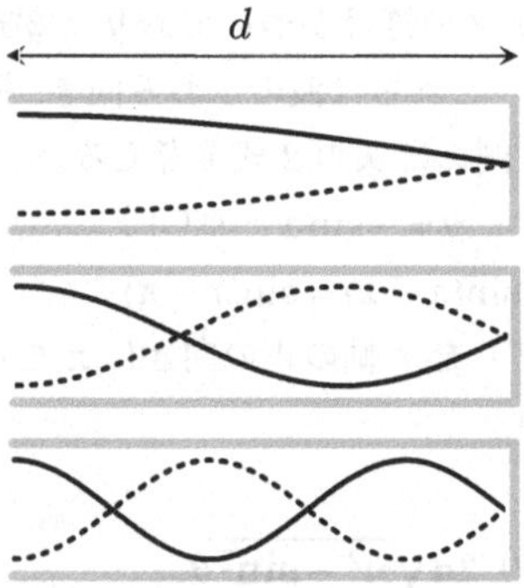

節の数	λ
1	$4d=\frac{4d}{2\times1-1}$
2	$\frac{4}{3}d=\frac{4d}{2\times2-1}$
3	$\frac{4}{5}d=\frac{4d}{2\times3-1}$

上記の規則性から，$\lambda=\boldsymbol{\frac{4d}{2n-1}}$

122

イ

【解説】

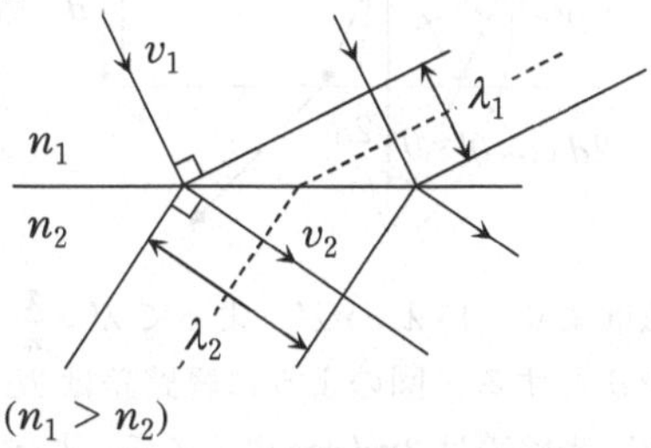

一般に媒質によって光の振動数は変化しない。

図より $\lambda_1<\lambda_2$ であり，屈折の法則より，

$\frac{\lambda_1}{\lambda_2}=\frac{v_1}{v_2}<1$ よって，$v_1<v_2$

よって速さは媒質 2 の方のほうが速い。

【考察】

公式 $v=f\lambda$ で波の振動数 f が一定なら，波の伝わる速さ v は波長 λ と比例する。

123

1. **497**　　2. **503**

【解説】

1. $\frac{340}{340+2.0}\cdot500\fallingdotseq\mathbf{497}$
2. $\frac{340}{340-2.0}\cdot500\fallingdotseq\mathbf{503}$

124

1. (エ)　　2. $\boldsymbol{\frac{1}{4}}$

【解説】

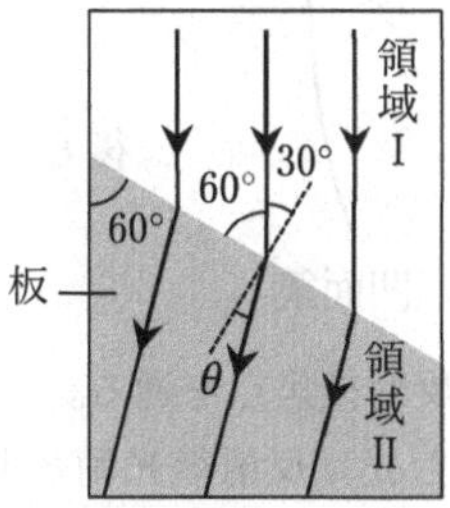

領域 I の波長を λ，屈折角を θ とする。図より入射角は 30° であることに注意すると，屈折の法則より，

$\frac{\sin30^\circ}{\sin\theta}=\frac{\lambda}{\frac{1}{2}\lambda}=2$

$\sin\theta=\frac{1}{2}\sin30^\circ=\boldsymbol{\frac{1}{4}}$

$\theta<30^\circ$ であるので(エ)だと判断できる。

125

1. (イ)　　2. $\boldsymbol{4\ell}$

【解説】

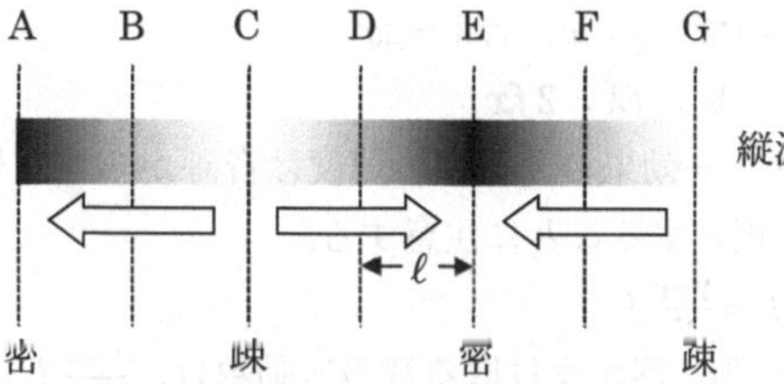

均等に並んだ状態からの媒質の変位は図の矢印の向きになる。右への変位を y の正の変位，左への変位を y の負の変位とするので，(イ)が適する。(イ)において，B の谷から D の山までが半波長であるので，

$2\ell=\frac{\lambda}{2}$ よって $\lambda=\boldsymbol{4\ell}$

126

1. $\boldsymbol{-A\sin\frac{2\pi x}{\lambda}}$　　2. $\boldsymbol{A\sin2\pi\frac{t}{T}}$　　3. $\boldsymbol{A\sin2\pi\left(\frac{t}{T}-\frac{x}{\lambda}\right)}$

【解説】

1.

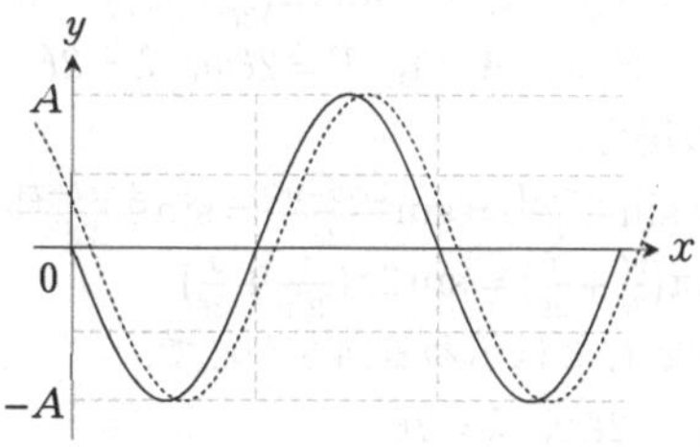

図のように時刻 0 からわずかな時間が経過したときのグラフを書き入れると，時刻 0 における原点の媒質は上向きに移動していることが分かる。よって時刻 t における原点の媒質の変位は，

$y(0,t)=A\sin\frac{2\pi}{T}t$ となる。正弦波の伝わる速さを v とすると，位置 x の媒質は原点の媒質よりも $\frac{x}{v}$ だけ時間が遅れて振動するので，

$y(x,t)=A\sin\frac{2\pi}{T}\left(t-\frac{x}{v}\right)=A\sin2\pi\left(\frac{t}{T}-\frac{x}{\lambda}\right)$

よって，

$y(x,0)=A\sin2\pi\left(-\frac{x}{\lambda}\right)=\boldsymbol{-A\sin\frac{2\pi x}{\lambda}}$

$y(0,t)=\boldsymbol{A\sin2\pi\frac{t}{T}}$

$y(x,t)=\boldsymbol{A\sin2\pi\left(\frac{t}{T}-\frac{x}{\lambda}\right)}$

【別解】

与えられた三角関数の周期はλであるので，グラフの形状から$y=-A\sin 2\pi\frac{x}{\lambda}$と求められる。つまり，

$y(x,0)=-\boldsymbol{A\sin\frac{2\pi x}{\lambda}}$

※導出物理（上）17章「三角関数の周期」を参照

127

1. (エ)　　2. $\boldsymbol{2fx}$　　3. $\boldsymbol{\frac{V+v}{V}f}$　　4. $\boldsymbol{\frac{nV}{2f}}$

【解説】

2. 定常波の腹と腹の間隔は合成前の波の半波長$\frac{\lambda}{2}$に相当するので，$\frac{\lambda}{2}=x\quad\therefore\lambda=2x$

　よって，$V=f\lambda=\boldsymbol{2fx}$

3. ドップラー効果の公式中の速度は音源から測定器の向きを正とすることに注意する。

$\frac{V-(-v)}{V-0}f=\boldsymbol{\frac{V+v}{V}f}$

4. S_2から測定器が受け取る音の振動数は，$\frac{V-v}{V}f$であるので，$n=\left|\frac{V+v}{V}f-\frac{V-v}{V}f\right|=\frac{2v}{V}f$　よって，$v=\boldsymbol{\frac{nV}{2f}}$

128

(d)

【解説】 定常波ができるためには，伝わる向きが逆で，周期，波長，振幅が等しい必要がある。よってまずsinまたはcosで表されており，位相のxの係数が逆符号のものを選べばよい。元の波を$y(x,t)$とすると，

$y(x,t)=\sin\frac{\pi(x-vt)}{\ell}=\sin\frac{2\pi(x-vt)}{2\ell}=-\sin\frac{2\pi(vt-x)}{2\ell}$

$=-\sin 2\pi\left(\frac{vt}{2\ell}-\frac{x}{2\ell}\right)=-\sin 2\pi\left(\frac{t}{2\ell/v}-\frac{x}{2\ell}\right)\ \cdots$①

よって元の波は，$A=1$，$T=2\ell/v$，$\lambda=2\ell$

(d)の式の場合は，

$y_d(x,t)=\sin\frac{\pi(x+vt)}{\ell}=\sin\frac{2\pi(x+vt)}{2\ell}=\sin\frac{2\pi(vt-x)}{2\ell}$

$=\sin 2\pi\left(\frac{vt}{2\ell}+\frac{x}{2\ell}\right)=\sin 2\pi\left(\frac{t}{2\ell/v}+\frac{x}{2\ell}\right)$

これは$y(x,t)$とは伝わる向きが逆で，

$A=1$，$T=2\ell/v$，$\lambda=2\ell$

(e)の式の場合は，

$y_e(x,t)=\cos\frac{\pi(x+vt)}{\ell}=\cos\frac{2\pi(x+vt)}{2\ell}=\cos\frac{2\pi(vt-x)}{2\ell}$

$=\cos 2\pi\left(\frac{vt}{2\ell}+\frac{x}{2\ell}\right)=\cos 2\pi\left(\frac{t}{2\ell/v}+\frac{x}{2\ell}\right)\ \cdots$②

これも$y(x,t)$とは伝わる向きが逆で，

$A=1$，$T=2\ell/v$，$\lambda=2\ell$

つまり定常波ができるのは(d)と(e)である。また，

$y(0,t)=-\sin 2\pi\frac{t}{2\ell/v}$，$y(\ell,t)=-\sin 2\pi\left(\frac{t}{2\ell/v}-\frac{\ell}{2\ell}\right)$

$y_d(0,t)=\sin 2\pi\frac{t}{2\ell/v}$，$y_d(\ell,t)=\sin 2\pi\left(\frac{t}{2\ell/v}-\frac{\ell}{2\ell}\right)$

$y_e(0,t)=\cos 2\pi\frac{t}{2\ell/v}$，$y_d(\ell,t)=\cos 2\pi\left(\frac{t}{2\ell/v}-\frac{\ell}{2\ell}\right)$

よって，$y(0,t)+y_d(0,t)=0$，$y(\ell,t)+y_d(\ell,t)=0$

となり，$y(x,t)$と$y_d(x,t)$を合成した場合，時刻によらず，$x=0, x=\ell$での変位は0なので，この2点は節になる。以上から正解は(d)。

【注意】

①式はsinの前にマイナスの符号がついており，②式はcosで表されているが，これらは波の伝わる向き，振幅，波長に影響しない。例えば次の2式を考える。

$y=\sin x\ \cdots$（ア）　$y=-\sin x\ \cdots$（イ）

（イ）は$y=-\sin x=-\sin(\pi-x)=\sin(x-\pi)$

であるので，（イ）は（ア）をx軸の正の向きにπだけ平行移動したに過ぎない。

129

(1) $\boldsymbol{\frac{\lambda}{n}}$　　(2) $\boldsymbol{2d\sqrt{n^2-\sin^2\theta}}$

【解説】

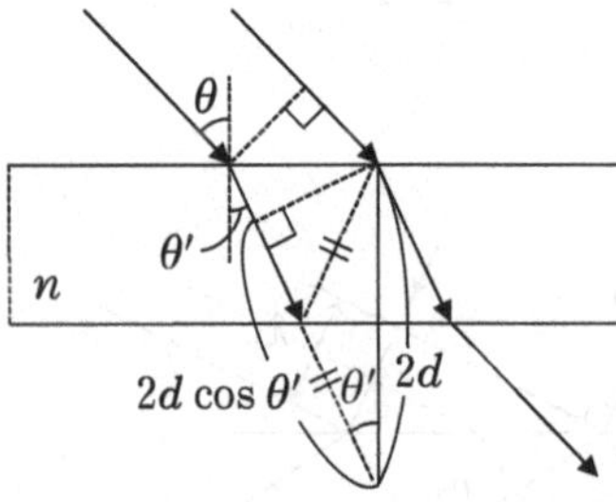

(1) 屈折の法則より，$1\cdot\lambda=n\lambda'$　よって$\lambda'=\boldsymbol{\frac{\lambda}{n}}$

(2) 屈折角をθ'とする。図のように経路差は$2d\cos\theta'$であるので，光路差は$2nd\cos\theta'$となる。よって干渉条件は$2nd\cos\theta'=m\lambda$（mは整数）

$\lambda=\frac{2nd\cos\theta'}{m}$で波長が1番長いのは$m=1$のときなので$\lambda=2nd\cos\theta'$

屈折の法則より，$n\sin\theta'=1\cdot\sin\theta$

よって，$\sin\theta'=\frac{\sin\theta}{n}$

$\cos\theta'=\sqrt{1-\sin^2\theta'}=\sqrt{1-\left(\frac{\sin\theta}{n}\right)^2}=\frac{\sqrt{n^2-\sin^2\theta}}{n}$

よって，$\lambda=2nd\cdot\frac{\sqrt{n^2-\sin^2\theta}}{n}=\boldsymbol{2d\sqrt{n^2-\sin^2\theta}}$

130

⑥

【解説】

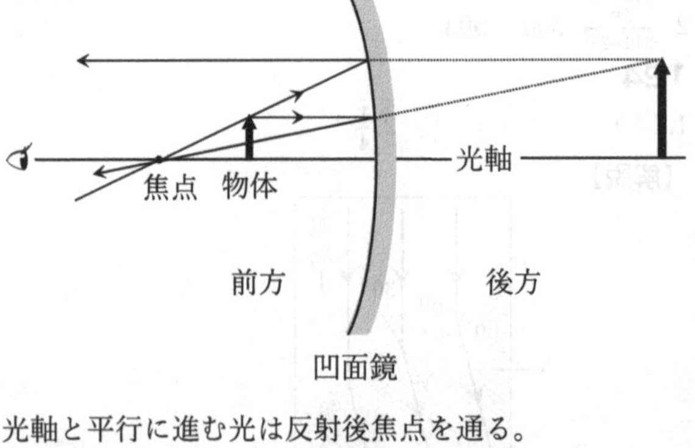

光軸と平行に進む光は反射後焦点を通る。

焦点から出るように進む光は反射後光軸と平行に進む。したがって図のように正立の虚像が後方にできる。

※詳細は導出物理（上）20章「凹面鏡による像(2)」を参照

131

ア

【解説】

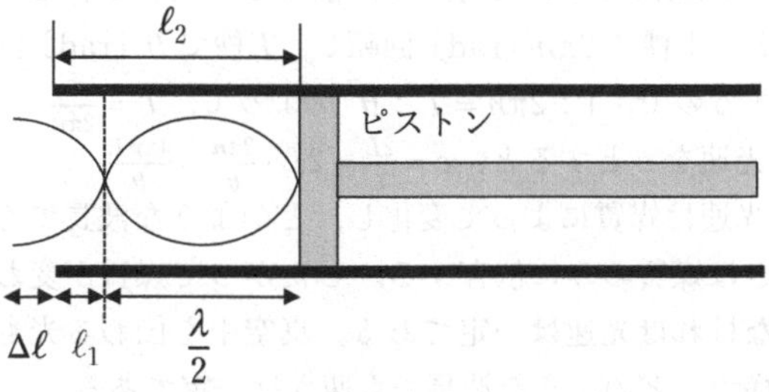

開口端補正を $\Delta\ell$ とする。

図より $\ell_2 - \ell_1 - \frac{\lambda}{2}$ であるので，

$\Delta\ell = \frac{\lambda}{4} - \ell_1 = \frac{1}{2}(\ell_2 - \ell_1) - \ell_1 = \boldsymbol{\frac{\ell_2 - 3\ell_1}{2}}$

132

1.（ウ）　　2.（ア）

【解説】

音の高さは媒質を伝わる音波の振動数で決まる。

1. ギターの弦を伝わる波の速さを v，波長を λ，弦の張力を S, 弦の線密度を ρ，弦の長さを ℓ とすると，$v = \sqrt{\frac{S}{\rho}}$ で，基本振動の場合 $\lambda = 2\ell$ であるので，弦の基本振動数は $f = \frac{v}{\lambda} = \frac{1}{2\ell}\sqrt{\frac{S}{\rho}}$
   この振動数は弦の性質で決まり，取り囲む気体の種類によらず同じ振動数で音波として伝わる。
2. ギターの弦の場合，弦を伝わる波の波長と音波の波長は一致しないが，笛の場合は媒質中に定常波ができるため，この定常波の波長は伝わる音波の波長と等しい。この定常波の波長を λ，音速を V とすると，音波の振動数は $f = \frac{V}{\lambda}$ となり，λ が一定なので f は V に比例する。

(注) 定常波の波長とその定常波をつくる合成前の波の波長は一致する。

133

a

【解説】

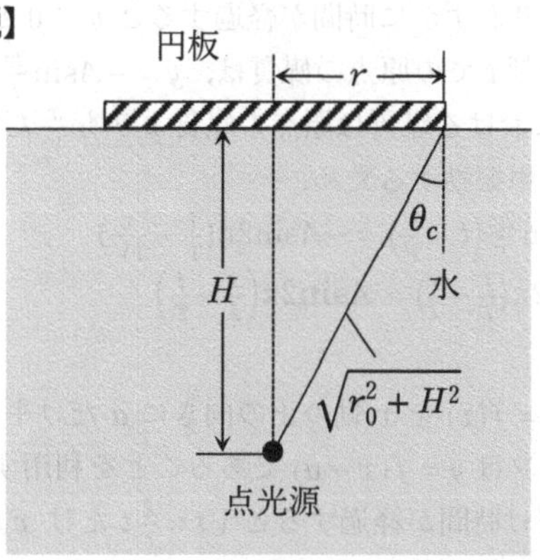

点光源からの光が全反射するときの最小の入射角を θ_c とすると，このときの入射線と水面との交点の軌跡が光を遮るための最小の円板の大きさである。

屈折の法則より，

$n\sin\theta_c = \sin 90° = 1$ …①

円板の最小の半径を r_0 とすると，

$\sin\theta_c = \frac{r_0}{\sqrt{r_0^2 + H^2}}$ …②

①,②より，$r_0 = \boldsymbol{\frac{H}{\sqrt{n^2 - 1}}}$

134

(1) $\boldsymbol{\frac{1}{2L}\sqrt{\frac{S}{\rho}}}$　　(2) $\boldsymbol{2LV\sqrt{\frac{\rho}{S}}}$

(3) 共鳴した管：**b**　波長：$\boldsymbol{4\ell}$

【解説】

(1) 基本振動の波長を λ とすると $\lambda = 2L$
　弦を伝わる速さは $v = \sqrt{\frac{S}{\rho}}$ であるので，求める振動数を f とすると，$v = f\lambda$ より $f = \frac{v}{\lambda} = \boldsymbol{\frac{1}{2L}\sqrt{\frac{S}{\rho}}}$

(2) 求める波長を λ' とすると
　$V = f\lambda'$ を用いて $\lambda' = \frac{V}{f} = \boldsymbol{2LV\sqrt{\frac{\rho}{S}}}$

(3) (2)の解より S が大きくなると λ' は短くなることがわかる。
　a の管が初めて共鳴するのは波長が 2ℓ のときで，
　b の管が初めて共鳴するのは波長が 4ℓ のときなので，
　初めに共鳴するのは **b** で，そのときの波長は $\boldsymbol{4\ell}$

135

(1) エ　(2) イ　(3) オ　(4) エ　(5) ア

【解説】

三角関数 $y = A\sin\frac{2\pi}{\lambda}x$ の周期は λ であり，これは正弦波の波長を表している。詳しくは導出物理（上）17章「三角関数の周期」を参照

(1) 求める速さを V，正弦波の振動数を f とすると，
　$V = f\lambda, f = \frac{1}{T}$ より $V = \boldsymbol{\frac{\lambda}{T}}$

(2) 正弦波は x 軸の正の向きに進むため，原点の媒質は

時刻0よりわずかに時間が経過すると $y<0$ となる。
よって時刻 t での原点の媒質は，$y=-A\sin\frac{2\pi}{T}t$
位置 x における媒質は原点の媒質よりも $\frac{x}{V}$ だけ時間が遅れて単振動するため，
$y=-A\sin\frac{2\pi}{T}\left(t-\frac{x}{V}\right)=-A\sin2\pi\left(\frac{t}{T}-\frac{x}{TV}\right)$
$=-A\sin2\pi\left(\frac{t}{T}-\frac{x}{\lambda}\right)=\boldsymbol{A\sin2\pi\left(\frac{x}{\lambda}-\frac{t}{T}\right)}$

【別解】

一般に $y=f(x)$ を x 軸の正の向きに a だけ平行移動したグラフは $y=f(x-a)$ であることを利用する。
波は t だけ時間が経過すると $Vt=\frac{\lambda}{T}t$ だけ x 軸の正の向きに平行移動するので，
$y=A\sin\frac{2\pi}{\lambda}\left(x-\frac{\lambda}{T}t\right)=\boldsymbol{A\sin2\pi\left(\frac{x}{\lambda}-\frac{t}{T}\right)}$

(3) 時刻 t での原点の媒質は，$y=A\sin\frac{2\pi}{T}t$
位置 x における媒質は原点の媒質よりも $\frac{x}{V}$ だけ時間が早く単振動するため，
$y=A\sin\frac{2\pi}{T}\left(t+\frac{x}{V}\right)=A\sin2\pi\left(\frac{t}{T}+\frac{x}{TV}\right)$
$=A\sin2\pi\left(\frac{t}{T}+\frac{x}{\lambda}\right)$
$=\boldsymbol{A\sin2\pi\left(\frac{x}{\lambda}+\frac{t}{T}\right)}$

【別解】

一般に $y=f(x)$ を x 軸の負の向きに a だけ平行移動したグラフは $y=f(x+a)$ であることを利用する。
波は t だけ時間が経過すると $Vt=\frac{\lambda}{T}t$ だけ x 軸の負の向きに平行移動するので，
$y=A\sin\frac{2\pi}{\lambda}\left(x+\frac{\lambda}{T}t\right)=\boldsymbol{A\sin2\pi\left(\frac{x}{\lambda}+\frac{t}{T}\right)}$

(4) $y=A\sin2\pi\left(\frac{x}{\lambda}-\frac{t}{T}\right)+A\sin\left(\frac{x}{x}+\frac{t}{T}\right)$
$=2A\sin2\pi\cdot\frac{1}{2}\left(\frac{x}{\lambda}-\frac{t}{T}+\frac{x}{\lambda}+\frac{t}{T}\right)\cos2\pi\cdot\frac{1}{2}\left(\frac{\pi}{\lambda}-\frac{t}{T}-\frac{x}{\lambda}-\frac{t}{T}\right)$
$=\boldsymbol{2A\sin2\pi\frac{x}{\lambda}\cos2\pi\frac{t}{T}}$

(5) 定常波の節と節(腹と腹)の間隔は $\boldsymbol{\frac{1}{2}\lambda}$

136

1. エ　　2. ア　　3. オ　　4. イ

【解説】

1.

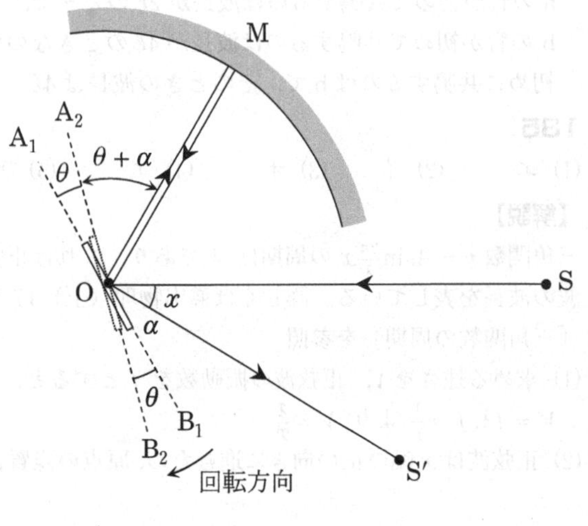

求める角の大きさを x とする。
図のように $\angle B_1OS'=\alpha$ とおくと，
反射の法則より $\angle A_2OM=\angle B_2OS'=\theta+\alpha$
同様に，$\angle A_1OM=\angle B_1OS$ であるので，
$2\theta+\alpha=\alpha+x$　よって，$x=2\theta$

2. 単位時間を1秒で考える。求める時間を T 秒とすると，1秒で $2\pi n$〔rad〕回転し，T 秒で θ〔rad〕回転するので，$1:2\pi n=T:\theta$　よって，$T=\frac{\theta}{2\pi n}$
3. 光速を c とすると，$c=\frac{2L}{T}=2L\cdot\frac{2\pi n}{\theta}=\frac{4\pi nL}{\theta}$
4. 光速は媒質によって変化し，どのような波長でも速さは媒質のみに依存する。したがって媒質が変わらなければ光速は一定である。真空中を伝わる光も同様で，どのような波長でも速さは一定である。

137

140 mm

【解説】

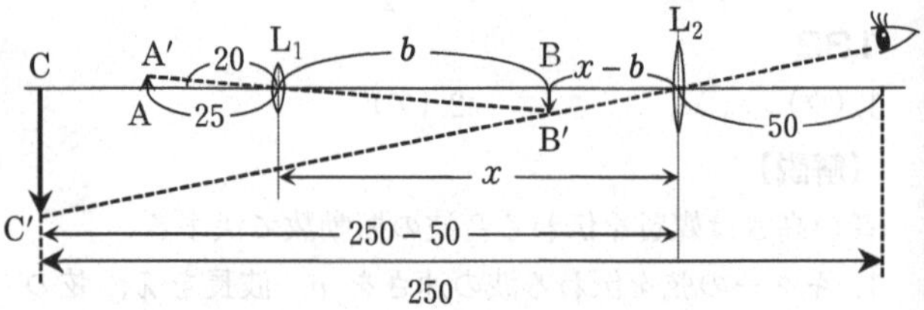

L_1 についてレンズの式は，L_1 と BB' の距離を b とすると，$\frac{1}{25}+\frac{1}{b}=\frac{1}{20}$　よって，$\boldsymbol{b=100}$
L_2 についてのレンズの式は，$L_1L_2=x$ とすると，
$\frac{1}{x-b}-\frac{1}{250-50}=\frac{1}{50}$　$\therefore\boldsymbol{x=140\ \mathrm{mm}}$

138

(1) ⑤　　(2) ①

【解説】

(1) L_2 による像がどこにできたかを考える。
L_2 がつくる像からの L_1 までの距離を x〔cm〕とすると，レンズの公式より，$\frac{1}{x}+\frac{1}{30}=\frac{1}{20}$
よって，$x=60\ \mathrm{cm}$
このことから，L_2 がつくる像から L_2 までの距離は $60-20=40\ \mathrm{cm}$ であることがわかるので，
レンズの公式より，$\frac{1}{130-(20+30)}-\frac{1}{40}=-\frac{1}{f}$
$f=80$　$\therefore\boldsymbol{|f|=80\ \mathrm{cm}}$

(2) L_1 の倍率は，$\frac{30}{60}=\frac{1}{2}$
L_2 の倍率は，$\frac{40}{130-(20+30)}=\frac{1}{2}$
よって，最終的な倍率は $\frac{1}{2}\times\frac{1}{2}=\boldsymbol{\frac{1}{4}}$

139

(1) ⑨　　(2) ④

【解説】

(1) 単色光の波長を λ，暗環の半径を r とすると，平凸

レンズ面では自由端反射，平板ガラス面では固定端反射するので，暗環ができる条件は，

$\frac{r^2}{R} = m\lambda \ (m = 0,1,2 \cdots)$

よって，$R = \frac{r^2}{m\lambda}$

$m = 0$ のときが1番目の暗環であるので，

$m = 4$ のときは5番目の暗環であることに注意する。

$m = 4$ のとき，$r = 4.00 \times 10^{-3}$ であるので，

$R = \frac{(4.00\times10^{-3})^2}{4\times5.00\times10^{-7}} \fallingdotseq 8.0$ m

(2) 用いた液体の屈折率を n とする。n が平凸レンズや平板ガラスの屈折率より小さいとき，平凸レンズ面では自由端反射，平板ガラス面では固定端反射する。さらに液中での単色光の波長は $\frac{\lambda}{n}$ になるので，暗環ができる条件は，$\frac{r^2}{R} = m\frac{\lambda}{n} \ (m = 0,1,2 \cdots)$

よって，$n = \frac{mR\lambda}{r^2}$

$m = 0$ のときが1番目の暗環であるので，

$m = 4$ のときは5番目の暗環である。

$m = 4$ のとき，$r = 3.65 \times 10^{-3}$ であるので，

$n \fallingdotseq \frac{4\times8.0\times5.00\times10^{-7}}{(3.65\times10^{-3})^2} \fallingdotseq 1.2$

140

(イ) $\boldsymbol{\frac{c+v}{c}f}$　(ロ) $\boldsymbol{\frac{c+v}{c-v}f}$　(ハ) $\boldsymbol{\frac{2v}{c-v}f}$

(ニ) $\boldsymbol{\frac{N}{2f+N}c}$　(ホ) **144 km/h**　(ヘ) $\boldsymbol{\frac{c+v\cos\theta}{c}f}$

(ト) $\boldsymbol{\frac{Mc}{(2f+M)\cos\theta}}$

【解説】

(イ) ドップラー効果の公式より，求める振動数を f_1 とすると，$f_1 = \boldsymbol{\frac{c+v}{c}f}$

(ロ) ボールが f_1 の波を発したと考えて，求める振動数を f_2 とすると，

$f_2 = \frac{c}{c-v}f_1 = \frac{c}{c-v}\cdot\frac{c+v}{c}f = \boldsymbol{\frac{c+v}{c-v}f}$

(ハ) $N = |f_2 - f| = \left(\frac{c+v}{c-v} - 1\right)f = \boldsymbol{\frac{2v}{c-v}f}$

(ニ) (ハ)の解より，$v = \boldsymbol{\frac{N}{2f+N}c}$

(ホ) (ニ) の解に値をそれぞれ代入すると，

$v = \frac{800}{2\times3\times10^3\times800}\times340 = 40$ m/s $=$ **144 km/h**

(ヘ) ボールの計測器方向の速度成分は $v\cos\theta$ である。ドップラー効果の公式より，求める振動数を f_3 とすると，$f_3 = \boldsymbol{\frac{c+v\cos\theta}{c}f}$

(ト) 反射音の振動数を f_4 とすると，

$f_4 = \frac{c}{c-v\cos\theta}f_3 = \frac{c+v\cos\theta}{c-v\cos\theta}f$

よって，$M = |f_4 - f| = \frac{2v\cos\theta}{cf-v\cos\theta}f$

$\therefore v = \boldsymbol{\frac{Mc}{(2f+M)\cos\theta}}$

141

ア. 1　イ. 0　ウ. 5　エ. 2

オ. 7　カ. 2　キ. 4　ク. 5

ケ. 8　コ. 4　サ. 3　シ. 8

【解説】

問1

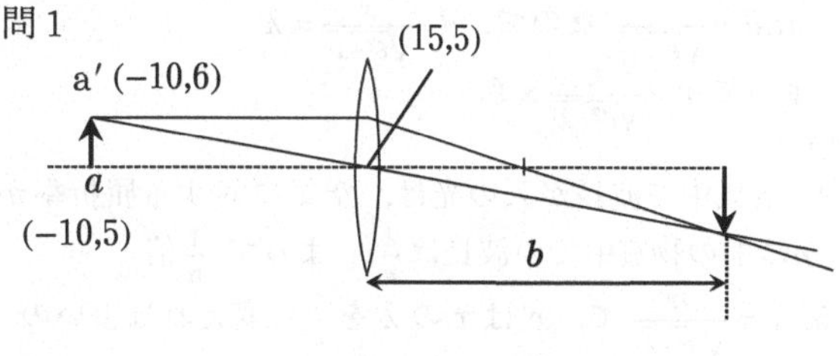

鏡によって物体 aa' の先端は $(-10,6)$ にあるように見える。よってレンズの公式より，凸レンズから像のできる位置までの距離を b とすると，

$\frac{1}{15-(-10)} + \frac{1}{b} = \frac{1}{15}$　$\therefore \boldsymbol{b = \frac{75}{2}}$

よって x 座標は，$15 + b = 15 + \frac{75}{2} = \boldsymbol{\frac{105}{2}}$

倍率は $\frac{\frac{75}{2}}{25} = \frac{3}{2}$ であるので，像の大きさが $1\times\frac{3}{2} = \frac{3}{2}$ で，倒立の像になることに注意すると，y 座標は，

$5 - \frac{3}{2} = \boldsymbol{\frac{7}{2}}$

問2

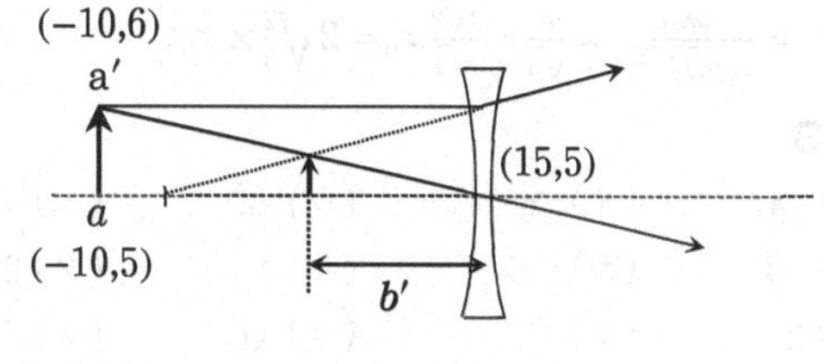

問1と同様に考えて，レンズの公式より凹レンズから像のできる位置までの距離を b' とすると，

$\frac{1}{25} + \frac{1}{b'} = -\frac{1}{15}$　$\therefore b' = -\frac{75}{8}$

よって x 座標は，$15 - b' = 15 - \frac{75}{8} = \boldsymbol{\frac{45}{8}}$

倍率は $\frac{\frac{75}{8}}{25} = \frac{3}{8}$ であるので，像の大きさが $1\times\frac{3}{8} = \frac{3}{8}$ で，正立の像になることに注意すると，y 座標は，

$5 + \frac{3}{8} = \boldsymbol{\frac{43}{8}}$

142

1. ①　2. ③　3. ⑤　4. ②　5. ③

6. ⑥　7. ⓑ

【解説】

(1)

1.

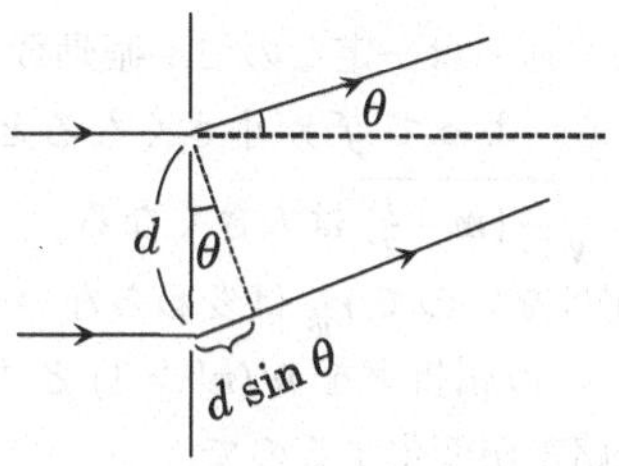

図より，$\boldsymbol{L = d\sin\theta}$

2. 明線なので $\boldsymbol{L = m\lambda}$

3. P にあるとき，$m=1$ より，$d\sin\theta=\lambda$

$\sin\theta=\frac{x}{\sqrt{\ell^2+x^2}}$ なので，$d\cdot\frac{x}{\sqrt{\ell^2+x^2}}=\lambda$

よって $x=\frac{\boldsymbol{\lambda}}{\sqrt{\boldsymbol{d^2-\lambda^2}}}\times\ell$

(2)

4. 空気中で波長が λ の光は，空気に対する屈折率が $n(>1)$ の物質中での波長は $\frac{\lambda}{n}$　よって $\frac{\boldsymbol{1}}{\boldsymbol{n}}$ 倍

5. $x=\frac{\lambda\ell}{\sqrt{d^2-\lambda^2}}$ で，x' は x の λ を $\frac{\lambda}{n}$ に変えればよいので，$x'=\frac{\frac{\lambda}{n}\ell}{\sqrt{d^2-\left(\frac{\lambda}{n}\right)^2}}=\frac{\lambda\ell}{\sqrt{(nd)^2-\lambda^2}}$

$n>1$ より x' の分母は x の分母より大きいので，

$\boldsymbol{x'<x}$

6. $x'=\frac{\lambda\ell}{\sqrt{(nd)^2-\lambda^2}}$ より，$n=\frac{\sqrt{\boldsymbol{\ell^2+x'^2}}}{\boldsymbol{x'd}}\boldsymbol{\lambda}$

7. $x=\frac{\lambda\ell}{\sqrt{d^2-\lambda^2}}$ に $x=x_0, \lambda=\lambda_0, d=3\lambda_0$ を代入すると，

$x_0=\frac{\lambda_0\ell}{\sqrt{9\lambda_0^2-\lambda_0^2}}=\frac{\ell}{2\sqrt{2}}$ である。よって，$\ell=2\sqrt{2}x_0$

次に，求める明線の位置を x'' として $x=x''$，$\lambda=\frac{3}{2}\lambda_0$，$d=3\lambda_0$ を代入すると，

$x''=\frac{3\lambda_0\ell}{2\sqrt{9\lambda_0^2-\frac{9}{4}\lambda_0^2}}=\frac{\ell}{\sqrt{3}}=\frac{2\sqrt{2}}{\sqrt{3}}x_0=\boldsymbol{2\sqrt{\frac{2}{3}}}\times x_0$

143

(ア) ④	(イ) ⑥	(ウ) ②	(エ) ⑧
(オ) ③	(カ) ⑥	(キ) 4	(ク) 0
(ケ) 2	(コ) ③	(サ) ①	(シ) ②
(ス) ③			

【解説】

(ア) 往復なので，$2y=\boldsymbol{2ax^2}$

(カ) $2ar_m^2=\left(m-\frac{1}{2}\right)\lambda$ …※

$r_m=\sqrt{\frac{\boldsymbol{\lambda}}{\boldsymbol{2a}}\left(\boldsymbol{m-\frac{1}{2}}\right)}$

(キ)(ク)(ケ)

※より，$a=\left(m-\frac{1}{2}\right)\frac{\lambda}{2r_m^2}$

数値をそれぞれ代入すると，

$a=\left(8-\frac{1}{2}\right)\frac{6.0\times10^{-7}}{2\times(7.5\times10^{-3})^2}=\boldsymbol{4.0\times10^{-2}}$ 1/m

(コ) $r_m=\sqrt{\frac{\lambda}{2a}\left(m-\frac{1}{2}\right)}$ より a が大きくなると r_m は小さくなるので，しま模様の間隔も小さくなる。

(サ) $c=f\lambda$ で光速 c は一定なので，振動数 f と波長 λ は反比例する。よって f が小さくなると λ が大きくなり，$r_m=\sqrt{\frac{\lambda}{2a}\left(m-\frac{1}{2}\right)}$ は大きくなる。

(シ) 位相変化はないので r_m は変わらない。

(ス) アルコールの屈折率を $n'(n'>1)$ とすると，(A) の左辺の光路差が変化するので，

$n'\times2ar_m^2=\left(m-\frac{1}{2}\right)\lambda$ より，$r_m=\sqrt{\frac{\lambda}{2an'}\left(m-\frac{1}{2}\right)}$

r_m が小さくなるのでしま模様の間隔も小さくなる。

144

(イ) **2.8 × 10² Hz**	(ロ) **4.3 × 10² Hz**
(ハ) $\boldsymbol{(V-v_S)f_0-Vf}$	(ニ) $\boldsymbol{n=4}$

(ホ) $\boldsymbol{\frac{101N-f}{101N+100f}}$

【解説】

(イ)

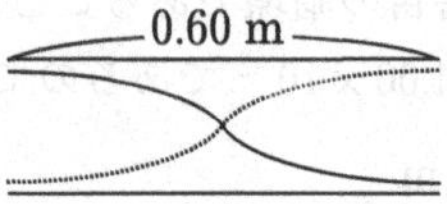

上図より波長 λ は 1.2 m であるので，

$f=\frac{v}{\lambda}=\frac{340}{1.2}=\boldsymbol{2.8\times10^2}$ **Hz**

(ロ)

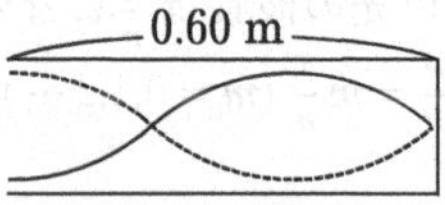

上図より波長を λ' は $0.6\times\frac{4}{3}=0.8$ m であるので，

$f'=\frac{v}{\lambda'}=\frac{340}{0.8}=\boldsymbol{4.3\times10^2}$ **Hz**

(ハ) $f_0=\frac{V+v_0}{V-v_S}f$ より，$v_0=\frac{\boldsymbol{(V-v_S)f_0-Vf}}{\boldsymbol{f}}$

(ニ) 波長 λ は $\lambda=\frac{V}{f}=\frac{340}{340}=1$ m

2 波長分移動したとき，4 箇所節があることになる。

よって，$\boldsymbol{n=4}$

(ホ) S_1 からの振動数を f_1，S_2 からの振動数を f_2 とすると，

$f_1=\frac{V}{V-v_{S1}}f$，$f_2=\frac{V}{V-v_{S2}}f$　よって，

$N=\left|\frac{V}{V-v_{S1}}f-\frac{V}{V+v_{S2}}f\right|=fV\left|\frac{1}{V-v_{S1}}-\frac{1}{V+v_{S2}}\right|$

$\frac{1}{V-v_{S1}}>\frac{1}{V+v_{S2}}$ であるので，

$N=fV\left(\frac{1}{V-v_{S1}}-\frac{1}{V+v_{S2}}\right)$

$v_{S1}=\left(\frac{\boldsymbol{101N-f}}{\boldsymbol{101N+100f}}\right)\times V$

145

問 1 ⑤	問 2 ⑤	問 3 ②	問 4 ④

【解説】

$Y=A\sin(at+bx+c)$ …①

問 1 ①に $t=0$ を代入して，

$Y=A\sin(bx+c)$

山となるのは $\sin(bx+c)=1$ のときであるので，

$bx+c=\frac{\pi}{2}+2n\pi=\left(2n+\frac{1}{2}\right)\pi$

$x=\left(\boldsymbol{2n+\frac{1}{2}}\right)\frac{\boldsymbol{\pi}}{\boldsymbol{b}}-\frac{\boldsymbol{c}}{\boldsymbol{b}}$

問 2 ①に $x=0$ を代入して，

$Y=A\sin(at+c)$

$\sin(at+c)=1$ を満たすので，

$at+c=\frac{\pi}{2}+2n\pi=\left(2n+\frac{1}{2}\right)\pi$

$\therefore t=\left(\boldsymbol{2n+\frac{1}{2}}\right)\frac{\boldsymbol{\pi}}{\boldsymbol{a}}-\frac{\boldsymbol{c}}{\boldsymbol{a}}$

問 3 問 1 の解 $x=\left(2n+\frac{1}{2}\right)\frac{\pi}{b}-\frac{c}{b}$ は公差 $\frac{2\pi}{b}$ の等差数列で

あるので，山と山の間隔が $\frac{2\pi}{b}$ よって，$\lambda=\frac{2\pi}{b}$

問 2 の解の $t=\left(2n+\frac{1}{2}\right)\frac{\pi}{a}-\frac{c}{a}$ は公差 $\frac{2\pi}{a}$ の等差数列であるので，原点の媒質の振動の周期は $T=\frac{2\pi}{a}$ であり，時間が T だけ経過するたびに山は $x=0$ を通過する。

よって，$|v|=\left|\frac{\lambda}{T}\right|=\left|\frac{2\pi}{b}\cdot\frac{a}{2\pi}\right|=\left|\frac{a}{b}\right|$

また，時刻 t における山の位置は

$\sin(at+bx+c)=1$ を満たすので，

$at+bx+c=\left(2n+\frac{1}{2}\right)\pi$

これを x について解くと，

$x=\left(2n+\frac{1}{2}\right)\frac{\pi}{b}-\frac{c}{b}-\frac{at}{b}$

x は t の一次関数であるとみなすと，$a>0$, $b>0$ であるので傾き $-\frac{a}{b}$ は負である。よって t が増加すると x が減少するので波の速度方向は x 軸の**負の向き**である。

(注 1) 位相の x の係数が正のときは，一般に x 軸の負の向きに伝わる波である。

(注 2) $y=f(x)$ を x 軸の正の向きに $\alpha\ (\alpha>0)$ だけ平行移動したグラフは $y=f(x-\alpha)$，x 軸の負の向きに $\alpha\ (\alpha>0)$ だけ平行移動したグラフは $y=f(x+\alpha)$ である。よって $a>0$, $b>0$ であることに注意すると，①式で表される x–Y グラフは t が増加すると x 軸の負の向きに平行移動する。

問 4 三角関数の和積公式を用いると，

$Y_1+Y_2=2A\sin\left(at+\frac{c}{2}\right)\cos\left(bx-\frac{c}{2}\right)$

$\sin\left(at+\frac{c}{2}\right)$ は時間に依存する関数であり，

$\cos\left(bx-\frac{c}{2}\right)$ は時間に依存しない関数であることに注意すると，$\cos\left(bx-\frac{c}{2}\right)=0$ を満たす x が節の位置になる。よって，$bx-\frac{c}{2}=\left(n+\frac{1}{2}\right)\pi$

$\therefore x=\boldsymbol{\left(n+\frac{1}{2}\right)\frac{\pi}{b}+\frac{c}{2b}}$

【参考】

正弦波の公式を用いて係数を比較してもよい。

$Y=A\sin\frac{2\pi}{T}\left(t+\frac{x}{v}+\varphi\right)=A\sin\left(\frac{2\pi}{T}t+\frac{2\pi}{\lambda}x+\frac{2\pi}{T}\varphi\right)$

とすると①式に合う。これは x の係数が正のため x 軸の負の向きに進む正弦波であることに注意する。

$a=\frac{2\pi}{T}$，$b=\frac{2\pi}{\lambda}$ となり，$T=\frac{2\pi}{a}$，$\lambda=\frac{2\pi}{b}$

よって，$v=\left|\frac{\lambda}{T}\right|=\left|\frac{a}{b}\right|$ であり，$a>0$, $b>0$ と合致するため x 軸の負の向きに進む正弦波である。

146

1. ④	2. ①	3. ②	4. ①	5. ⑤
6. ⑤	7. ⑤	8. ⑥	9. ⑥	10. ②

【解説】

1. PQ の往復距離なので $2d$

2.3. ガラスの屈折率は空気の屈折率より大きいため，P では位相は変わらず，Q では位相が反転する。

(注) 反射において，
(小) → (大) …位相は反転する
(大) → (小) …位相は変化しない

4. $2d=m\lambda$ より $d=\boldsymbol{\frac{m}{2}\cdot\lambda}$

5. △OPQ より，$d=x\tan\alpha\fallingdotseq x\alpha$
暗線ができる条件は，$2d\fallingdotseq 2x\alpha=m\lambda$
$\therefore x=\boldsymbol{\frac{m}{2\alpha}}\cdot\lambda$

6. $m=0,1,2\cdots$ のとき，$x=0,\frac{1\cdot\lambda}{2\alpha}\cdot\frac{2\cdot\lambda}{2\alpha}\cdots$ であるので，暗線の間隔は $\frac{\lambda}{2\alpha}$

7. $2d=\left(m+\frac{1}{2}\right)\lambda$ より $d=\boldsymbol{\frac{1}{2}\left(m+\frac{1}{2}\right)}\cdot\lambda$

8. P で位相が反転し，Q では位相が変わらないことに注意すると，光路差は $2dn'\fallingdotseq 2x\alpha n'$ になるので，暗線ができる条件は $2x\alpha n'=m\lambda$ よって，
$x=\boldsymbol{\frac{m}{2n'\alpha}\times\lambda}$

9. P で位相は変わらず，Q で位相が反転することに注意すると，光路差が $2dn'\fallingdotseq 2x\alpha n'$ になるので，
$2x\alpha n'=m\lambda$ よって，$x=\boldsymbol{\frac{m}{2n'\alpha}}\times\lambda$

10. 干渉の条件を考慮すると，経路差が λ 増加するごとに明線と暗線は同じ位置にできると考えられる。ガラス 2 を h だけ持ち上げると経路差は $2h$ 増加するので，$2h=\lambda,2\lambda,3\lambda\cdots$ つまり，$h=\frac{\lambda}{2},\frac{2\lambda}{2},\frac{3\lambda}{2}\cdots$ となると明線と暗線が同じ位置にできる。よって初めて明線，暗線が一致するのは $h=\boldsymbol{\frac{\lambda}{2}}$ のときである。

147

(イ) $\boldsymbol{\frac{2\pi\ell}{\lambda}}$　(ロ) $\boldsymbol{\frac{4\pi}{\lambda}(L_1-L_2)}$　(ハ) $\boldsymbol{\frac{4\pi(n-1)d}{\lambda}}$

(ニ) $\boldsymbol{\frac{\lambda}{4}}$　(ホ) $\boldsymbol{\frac{c-v}{\lambda}}$　(ヘ) $\boldsymbol{\frac{c(c-v)}{(c+v)\lambda}}$

(ト) $\boldsymbol{\frac{\lambda(c+v)}{2cv}}$

【解説】

(イ) M_1，M_2 を経由する光は H と反射鏡でそれぞれ 2 回固定端反射し，その影響で位相はそれぞれ 2π ずれる。よってこの位相のずれの考慮は不要である。距離の差が λ のときの位相差が 2π であるので，距離の差が ℓ のときの位相差を x とおくと，$\lambda:2\pi=\ell:x$
よって，$x=\boldsymbol{\frac{2\pi\ell}{\lambda}}$

(ロ) 経路差は $2L_1-2L_2=2(L_1-L_2)$ であるので，(イ) の結果を利用すると，$\ell=2(L_1-L_2)$ であるので，
位相差は $\boldsymbol{\frac{4\pi}{\lambda}(L_1-L_2)}$

(ハ) M_1 を経由する光路長は L_1-d+nd と表すことができる。よって光路差は，
$2(L_1-d+nd)-2L_2=2\{L_1+(n-1)d\}-2L_2$
光がガラスに入射するとき，位相は π ずれるが，M_1 を経由する光はこれが 2 回起こるため合計で 2π ずれる。よってこのずれの影響は考慮する必要がないので，位相差は $\boldsymbol{\frac{4\pi}{\lambda}\{L_1+(n-1)d-L_2\}}$

したがって位相差の変化量は，

$\frac{4\pi}{\lambda}\{L_1+(n-1)d-L_2\}-\frac{4\pi}{\lambda}(L_1-L_2)=\boldsymbol{\frac{4\pi(n-1)d}{\lambda}}$

(ニ) 強め合う状態から初めて弱め合ったので，経路差は$\frac{\lambda}{2}$だけ変化したことになる。M_1 を x だけ遠ざけると経路は $2x$ 増加することに注意すると，$\boldsymbol{\frac{\lambda}{4}}$ だけ遠ざければ経路は$\frac{\lambda}{2}$増加する。

(ホ) レーザー光源 S から発せられる光の振動数を f とすると，$f=\frac{c}{\lambda}$

M_1は遠ざかるので，求める振動数をf_1とすると，

$f_1=\frac{c-v}{c}f=\frac{c-v}{c}\cdot\frac{c}{\lambda}=\boldsymbol{\frac{c-v}{\lambda}}$

(へ) M_1 は遠ざかっているので，求める振動数をf_2とすると，$f_2=\frac{c}{c+v}f_1=\frac{c}{c+v}\cdot\frac{c-v}{\lambda}=\boldsymbol{\frac{c(c-v)}{(c+v)\lambda}}$

(ト) 振動数がf_1, f_2の音波を干渉させて起こるうなりは単位時間に$N=|f_1-f_2|$ 回である。これと同様に考えると，単位時間での光のうなりの回数は，

$N=|f-f_2|=\left|\frac{c}{\lambda}-\frac{c-v}{c+v}\cdot\frac{c}{\lambda}\right|=\frac{2v}{c+v}\cdot\frac{c}{\lambda}=\frac{2cv}{\lambda(c+v)}$

よって光のうなりの周期は，$T=\frac{1}{N}=\boldsymbol{\frac{\lambda(c+v)}{2cv}}$

【注意】 多くの場合，

経路差（光路差）$=m\lambda$ または $\left(m+\frac{1}{2}\right)\lambda$

で解くことができるが，これを使えない問題 が出題されることもある。（λがバラバラのときなど）

そのとき，　位相差で干渉を調べる。

〈位相差条件〉

$$\Delta\theta=\theta_A-\theta_B=\begin{cases}2\pi m & \cdots\text{強め合い}\\ 2\pi\left(m+\frac{1}{2}\right) & \cdots\text{弱め合い}\end{cases}$$

(例) 2 つの同位相の波源 A，B からそれぞれr_A, r_Bだけ離れた点 P での干渉を考える場合

$$\begin{cases}y_A(t)=A\sin\left\{2\pi\left(\frac{t}{T}-\frac{r_A}{\lambda_A}\right)\right\}\\ y_B(t)=A\sin\left\{2\pi\left(\frac{t}{T}-\frac{r_B}{\lambda_B}\right)\right\}\end{cases}$$

ここで各位相は$Q_A=2\pi\left(\frac{t}{T}-\frac{r_A}{\lambda_A}\right)$，$Q_B=2\pi\left(\frac{t}{T}-\frac{r_B}{\lambda_B}\right)$

なので，$Q_A-Q_B=2\pi m$ のとき強め合う

$\Leftrightarrow 2\pi\left(\frac{t}{T}-\frac{r_A}{\lambda_A}\right)-2\pi\left(\frac{t}{T}-\frac{r_B}{\lambda_B}\right)=2\pi m$

$\lambda_A=\lambda_B$ なら $r_B-r_A=m\lambda$ となり，いつもの式が出てくることがわかる。

148

1.〔2〕	2.〔8〕	3.〔10〕
4.〔13〕	5.〔21〕	6.〔22〕
7.〔27〕	8.〔32〕	9.〔34〕

【解説】

1.2. ドップラー効果の公式より，観測者が聞く音の振動数は，$f'=\boldsymbol{\frac{V}{V-u}f}$ で，観測される波長は $V=f\lambda$ の公式より，$\lambda=V\cdot\frac{V-u}{Vf}=\boldsymbol{\frac{V-u}{f}}$

【別解】

時間 t の間に音は距離 Vt 先まで伝わり，音源は ut 進む。よって $Vt-ut$ の間に ft 個の波があるので，波 1 個の長さは，$\lambda=\frac{(V-u)t}{ft}=\boldsymbol{\frac{V-u}{f}}$

単位時間に音波は Vだけ伝わり，その中に$\frac{V}{\lambda}$個の波が入っている。単位時間に観測者を通過する波の個数が，観測者が聞く音の振動数であるので，$\frac{V}{\lambda}=\boldsymbol{\frac{V}{V-u}f}$

3. $u_A=u\cos(90°+\theta)=\boldsymbol{-u\sin\theta}$

4. $\frac{OS}{\sin\alpha}=\frac{OA}{\sin\theta}$，$OA=\frac{R}{2}$，$OS=R$ なので，$\sin\theta=\frac{1}{2}\sin\alpha$

A での音の振動数は $\frac{V}{V+u\sin\theta}f$ であるので，$\sin\theta$ を消去して，$\boldsymbol{\frac{2V}{2V+u\sin\alpha}f}$

5.6. $-1\leqq\sin\alpha\leqq1$ なので，

$\frac{2V}{2V+u}f\leqq\frac{2V}{2V+u\sin\alpha}f\leqq\frac{2V}{2V-u}f$　よって，

最小値は $\boldsymbol{\frac{2V}{2V+u}f}$ $(\sin\alpha=1)$

最大値は $\boldsymbol{\frac{2V}{2V-u}f}$ $(\sin\alpha=-1)$

7.8.

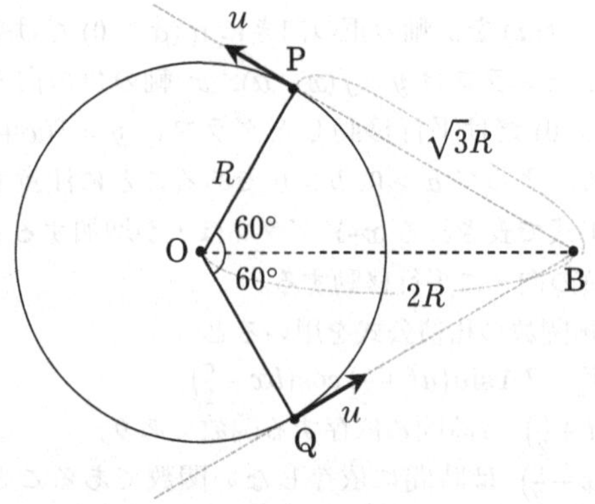

上図の Q のとき最大となるので，$f_1=\frac{V}{V-u}f$

上図の P のとき最小となるので，$f_2=\frac{V}{V+u}f$

2 式より，$f=\boldsymbol{\frac{2f_1f_2}{f_1+f_2}}$，$u=\boldsymbol{\frac{f_1-f_2}{f_1+f_2}V}$

9. P で発した音が B に到達したときが観測し初めで，Q で発した音が B に到達したときが観測し終わり。P で音を発した時刻を 0 とすると，観測し初めの時刻は $\frac{\sqrt{3}R}{V}$ である。音源の P から Q までの移動時間は $\frac{2\pi R\times\frac{240}{360}}{u}=\frac{4\pi R}{3u}$ であるので，Q で発した音が B に到達する時刻は，$\frac{4\pi R}{3u}+\frac{\sqrt{3}R}{V}$

よって求める時間は，

$\left(\frac{4\pi R}{3u}+\frac{\sqrt{3}R}{V}\right)-\frac{\sqrt{3}R}{V}=\boldsymbol{\frac{4\pi R}{3u}}$

149

ア. $\boldsymbol{\frac{d}{\ell}}$	イ. $\boldsymbol{2\pi\frac{\Delta\ell}{\lambda}}$	ウ. $\boldsymbol{2a\cos\pi\frac{\Delta\ell}{\lambda}}$
エ. 白	オ. 紫	

① $\boldsymbol{\frac{d}{\ell}x=m\lambda}$　② $\boldsymbol{\frac{\lambda\ell}{d}}$　③ $\boldsymbol{6.0\times10^{-7}\ \mathrm{m}}$

④ A と B に達する光が同位相ではなくなるため，干渉

縞は消える。

【解説】

(1)

ア. $(\mathrm{BP}+\mathrm{AP})(\mathrm{BP}-\mathrm{AP})=2xd$

$2\ell(\mathrm{BP}-\mathrm{AP}) \fallingdotseq 2xd \quad \mathrm{BP}-\mathrm{AP} \fallingdotseq \boldsymbol{\frac{d}{\ell}} \times x$

① 経路差は，$\mathrm{BP}-\mathrm{AP}=\frac{d}{\ell}x$

よって，$\boldsymbol{\frac{d}{\ell}x=m\lambda}$

② $x=\frac{m\lambda\ell}{d}$ なので，$m=1,2,3\cdots$ のとき，

$x=\frac{\lambda\ell}{d},\frac{2\lambda\ell}{d},\frac{3\lambda\ell}{d}\cdots$ である。よって $\boldsymbol{\Delta x=\frac{\lambda\ell}{d}}$

③ $\lambda=\frac{\Delta xd}{\ell}=\frac{(1.8\times10^{-3})\times(0.50\times10^{-3})}{1.5}=\boldsymbol{6.0\times10^{-7}\ \mathrm{m}}$

イ. 経路差 λ のとき位相差は 2π なので，経路差 $\Delta\ell$ のときの位相差を δ とすると，$\lambda:2\pi=\Delta\ell:\delta$

よって，$\delta=2\pi\frac{\Delta\ell}{\lambda}$

A を通過した光より B の通過した光は点 P において位相が $2\pi\frac{\Delta\ell}{\lambda}$ だけ遅れるから，

$\varphi_2=a\sin(2\pi ft-\boldsymbol{2\pi\frac{\Delta\ell}{\lambda}}+\phi)$

ウ. 公式を用いて，

$$\varphi=\varphi_1+\varphi_2=2a\cos\left(\frac{(2\pi ft+\phi)-\left(2\pi ft-2\pi\frac{\Delta\ell}{\lambda}+\phi\right)}{2}\right)$$
$$\times\sin\left\{\frac{(2\pi ft+\phi)+(2\pi ft-2\pi\frac{\Delta\ell}{\lambda}+\phi)}{2}\right\}$$
$$=\boldsymbol{2a\cos\pi\frac{\Delta\ell}{\lambda}}\times\sin\left\{2\pi\left(ft-\frac{\Delta\ell}{2\lambda}\right)+\phi\right\}$$

④ L から発する光は様々な位相のものが混在し，P に到達する光も同様となり，干渉縞は現れない。

【考察】

P での光の強度は $I=k\left(2a\cos\pi\frac{\Delta\ell}{\lambda}\right)^2$ である。この強度が最大になるのは，$\pi\frac{\Delta\ell}{\lambda}=0,\pi,2\pi,3\pi\ \cdots$ つまり，

$\pi\frac{\Delta\ell}{\lambda}=m\pi$ であるので，$\Delta\ell=m\lambda$

$\Delta\ell=\mathrm{BP}-\mathrm{AP}=\frac{d}{\ell}x$ であるので，$\frac{d}{\ell}x=m\lambda$

よって，①と同じ結果が得られる。

(2)

エ. O 点はすべての光が干渉するので，白。

オ. $\Delta x=\frac{\lambda\ell}{d}$ より波長が短いほど Δx は小さいため，O 点に最も近い光は，波長が最も短い紫の光が表れる。

150

(1) ③　(2) $\boldsymbol{\frac{\alpha}{\alpha-1}f_1}$　(3) $\boldsymbol{\frac{h}{\alpha-1}}$　(4) ④

(5) **レンズ $\mathbf{L_2}$ の左，$\boldsymbol{(\alpha-1)\frac{f_2^2}{f_1}-f_2}$**　(6) $\boldsymbol{\frac{f_2}{f_1}h}$

(7) $\boldsymbol{\frac{f_1}{f_2}}$　(8) ②

【解説】

(2) 像 B に生じる位置はレンズ $\mathrm{L_1}$ の右。

求める距離を b とすると，レンズの式より，

$\frac{1}{\alpha f_1}+\frac{1}{b}=\frac{1}{f_1}\quad b=\boldsymbol{\frac{\alpha}{\alpha-1}f_1}$

(3) $h\cdot\frac{b}{\alpha f_1}=\boldsymbol{\frac{h}{\alpha-1}}$

(4)

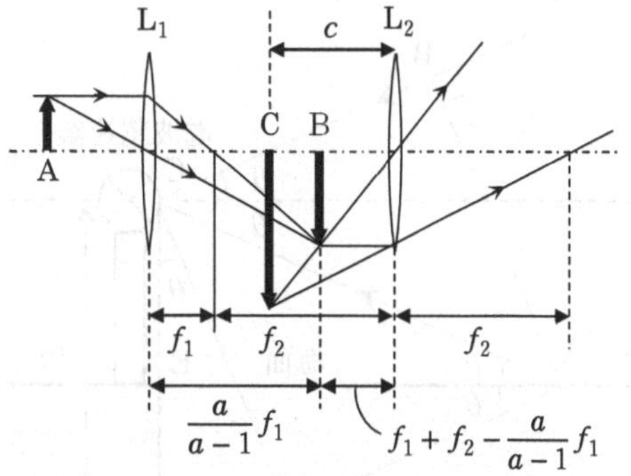

上図より，像 C は倒立の虚像。

(5) 像 C の生じる位置は**レンズ $\mathbf{L_2}$ の左**。

求める距離を c とすると，レンズの公式より，

$\frac{1}{f_1+f_2-\frac{\alpha}{\alpha-1}f_1}-\frac{1}{c}=\frac{1}{f_2}\quad\therefore c=\boldsymbol{(\alpha-1)\frac{f_2^2}{f_1}-f_2}$

(6) $\frac{h}{\alpha-1}\cdot\frac{c}{f_1+f_2-\frac{\alpha}{\alpha-1}f_1}=\boldsymbol{\frac{f_2}{f_1}h}$

(7) $\tan\theta_1=\frac{h}{\alpha f_1},\tan\theta_2=\frac{\frac{f_2}{f_1}h}{c}=\frac{h}{(\alpha-1)f_2-f_1}$

$\therefore\frac{\tan\theta_2}{\tan\theta_1}=\frac{\alpha f_1}{(\alpha-1)f_2-f_1}=\frac{\alpha f_1}{\alpha f_2-(f_1+f_2)}\fallingdotseq\boldsymbol{\frac{f_1}{f_2}}$

(8) 倍率が大きくなるのは(7)より $\frac{f_1}{f_2}>1$ のときである。

151

(1) $\boldsymbol{f_1<p<2f_1}$　(2) $\boldsymbol{\frac{1}{p}+\frac{1}{\ell-q}=\frac{1}{f_1}}$

(3) $\boldsymbol{0<q<f_2}$　(4) $\boldsymbol{\frac{1}{q}-\frac{1}{d-f_2}=\frac{1}{f_2}}$

(5) $\boldsymbol{q=40\ \mathrm{mm}}$，$\boldsymbol{\ell=160\ \mathrm{mm}}$　(6) **25 倍**

【解説】

(1) 実像が存在するので $f_1<p\cdots$①

また，A′B′ が AB より大きいので，倍率が 1 以上であればよい。

A′B′ とレンズ $\mathrm{L_1}$ までの距離を x とすると，

$\frac{x}{p}>1\cdots$②　が成り立つ

レンズの公式 $\frac{1}{p}+\frac{1}{x}=\frac{1}{f_1}$ を用いて②から x を消去すると，$p<2f_1\cdots$③

①,③より求める条件は，$\boldsymbol{f_1<p<2f_1}$

(2) (1)の x は $\ell-q$ より，$\boldsymbol{\frac{1}{p}+\frac{1}{\ell-q}=\frac{1}{f_1}}$

(3) 虚像が存在するので，$\boldsymbol{0<q<f_2}$

(4) レンズの公式より，$\boldsymbol{\frac{1}{q}-\frac{1}{d-f_2}=\frac{1}{f_2}}$

(5) (4)の解に数値を代入すると，$\boldsymbol{q=40\ \mathrm{mm}}$

(2)の解に数値を代入すると，$\boldsymbol{\ell=160\ \mathrm{mm}}$

(6) $\mathrm{L_1}$ の倍率は $\frac{\ell-q}{p}=5$

$\mathrm{L_2}$ の倍率は $\frac{d-f_2}{q}=5$

となる。よって顕微鏡の倍率は $5\times5=$ **25倍**。

152

(1) $\boldsymbol{2h\sin\theta}$　(2) $\boldsymbol{\frac{2m+1}{4h}\lambda}$　(3) $\boldsymbol{7.5\times10^{-3}\ \mathrm{rad}}$

(4) $\boldsymbol{\frac{19}{20}}$ **倍**

【解説】

(1)

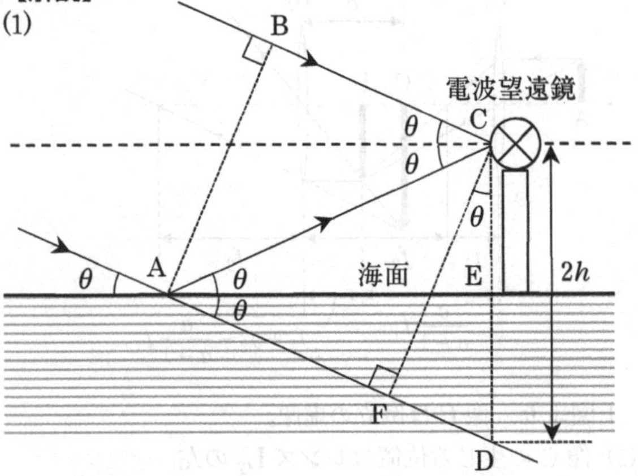

経路差は図の$\Delta L = \mathrm{AC} - \mathrm{BC}$である。

$\mathrm{AC} = \mathrm{AD}, \mathrm{BC} = \mathrm{AF}$であることに注意すると，

$\Delta L = \mathrm{AC} - \mathrm{BC} = \mathrm{AD} - \mathrm{AF} = \mathrm{DF} = \boldsymbol{2h\sin\theta}$

(2) 反射時に位相がπずれる（固定端反射する）ことに注意すると，強め合う条件は，

$\Delta L = 2h\sin\theta = \left(m + \frac{1}{2}\right)\lambda$となるので，

$\sin\theta = \frac{1}{2h}\left(m + \frac{1}{2}\right)\lambda = \boldsymbol{\frac{2m+1}{4h}\lambda}$

(3) 電波の伝わる速さは$v = 3.0\times10^8$ m/s，電波の振動数は$f = 50\times10^6$ Hz であるので，公式$v = f\lambda$より，

$\lambda = \frac{v}{f} = \frac{3.0\times10^8}{50\times10^6} = 6.0$ m　よって，

$\sin\theta = \frac{2m+1}{4h}\lambda = \frac{2m+1}{4\times200}\times6 \geqq \frac{2\times0+1}{4\times200}\times6 = 7.5\times10^{-3}$

$\sin\theta \fallingdotseq \theta$であるので，$\theta$の最小値は，$\boldsymbol{7.5\times10^{-3}}$ rad

(4) ドップラー効果によって変化する波長をλ'，振動数をf'とすると，

$f' = \frac{v-0}{v-\frac{1}{20}v}f = \frac{v}{\frac{19}{20}v}f = \frac{20}{19}f$　よって，

$\lambda' = \frac{v}{f'} = \frac{v}{\frac{20}{19}f} = \frac{19}{20}\cdot\frac{v}{f} = \frac{19}{20}\lambda$

(3)より，$\sin\theta \fallingdotseq \theta = \frac{2m+1}{4h}\lambda$で，$\lambda$を$\lambda' = \frac{19}{20}\lambda$に置き換えると，$\sin\theta \fallingdotseq \theta = \frac{2m+1}{4h}\left(\frac{19}{20}\lambda\right)$

よって，$\boldsymbol{\frac{19}{20}}$**倍**となる。

【考察】

Cに到達する直接波と反射波の位相差$\Delta\theta$を求めてみる。Bに到達した波の変位を$y_\mathrm{B} = A\sin\frac{2\pi}{T}t$とすると，Bから C に到達する波のCでの変位は，

$y_\mathrm{BC} = A\sin\frac{2\pi}{T}\left(t - \frac{\mathrm{BC}}{v}\right)$ …①

Aで反射した直後の波の変位は，$y_\mathrm{A} = A\sin\left(\frac{2\pi}{T}t + \pi\right)$なので，Aから C に到達する波のCでの変位は，

$y_\mathrm{AC} = A\sin\left\{\frac{2\pi}{T}\left(t - \frac{\mathrm{AC}}{v}\right) + \pi\right\}$ …②

①，②の位相差を求めると，

$\Delta\theta = \left|\frac{2\pi}{T}\left(t - \frac{\mathrm{AC}}{v}\right) + \pi - \frac{2\pi}{T}\left(t - \frac{\mathrm{BC}}{v}\right)\right| = \left|\frac{2\pi}{T}\left(\frac{\mathrm{BC}-\mathrm{AC}}{v}\right) + \pi\right|$

$= \left|2\pi\frac{\mathrm{BC}-\mathrm{AC}}{\lambda} + \pi\right| = \left|\frac{2(\mathrm{BC}-\mathrm{AC})}{\lambda} + 1\right|\pi$

$= \left|\frac{2(-2h\sin\theta)}{\lambda} + 1\right|\pi = \left|\frac{-4h\sin\theta}{\lambda} + 1\right|\pi$

Cで強め合うためには，

$\left|\frac{-4h\sin\theta}{\lambda} + 1\right|\pi = 2m\pi$であるので，

$\left|\frac{-4h\sin\theta}{\lambda} + 1\right| = 2m$

$\frac{-4h\sin\theta}{\lambda} + 1 > 0$のとき，$\frac{-4h\sin\theta}{\lambda} + 1 = 2m$

$\sin\theta = -\frac{2m-1}{4h}\lambda$となり$m \geqq 1$で適さない。

$\frac{-4h\sin\theta}{\lambda} + 1 < 0$のとき，$\frac{4h\sin\theta}{\lambda} - 1 = 2m$

$\sin\theta = \frac{2m+1}{4h}\lambda$となり$m \geqq 0$で矛盾せず，(2)の結果と一致する。

153

(1) $\boldsymbol{\frac{af_1}{f_1-a}}$　(2) $\boldsymbol{\frac{f_1}{f_1-a}}$　(3) $\boldsymbol{\frac{xf_2}{x-f_2}}$　(4) $\boldsymbol{\frac{f_2}{x-f_2}}$

(5) $\boldsymbol{\frac{xf_2}{x-f_2}}$　(6) $\boldsymbol{f_1 + \frac{xf_2}{x-f_2}}$　(7) $\boldsymbol{\frac{f_1f_2}{(f_1-d_0)(x-f_2)+xf_2}}$

【解説】

(1) 凸レンズの公式より，$\frac{1}{a} + \left(\frac{-1}{b}\right) = \frac{1}{f_1}$　$\therefore b = \boldsymbol{\frac{af_1}{f_1-a}}$

(2) $\left|\frac{b}{a}\right| = \boldsymbol{\frac{f_1}{f_1-a}}$

(3) 凹面鏡の公式より，$\frac{1}{x} + \frac{1}{y} = \frac{1}{f_2}$　$\therefore y = \boldsymbol{\frac{xf_2}{x-f_2}}$

(4) $\left|\frac{y}{x}\right| = \boldsymbol{\frac{f_2}{x-f_2}}$

(5)

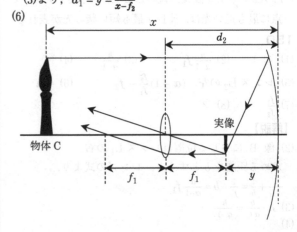

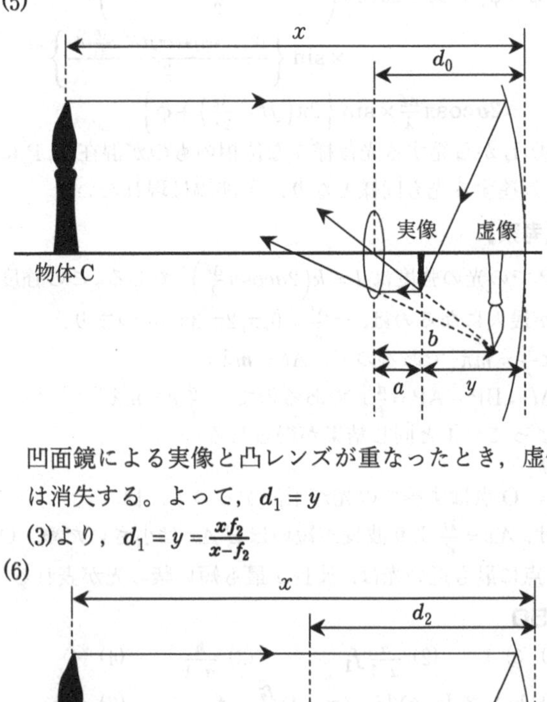

凹面鏡による実像と凸レンズが重なったとき，虚像は消失する。よって，$d_1 = y$

(3)より，$d_1 = y = \boldsymbol{\frac{xf_2}{x-f_2}}$

(6)

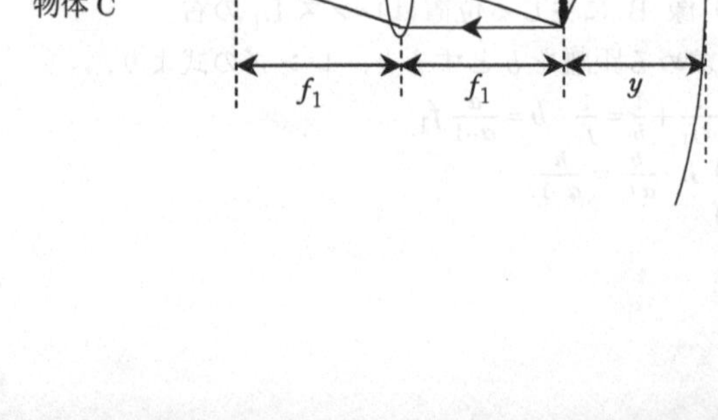

凹面鏡による実像が凸レンズの焦点にくると虚像は消失する。よって，$d_2 = f_1 + y$

(3)より，$d_2 = f_1 + \boldsymbol{\frac{xf_2}{x-f_2}}$

(7) (凹面鏡の倍率)×(凸レンズの倍率)より，

$\left|\frac{b}{a}\right| \times \left|\frac{y}{x}\right| = \frac{f_1}{f_1-a} \times \frac{f_2}{x-f_2} \cdots$(※)

ここで，$d_0 = a + y$ なので，

$a = d_0 - y = d_0 - \frac{xf_2}{x-f_2}$ (∵(3))

(※)に代入して，

$$\frac{f_1}{f_1-(d_0-\frac{xf_2}{x-f_2})} \times \frac{f_2}{x-f_2} = \boldsymbol{\frac{f_1 f_2}{(f_1-d_0)(x-f_2)+xf_2}}$$

154

ア. ⑥　イ. ⑥　ウ. ⑧　エ. 4

オ. 7　カ. 2

【解説】

ア.

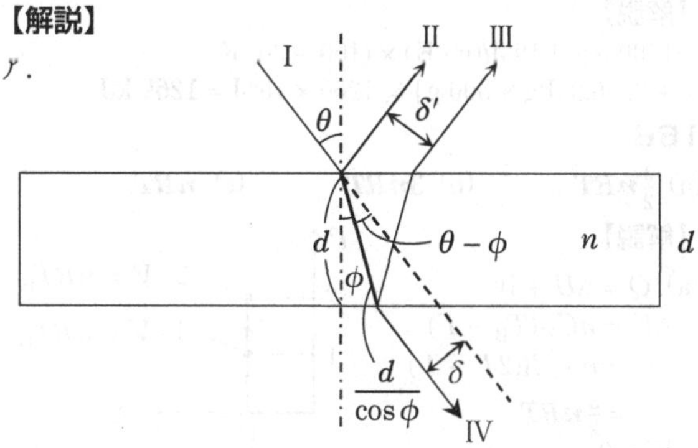

屈折角を ϕ とすると，屈折の法則より，$\sin\theta = n\sin\phi$

よって，$\sin\phi = \frac{\sin\theta}{n}$

図より

$$\delta = \frac{d}{\cos\phi}\sin(\theta-\phi)$$
$$= \frac{d}{\cos\phi}(\sin\theta\cos\phi - \cos\theta\sin\phi)$$
$$= d\left(\sin\theta - \cos\theta\frac{\sin\phi}{\cos\phi}\right)$$
$$= d\left(\sin\theta - \cos\theta\frac{\frac{\sin\theta}{n}}{\sqrt{1-\frac{\sin^2\theta}{n^2}}}\right)$$
$$= \boldsymbol{d\sin\theta\left(1 - \frac{\cos\theta}{\sqrt{n^2-\sin^2\theta}}\right)}$$

イ.

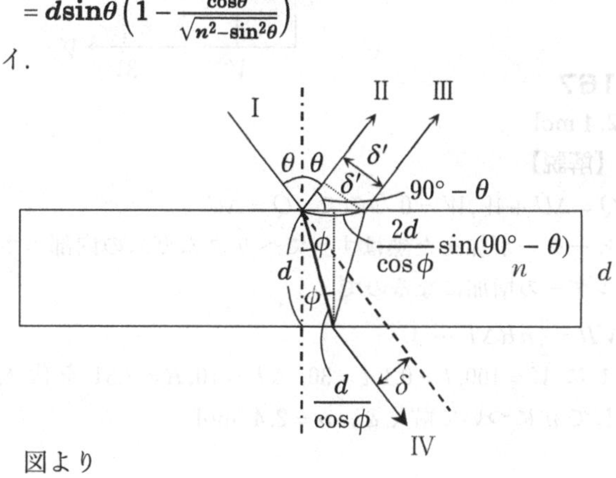

図より

$$\delta' = \frac{d}{\cos\theta}\cdot\sin\phi \times 2 \times \sin(90-\theta)$$
$$= 2d\cdot\frac{\frac{\sin\theta}{n}}{\sqrt{1-\frac{\sin^2\theta}{n^2}}}\cdot\cos\theta = \boldsymbol{\frac{2d\sin\theta\cos\theta}{\sqrt{n^2-\sin^2\theta}}}$$

II

問 1

I で用いた屈折角 ϕ を考慮する。ガラス板内では光路長が n 倍であることに注意すると，求める光路長は

$$2\ell + L_0 + n \times \frac{2d}{\cos\phi} = 2\ell + L_0 + \boldsymbol{\frac{2n^2 d}{\sqrt{n^2-\sin^2\theta}}}$$

問 2

光路差は容器 A_1 と容器 A_2 の間で生まれるので，光路差は $n_p \times 0.50 - 0.50 = 0.50(1+K\rho) - 0.50 = 0.50K\rho$

これが光の 1 波長分の距離のとき，もとの明るさに戻るので，$0.50K\rho = 635 \times 10^{-9}$

$$\rho = \frac{635\times10^{-9}}{0.50K} = \frac{635\times10^{-9}}{0.50\times6.68\times10^{-6}} = \frac{1.27}{6.68}$$

ここで，理想気体の状態方程式 $PV = nRT$ より

$$p = \frac{n}{V}RT = \rho RT = \frac{1.27}{6.68} \times 8.31 \times 300 \fallingdotseq 4.7 \times 10^2$$

155

3.3×10^2 J

【解説】

$40 \times 0.38 \times (30-20) + 40 \times 0.45 \times (30-20) = \boldsymbol{3.3 \times 10^2}$ **J**

156

6.0×10^2 s

【解説】

求める時間を t〔s〕とすると，

$3.5 \times 2.0 \times t = 230 \times 4.2 \times 4 + 84 \times 4$

$t = \boldsymbol{6.0 \times 10^2}$ **s**

157

2.7×10^2 K

【解説】

求める温度を T〔K〕とすると，

$3.0 \times 10^2 \times (3.0 \times 10^2 - T) = 4.0 \times 10^2 \times (T - 2.5 \times 10^2)$

$T \fallingdotseq \boldsymbol{2.7 \times 10^2}$ **K**

158

4.3×10^2 J

【解説】

$W = Pt = IVt$ を用いて，

$\frac{12^2}{20} \times 12 \times 60 = 432 \fallingdotseq \boldsymbol{4.3 \times 10^2}$ **J**

159

㋑

【解説】

ヘリウム原子の質量を m，温度を Tとすると，

$\frac{1}{2}m\overline{v}^2 = \frac{3}{2}k_B T$ (k_B：ボルツマン定数)

$\overline{v} = \sqrt{\frac{3k_B T}{m}}$ なので，$\frac{v_A}{v_B} = \sqrt{\frac{400}{600}} = \sqrt{\frac{2}{3}}$

160

(ヘ)

【解説】

気体がする仕事を W とする。

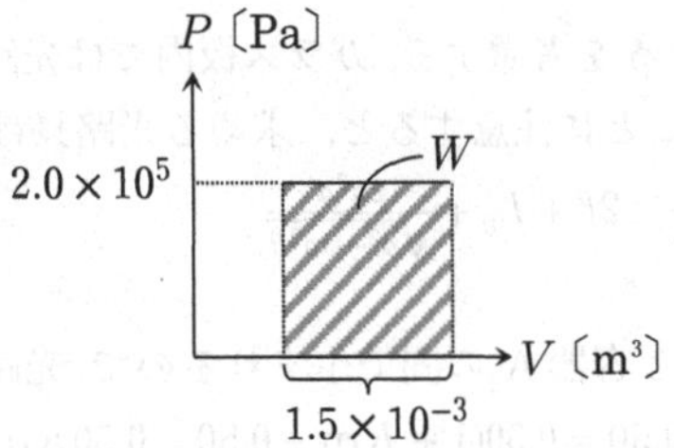

PV グラフより，

$W = P\Delta V = 2.0\times10^5\times1.5\times10^{-3} = 3.0\times10^2$　よって，

$\Delta U = \frac{3}{2}nR\Delta T = \frac{3}{2}P\Delta V = \frac{3}{2}W$

$= \frac{3}{2}\times3.0\times10^2 = \mathbf{4.5\times10^2\ J}$

161

(ニ)

【解説】

熱効率 $= \dfrac{\text{外にする仕事}}{\text{吸収する熱量}}$　なので，$e = \frac{100}{400}\times100 = \mathbf{25\ \%}$

162

(a) (イ)　　(b) (ウ)　　(c) (エ)

【解説】

熱力学第一法則：$Q = \Delta U + W$ を利用する。

Q：吸収する熱量

ΔU：気体の内部エネルギーの増加量

W：気体が外部にする仕事

(a) $W = 0$ であればよいので，(イ)

(b) $\Delta U = 0$ であればよいので，(ウ)

(c) $Q = 0$ であればよいので，(エ)

163

(a) $\boldsymbol{\frac{3}{2}kT}$　　(b) **4倍**

【解説】

$\frac{1}{2}m\bar{v}^2 = \frac{3}{2}kT$　であるので，$\bar{v} = \sqrt{\frac{3kT}{m}}$

水素分子の質量を m とすると，酸素分子の質量は $16m$

であるので，$\dfrac{\bar{v}_{\text{水素}}}{\bar{v}_{\text{酸素}}} = \dfrac{\sqrt{\frac{3kT}{m}}}{\sqrt{\frac{3kT}{16m}}} = \mathbf{4}$ **倍**

164

(a)　(イ)　　(b)　(イ)

(c)　(ア)　　(d)　(イ)

【解説】

(a)(b)

Q を吸収する熱量，ΔU を気体の内部エネルギーの増加量，W を気体が外部にする仕事とすると，熱力学第一法則は $Q = \Delta U + W$ である。

$Q = 0, W < 0$ ならば，$\Delta U > 0$

よって，内部エネルギーは増加し，温度は上がる。

(c)(d)

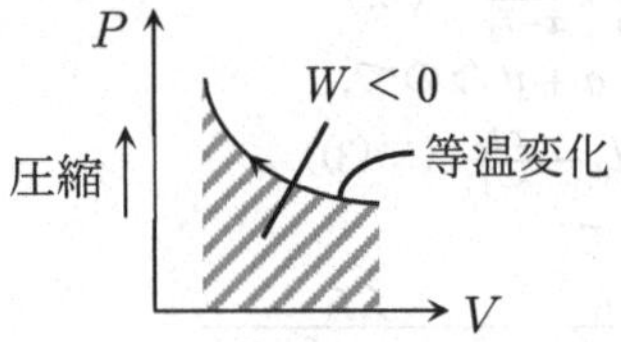

$Q = \Delta U + W$，$\Delta U = 0$，$W < 0$ なので，$Q < 0$

165

(a) 融解熱　　(b)　(ア)

【解説】

$\{500\ \text{g}\times4.19\ \text{J/(g・K)}\times(100-20)\ \text{K}$

$+ 2256.9\ \text{J/g}\times500\ \text{g}\} \fallingdotseq 1269\times10^3\text{J} = \mathbf{1269\ kJ}$

166

(a) $\boldsymbol{\frac{3}{2}nRT}$　　(b) $\boldsymbol{3nRT}$　　(c) $\boldsymbol{nRT}$

【解説】

(a) $Q = \Delta U + W$

$\Delta U = nC_V(T_B - T)$

$= n\cdot\frac{3}{2}R(2T - T)$

$= \boldsymbol{\frac{3}{2}nRT}$

$W = 0$

よって，$Q = \boldsymbol{\frac{3}{2}nRT}$

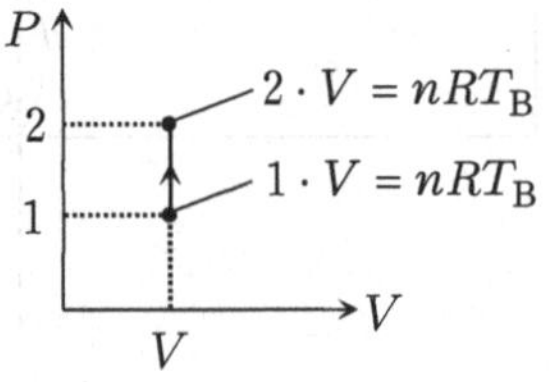

(b) ΔU

$= nC_V(T_C - T)$

$= n\cdot\frac{3}{2}R(3T - T)$

$= \boldsymbol{3nRT}$

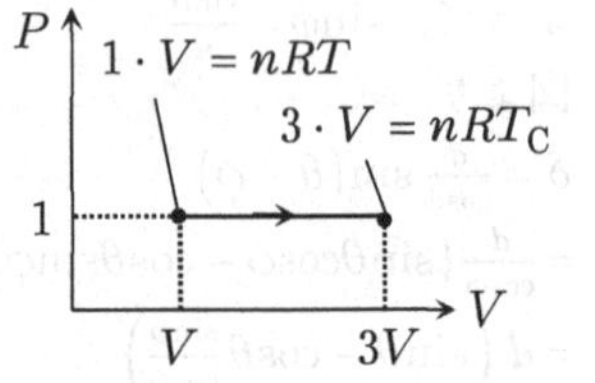

(c) W

$= 1\cdot(3V - V)\cdot\frac{1}{2}$

$= V = \boldsymbol{nRT}$

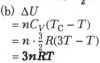

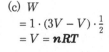

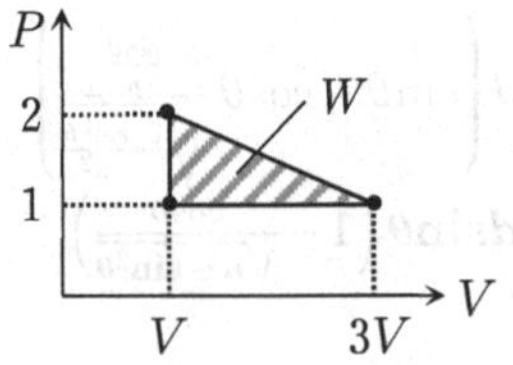

167

2.4 mol

【解説】

$Q = \Delta U + W, W = 0$ なので，$Q = \Delta U$

ヒーターが加えた熱はすべてヘリウムガスの内部エネルギーの増加になるので，

$VIt = \frac{3}{2}nR\Delta T\cdots$①

①に $V = 100, I = 0.1, t = 30$，$\Delta T = 10, R = 8.31$ を代入して n について解くと，$n = \mathbf{2.4}$ mol

168

㋒

【解説】

$\Delta U = nC_V\Delta T = 3\cdot C_V\cdot 12 = \boldsymbol{36C_V}$

169

㋑

【解説】

求める温度を T とすると,

$(3+1)C_V\cdot T = 3\cdot C_V\cdot 400 + 1\cdot C_V\cdot 600$

$\therefore T = 450\ \mathrm{K}$

170

問1　g　　問2　d　　問3　e　　問4　f

【解説】

問1

ヒーターの電力をPとする。

$t_2 \leqq t \leqq t_3$ では, $mc_w(T_2-0) = P\cdot(t_3-t_2)$

$\therefore P = \boldsymbol{\frac{mc_wT_2}{t_3-t_2}}$

問2

水が溶け始めてから溶け終わるのは $t_1 \leqq t \leqq t_2$ の間であるので, $P(t_2-t_1) = \boldsymbol{\frac{t_2-t_1}{t_3-t_2}mc_wT_2}$

問3

水については, $0 \leqq t \leqq t_1$ に注目する。

$P(t_1-0) = mc_i\{0-(-T_1)\}$

$c_i = \frac{Pt_1}{mT_1} = \frac{t_1}{mT_1}\cdot\frac{mc_wT_2}{t_3-t_2}$　よって,

$\boldsymbol{\frac{c_i}{c_w} = \frac{t_1}{t_3-t_2}\cdot\frac{T_2}{T_1}}$

問4

溶けた水の質量は加熱時間に比例するので,

$m - \frac{t-t_1}{t_2-t_1} = \boldsymbol{\frac{t_2-t}{t_2-t_1}m}$

171

(1) $\boldsymbol{\frac{P_0S}{2g}}$　(2) $\boldsymbol{\frac{3RSh_1}{2R}}$　(3) **180**　(4) $\boldsymbol{\frac{h_2}{3h_1}}$

(5) $\boldsymbol{\frac{3}{2}(1-a)RT_1}$　(6) $\boldsymbol{\frac{1}{2}P_0S(h_2-h_3)}$

(7) $\boldsymbol{\frac{5}{2}\left(1-\frac{h_4}{h_1}\right)RT_1}$

【解説】

(1) ピストンのつり合いの式より,

$1.5P_0S = mg + P_0S$　$m = \boldsymbol{\frac{P_0S}{2g}}$

(2) 気体の状態方程式より,

$1.5P_0Sh_1 = RT_1 \cdots$①

$T_1 = \boldsymbol{\frac{3RSh_1}{2R}}$

(3) ピストンのつり合いの式より,

$0.5P_0S = mg\cos\theta + P_0S$

(1)より $m = \frac{P_0S}{2g}$ を代入すると,

$\cos\theta = -1$　$\theta = \boldsymbol{180^\circ}$

(4) 気体の状態方程式より,

$0.5P_0Sh_2 = R\cdot aT_1 \cdots$②

①,②より, $a = \boldsymbol{\frac{h_2}{3h_1}}$

(5) 状態1から状態2の内部エネルギーの変化を ΔU_{12} とすると, Aは単原子分子理想気体なので,

$\Delta U_{12} = \frac{3}{2}\cdot 1\cdot R(aT_1 - T_1) = \frac{3}{2}RT_1(a-1)$

Aが外部にした仕事を W_{12} とする。

Aは断熱容器なので, 熱力学第1法則を用いると,

$0 = \Delta U_{12} + W_{12}$

$W_{12} = -\Delta U_{12} = \boldsymbol{\frac{3}{2}(1-a)RT_1}$

(6) 状態2から状態3では, 回転角を固定したままのため, ピストンにはたらく重力がAに及ぼす作用は変わらず, 大気圧も変わらないため, 定圧変化である。Aが外部へした仕事を W_{23} とする。

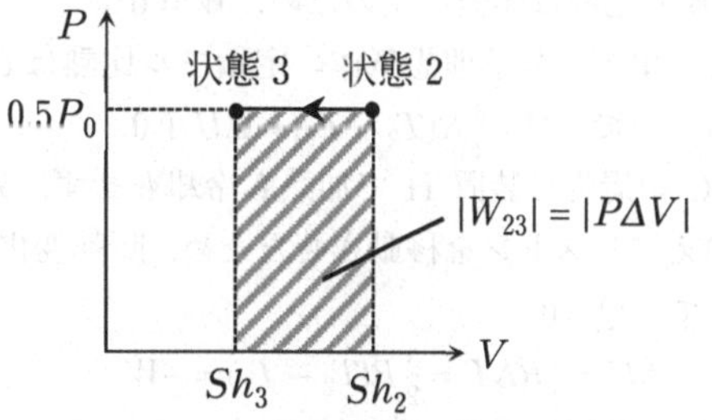

定圧変化では, 気体が外にする仕事は $W = P\Delta V$ で求められ, W_{23} の絶対値は上図の斜線部の面積に相当することに注意すると,

$$W_{23} = \int_{Sh_2}^{Sh_3} 0.5P_0\,\mathrm{d}V = 0.5P_0S(h_3-h_2)$$

求める解はAが外部からされた仕事なので,

$-W_{23} = -0.5P_0S(h_3-h_2) = \boldsymbol{\frac{1}{2}P_0S(h_2-h_3)}$

(7)

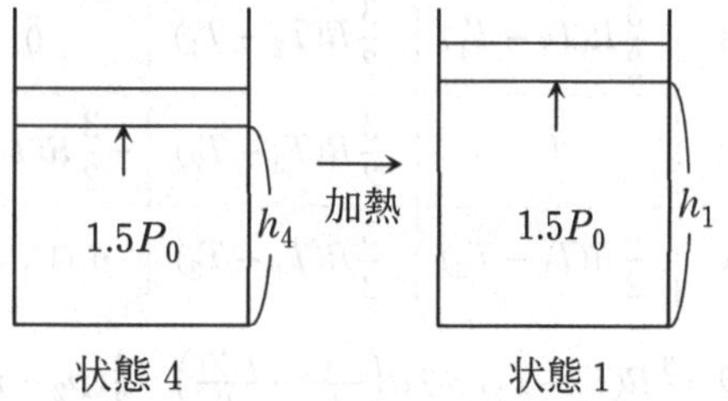

状態4でのAの温度を T_4 とする。状態4では $\theta = 0^\circ$ であるため, 大気とピストンがAに及ぼす力は状態1と同じであるので, Aの圧力は $1.5P_0$ である。このことに注意すると, 状態4での気体の状態方程式は,

$1.5P_0Sh_4 = RT_4$　よって, $T_4 = \frac{3P_0Sh_4}{2R} = \frac{h_4}{h_1}T_1$

回転角を固定しているため状態4から状態1は定圧変化であり, 単原子分子理想気体の定圧モル比熱は $\frac{5}{2}R$ であるから, 求める熱量は,

$\frac{5}{2}R(T_1-T_4) = \frac{5}{2}R(T_1 - \frac{h_4}{h_1}T_1) = \boldsymbol{\frac{5}{2}\left(1-\frac{h_4}{h_1}\right)RT_1}$

172

問1　$\frac{3}{2}(\boldsymbol{p_2}-\boldsymbol{p_1})\boldsymbol{V_1}$　　問2　$\frac{3}{2}(\boldsymbol{p_2V_1}-\boldsymbol{p_1V_2})$

問3　$\frac{5}{2}\boldsymbol{p_1}(\boldsymbol{V_2}-\boldsymbol{V_1})$

問4　$\left\{\boldsymbol{p_1}+\frac{3}{2}\boldsymbol{p_2}-\frac{5}{2}\left(\frac{\boldsymbol{p_2}}{\boldsymbol{p_1}}\right)^{\frac{3}{5}}\boldsymbol{p_1}\right\}\boldsymbol{V_1}$　　問5　**13 %**

【解説】

状態A～Cの温度をT_1, T_2, T_3とおく。気体の状態方程式を用いると，

A：$p_1V_1=1\cdot R\cdot T_1 \leftrightarrow T_1=\frac{p_1V_1}{R}$

B：$p_2V_1=1\cdot R\cdot T_2 \leftrightarrow T_2=\frac{p_2V_1}{R}$

C：$p_1V_2=1\cdot R\cdot T_3 \leftrightarrow T_3=\frac{p_1V_2}{R}$

熱力学第1法則$Q=\Delta U+W$を考えると，

A→Bの過程は体積一定のため，$W=0$

また，単原子分子理想気体の定積モル比熱は$C_V=\frac{3}{2}R$であるので，$Q=\frac{3}{2}R(T_2-T_1)=\Delta U+0$

B→Cの過程は装置Hで加熱も冷却もせず，外から力を加えてピストンを移動させたため，断熱変化である。

よって，$Q=0$

また，$\Delta U=\frac{3}{2}R\Delta T=\frac{3}{2}R(T_2-T_1)=-W$

C→Aの過程は圧力一定のため，

$W=\int_{V_2}^{V_1}p_1\,\mathrm{d}V=p_1(V_1-V_2)$

また，単原子分子理想気体の定圧モル比熱は

$C_p=C_V+R=\frac{5}{2}R$であるので，$Q=\frac{5}{2}R(T_1-T_3)$

さらに，$\Delta U=\frac{3}{2}R\Delta T=\frac{3}{2}R(T_1-T_3)$

以上をまとめると次のようになる。

	Q	ΔU	W
A→B	$\frac{3}{2}R(T_2-T_1)$	$\frac{3}{2}R(T_2-T_1)$	0
B→C	0	$\frac{3}{2}R(T_3-T_2)$	$-\frac{3}{2}R(T_3-T_2)$
C→A	$\frac{5}{2}R(T_1-T_3)$	$\frac{3}{2}R(T_1-T_3)$	$p_1(V_1-V_2)$

問1　$Q=\frac{3}{2}R(T_2-T_1)=\frac{3}{2}R\left(\frac{p_2V_1}{R}-\frac{p_1V_1}{R}\right)=\frac{3}{2}(\boldsymbol{p_2}-\boldsymbol{p_1})\boldsymbol{V_1}$

問2　$W_{\mathrm{BC}}=-\frac{3}{2}R(T_3-T_2)=-\frac{3}{2}R\left(\frac{p_1V_2}{R}-\frac{p_2V_1}{R}\right)$

$=\frac{3}{2}(\boldsymbol{p_2V_1}-\boldsymbol{p_1V_2})$

問3　$Q_{\mathrm{CA}}=\frac{5}{2}R(T_1-T_2)=\frac{5}{2}R\left(\frac{p_1V_1}{R}-\frac{p_1V_2}{R}\right)$

$=\frac{5}{2}p_1(V_1-V_2)<0$

これは気体が吸収した熱量であるので，気体が失った熱量は，$-Q_{\mathrm{CA}}=\frac{5}{2}\boldsymbol{p_1}(\boldsymbol{V_2}-\boldsymbol{V_1})$

【別解】

$Q_{\mathrm{CA}}=\Delta U+W=\frac{3}{2}R(T_1-T_3)+p_1(V_1-V_2)$

$=\frac{3}{2}R\left(\frac{p_1V_1}{R}-\frac{p_1V_2}{R}\right)+p_1(V_1-V_2)=\frac{5}{2}p_1(V_1-V_2)$

よって$-Q_{\mathrm{CA}}=\frac{5}{2}\boldsymbol{p_1}(\boldsymbol{V_2}-\boldsymbol{V_1})$

問4　求める仕事をW_{sum}（$=W_{\mathrm{AB}}+W_{\mathrm{BC}}+W_{\mathrm{CA}}$）とすると，

$W_{\mathrm{sum}}=-\frac{3}{2}R(T_3-T_2)+p_1(V_1-V_2)$

$=-\frac{3}{2}R\left(\frac{p_1V_2}{R}-\frac{p_2V_1}{R}\right)+p_1(V_1-V_2)$

$=-\frac{3}{2}(p_1V_2-p_2V_1)+p_1(V_1-V_2)\cdots$①

一方B→Cの過程では断熱変化なので，

$p_2V_1^{\frac{5}{3}}=p_1V_2^{\frac{5}{3}}$　　$\left(\frac{V_2}{V_1}\right)^{\frac{5}{3}}=\frac{p_2}{p_1}$

$V_2=\left(\frac{p_2}{p_1}\right)^{\frac{3}{5}}V_1\cdots$②

①,②より

$$W_{\mathrm{sum}}=-\frac{3}{2}\left\{p_1\left(\frac{p_2}{p_1}\right)^{\frac{3}{5}}V_1-p_2V_1\right\}+p_1\left\{V_1-\left(\frac{p_2}{p_1}\right)^{\frac{3}{5}}V_1\right\}$$

$$=\left\{\boldsymbol{p_1}+\frac{3}{2}\boldsymbol{p_2}-\frac{5}{2}\left(\frac{\boldsymbol{p_2}}{\boldsymbol{p_1}}\right)^{\frac{3}{5}}\boldsymbol{p_1}\right\}\boldsymbol{V_1}$$

問5

$$\frac{W_{\mathrm{sum}}}{Q_{\mathrm{AB}}}\times100=\frac{\left\{p_1+\frac{3}{2}p_2-\frac{5}{2}\left(\frac{p_2}{p_1}\right)^{\frac{3}{5}}V_1\right\}V_1}{\frac{3}{2}(p_2-p_1)V_1}$$

$$=\frac{p_1+\frac{3}{2}2p_1-\frac{5}{2}\left(\frac{2p_1}{p_1}\right)^{\frac{3}{5}}V_1}{\frac{3}{2}(2p_1-p_1)}=\frac{1+3-\frac{5}{2}\cdot\left(\sqrt[5]{2}\right)^{\frac{3}{5}}}{\frac{3}{2}}\fallingdotseq\boldsymbol{13\%}$$

173

1. ①　2. ②　3. ④　4. ②　5. ⑧
6. ⑤　7. ②　8. ⑨　9. ②

【解説】

(1)

1. 地表での大気1 molの体積をV_0〔$\mathrm{m^3}$〕とおく。
状態方程式より，$P_0V_0=RT_0$
よって，$V_0=\frac{RT_0}{P_0}$〔$\mathrm{m^3}$〕
地表での大気の密度は　$\rho_0=\frac{m}{V_0}=\frac{\boldsymbol{mP_0}}{\boldsymbol{RT_0}}$〔$\mathrm{kg/m^3}$〕
2. 問題文より，気球内の空気は常に大気と等しい圧力に保たれるので，$P=\boldsymbol{1}\times P_0$〔Pa〕
3. 1.の式に$P_0\to P, T_0\to T'$を代入。
$\rho=\frac{mP}{RT'}=\frac{T}{T'}\rho_0$〔$\mathrm{kg/m^3}$〕

※ 今回は1.があるので求めやすいが，1.がない場合も多いので，気球の問題では
$\frac{\rho T}{P}=$一定　を覚えておくとよい。
$\frac{\rho_0T_0}{P_0}=\frac{\rho T'}{P_0}$　$\rho=\frac{\boldsymbol{T_0}}{\boldsymbol{T'}}\rho_0$

4. 地表での気球に働く浮力は，$\boldsymbol{\rho_0Vg}$〔N〕
5. 鉛直上向きにはたらく力が鉛直下向きに働く力を上まわればよいので，求める条件は，
$\rho_0Vg>Mg+\rho Vg$
$\Leftrightarrow\rho_0V\left(1-\frac{T_0}{T'}\right)-M>0$
$\Leftrightarrow\frac{T_0}{T'}<\frac{\rho_0V-M}{\rho_0V}$
$T'>\frac{\boldsymbol{\rho_0V}}{\boldsymbol{\rho_0V-M}}\boldsymbol{T_0}$

6. 5.の結果に代入すると，

$\frac{1.20\times2.00\times10^{3}}{1{,}20\times2.00\times10^{-3}-(280+60.0\times2)}\times300=\mathbf{360}\ \mathrm{K}$

7. x 人乗ったとき，浮上に必要な最低温度を $T_0'(x)$〔K〕とおくと，6.と同様にして

$T_0'=\frac{1.20\times2.00\times10^{3}}{1.20\times2.00\times10^{3}-(280+60.0\times x)}\times300=\frac{7.20\times10^{5}}{2.12\times10^{3}-60.0x}$

$T_0'(x)<450\ \mathrm{K}$ となる最大の x を求めればよい。

$\frac{7.20\times10^{5}}{2.12\times10^{3}-60.0x}<450 \qquad 212-6x>160$

$x<\frac{26}{3}$ 　よって， **8** 人

8. $\frac{\rho T}{P}=$ 一定より， $\frac{\rho_0T_0}{P_0}=\frac{\rho T}{P}$

$\rho=\frac{\boldsymbol{P}}{\boldsymbol{P_0}}\cdot\frac{\boldsymbol{T_0}}{\boldsymbol{T}}\times\rho_0$〔kg/m³〕

9. Bについて，5.の式に図2のBでの値を代入すると，

$T'_{\min}=\frac{0.75\times2.00\times10^{2}}{0.75\times2.00\times10^{3}-(280+60\times2)}\times268=365.4\fallingdotseq365\ \mathrm{K}$

Cについても同様にすると，

$T''_{\min}=\frac{0.5\times2.00\times10^{3}}{0.5\times2.00\times10^{3}-(20+60.0\times2)}\times249=415\ \mathrm{K}$

よって，気球は **B** 付近で静止する。

174

ア. 7	イ. 0	ウ. 2	エ. 2	オ. 3
カ. 6	キ. 3	ク. 2	ケ. 2	コ. 1
サ. 3	シ. 3	ス. 2	セ. 9	ソ. 2
タ. 5	チ. 4	ツ. 1	テ. 3	ト. 4
ナ. 2	ニ. 7			

【解説】

(1)

(a) 気体の定積モル比熱 $\frac{3}{2}R$ を用いて，熱平衡状態での温度を T_1 とすると，

$\frac{3}{2}R(T_1-300)=3\mathrm{R}(900-T_1)$

$T_1=\mathbf{7.0\times10^2}\ \mathrm{K}$

定積変化では気体の圧力は温度に比例するので，熱平衡状態での圧力を P_1 とすると，

$P_1=\frac{700}{300}\times1.0\fallingdotseq\mathbf{2.3}$

(b) 気体の定圧モル比熱 $\frac{5}{2}R(T_2-300)=3R(900-T_2)$

$T_2\fallingdotseq\mathbf{6.3\times10^2}\ \mathrm{K}$

定圧変化では気体の体積は温度に比例する。

よって，$\frac{627}{300}\fallingdotseq\mathbf{2.1}$ 倍

(2) PV グラフは次のようになる。

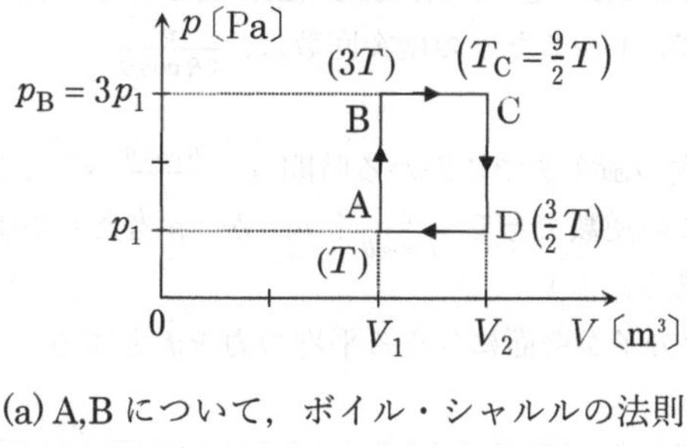

(a) A,B について，ボイル・シャルルの法則より，

$\frac{p_1V_1}{T}=\frac{p_BV_1}{3T} \qquad p_B=\mathbf{3}\times p_1$

A,D について，ボイル・シャルルの法則より，

$\frac{p_1V_1}{T}=\frac{p_1V_2}{\frac{3}{2}T} \qquad V_2=\frac{\mathbf{3}}{\mathbf{2}}V_1$

C,D について，ボイル・シャルルの法則より，

$\frac{p_BV_2}{T_C}=\frac{p_1V_2}{\frac{3}{2}T} \qquad T_C=\frac{\mathbf{9}}{\mathbf{2}}T$

(b) 理想気体の物質量を n〔mol〕とする。熱力学第1法則 $Q=\Delta U+W$ を考えると，

A→B の過程は定積変化であるので，$W=0$

$\Delta U=\frac{3}{2}nR(3T-T)=3nRT$

B→C の過程は定圧変化であるので，理想気体の定圧モル比熱 $C_P=\frac{5}{2}nR$ を用いると，

$Q=\frac{5}{2}nR\left(\frac{9}{2}T-3T\right)=\frac{15}{4}nRT$

$\Delta U=\frac{3}{2}nR\left(\frac{9}{2}T-3T\right)=\frac{9}{4}nRT$

$W=Q-\Delta U=\frac{3}{2}nRT$

※次のようにも求められる。

$W=\int_{V_1}^{V_2}3p_1\,\mathrm{d}V=3p_1(V_2-V_1)$

$=3p_1\left(\frac{3}{2}V_1-V_1\right)=\frac{3}{2}p_1V_1=\frac{3}{2}nRT$

C→D の過程は定積変化であるので，$W=0$

$\Delta U=\frac{3}{2}nR\left(\frac{3}{2}T-\frac{9}{2}T\right)=-\frac{9}{2}nRT$

D→A の過程は定圧変化であるので，理想気体の定圧モル比熱 $C_P=\frac{5}{2}nR$ を用いると，

$Q=\frac{5}{2}nR\left(T-\frac{3}{2}T\right)=-\frac{5}{4}nRT$

$\Delta U=\frac{3}{2}nR\left(T-\frac{3}{2}T\right)=-\frac{3}{4}nRT$

$W=Q-\Delta U=-\frac{1}{2}nRT$

※次のようにも求められる。

$W=\int_{V_2}^{V_1}p_1\,\mathrm{d}V=p_1(V_1-V_2)$

$=p_1\left(V_1-\frac{3}{2}V_1\right)=-\frac{1}{2}p_1V_1=-\frac{1}{2}nRT$

以上をまとめると次のようになる。

	Q	ΔU	W
A → B	$3nRT$	$3nRT$	0
B → C	$\frac{15}{4}nRT$	$\frac{9}{4}nRT$	$\frac{3}{2}nRT$
C → D	$-\frac{9}{2}nRT$	$-\frac{9}{2}nRT$	0
D → A	$-\frac{5}{4}nRT$	$-\frac{3}{4}nRT$	$-\frac{1}{2}nRT$

$Q_{AB}=Q=3nRT$ であるので，

$Q_{BC}=\frac{15}{4}nRT=\frac{5}{4}\times3nRT=\frac{\mathbf{5}}{\mathbf{4}}\times Q$

1サイクルで外にした仕事は

$\frac{3}{2}nRT-\frac{1}{2}nRT=nRT=\frac{1}{3}\times3nRT=\frac{\mathbf{1}}{\mathbf{3}}\times Q$

熱効率は，$\frac{W_{\mathrm{out}}}{Q_{\mathrm{in}}}=\frac{nRT}{3nRT+\frac{15}{4}nRT}=\frac{\mathbf{4}}{\mathbf{27}}$

175

(イ) $\boldsymbol{2v_x}$　(ロ) $\boldsymbol{\frac{v_xT}{2L}}$

(ハ) $\boldsymbol{\frac{mv_x^2}{L}}$　(ニ) $\boldsymbol{\frac{mN\langle v^2\rangle}{3V}}$

(ホ) $\boldsymbol{\frac{3}{2}pV}$　(ヘ) $\boldsymbol{2muv_x}$

(ト) $\boldsymbol{\frac{v_x\Delta L}{2Lu}}$　(チ) $\boldsymbol{-\frac{mN\Delta L\langle v\rangle^2}{3L}}$

(リ) $\boldsymbol{-p\Delta V}$

【解説】

(イ) 面Aでの分子の衝突前後の速度をそれぞれ$\vec{v}$, $\vec{v}'$とすると，衝突後の速度のx成分は$-v_x$であるので，運動量の変化は，

$$\vec{I}=m\vec{v}'-m\vec{v}=\begin{pmatrix}-v_x\\v_y\\v_z\end{pmatrix}-\begin{pmatrix}v_x\\v_y\\v_z\end{pmatrix}=\begin{pmatrix}-2v_x\\0\\0\end{pmatrix}$$

よって，$|\vec{I}|=\boldsymbol{2v_x}$

(ロ) 時間Tでv_xTの距離を進み，$2L$進むごとに衝突するので，時間T当たりの衝突回数は，$\boldsymbol{\frac{v_xT}{2L}}$

(ハ) 時間Tの間に面Aが受ける平均の力の大きさFとすると，面Aはたらく力積は分子の運動量の変化と等しいので，$FT=2mv_x\cdot\frac{v_xT}{2L}$　$\therefore F=\boldsymbol{\frac{mv_x^2}{L}}$

(ニ) $v^2=v_x^2+v_y^2+v_z^2$

$\langle v_x^2\rangle=\langle v_y^2\rangle=\langle v_z^2\rangle$

2式より，$\langle v^2\rangle=3\langle v_x^2\rangle$　よって，$\langle v_x^2\rangle=\frac{1}{3}\langle v^2\rangle$

Aの面積はL^2，立方体の体積は$V=L^3$なので，

$$p=\frac{\overline{F}}{L^2}=\frac{\frac{m\langle v_x^2\rangle}{L}\cdot N}{L^2}=\frac{mN\langle v_x^2\rangle}{L^3}=\boldsymbol{\frac{mN\langle v^2\rangle}{3V}}$$

(ホ) (ニ)より$3pV=Nm\langle v^2\rangle$であるので，

$U=N\times\frac{1}{2}m\langle v^2\rangle=\boldsymbol{\frac{3}{2}pV}$

(ヘ)

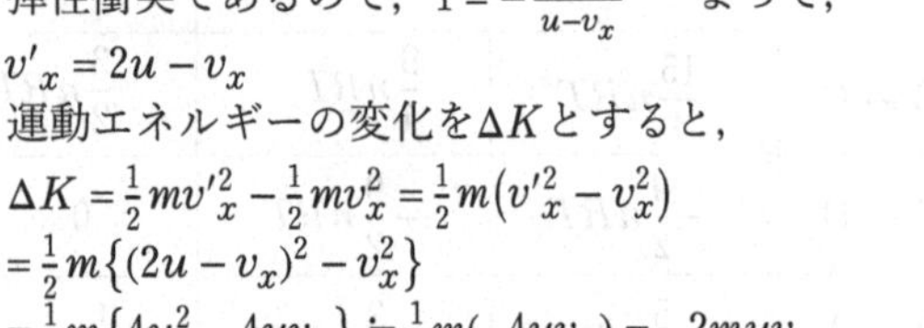

衝突後の分子の速度のx成分をv'_xとすると，

弾性衝突であるので，$1=-\frac{u-v'_x}{u-v_x}$　よって，

$v'_x=2u-v_x$

運動エネルギーの変化をΔKとすると，

$$\Delta K=\frac{1}{2}mv'^2_x-\frac{1}{2}mv_x^2=\frac{1}{2}m\left(v'^2_x-v_x^2\right)$$

$$=\frac{1}{2}m\left\{(2u-v_x)^2-v_x^2\right\}$$

$$=\frac{1}{2}m\left\{4u^2-4uv_x\right\}\fallingdotseq\frac{1}{2}m(-4uv_x)=-2muv_x$$

よってこの変化量の大きさは，$|\Delta K|=\boldsymbol{2muv_x}$

(ト) 面Aが速さuでΔL進む時間は，$\frac{\Delta L}{u}$

この時間で分子は$v_x\cdot\frac{\Delta L}{u}$の距離を進み，$2L$進むごとに衝突するので，$\frac{v_x\frac{\Delta L}{u}}{2L}=\boldsymbol{\frac{v_x\Delta L}{2Lu}}$

(チ) 内部エネルギーは分子の運動エネルギーの総和である。運動エネルギーの変化量がΔKで，N個の分子が$\frac{v_x\Delta L}{2Lu}$回衝突するので，内部エネルギーの変化量ΔUは，

$$\Delta U=N\cdot(-2mu\langle v_x\rangle)\cdot\frac{v_x\Delta L}{2Lu}$$

$$=-\frac{mN\Delta L}{L}\langle v_x\rangle^2=\boldsymbol{-\frac{mN\Delta L\langle v\rangle^2}{3L}}$$

(リ) (ニ)より$3pV=Nm\langle v^2\rangle$であるので，

$$\Delta U=-\frac{mN\Delta L\langle v\rangle^2}{3L}=-\frac{3pV\Delta L}{3L}=-\frac{pV\Delta L}{L}$$

$$=-\frac{pV\Delta LL^2}{L^3}=-\frac{pV\Delta LL^2}{V}=-p\Delta LL^2=\boldsymbol{-p\Delta V}$$

176

(1) $\boldsymbol{2\cos\theta}$　(2) $\boldsymbol{\frac{v}{2R\cos\theta}}$

(3) $\boldsymbol{\frac{mv^2}{R}}$　(4) $\boldsymbol{\frac{1}{3}Nm}$

(5) (d)　(6) $\boldsymbol{-\frac{3}{2}\left(2P_0V_0-3P_1V_0\right)}$

(7) $\boldsymbol{P_0V_0}$

【解説】

(A)

(1)

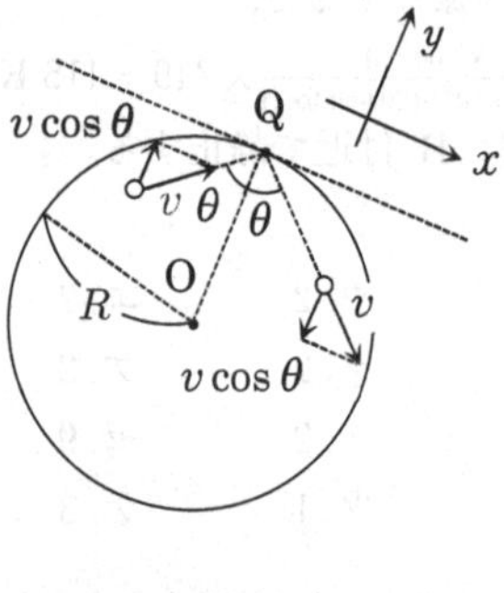

壁と分子の衝突は弾性衝突なので，衝突によって分子の運動エネルギーは失われないことに注意する。

図のようにxy軸をとると，運動量の変化は，

$$\Delta\vec{p}=\begin{pmatrix}mv\sin\theta\\mv\cos\theta\end{pmatrix}-\begin{pmatrix}mv\sin\theta\\-mv\cos\theta\end{pmatrix}=\begin{pmatrix}0\\2mv\cos\theta\end{pmatrix}$$

よって，$\Delta p=2mv\cos\theta=mv\times\boldsymbol{2\cos\theta}$

(注) z成分も考慮する必要があるが，x成分同様衝突前後で成分は変わらないので省略しても問題ない。

(2)

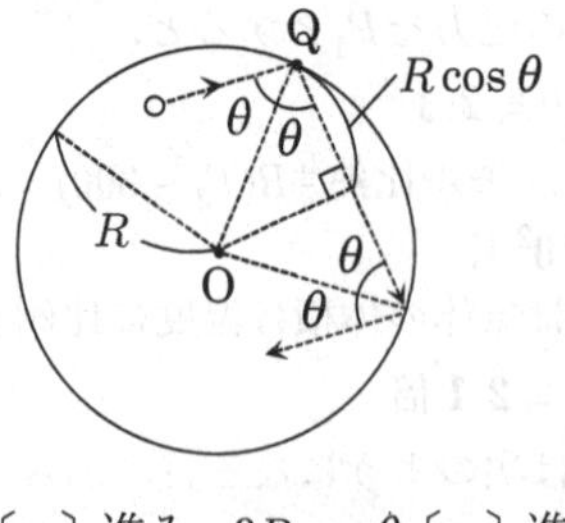

1秒間でv〔m〕進み，$2R\cos\theta$〔m〕進むごとに衝突するので，1秒あたりの衝突回数は，$\boldsymbol{\frac{v}{2R\cos\theta}}$

【別解】

衝突から次の衝突までにかかる時間は，$\frac{2R\cos\theta}{v}$〔s〕であるので，この逆数である$\frac{v}{2R\cos\theta}$〔1/s〕が1s当たりの衝突回数である。

(3) 1個の分子が壁面に与える平均の力を$\overline{f}$とする。

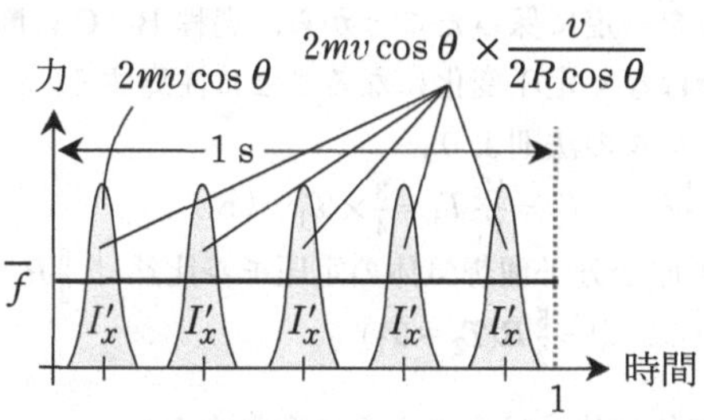

力×衝突時間＝運動量の変化 であり，1 s で $\frac{v}{2R\cos\theta}$ 回衝突することに注意すると，

$\overline{f}\cdot 1 = 2mv\cos\theta\times\frac{v}{2R\cos\theta}$　よって，$\overline{f} = \boldsymbol{\frac{mv^2}{R}}$

(4) N 個の分子が壁面に与える力を F とすると，

$F = N\frac{m\overline{v^2}}{R}$ であるので，

$P = \frac{F}{S} = \frac{N\frac{m\overline{v^2}}{R}}{4\pi r^2} = \boldsymbol{\frac{1}{3}Nm}\times\overline{v^2}\left(\frac{4}{3}\pi R^3\right)^{-1}$

(B)

状態 1，状態 2，状態 3 における温度をそれぞれ T_1，T_2，T_3 とする。

状態 1：$P_1(V_0+SL) = nRT_1$

$P_1\cdot 3V_0 = nRT_1 \leftrightarrow T_1 = \frac{3P_1V_0}{nR}$

状態 2：$P_0\left(V_0+\frac{1}{2}SL\right) = nRT_2$

$P_0\cdot 2V_0 = nRT_2 \leftrightarrow T_2 = \frac{2P_0V_0}{nR}$

状態 3：$P_0(V_0+SL) = nRT_3$

$P_0\cdot 3V_0 = nRT_3 \leftrightarrow T_3 = \frac{3P_0V_0}{nR}$

(5)

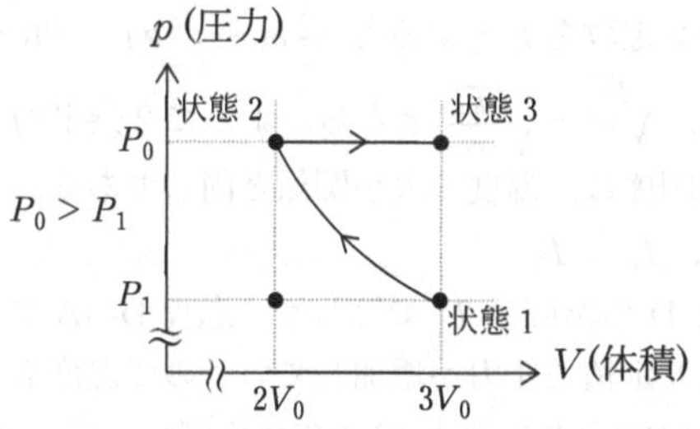

状態 1→2 は断熱変化であるので，断熱曲線になることに注意すると，(d)

(6) $Q = \Delta U + W, Q = 0$ なので，

$W = -\Delta U = -\frac{3}{2}nR(T_2 - T_1) = \boldsymbol{-\frac{3}{2}(2P_0V_0 - 3P_1V_0)}$

(7)

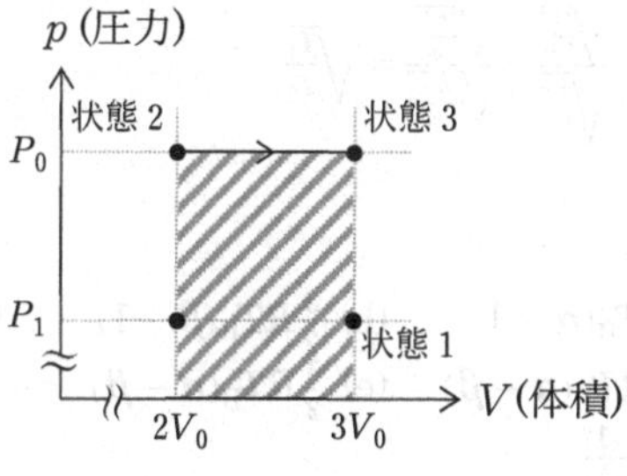

W はグラフの斜線部分の面積より，

$W = P_0\times(3V_0 - 2V_0) = \boldsymbol{P_0V_0}$

177

1. ①　2. ⑥　3. ⑧　4. ①　5. ②
6. ⑤　7. ⑤　8. ⑥　9. ①

【解説】

(1)

1. 気体の状態方程式は $PV = nRT$

P, n, R が一定なので，$\frac{nR}{P} = \frac{V}{T} =$ 一定 である。

よって，$\frac{Sh_0}{T_0} = \frac{Sh_1}{T_1} \Leftrightarrow T_1 = \boldsymbol{\frac{h_1}{h_0}T_0}$〔K〕

2. 定圧変化なので，$-qt = C_p(T - T_1)$

$T = \boldsymbol{T_1 - \frac{qt}{C_p}}$〔K〕

3. ピストンの位置が初めの h_0 であるとき，理想気体の温度は T_0 であるので，2.より，$T_0 = T_1 - \frac{qt_1}{c_p}$

$T_1 = \frac{h_1}{h_0}T_0$ を代入して整理すると，

$C_p = \boldsymbol{\frac{h_0qt_1}{(h_1 - h_0)T_0}}$〔J/(mol·K)〕

4. 止め具があるため t_1 s 後は定積変化である。よって，

$-q(t - t_1) = C_v(T - T_0)$

$\Leftrightarrow T = T_0 + \frac{qt_1}{C_v} - \frac{q}{C_v}t$

このグラフの傾きは，$-\frac{q}{C_v}$

次に，t_1〔s〕までのグラフの傾きは 2.より，$-\frac{q}{C_p}$

マイヤーの関係より $C_p = C_v + R > C_v$ なので，

$\frac{q}{C_p} < \frac{q}{C_v}$ となり，t_1 以降のグラフの傾きは t_1 以前に比べて急である。よって，①

(2)

5. ピストンのつり合いの式より，

$p_2S = p_0S + Mg$　　$p_2 = p_0 + \boldsymbol{\frac{Mg}{S}}$ …(i)

6. 最初の気体の状態方程式は，

$p_0Sh_0 = 1\cdot R\cdot T_0$ …(ii)

ピストンの動き始めるときの気体の状態方程式は，

$p_2Sh_0 = 1\cdot R\cdot T_2$ …(iii)

これらより，$\frac{p_2}{p_0} = \frac{T_2}{T_0}$ …(iv)

(iv)より，$T_2 = \frac{T_0}{p_0}p_2$

これに(i)を代入すると，

$T_2 = \frac{T_0}{p_0}\left(p_0 + \boldsymbol{\frac{Mg}{S}}\right) = T_0 + \frac{Mg}{p_0S}T_0$

(ii)より，$p_0S = \frac{RT_0}{h_0}$ であり，これを上式に代入すると，

$T_2 = T_0 + \frac{Mg}{\frac{RT_0}{h_0}}T_0 = T_0 + \boldsymbol{\frac{Mgh_0}{R}}$

7. 定積変化なので，与える熱量は $C_v(T_2 - T_0)$〔J〕である。6.より，$T_2 - T_0 = \boldsymbol{\frac{Mgh_0}{R}}$ であるので，

$C_v(T_2 - T_0) = C_v\frac{Mgh_0}{R}$〔J〕

これは t_2 s までに与える熱量 qt_2〔J〕に等しいので，

$qt_2 = \frac{C_vMgh_0}{R}$　　よって，$t_2 = \boldsymbol{\frac{C_vMgh_0}{Rq}}$

8. t_2 s 後は定圧変化なので，

$q(t - t_2) = C_p(T - T_2)$

$\Leftrightarrow T = T_2 + \boldsymbol{\frac{q}{C_p}}\times(t - t_2)$〔K〕

9. 問題文の $p_2hS=RT$ より，$h=\frac{RT}{p_2S}$

8.の T をこれに代入すると，

$$h=\frac{R}{p_2S}\left\{T_2+\frac{q}{C_p}\times(t-t_2)\right\}=\frac{RT_2}{p_2S}+\frac{q}{C_p}\times\frac{R(t-t_2)}{p_2S}$$

(iii)より $h_0=\frac{RT_2}{p_2S}$ であるので，

$$h=h_0+\frac{q}{C_p}\cdot\frac{R(t-t_2)}{P_2S}\text{〔m〕}\ (t\geqq t_2)$$

この式から，h は (t_2,h_0) を通る t の一次関数であることがわかる。

次に，おもりがないとき，$t=0$ から定圧変化をする。

よって，$qt=C_p(T-T_0)\Leftrightarrow T=T_0+\frac{q}{C_p}t$

T と T_0 を消去したいので，ピストンの高さが h と h_0 のときの気体の状態方程式を用いると，

$p_0Sh_0=RT_0\Leftrightarrow T_0=\frac{P_0Sh_0}{R}$

$p_0Sh=RT\Leftrightarrow T=\frac{P_0Sh}{R}$

これらを代入して整理すると，

$$h=h_0+\frac{qR}{C_pp_0S}t\text{〔m〕}\ (t\leqq t_2)$$

ここで，$p_2>p_0$ より，$\frac{qR}{C_pp_2S}<\frac{qR}{C_pp_0S}$ なので，傾きはおもりがない場合の方が大きい。

よって，①

178

1. 5	2. 4	3. 5	3. 3
5. 5	6. 4	7. 2	8. 3
9. ③	10. 3	11. 4	12. ⑤
13. ⑨	14. ⑤	15. ⑦	

【解説】

(1)

1〜8. 状態AとBに対し，与式を用いると，

$P_0V_0^{\frac{5}{3}}=P_1V_1^{\frac{5}{3}}$ であるので，$P_1=P_0\left(\frac{V_0}{V_1}\right)^{\frac{5}{3}}$ …(i)

$V_1=\frac{4}{5}V_0$ より，$\frac{V_0}{V_1}=\frac{5}{4}$ であるから，(i)より，

$P_1=P_0\times\left(\frac{5}{4}\right)^{\frac{5}{3}}$ …(ii)

1モルの理想気体では状態方程式 $PV=RT$ が成り立つので，$P=\frac{RT}{V}$ となる。これを用いると，

与式 $PV^{\frac{5}{3}}=$（一定）は，$\frac{RT}{V}\cdot V^{\frac{5}{3}}=RTV^{\frac{2}{3}}=$（一定）

さらに R は定数であるので，$TV^{\frac{2}{3}}=$（一定）

と書き直すことができる。

よって，状態AとBに対し，$T_0V_0^{\frac{2}{3}}=T_1V_1^{\frac{2}{3}}$

$T_1=T_0\left(\frac{V_0}{V_1}\right)^{\frac{2}{3}}=T_0\times\left(\frac{5}{4}\right)^{\frac{2}{3}}$ …(iii)

9. (iii)を用いて，T_1 の値の範囲を求めると，

$1<\left(\frac{5}{4}\right)^{\frac{2}{3}}<\frac{5}{4}=1.25$

が成り立つから，この不等式に T_0 を掛けて，

$T_0<T_0\left(\frac{5}{4}\right)^{\frac{2}{3}}<1.25T_0$

$\boldsymbol{T_0<T_1<1.25T_0}$

(2)

10〜11. キャップを外して熱の出入りが可能になり，圧力を一定に保ったことから，過程B→Cは断熱変化ではなく定圧変化になることに注意する。

シャルルの法則より，

$\frac{V_1}{T_1}=\frac{V_2}{T_2}\qquad T_2=\frac{V_2}{V_1}T_1=\frac{3}{4}\times T_1$ …(iv)

12. 単原子分子理想気体の定圧モル比熱は $\frac{5}{2}R$ であるから，$Q=\boldsymbol{\frac{5}{2}R(T_2-T_1)}$

(3)

13. 気体の状態は次のように変化する。

$A(P_0,\ V_0,\ T_0)\rightarrow B(P_1,\ \frac{4}{5}V_0,\ T_1)$

$\rightarrow C(P_1,\ \frac{3}{5}V_0,\ T_2)\rightarrow D(P_2,\ V_0,\ T_2)$

$\rightarrow A(P_0,\ V_0,\ T_0)$

よって熱力学第1法則より，

$Q_{AB}=W_1+\frac{3}{2}R(T_1-T_0)=0$ …(v)

$Q_{BC}=Q_{out}=W_2+\frac{3}{2}R(T_2-T_1)$

$Q_{CD}=W_3+0$

$Q_{DA}=0+\frac{3}{2}R(T_0-T_2)$

$Q_{in}=Q_{CD}+Q_{DA}=W_3+\frac{3}{2}R(T_0-T_2)$

であるので，

$Q_{out}-Q_{in}=W_2+\frac{3}{2}R(T_2-T_1)-W_3+\frac{3}{2}R(T_0-T_2)$

$=W_2+\frac{3}{2}R(T_2-T_1)-W_3+\frac{3}{2}R(T_0-T_2)$

$=W_2-W_3+\frac{3}{2}R(T_0-T_1)$

(v)より，$W_1=\frac{3}{2}R(T_0-T_1)$ であるので，

$Q_{out}-Q_{in}=W_2-W_3+W_1=\boldsymbol{W_1+W_2-W_3}$

(4)

14. 一般に温度が T の気体の分子1個の質量を m，ボルツマン定数を k とすると，$\frac{1}{2}m\overline{v^2}=\frac{3}{2}kT$ が成り立つので，$\sqrt{\overline{v^2}}=\sqrt{\frac{3kT}{m}}$ となる。よって2乗平均速度の大小関係は，温度の大小関係と同じである。

(iv)より，$T_0<T_1$

状態CとDの温度は T_2 で等しく，過程D→Aではグラフより定積で圧力が増加しているので温度も上昇する。（$PV=RT$ より P は T に比例）

よって，$T_2<T_0$

以上から $T_2<T_0<T_1$ より，$\boldsymbol{\sqrt{\overline{v_C^2}}<\sqrt{\overline{v_A^2}}<\sqrt{\overline{v_B^2}}}$

15. サイクルの間で，気体の温度は状態 B で最大の T_1 となり，状態CとDで最小の T_2 となる。

よって，$\frac{\sqrt{\overline{v_B^2}}}{\sqrt{\overline{v_C^2}}}=\frac{\sqrt{\frac{3kT_1}{m}}}{\sqrt{\frac{3kT_2}{m}}}=\sqrt{\frac{T_1}{T_2}}$

179

(1) ①

(2) (a) $\boldsymbol{RT_B(\alpha-1)}$ (b) $\boldsymbol{\frac{3}{2}RT_B(\beta-1)}$ (c) $\boldsymbol{Q=0}$

(d) $\boldsymbol{\frac{3}{2}RT_B(\alpha-\beta)}$ (e) $\boldsymbol{\frac{3}{2}RT_B(\alpha-\beta)}$

(3) $\boldsymbol{1-\frac{5(\alpha-1)}{3(\beta-1)}}$

【解説】

(1) $\frac{V_A}{V_B} = \alpha > 1$ より，$V_A > V_B$

$\frac{p_C}{p_B} = \beta > 1$ より，$V_C > V_B$

A→B は定圧変化より，$p_B = p_A$

B→C は定積変化より，$V_B = V_C$

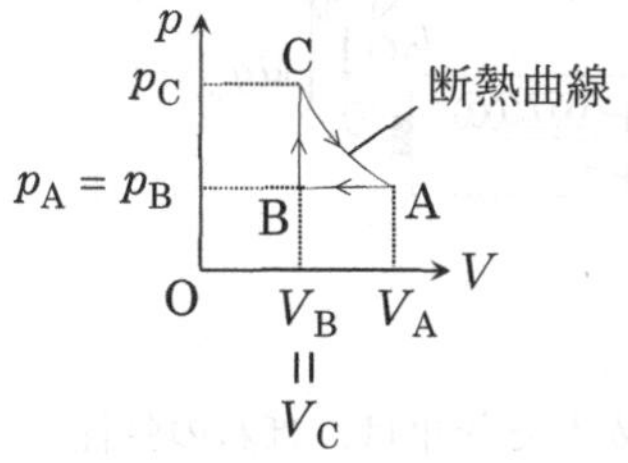

以上により①

(2)

(a)

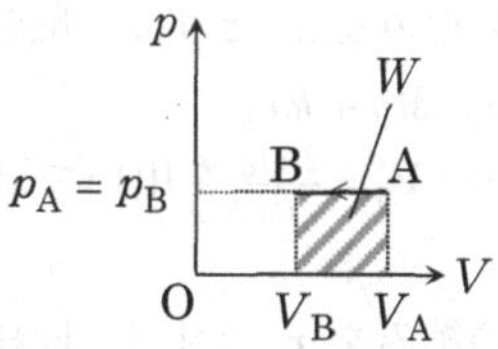

$W = p_B(V_A - V_B)$

$= p_B V_B\left(\frac{V_A}{V_B} - 1\right) = \boldsymbol{RT_B(\alpha - 1)}$

$(\because p_B V_B = 1 \cdot RT_B)$

(b)

仕事 W は外から気体に与えられる際に正とすることに注意すると，熱力学第1法則は $Q = -W + \Delta U$ と表される。$W = 0$ なので，

$Q = \Delta U = \frac{3}{2}R(T_C - T_B)$

ボイル・シャルルの法則より，$\frac{p_B V_B}{T_B} = \frac{p_C V_C}{T_C}$

$V_B = V_C$ より $\frac{p_B}{T_B} = \frac{p_C}{T_C}$

$T_C = \frac{p_C}{p_B}T_B = \beta T_B$ であるので，

$Q = \frac{3}{2}R(\beta T_B - T_B) = \boldsymbol{\frac{3}{2}RT_B(\beta - 1)}$

(c)

断熱変化より，$\boldsymbol{Q = 0}$

(d)

熱力学第1法則 $Q = -W + \Delta U$，$Q = 0$ より，

$W = \Delta U = \frac{3}{2}R(T_A - T_C) = \frac{3}{2}(RT_A - RT_C)$

$= \frac{3}{2}(p_A V_A - p_C V_C)$

$V_A = \alpha V_B$，$p_C = \beta p_B$ であるので，

$W = \frac{3}{2}(\alpha p_A V_B - \beta p_B V_C)$

$V_B = V_C$，$p_A = p_B$ であるので，

$W = \frac{3}{2}(\alpha p_B V_B - \beta p_B V_B) = \frac{3}{2}p_B V_B(\alpha - \beta)$

$= \boldsymbol{\frac{3}{2}RT_B(\alpha - \beta)}$

(e) (d)より，$W = \Delta U$ であるので，

$\Delta U = \boldsymbol{\frac{3}{2}RT_B(\alpha - \beta)}$

(3) $e = \frac{-W_{AB} - W_{BC} - W_{CA}}{Q_{in}}$

A→B では定圧変化であることに注意すると，

$p_A V_A = RT_A$

$p_A V_B = RT_B$ より，$p_A(V_A - V_B) = R(T_A - T_B)$

$V_A > V_B$ であるので，$T_A > T_B$

よって定圧モル比熱を C_P とすると，

$Q_{AB} = 1 \cdot C_P \Delta T_{AB} = 1 \cdot C_P(T_B - T_A) < 0$

$\beta > 1$より，$Q_{BC} = \frac{3}{2}RT_B(\beta - 1) > 0$

C→A の過程では断熱変化なので，$Q_{CA} = 0$

$-W_{AB} = -RT_B(\alpha - 1)$

$-W_{BC} = 0$，$-W_{CA} = -\frac{3}{2}RT_B(\alpha - \beta)$

以上のことから，

$e = \frac{-RT_B(\alpha-1)-\frac{3}{2}RT_B(\alpha-\beta)}{\frac{3}{2}RT_B(\beta-1)} = \frac{-(\alpha-1)-\frac{3}{2}(\alpha-\beta)}{\frac{3}{2}(\beta-1)}$

$= \frac{-2(\alpha-1)-3(\alpha-\beta)}{3(\beta-1)} = \frac{-5\alpha+3\beta+2}{3(\beta-1)}$

$= \frac{-5\alpha+3\beta-3+3+2}{3(\beta-1)} = \frac{3(\beta-1)-5\alpha+5}{3(\beta-1)} = \boldsymbol{1 - \frac{5(\alpha-1)}{3(\beta-1)}}$

180

問1 ②　　問2 ①　　問3 ⑥　　問4 ⑤

【解説】

問1 変化前後の気体の状態方程式は，$pV = nRT$ …①

$(p + \Delta p)(V + \Delta V) = nR(T + \Delta T)$ …②

②を展開すると，

$pV + \Delta pV + p\Delta V + \Delta p\Delta V = nRT + nR\Delta T$

①より，$\Delta pV + p\Delta V + \Delta p\Delta V = nR\Delta T$

$\Delta p\Delta V \fallingdotseq 0$ であるので，

$\Delta pV + p\Delta V = nR\Delta T$ …②′

②′÷①より，$\frac{\Delta pV + p\Delta V}{pV} = \frac{nR\Delta T}{nRT}$ つまり，$\frac{\Delta p}{p} + \frac{\Delta V}{V} = \frac{\Delta T}{T}$

よって，$\boldsymbol{\frac{\Delta p}{p} + \frac{\Delta V}{V} - \frac{\Delta T}{T} = 0}$

問2 $pV^{\gamma} = (p + \Delta p)(V + \Delta V)^{\gamma}$

両辺を pV^{γ} で割ると，$1 = \left(1 + \frac{\Delta p}{p}\right)\left(1 + \frac{\Delta V}{V}\right)^{\gamma}$

近似すると，$1 = \left(1 + \frac{\Delta p}{p}\right)\left(1 + \gamma\frac{\Delta V}{V}\right)$

右辺を展開すると，$1 = 1 + \frac{\Delta p}{p} + \gamma\frac{\Delta V}{V} + \frac{\Delta p\Delta V}{pV}$

$\Delta p\Delta V \fallingdotseq 0$ より，$\boldsymbol{\frac{\Delta p}{p} + \gamma\frac{\Delta V}{V} = 0}$

問3 問1，問2 より $\frac{\Delta V}{V}$ を消去すると，

$\boldsymbol{\frac{\Delta T}{T} - \left(1 - \frac{1}{\gamma}\right)\frac{\Delta p}{p} = 0}$

問4 問題文より $\Delta p = -\rho g\Delta h$，$\rho = \frac{pM}{RT}$ であり，この2式から ρ を消去すると，

$\Delta p = -\rho g\Delta h = -\frac{pM}{RT}g\Delta h$ よって $\frac{\Delta p}{p} = -\frac{M}{RT}g\Delta h$ …③

問3の解より $\frac{\Delta T}{T} = \left(1 - \frac{1}{\gamma}\right)\frac{\Delta p}{p}$ …④

③,④より $\frac{\Delta p}{p}$ を消去すると，

$\frac{\Delta T}{T} = \left(1 - \frac{1}{\gamma}\right)\left(-\frac{M}{RT}g\Delta h\right)$ よって，

$\boldsymbol{\frac{\Delta T}{\Delta h} = -\left(1 - \frac{1}{\gamma}\right)\frac{Mg}{R}}$

（注）

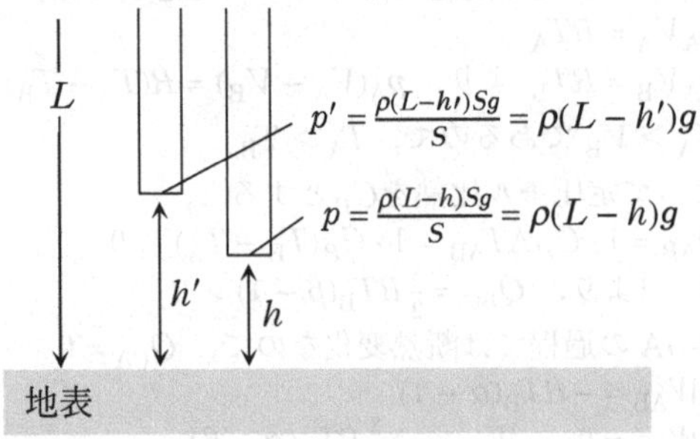

図のように底面積が S，地表からの高さが L の気柱を考える。地表からの高さが h, h' での圧力を p，p' とすると，$p' = \rho(L-h')g$, $p = \rho(L-h)g$ であるので，
$\Delta p = p' - p = -\rho(h'-h)g = -\rho\Delta hg$
つまり Δh だけ上昇すると大気圧は $\rho\Delta hg$ だけ減少する。
また，密度は①式より次のように求められる。
$\rho = \frac{nM}{V} = \frac{pnM}{pV} = \frac{pnM}{nRT} = \frac{pM}{RT}$

181

（イ）$\boldsymbol{\frac{P_0M}{Rm}}$　（ロ）$\boldsymbol{RT_0}$
（ハ）$W_1 = \boldsymbol{\frac{3M^2g^2}{2k}}$, $Q_1 = \boldsymbol{\frac{5}{2}RT_0}$　（ニ）$\boldsymbol{\frac{5M^2g^2}{2k}}$
（ホ）$\boldsymbol{\frac{P_0S+Mg}{mg}}$　（ヘ）$\boldsymbol{155\frac{P_0^2S}{mg}}$　（ト）$\boldsymbol{\frac{65}{8}P_0LS}$

【解説】

(A)
（イ）

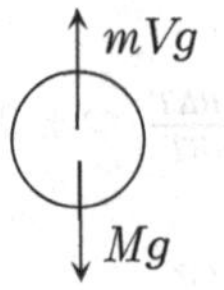

風船の体積を V_0 とおくと，力のつり合いより，
$MV_0g = Mg$
風船内部の気体についての状態方程式は，
$P_0V_0 = 1 \cdot RT_0$
2 式より，$T_0 = \boldsymbol{\frac{P_0M}{Rm}}$

（ロ）状態Ⅰ，Ⅱでの状態方程式は，それぞれの体積を V_1, V_2 とすると，
Ⅰ：$P_0V_1 = 1 \cdot R \cdot 2T_0 \leftrightarrow V_1 = \frac{2RT_0}{P_0}$
Ⅱ：$P_0V_2 = 1 \cdot R \cdot 3T_0 \leftrightarrow V_2 = \frac{3RT_0}{P_0}$

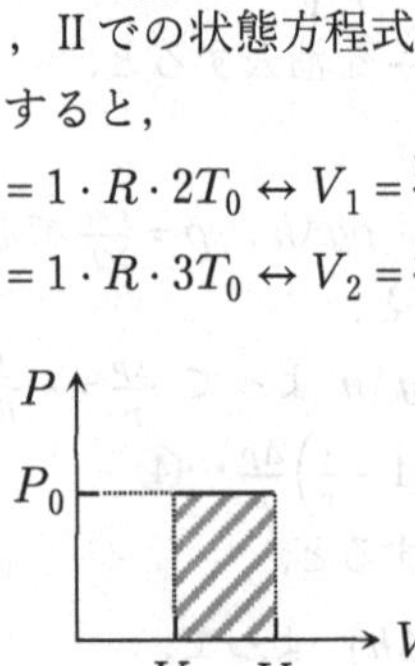

求める仕事は図の斜線部分なので，
$P_0(V_2 - V_1) = P_0\left(\frac{3RT_0}{P_0} - \frac{2RT_0}{P_0}\right) = \boldsymbol{RT_0}$

（ハ）熱力学第 1 法則 $Q_1 = \Delta U + W$ を用いる。
$\Delta U = \frac{3}{2}R(3T_0 - 2T_0) = \frac{3}{2}RT_0$
W は(ロ)で求めた RT_0 になるので，
$Q_1 = \frac{3}{2}RT_0 + RT_0 = \boldsymbol{\frac{5}{2}RT_0}$

（ニ）

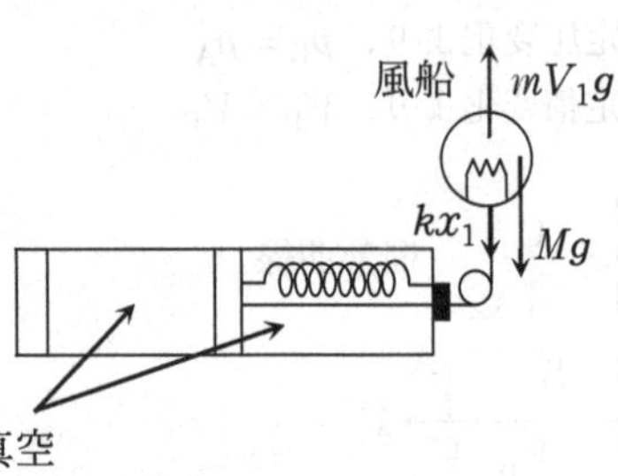

風船にはたらく浮力がした仕事は，ばねの弾性エネルギーの変化量と重力による位置エネルギーの変化量の和に等しい。
状態Ⅰのときのばねの縮みを x_1 とする。風船の力のつり合いより，$mV_1g = Mg + kx_1$
(イ)の $T_0 = \frac{P_0M}{Rm}$ と(ロ)の $V_1 = \frac{2RT_0}{P_0}$ を用いて計算すると，$x_1 = \frac{Mg}{k}$
状態Ⅱのときのばねの縮みを x_2 とする。同様にして，風船の力のつり合いにより，$mV_2g = Mg + kx_2$
(イ)の $T_0 = \frac{P_0M}{Rm}$ と(ロ)の $V_2 = \frac{3RT_0}{P_0}$ を用いて計算すると，$x_2 = \frac{2Mg}{k}$
風船は $x_2 - x_1$ だけ上昇したことに注意すると，
$W_1 = \frac{1}{2}kx_2^2 - \frac{1}{2}kx_1^2 + Mg(x_2 - x_1)$
$= \frac{1}{2}k\left\{\left(\frac{2Mg}{k}\right)^2 - \left(\frac{Mg}{k}\right)^2\right\} + Mg\left(\frac{2Mg}{k} - \frac{Mg}{k}\right) = \frac{5M^2g^2}{2k}$
$= \frac{3M^2g^2}{2k} + Mg\left(\frac{2Mg}{k} - \frac{Mg}{k}\right) = \boldsymbol{\frac{5M^2g^2}{2k}}$

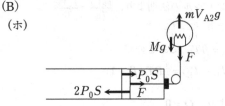

(B)
（ホ）

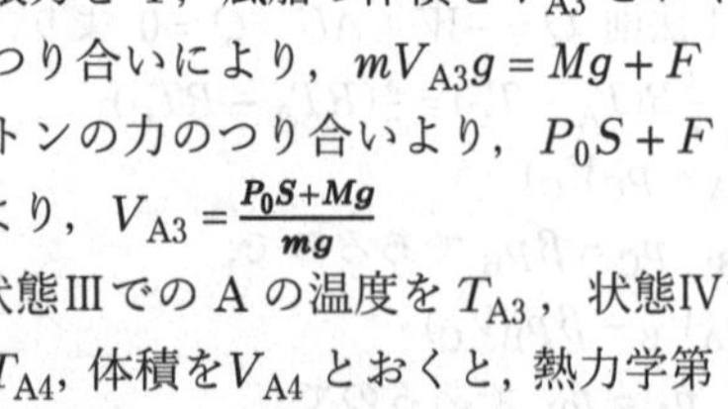

糸の張力を F，風船の体積を V_{A3} とおくと，風船の力のつり合いにより，$mV_{A3}g = Mg + F$
ピストンの力のつり合いより，$P_0S + F = 2P_0S$
2 式より，$V_{A3} = \boldsymbol{\frac{P_0S+Mg}{mg}}$

（ヘ）状態Ⅲでの A の温度を T_{A3}，状態Ⅳでの A の温度を T_{A4}，体積を V_{A4} とおくと，熱力学第 1 法則より，
$Q_2 = \frac{3}{2}R(T_{A4} - T_{A3}) + P_0(V_{A4} - V_{A3})$
状態Ⅲ，Ⅳの状態方程式はそれぞれ
$P_0V_{A3} = RT_{A3}$
$P_0V_{A4} = RT_{A4}$
3 式より，$Q_2 = \frac{5}{2}P_0(V_{A4} - V_{A3}) \cdots$①

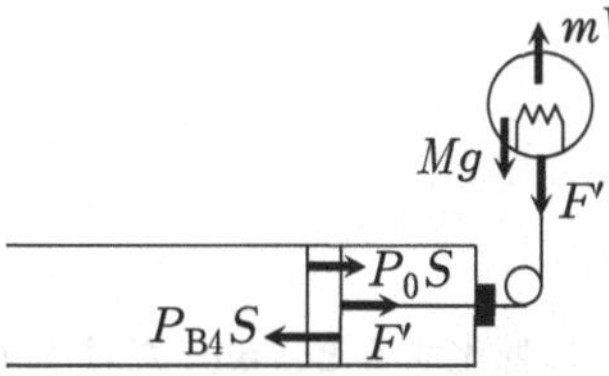

力のつり合いより,
$mV_{A4}g = Mg + F'$
$P_0S + F' = P_{B4}S$
2 式より, $V_{A4} = \frac{P_{B4}S+Mg-P_0S}{mg} \cdots$ ②
次に $PV^{\frac{5}{3}} = C$ の式を, B の状態Ⅲ→Ⅳで用いる。
状態Ⅲ, Ⅳでの圧力, 体積をそれぞれ $P_{B3}, V_{B3}, P_{B4}, V_{B4}$ とすると,
$P_{B3}V_{B3}^{\frac{5}{3}} = P_{B4}V_{B4}^{\frac{5}{3}}$
$P_{B3} = P_{B4}\left(\frac{V_{B4}}{V_{B3}}\right)^{\frac{5}{3}} = \left(\frac{SL}{\frac{1}{8}SL}\right)^{\frac{5}{3}} \cdot 2P_0 = (2^3)^{\frac{5}{3}} \cdot 2P_0$
$= 64P_0 \cdots$ ③
②,③より, $V_{A4} = \frac{63P_0S+Mg}{mg} - \frac{P_0S+Mg}{mg} = \mathbf{155\frac{P_0^2S}{mg}}$
(ト) B について状態Ⅲ, Ⅳでの温度を T_{B3}, T_{B4} とすると, 状態方程式より, $T_{B3} = \frac{2P_0LS}{R}$
$T_{B4} = \frac{64P_0 \cdot \frac{1}{8}LS}{R} = \frac{8P_0LS}{R}$
断熱変化なので, $Q = 0$, 熱力学第 1 法則から
$0 = \Delta U + W \leftrightarrow -W = \Delta U$
であることがわかる。
$-W = \frac{3}{2}R(T_{B4} - T_{B3}) = 9P_0LS$
また, B がされた仕事は, W_2 と大気のする仕事 $P_0 \cdot \frac{7}{8}LS$ の和なので,
$9P_0LS = W_2 + \frac{7}{8}P_0LS$　よって,
$W_2 = \mathbf{\frac{65}{8}P_0LS}$

182

1. **222**　　2. **83**

【解説】

$^{226}_{88}Ra \to ^{222}_{86}Rn + ^{4}_{2}He$　よって, **222**
$^{210}_{82}Pb \to ^{210}_{83}Bi + ^{0}_{-1}e$　よって, **83**

183

放出する, **4.56×10^{14} Hz**

【解説】

水素原子のエネルギー準位は量子数 n が大きいほど大きいので, エネルギーが高い状態から低い状態に移ると光子を放出する。
振動数条件より, $h\nu = E_3 - E_2$
$\therefore \nu = \frac{E_3 - E_2}{h} = \mathbf{4.56 \times 10^{14}}$ **Hz**

184

④

【解説】

電子の電荷を e, 加速電圧を V とし, eV で加速した電子の運動エネルギーを $\frac{1}{2}mv^2$ とする。光子がこのエネルギーをすべて吸収したとき, 光子の波長が最も短くなるので, 光速を c, 求める最短波長を λ_0 とすると,
$\frac{1}{2}mv^2 = eV = h\frac{c}{\lambda_0}$
$\lambda_0 = \frac{hc}{eV} = \frac{(3.0\times10^8)\times(6.63\times10^{-34})}{(1.6\times10^{-19})\times(30.0\times10^3)} \fallingdotseq \mathbf{4.1 \times 10^{-11}}$ m

185

1. $\boldsymbol{(m_p + m_r - M)c^2}$　　2. **仕事関数**　　3. $\boldsymbol{\frac{h}{p}}$

186

^2_1H の原子核の質量欠損：**3.9×10^{-30} kg**
^2_1H の原子核の結合エネルギー：**3.5×10^{-13} J**

【解説】

重水素は陽子 1 個と中性子 1 個が結合しているので, 求める質量欠損を Δm とすると,
$\Delta m = (1.6726 + 1.6749 - 3.3436) \times 10^{-27} = \mathbf{3.9 \times 10^{-30}\ kg}$
求めるエネルギーを E とすると,
$E = \Delta mc^2 = 3.9 \times 10^{-30} \times (3.0 \times 10^8)^2 \fallingdotseq \mathbf{3.5 \times 10^{-13}\ J}$

187

1. **50**　　2. **131**　　3. **81**

【解説】

原子番号(陽子数)を Z とすると,
$92 + 0 = 42 + Z + 2 \times 0$　　$Z = \mathbf{50}$
質量数を A とすると,
$235 + 1 = 103 + A + 2 \times 1$　　$A = \mathbf{131}$
中性指数は, $131 - 50 = \mathbf{81}$

188

㋑

【解説】

$\left(\frac{1}{2}\right)^{\frac{9}{3}} = \frac{1}{8}$　よって 8 倍

189

8.0×10^{-2} eV

【解説】

質量 m, 速さ v の物質波の波長は
$\lambda = \frac{h}{mv}$ であるので, $v = \frac{h}{m\lambda}$
よって, 運動エネルギーは,
$\frac{1}{2}mv^2 = \frac{1}{2}m\left(\frac{h}{m\lambda}\right)^2 = \frac{1}{2m}\left(\frac{h}{\lambda}\right)^2$
$= \frac{1}{2\times1.7\times10^{-27}} \cdot \left(\frac{6.6\times10^{-34}}{1.0\times10^{-10}}\right)^2 \times \frac{1}{1.6\times10^{-19}}$
$\fallingdotseq \mathbf{8.0 \times 10^{-2}}$ **eV**

190

㋓

【解説】

$2d\sin\theta = \frac{d}{2} \times n$

$\therefore \sin\theta = \frac{n}{4}$

$0 < \sin\theta < 1$ より

$n = 1,2,3$ のとき成り立つ。よって **3** 個

191

250 nm

【解説】

金属の限界振動数（電子が飛び出すための最小の光の振動数）を ν_0 としたとき，仕事関数は $W = h\nu_0$ と表すことができる。よってこの金属の仕事関数は，

$W = \frac{hc}{500\times10^{-9}} \cdots ①$

波長400 nmの単色光を当てたときの光電子の速さを v とする。

$$\begin{cases} \frac{1}{2}mv^2 = \frac{hc}{400\times10^{-9}} - W \cdots ② \\ \frac{1}{2}m(2v)^2 = \frac{hc}{\lambda} - W \cdots ③ \end{cases}$$

②,③の辺々を割り，①より W を消去すると，

$$\frac{1}{4} = \frac{\frac{hc}{400\times10^{-9}} - \frac{hc}{500\times10^{-9}}}{\frac{hc}{\lambda} - \frac{hc}{500\times10^{-9}}}$$

$$\frac{1}{\lambda} - \frac{1}{500\times10^{-9}} = 4\left(\frac{1}{400\times10^{-9}} - \frac{1}{500\times10^{-9}}\right)$$

$$\frac{1}{\lambda} = \frac{8}{2000\times10^{-9}}$$

よって，$\lambda =$ **250 nm**

192

1.　**2**　　2.　**4**　　3.　**1**

4. $\boldsymbol{N_0\left(\frac{1}{2}\right)^{\frac{t}{T}}}$　　5. $\mathbf{2.1\times10^9}$

【解説】

5. $\frac{1}{8} = \left(\frac{1}{2}\right)^{\frac{t}{7.0\times10^8}}$

$\frac{t}{7.0\times10^8} = 3$　　$t = \mathbf{2.1\times10^9}$

193

1.　③　　2.　②

【解説】

${}^{23}_{11}\mathrm{Na} + {}^{1}_{0}\mathrm{n} \to {}^{24}_{11}\mathrm{Na}$　つまり中性子を吸収させればよい。

${}^{24}_{11}\mathrm{Na} \to {}^{24}_{12}\mathrm{Mg} + {}^{0}_{-1}\mathrm{e}$　つまり少なくとも β 線(電子線)を放出する。

194

㋐

【解説】

$h\nu = eV$　であるので，$\nu = \frac{eV}{h}$

195

㋑

【解説】

電子の速さを v とすると，$\frac{1}{2}mv^2 = eV$

よって，$v = \sqrt{\frac{2eV}{m}}$

物質波(ド・ブロイ波)の波長は，$\lambda = \frac{h}{mv}$ で表されるので，

$\lambda = \frac{h}{mv} = \frac{h}{\sqrt{2emV}}$

196

㋑

【解説】

質量 m がエネルギーに転化すると，mc^2 だけエネルギーが発生するので，

$m\times(3\times10^8)^2 = 9\times10^{26}$

$m = 1\times10^{10}$ kg

よって，毎秒 $\mathbf{1\times10^{10}}$ **kg** だけ減少する。

197

㋒

【解説】

α 崩壊を x 回，β 崩壊を y 回起こすとすると，

$$\begin{cases} 238 - 4x = 206 \\ 92 - 2x + y = 82 \end{cases}$$

$\therefore x = 8, y = 6$　　よって 6 回

198

1. ②　　2. ⑦

【解説】

1. $E_\infty - E_1$ を

(後のエネルギー)－(初めのエネルギー)

＝原子が得たエネルギー

と考えると，これは水素原子が基底状態から量子数 $n = \infty$ の励起状態になるために必要なエネルギーを表す。量子数 $n = \infty$ の励起状態とは原子から電子 1 個が取り去られた状態であり，一般に原子から電子 1 個を取り去るのに必要なエネルギーを**第 1 イオン化エネルギー**という。

【注意】

量子数 n における水素原子の電子軌道の半径は，

$r_n = \frac{h^2n^2}{4\pi^2kme^2}$　であり，$\lim_{n\to\infty} r_n = \infty$ である。

2. 水素原子が得たエネルギーは，

$E_1 - E_2 = -\frac{13.6}{1^2} - \left(-\frac{13.6}{2^2}\right) = 13.6\left(\frac{1}{4} - 1\right) = -10.2$

よって，**10.2** eV のエネルギーが放出される。

199

(a) $\mathbf{1.9\times10^{-14}}$ **J**　　(b) $\mathbf{1.0\times10^{-11}}$ **m**

【解説】

(a) 電子の電荷を e，電圧を V とすると，

$eV = 1.6\times10^{-19}\times1.2\times10^5 \fallingdotseq \mathbf{1.9\times10^{-14}}$ **J**

(b) プランク定数を h，光の速さを c，最短波長を λ とすると，$eV = \frac{hc}{\lambda}$

$\lambda = \frac{hc}{eV} = \frac{6.6\times10^{-34}\times3.0\times10^8}{1.6\times10^{-19}\times1.2\times10^5} \fallingdotseq \mathbf{1.0\times10^{-11}}$ **m**

200

㋑

【解説】

求める時間を t とすると，$N_1\left(\frac{1}{2}\right)^{\frac{t}{T}} = N$ より，$\left(\frac{1}{2}\right)^{\frac{t}{T}} = \frac{N}{N_1}$

$\log\left(\frac{1}{2}\right)^{\frac{t}{T}} = \log\frac{N}{N_1}$

$-\frac{t}{T}\log 2 = \log N - \log N_1$

$t = \frac{\log N_1 - \log N}{\log 2}T$

201

8.2×10^{10} J

【解説】

ウラン 235 は 1 mol で 6.02×10^{23} 個なので，

$\frac{1}{235}$ mol では $\frac{6.02\times10^{23}}{235}\times 200$ MeV のエネルギーが放出される。よって，

$\frac{6.02\times10^{23}}{235}\times 200\times10^{6}\ \mathrm{eV}\times 1.60\times10^{-19}\ \mathrm{J/eV}$

$\fallingdotseq$ **8.2×10^{10} J**

202

㋑

【解説】

求める年代を t とすると，$\left(\frac{1}{2}\right)^{\frac{t}{5700}} = \frac{3}{4}$

$\frac{t}{5700}\times\log_{10}2 = 2\log_{10}2 - \log_{10}3$

$t = 2280 \fallingdotseq$ **2300**

203

(a) ⑤　　(b) ④

【解説】

(a) $\frac{1}{8} = \left(\frac{1}{2}\right)^3$ より，半減期を 3 回迎えればよい。

よって，$1600\times3 =$ **4800** 年後

(b) α 崩壊は ${}^{4}_{2}\mathrm{He}$ が出てくる核分裂であるので，

${}^{226}_{88}\mathrm{Ra}\to{}^{222}_{86}\mathrm{Rn}+{}^{4}_{2}\mathrm{He}$

${}^{222}_{86}\mathrm{Rn}$ と ${}^{4}_{2}\mathrm{He}$ の質量比は $222:4 = 111:2$ であるので，それぞれの質量を $111m$，$2m$，分裂後の速度を V, v とすると，運動量保存則より，

$0 = 111mV + 2mv$　　$v = -\frac{111}{2}V$　　よって，

$\frac{\frac{1}{2}2mv^2}{\frac{1}{2}\cdot 111mV^2} = \frac{2\left(-\frac{111}{2}V\right)^2}{111V^2} = \frac{111}{2} =$ **55.5**

204

1. ④　2. ⑤　3. ⓪　4. ④　5. ①

6. ⓪　7. ⑤　8. ①　9. ⓑ　10. ④

【解説】

(1)

1. イオンの電荷は，$(\boldsymbol{z}-1)\times e$〔C〕

(2)

2. 電子の波長は，$\boldsymbol{\frac{h}{mn}}$〔m〕

3. 円周が波長の n 倍なので，

$2\pi r = n\cdot\frac{h}{mn}$　$\Leftrightarrow v = \boldsymbol{\frac{hn}{2\pi rm}}$〔m/s〕

(3)

4. 核の電荷は ze〔C〕なので，向心力は，

$\frac{mv^2}{r} = e\cdot\frac{k_0 ze}{r^2} = \boldsymbol{z}\times\frac{k_0e^2}{r^2}$

5. 4.を v について解くと，

$v = e\sqrt{\frac{zk_0}{mr}} = \sqrt{\boldsymbol{z}}\times\sqrt{\frac{k_0}{mr}}e$

6. $\frac{hn}{2\pi rm} = e\sqrt{\frac{zk_0}{mr}} \Leftrightarrow r = \boldsymbol{\frac{1}{z}}\times\frac{h^2n^2}{4\pi^2k_0me^2}$〔m〕

(4)

7. 位置エネルギーは，$-k_0\frac{ze^2}{r_n} = -\boldsymbol{z}\times k_0\frac{e^2}{r_n}$〔J〕

8. 運動エネルギーは，

$\frac{1}{2}\cdot m\cdot v^2 = \frac{Zk_0}{2}\cdot\frac{e^2}{r_n} = \boldsymbol{\frac{Z}{2}}\times k_0\frac{e^2}{r_n}$〔J〕

9. $-k_0\frac{ze^2}{r_n} + \frac{2k_0}{2}\frac{e^2}{r_n} = -k_0\frac{ze^2}{2r_n} = \boldsymbol{-2z^2}\times\frac{k_0^2\pi^2me^4}{h^2n^2}$〔J〕

10. 電子が n 番目から n' 番目に移るときに放出されるエネルギーを E とすると，

$E = \left(-2z^2\frac{k_0^2\pi^2me^4}{h^2n^2}\right) - \left(-2z^2\frac{k_0^2\pi^2me^4}{h^2n'^2}\right)$

$= 2z^2\frac{k_0^2\pi^2me^4}{h^2}\left(\frac{1}{n'^2}-\frac{1}{n^2}\right)$

求める振動数を ν〔Hz〕とすると，

$E = h\nu$ なので，

$h\nu = 2z^2\frac{k_0^2\pi^2me^4}{h^2}\left(\frac{1}{n'^2}-\frac{1}{n^2}\right)$

$\nu = \boldsymbol{\frac{2}{h^3}}\times k_0^2\pi^2mz^2e^4\left(\frac{1}{n'^2}-\frac{1}{n^2}\right)$

205

1. ⑤　2. ③　3. ⑨　4. ①

【解説】

1. 白熱電球は，高温であることに起因する放射であり，連続スペクトルとなる。よって，⑤

2. ナトリウムや水銀など特定の元素のエネルギー準位の差に 起因する放射であり，線スペクトルとなる。よって，③

3. $E_{32}(=E_3-E_2)$ は第 2 励起状態から第 1 励起状態に移るときに放出されるエネルギーのことなので，

$E_{32} = \frac{hc}{\lambda_1}$

求める答えの単位は eV であり，1 eV = e J であるので，$E_{32} = \boldsymbol{\frac{hc}{e\lambda_1}}$ eV

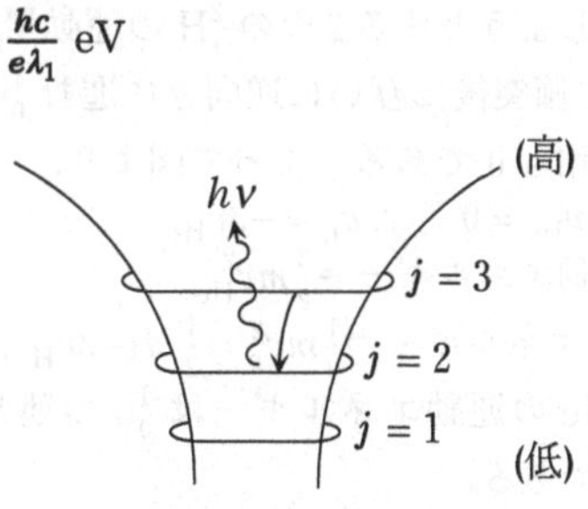

エネルギー準位

4. 基底状態のエネルギー準位は $-I$ eV なので，3.と同様に考えると，求めるエネルギー準位は，

$-I + E_{21} + E_{32} = \boldsymbol{E_{32}+E_{21}-I}$

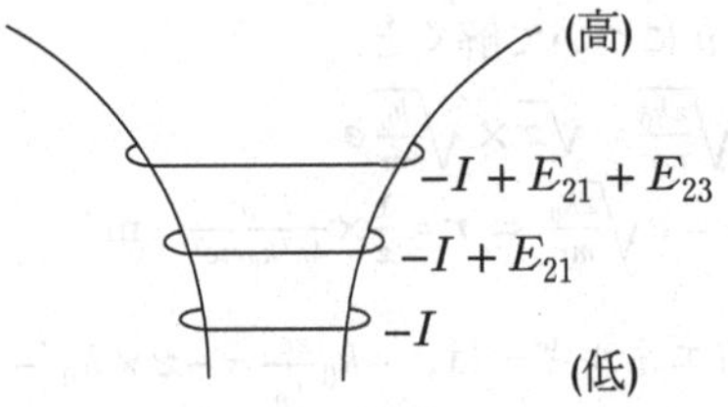

エネルギー準位

206

(1) ア　(2) オ　(3) エ　(4) ア　(5) イ

【解説】

(1) α 崩壊は質量数が 4 減少し，原子番号が 2 減少する。β 崩壊は質量数が変化せず，原子番号が 1 増加する。α 崩壊が i 回，β 崩壊が j 回起こったとすると，

$$\begin{cases} 239-4i=235 \\ 92-2i+j=92 \end{cases}$$
$\therefore i=1, j=2$

(2) 質量数の和と原子番号の和は反応の前後で変化しないので，

$$\begin{cases} 235+1=144+89+y \\ 92=56+x \end{cases}$$
$\therefore x=36, y=3$

(3) 失われた質量を Δm u とすると，

$\Delta m=2.0136\times2-(3.0150+1.0087)=0.0035$ u

よって，

$\Delta mc^2=\left(0.0035\times1.66\times10^{-27}\right)\text{kg}\times\left(3.00\times10^8\right)^2\text{m/s}$
$\times\frac{1}{1.60\times10^{-19}}\text{eV/J}\fallingdotseq3.3\times10^6\text{ eV}=\mathbf{3.3\ MeV}$

(4)

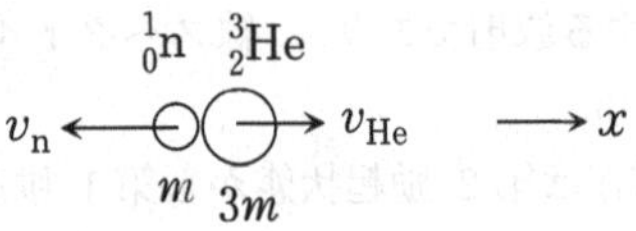

$^3_2$He, ^1_0n の質量はそれぞれ 3.0150 u, 1.0087 u であるので，近似的にそれぞれの質量を$3m$，mとする。

正面衝突しようとする2つの $^2_1$H の運動量の和は0であるので，衝突後に互いに逆向きに進む $^1_0$n と $^3_2$He の運動量の和も 0 である。よって図より，

$mv_n+3mv_{He}=0\quad\therefore v_n=-3v_{He}$

$^3_2$He の運動エネルギー$=\frac{3}{2}mv_{He}^2$

$^1_0$n の運動エネルギー$=\frac{1}{2}mv_n^2=\frac{1}{2}M(-3v_{He})^2=\frac{9}{2}mv_{He}^2$

よって$^3_2$He の運動エネルギーは $^1_0$n の運動エネルギーの$\frac{1}{3}$倍である。

(5) (4)より，$^3_2$He の運動エネルギーを K とおくと，$^1_0$n の運動エネルギーは $3K$ となる。$^2_1$H の質量を M とすると，エネルギー保存則より，

$2\left(0.35+Mc^2\right)=\left(K+3mc^2\right)+\left(3K+mc^2\right)$

$4K=2\times0.35+(2M-4m)c^2$

$2M-4m$ は(3)で求めたΔm であるので，

$4K=2\times0.35+\Delta mc^2=0.7+3.3=4.0$

$K=\frac{1}{4}\times4.0=\mathbf{1.0\ MeV}$

207

ア. 短い　イ. $\frac{hc}{\lambda}$　ウ. $\frac{h}{\lambda}$
エ. 小さい　オ. $\frac{hc}{\lambda'}$　カ. $\frac{h}{\lambda'}\cos\theta$
キ. $\frac{h}{\lambda'}\sin\theta$　ク. $\lambda\lambda'$

問 1 ④より$\Delta\lambda$ は $0<\theta\leqq180°$ で増加関数となっているから，散乱角 θ が大きくなると，$\Delta\lambda$ も大きくなる。

問 2　180°

問 3 $\mathbf{7.7\times10^{-11}\ m}$

【解説】

問 1 $y=1-\cos\theta$ $(0<\theta\leqq180°)$ のグラフは下図のようになる。

※$0<\theta\leqq180°$ で $y'=\sin\theta>0$ より，y は増加関数。

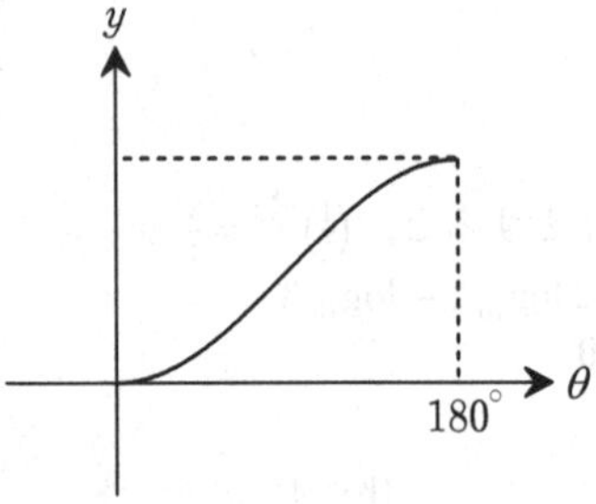

散乱角 θ が大きくなると，$1-\cos\theta$ も大きくなるので，④より$\Delta\lambda$ も大きくなる。

問 2 ①式 $\frac{hc}{\lambda}=\frac{hc}{\lambda'}+\frac{1}{2}mv^2$より電子の運動エネルギーは $\frac{1}{2}mv^2=\frac{hc}{\lambda}-\frac{hc}{\lambda'}$ であるので，λ' が最大のときに最大となる。④より，$\Delta\lambda=\lambda'-\lambda=\frac{h}{mc}(1-\cos\theta)$ であるので，λ' が最大になるのは $\theta=180°$ のときである。

問 3 $\Delta\lambda=\lambda'-\lambda$ 及び④より

$\lambda'=\lambda+\Delta\lambda=\lambda+\frac{h}{mc}(1-\cos\theta)$

これに値を代入して，

$\lambda'=7.5\times10^{-11}+\frac{6.6\times10^{-34}}{9.1\times10^{-31}\times3.1\times10^8}(1-0)$

$=\mathbf{7.7\times10^{-11}\ m}$

208

1. ③	2. ②	3. ⑤	4. ④
5. ④	6. ③	7. ⓪	8. ①
9. ③	10. ②	11. ①	12. ⑥

【解説】

1. 限界振動数をν_0 とすると，
$h\nu_0=W$ であるので，$\nu_0=\frac{W}{h}$
2. 1 eV$=e$ J であるので，$\frac{W}{e}$
3. 求める数をN_0 とすると，$I_0=eN_0$ であるので，
$N=\frac{I_0}{e}$
4. 電磁波の強度は一定の面に単位時間に衝突する光子

の数に比例する。

5. 波長が短い電磁波ほど光子のエネルギーが強く，飛び出す電子の運動エネルギー（速さ）が大きくなるが，単位時間に衝突する光子の数が増えるわけではないので，飛び出す光電子の数に影響しない。

6. 極板Bの電圧を徐々に小さくすると，遅い光電子から順に引き戻されBに到達できなくなる。電流が流れなくなったとき，最も速い光電子がBに到達できなくなったと考えられるので，
$\frac{1}{2}mv_0^2 = eV_0$ より，$v_0 = \boldsymbol{\sqrt{\frac{2eV_0}{m}}}$

7. $h\nu = K_{\max} + W$ より，$h\nu = \frac{1}{2}mv_0^2 + W$
$\frac{1}{2}mv_0^2 = eV_0$ であることに注意すると，
$W = h\nu - \frac{1}{2}mv_0^2 = \boldsymbol{\frac{hc}{\lambda} - eV_0}$

8. 光電子はクーロン力 $\vec{f}_E = -e\vec{E}\ (e > 0)$を Q→P の向きに受けるので，Cの小孔を通過するためにはP→Qの向きにローレンツ力を受ける必要がある。
ローレンツ力は $\vec{f}_B = -e\vec{v}_0 \times \vec{B}_1\ (e > 0)$であり，$\vec{f}_B$ がP→Qの向きであるためには，$\vec{B}_1$ は紙面と垂直で，表から裏に向かう向きである必要がある。

9. クーロン力とローレンツ力がつり合うので，
$ev_0B_1 = e\frac{V_1}{d}$ よって，$v_0 = \boldsymbol{\frac{V_1}{dB_1}}$

10. $\frac{1}{2}mv_0^2 = eV_0$ より，
$\frac{e}{m} = \frac{v_0^2}{2V_0} = \frac{1}{2V_0}\left(\frac{V_1}{dB_1}\right)^2 = \boldsymbol{\frac{V_1^2}{2d^2V_0B_1^2}}$

11. 光電子にはたらくローレンツ力は $\vec{f}_B = -e\vec{v}_0 \times \vec{B}_2\ (e > 0)$であり，これは円軌道の中心Oの向きであるので，$\vec{B}_2$ は紙面と垂直で，表から裏に向かう向きである必要がある。

12. ローレンツ力と遠心力がつり合うので，
$m\frac{v_0^2}{r} = ev_0B_2$ よって，$r = \frac{mv_0}{eB_2} = \frac{m}{eB_2}\cdot\frac{V_1}{dB_1} = \boldsymbol{\frac{mV_1}{edB_1B_2}}$

209

あ．$\boldsymbol{\theta_0}$	い．$\boldsymbol{2d\sin\theta_0}$	う．$\boldsymbol{m\lambda}$	
え．$\boldsymbol{\frac{\cos\theta}{n}}$	お．$\boldsymbol{\frac{\lambda}{n}}$	か．$\boldsymbol{2d\sqrt{n^2-\cos^2\theta}}$	
き．$\boldsymbol{2d\sin\theta}$	く．$\boldsymbol{\frac{2\Delta n}{\sin 2\theta_0}}$	A. ③	B. ⑦

【解説】

あ．反射の法則は入射角と反射角が等しいという法則。

い．

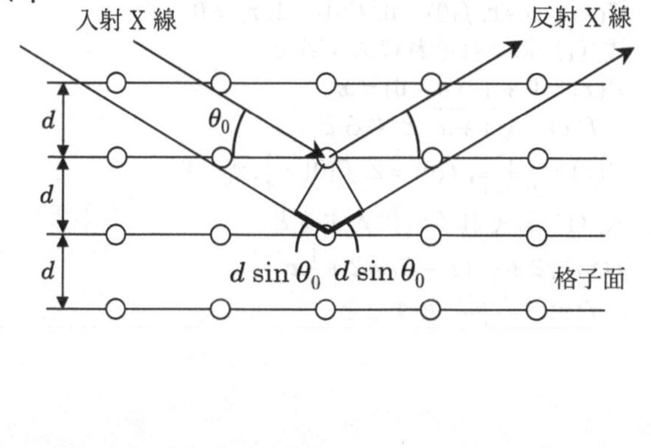

図より，経路差は $\boldsymbol{2d\sin\theta_0}$

う．$m = 1,2,3\cdots$ であることに注意すると，
$2d\sin\theta_0 = \boldsymbol{m\lambda}$

B. $n > 1$ の場合，必ず(屈折角)<(入射角)となり全反射は起こらないが，今回は $n < 1$ であるので，全反射は起こり得る。
屈折の法則より，
$1\cdot\sin(90° - \theta) = n\sin(90° - \theta_1)$
$\leftrightarrow \cos\theta = n\cos\theta_1$
$\leftrightarrow \cos\theta_1 = \frac{\cos\theta}{n}\cdots$①
全反射するということは屈折波が存在しないということなので，$\cos\theta_1 = \frac{1}{n}\cos\theta > 1$ となれば θ_1 が存在できず，屈折波は存在しない。よって，$\boldsymbol{\cos\theta > n}$

え．①より，$\cos\theta_1 = \boldsymbol{\frac{\cos\theta}{n}}$

お．結晶中のX線の波長をλ_nとすると，屈折の法則より，$1\cdot\lambda = n\lambda_n$ であるので，$\lambda_n = \boldsymbol{\frac{\lambda}{n}}$

か．$2d\sin\theta_1 = m\lambda_n = m\frac{\lambda}{n}$
$\leftrightarrow 2nd\sin\theta_1 = m\lambda$
ここで①より，
$\sin\theta_1 = \sqrt{1-\cos^2\theta_1} = \sqrt{1-\left(\frac{\cos\theta}{n}\right)^2}$ であるので，
上式に代入して $\sin\theta_1$ を消去すると，
$\boldsymbol{2d\sqrt{n^2-\cos^2\theta}} = m\lambda$

き．$\lim_{n\to 1} 2d\sqrt{n^2-\cos^2\theta} = 2d\sqrt{1-\cos^2\theta} = \boldsymbol{2d\sin\theta}$

く．$n \fallingdotseq 1$ ならば$\sqrt{n^2-\cos^2\theta} \fallingdotseq \sin\theta$ が成り立つ。
$n = 1 - \Delta n \fallingdotseq 1$，$\theta = \theta_0 + \Delta\theta$ であるので，これを上式に代入し，与えられた近似式を用いると，
$\sqrt{1 - 2\Delta n - (\cos^2\theta_0 - \Delta\theta\sin 2\theta_0)} \fallingdotseq \sin\theta_0$
両辺を2乗すると，
$1 - 2\Delta n - (\cos^2\theta_0 - \Delta\theta\sin 2\theta_0) \fallingdotseq \sin^2\theta_0$
これを $\Delta\theta$ について解くと，$\Delta\theta \fallingdotseq \boldsymbol{\frac{2\Delta n}{\sin 2\theta_0}}$

(注) $\cos\Delta\theta \fallingdotseq 1$，$\sin\Delta\theta \fallingdotseq \Delta\theta$，$(\Delta n)^2 \fallingdotseq 0$，$(\Delta\theta)^2 \fallingdotseq 0$ とすると，次の近似が成り立つ。
$(1-\Delta n)^2 = 1 - 2\Delta n + (\Delta n)^2 \fallingdotseq 1 - 2\Delta n$
$\cos^2(\theta_0 + \Delta\theta) = (\cos\theta_0\cos\Delta\theta - \sin\theta_0\sin\Delta\theta)^2$
$\fallingdotseq (\cos\theta_0 - \sin\theta_0\Delta\theta)^2 \fallingdotseq \cos^2\theta_0 - \Delta\theta\sin 2\theta_0$
$\sin(\theta_0 + \Delta\theta) = \sin\theta_0\cos\Delta\theta + \cos\theta_0\sin\Delta\theta \fallingdotseq \sin\theta_0$

210

問1 d　　問2 b

【解説】

油滴の質量を m，電荷を q とすると，力のつり合いより，速さが v_+, v_- のときそれぞれ次の2式が成り立つ。

$$\begin{cases} qE = mg + 6\pi\eta Rv_+ \cdots ① \\ qE + mg = 6\pi\eta Rv_- \cdots ② \end{cases}$$

問1 ②−①より，
$mg = -mg + 6\pi\eta R(v_- - v_+)$

$mg = 3\pi\eta R(v_- - v_+)$
ここで，$mg = \rho \cdot \frac{4}{3}\pi R^3$ なので，
$\rho \cdot \frac{4}{3}\pi R^3 \cdot g = 3\pi\eta R(v_- - v_+)$
$AR^3 = \frac{1}{2}BR(v_- - v_+)$
$R = \sqrt{\frac{B}{2A}(v_- - v_+)}$
問 2 ①+②より，
$2qE = 6\pi\eta R(v_- + v_+)$
$= B\sqrt{\frac{B}{2A}(v_- - v_+)} \cdot (v_- + v_+)$
$q = \frac{B}{2E}\sqrt{\frac{B}{2A}(v_- - v_+)} \cdot (v_- + v_+)$
$= \frac{v_- + v_+}{E}\sqrt{\frac{B^3}{8A}(v_- - v_+)}$

211

(1) $\sqrt{\frac{2eV}{m}}$　(2) $\frac{h}{\sqrt{2meV}}$　(3) $\frac{I}{e}$
(4) $\frac{hc}{eV}$　(5) 特性X線（固有X線）
(6) $\frac{hc}{\lambda_1}$　(7) (b),(d),(f)　(8) $\frac{hc\lambda_1}{hc - E\lambda_1}$
(9) ㊁

【解説】

(1) 求める速さを v とすると，$\frac{1}{2}mv^2 = eV$
よって，$v = \sqrt{\frac{2eV}{m}}$
(2) 電子の波長を λ とすると，
$\lambda = \frac{h}{mv} = \frac{h}{\sqrt{2meV}}$
(3) 電子は 1 個当たり $-e$ C の電荷を持っている。単位時間に陽極に衝突する電子の個数を N〔個/s〕とすると，電流は $I = eN$　よって，$N = \frac{I}{e}$
(4) 波長が短い電磁波ほど光子のエネルギーが高いことに注意する。波長 λ_0 の X 線光子のエネルギーは電子の運動エネルギーのすべてが置き換わったと考えられるので，
$eV = h\nu_0 = \frac{hc}{\lambda_0}$　$\therefore \lambda_0 = \frac{hc}{eV}$
(5) 陽極の原子が励起状態から基底状態に戻るときに発する X 線を**特性X線**または**固有X線**という。
(6) 振動数条件により，$h\nu = E_2 - E_1$
このときの振動数 ν は陽極の原子が量子数 2 の励起状態から基底状態に遷移するときに出る光子の振動数であり，この光子の波長は λ_1 である。（λ_2 は λ_1 よりも短いため，量子数が 2 よりも大きい励起状態から基底状態に遷移するときに出る光子の波長と考えられる）よって，$E_2 - E_1 = \frac{hc}{\lambda_1}$
(7) 特性 X 線を発生させる熱電子は，運動エネルギーのすべてが原子の励起に使われると考えられるため，この熱電子は陽極原子の熱運動には寄与しない。一方，連続 X 線を発生させる熱電子は，陽極の原子を励起させないため，運動エネルギーの一部が光子のエネルギーとなり，残りは陽極原子の熱運動に使われると考えられる。よって連続 X 線を選ぶ。
(8) 基底状態にある電子を電離するのに必要なエネルギーをイオン化エネルギーという。これを I とすると，$I = E_\infty - E_1 = 0 - E_1 = -E_1$
ここで E は量子数 2 のエネルギー準位であるので，
$E_2 = E$ であり(6)より $E - E_1 = \frac{hc}{\lambda_1}$
つまり，$E_1 = E - \frac{hc}{\lambda_1}$ であるので，
$I = -\left(E - \frac{hc}{\lambda_1}\right) = -E + \frac{hc}{\lambda_1}$
X 管の電圧をちょうど $V_{\min}$ まで下げたときの熱電子の運動エネルギーが，このイオン化エネルギーと等しい値まで下げられたとすると，
$eV_{\min} = I = -E + \frac{hc}{\lambda_1} \cdots$①
$V_{\min}$ で加速した熱電子が陽極の原子を励起させることなく最も効率よく光子のエネルギーに変換されたときに発生する光子の波長（最短波長）を λ'_0 とすると，この光子のエネルギーは $\frac{hc}{\lambda'_0}$ であるので，
$eV_{\min} = \frac{hc}{\lambda'_0} \cdots$②
①,②より $eV_{\min}$ を消去すると，
$-E + \frac{hc}{\lambda_1} = \frac{hc}{\lambda'_0}$　よって，$\lambda'_0 = \frac{hc\lambda_1}{hc - E\lambda_1}$
(9) エネルギー準位は原子の種類によって決まるため，陽極に用いる金属を変えない限り特性 X 線の波長 λ_1, λ_2 は変わらない。
一方最短波長 λ_0 は熱電子が陽極の原子を励起させず，最も効率よく光子のエネルギーに変換されたときの光子の波長であるので，(4)の結果より，$\lambda_0 = \frac{hc}{eV}$ であり，V を大きくするほど λ_0 は小さくなる。
以上のことから特性 X 線の波長 λ_1, λ_2 は加速電圧によらず，最短波長 λ_0 は加速電圧を大きくするほど小さくなる。

212

(1) ① x　② $2 + \frac{1}{4}x$　③ x　④ x
(2) $A = 1$, $B = 1$, $C = 1$, $D = 0$, $E = 1$, $F = \frac{1}{2}$, $G = \frac{1}{3}$

【解説】

(1)
① $f(x) = \sin x$ とすると
$f'(x) = \cos x, f(0) = 0, f'(0) = 1, x_0 = 0$
式（I）にそれぞれ代入すると
$f'(x) \fallingdotseq 0 + 1 \cdot (x - 0) = x$
② $f(x) = \sqrt{4 + x}$ とすると
$f'(x) = \frac{1}{2\sqrt{4+x}}, f(0) = 2, f'(0) = \frac{1}{4}, x_0 = 0$
式（I）にそれぞれ代入すると
$f(x) \fallingdotseq 2 + \frac{1}{4} \cdot (x - 0) = 2 + \frac{1}{4}x$
③ $f(x) = \frac{e^x - e^{-x}}{2}$ とすると

$f'(x) = \frac{e^x+e^{-x}}{2}, f(0) = 0, f'(0) = 1, x_0 = 0$

式（I）にそれぞれ代入すると

$f(x) \fallingdotseq 0 + 1 \cdot (x - 0) = \boldsymbol{x}$

④ $f(x) = \log_e(1 + x)$ とすると

$f'(x) = \frac{1}{1+x}, f(0) = 0, f'(0) = 1, x_0 = 0$

式（I）にそれぞれ代入すると

$f(x) \fallingdotseq 0 + 1 \cdot (x - 0) = \boldsymbol{x}$

(2) $f(t) = \frac{1}{1-t}$ とすると

$f'(t) = \frac{1}{(1-t)^2}, f''(t) = \frac{2}{(1-t)^3}, f(0) = 1, f'(0) = 1,$
$f''(0) = 2, t_0 = 0$

式（II）にそれぞれ代入すると

$f(t) \fallingdotseq 1 + 1 \cdot (t - 0) + 2 \cdot \frac{(t-0)^2}{2} = \boldsymbol{1 + t + t^2}$

$\int_0^x \frac{1}{1-t} dt \fallingdotseq \int_0^x (1 + t + t^2) dt$

$= \left[t + \frac{1}{2}t^2 + \frac{1}{3}t^3\right]_0^x = \boldsymbol{x + \frac{1}{2}x^2 + \frac{1}{3}x^3}$

213

ア. **5**　イ. **0**　ウ. **1**　エ. **0**　オ. **2**　カ. **−1**

キ. **0**　ク. **0**　ケ. **4**　コ. **−1**　サ. **0**　シ. **4**

ス. **0**　セ. **0**　ソ. **0**　タ. **1**　チ. **2**　ツ. **1**

テ. **0**　ト. **8**

【解説】

(1) P が Q に達する時間は $t = T$ なので，R に達するのは半分の時間。よって，$t = \frac{T}{2} = \frac{10}{2} = \boldsymbol{5 \times 10^0}$ s

(2)

$$\begin{cases} \frac{dx}{dt} = \frac{2\pi a}{T}\left\{1 - \cos\left(\frac{2\pi}{T}t\right)\right\} \cdots ① \\ \frac{dy}{dt} = \frac{2\pi a}{T}\sin\left(\frac{2\pi}{T}t\right) \cdots ② \end{cases}$$

より，

$$\tan(\varphi(t)) = \frac{\frac{dy}{dt}}{\frac{dx}{dt}} = \frac{\sin\left(\frac{2\pi}{T}t\right)}{1-\cos\left(\frac{2\pi}{T}t\right)}$$

$$\therefore \tan\left(\varphi\left(\frac{T}{4}\right)\right) = \frac{\sin\frac{\pi}{2}}{1-\cos\frac{\pi}{2}} = \boldsymbol{1 \times 10^0}$$

(3) OQ の距離は円周と等しいので，$2a\pi$。

※ $x(t) = a\left\{\frac{2\pi}{T}t - \sin\left(\frac{2\pi}{T}t\right)\right\}$ の式に $t = T$ を代入でも可

円の中心 C の速さは一定なので，

$V_0 = \frac{2\pi a}{T} = 2\pi \cdot \frac{1}{10} = \boldsymbol{\pi \times 2 \times 10^{-1}}$ m/s

(4) P が Q に達するのは，$t = T$ のときなので，

①,②にそれぞれ $t = T$ を代入。

$\frac{dx}{dt}(T) = \frac{2\pi a}{T}(1 - \cos 2\pi) = 0$

$\frac{dy}{dt}(T) = \frac{2\pi a}{T}\sin 2\pi = 0$

よって，$V_Q = \boldsymbol{\pi \times 0 \times 10^0}$ m/s

P が R に達するのは $t = \frac{T}{2}$ のときなので，同様に，

$\frac{dx}{dt}\left(\frac{T}{2}\right) = \frac{2\pi a}{T}(1 - \cos\pi) = \frac{4\pi a}{T}$

$\frac{dy}{dt}\left(\frac{T}{2}\right) = \frac{2\pi a}{T}\sin\pi = 0$

よって，$V_R = \frac{4\pi a}{T} = 4\pi \cdot \frac{1}{10} = \boldsymbol{\pi \times 4 \times 10^{-1}}$ m/s

(5) $\sqrt{\left(\frac{dx}{dt}\right)^2 + \left(\frac{dy}{dt}\right)^2}$

$= \frac{2\pi a}{T}\sqrt{\left\{1 - \cos\left(\frac{2\pi}{T}t\right)\right\}^2 + \sin^2\left(\frac{2\pi}{T}t\right)}$

$= \frac{2\pi a}{T}\sqrt{2 - 2\cos\left(\frac{2\pi}{T}t\right)}$

$= \frac{2\pi a}{T}\sqrt{4\sin^2\left(\frac{\pi}{T}t\right)} = \boldsymbol{\frac{\pi a}{T}\left(4 \times \sin\frac{\pi}{T}t\right)}$

(6) $\int_0^{\frac{\pi}{2}} \sin\theta d\theta = [-\cos\theta]_0^{\frac{\pi}{2}} = 1$

$\int_0^{\pi} \sin\theta d\theta = [-\cos\theta]_0^{\pi} = 2$

$\int_0^{\frac{3}{2}\pi} \sin\theta d\theta = [-\cos\theta]_0^{\frac{3}{2}\pi} = 1$

$\int_0^{2\pi} \sin\theta d\theta = [-\cos\theta]_0^{2\pi} = 0$

(7) $L = \int_0^T \sqrt{\left(\frac{dx}{dt}\right)^2 + \left(\frac{dy}{dt}\right)^2} dt = \frac{4\pi a}{T}\int_0^T \sin\frac{\pi}{T}t\, dt$

$\frac{\pi}{T}t = \theta$ とおくと，$d\theta = \frac{\pi}{T}dt$

t	$0 \to T$
θ	$0 \to \pi$

よって，$L = \frac{4\pi a}{T}\int_0^{\pi} \sin\theta \cdot \frac{T}{\pi} d\theta$

$= \frac{4\pi a}{T} \cdot \frac{T}{\pi}\int_0^{\pi} \sin\theta\, d\theta = \frac{4\pi a}{T} \cdot \frac{T}{\pi} \cdot 2 = \boldsymbol{8 \times a}$